MIT ARBEITSHILFEN ONLINE

Praxishandbuch Employer Branding

Ihre Arbeitshilfen online:

- Checkliste zum Projektstart
- Plan zur Strategieentwicklung
- Leitfaden zur Budgetplanung

Und so geht's:

- einfach unter www.haufe.de/arbeitshilfen den Buchcode eingeben
- Oder direkt über Ihr Smartphone bzw. Tablet auf die Website gehen

Buchcode: K6K-RFR8

www.haufe.de/arbeitshilfen

Praxishandbuch Employer Branding

Praxishandbuch Employer Branding

Mit starker Marke zum attraktiven Arbeitgeber werden

Wolf Reiner Kriegler

1. Auflage

Haufe Gruppe
Freiburg · München

Bibliographische Information der Deutschen Nationalbibliothek
Die Deutsche Nationalbibliothek verzeichnet diese Publikation in der Deutschen Nationalbibliographie; detaillierte bibliographische Daten sind im Internet über http://www.dnb.de abrufbar.

Print: ISBN: 978-3-648-03116-2 Bestell-Nr.: 04528-0001
EPUB: ISBN: 978-3-648-03117-9 Bestell-Nr.: 04528-0100
EPDF: ISBN: 978-3-648-03118-6 Bestell-Nr.: 04528-0150

Kriegler
Praxishandbuch Employer Branding
1. Auflage 2012

Redaktionsanschrift: Fraunhoferstraße 5, 82152 Planegg/München
Telefon: (089) 895 170
Telefax: (089) 895 17290
www.haufe.de
online@haufe.de
Produktmanagement: Ulrich Leinz
Satz: Reemers Publishing Services GmbH, 47799 Krefeld
Umschlag: RED GmbH, 82152 Krailing
Druck: Schätzl Druck & Medien, 86609 Donauwörth

Inhaltsverzeichnis

Danksagung

Als ich mich 1999 zum ersten Mal mit Employer Branding beschäftigte, da wusste ich noch nicht, dass dieses Thema schon wenige Jahre später erst zur persönlichen Leidenschaft werden und danach sogar der fachliche Kern meines beruflichen Werdegangs sein sollte. Mein Dank gilt allen Menschen, die mich auf diesem Weg begleitet haben, für die unzähligen spannenden Debatten, die vielen Inspirationen und wunderbaren Erlebnisse — in den Unternehmen, die ich in dieser sicherlich tiefgreifendsten aller Markendisziplinen begleiten durfte, und bei allen Partnern und kritischen Geistern, die mich in der Gründung und Entwicklung der Deutschen Employer Branding Akademie so wertvoll unterstützt haben.

Mein herzlicher Dank gilt dem Haufe-Lexware-Verlag, der mich bat, die Erfahrungen aus 13 Jahren Employer Branding aufzuschreiben. Und meinem Team in der Deutschen Employer Branding Akademie, allen voran Petra Luik, das mir für die Arbeit an dem Manuskript viele Tage Heimarbeit gönnte und mich unter der Leitung von Christine Voelk, Wegbegleiterin der ersten Stunde, bei der Koordination vor allem der vielen Fallbeispiele aus und Interviews mit den Unternehmen so hervorragend unterstützt hat.

Aus Kunden werden Partner. Und manchmal sogar Freunde. Viele von ihnen haben an diesem Buch mitgewirkt — indem sie meine Texte kritisch hinterfragten, aus der Unternehmensperspektive ergänzten oder mittels Interviews und Fallstudien sowie vielen anonymisierten Beispielen den Lesern einen Blick durch das Schlüsselloch ihrer individuellen Employer-Branding-Praxis ermöglichen. Ganz herzlichen Dank für Ihren und Euren außergewöhnlichen Einsatz, vor allem meinen Testleserinnen Kerstin Minderlein und Katharina Oberrecht für ihre wertvollen Impulse.

Wenn Sie Feedback zu diesem Praxishandbuch, ergänzende Ideen für künftige Auflagen haben oder eine Frage offen geblieben ist, schreiben Sie mir unter kriegler@employerbranding.org. Ich freue mich darauf.

Wolf Reiner Kriegler

Geleitwort von Prof. Dr. Manfred Bruhn

Prof. Dr. Manfred Bruhn

Die große Bedeutung qualifizierter Fach- und Führungskräfte für den Unternehmenserfolg macht es für Unternehmen verstärkt notwendig, auf dem Arbeitsmarkt als attraktiver Arbeitgeber wahrgenommen zu werden. Arbeitgeberattraktivität kann durch den Aufbau und die Führung einer auf die (potenziellen und bestehenden) Mitarbeitenden ausgerichteten starken Arbeitgebermarke erreicht werden. Eine derartige Anwendung des Markenmanagements auf den Bereich des Human Resource Managements und den Arbeitsmarkt wird unter dem Begriff Employer Branding zusammengefasst. Mit dem Employer Branding positioniert sich das Unternehmen intern und extern als Arbeitgeber. Dies ermöglicht es, von der Zielgruppe im Arbeitsmarkt gegenüber den direkten Konkurrenten als bevorzugter Arbeitgeber, als Employer of Choice, wahrgenommen zu werden.

Die zunehmende Relevanz der Arbeitgeberattraktivität im Wettbewerb um qualifizierte Arbeitnehmer, führt in Wissenschaft und Praxis zu einem wachsenden Interesse an Fragestellungen zum Employer Branding. In der Wissenschaft steht in diesem Zusammenhang primär die Erforschung von Determinanten und Konsequenzen einer attraktiven Arbeitgebermarke im Mittelpunkt. Ein Blick in die Praxis offenbart zahlreiche Bemühungen von Unternehmen, sich durch Maßnahmen des Employer Branding als lArbeitgebermarke zu positionieren.

Wenngleich die Relevanz des Employer Branding offensichtlich erkannt wurde, steckt das Konzept sowohl in der Wissenschaft als auch in der Praxis jedoch noch in den Kinderschuhen. Bei Betrachtung der existierenden Literatur ist z.B. erkennbar, dass noch immer kein klares begriffliches Verständnis des Employer Branding vorliegt. Des Weiteren fällt auf, dass Employer Branding sehr oft auf den Bereich der Mitarbeitergewinnung reduziert wird. Arbeiten, in denen Employer Branding mit dem Ziel der Steigerung der Arbeitgeberattraktivität als markenstrategisches Gesamtkonzept untersucht wird, liegen erst wenige vor. In der Praxis zeigen sich ebenso Defizite. Zahlreiche Unternehmen rühmen sich zwar mit einer Vielzahl eingesetzter Employer-Branding-Maßnahmen (z.B. Arbeitgeberauftritte in Hochschulen oder auf Messen), häufig ist damit aber die Verwendung austauschbarer Worthülsen (z.B. „persönliche Entfaltung", „attraktive Aufstiegschancen") verbunden, die dem Aufbau einer starken Arbeitgebermarke entgegenstehen.

Der vorliegende Ratgeber setzt an den bestehenden Defiziten an und liefert aus der Praxisperspektive heraus Ansatzpunkte für ein systematisches Employer Branding. Das Buch stellt einen wertvollen Leitfaden für Mitarbeitende dar, die sich als verantwortlich für das Employer Branding im Unternehmen zeichnen. So werden 18 Schritte zum Aufbau einer starken Arbeitgebermarke aufgezeigt. Die zahlreichen Praxisbeispiele und Fallstudien tragen wesentlich zum Verständnis der dargelegten Ausführungen bei. Ich würde mich freuen, wenn das Buch eine weite Verbreitung findet.

Prof. Dr. Manfred Bruhn

1 Wie Sie wirklich Arbeitgebermarke werden – und dieses Handbuch Sie dabei begleitet

Aus der Praxis für die Praxis — dieses Praxishandbuch sagt Ihnen nicht nur, was Sie tun sollen, um Arbeitgebermarke zu werden —, sondern auch, wie Sie es tun können. Es beschreibt einen Weg zur Arbeitgebermarke, der nicht nur in der Theorie sinnvoll ist, sondern sich wie kein anderer in der Praxis bei Unternehmen aller Größen und Branchen bewährt hat, auch von Branchen- und Arbeitgeberverbänden empfohlen wird und messbar effektiv ist.

Seien Sie versichert, dass sämtliche Prozessbausteine, die in diesem Handbuch beschrieben werden, ihre Tauglichkeit auch in den unterschiedlichsten Praxisfällen unter Beweis gestellt haben. Illustriert werden sie mit anonymisierten Praxisbeispielen, die allesamt realen Fällen entstammen. Sie zeigen nicht nur vorbildliche Anwendungen, sondern auch, was alles schief gehen kann.

Dieses Praxishandbuch räumt außerdem auf mit Missverständnissen und Irrtümern, die rund um Employer Branding immer noch kursieren. Denn seitdem das Thema Employer Branding — zu Deutsch am besten mit „Arbeitgebermarkenbildung" übersetzt — um 2006 herum, getrieben durch Konjunkturboom und Einstellungsdruck, erst in Deutschland, etwas später auch in Österreich und der Schweiz richtig Fahrt aufnahm, hat es eine abenteuerliche Reise mitgemacht. Anfänglich auf Recruiting reduziert und als Personalmarketing missverstanden, wird heute selbst die Einrichtung eines Eltern-Kind-Zimmers schon als Employer-Branding-Maßnahme gepriesen.

Woran liegt das? Die Anwendungsreife von Employer Branding im deutschsprachigen Raum ist bei weitem nicht so hoch, wie sich vermuten lässt, wenn man die vielen Aktivitäten der Unternehmen betrachtet — oder sich die Frequenz an Employer-Branding-Fachkonferenzen und die Flut der Lösungsanbieter vor Augen führt, die sich das Thema auf die Fahnen, sprich Webseiten, schreiben, seit der Wettbewerb um Fachkräfte die Personalmarketingbudgets in die Höhe treibt. Plötzlich ist alles Employer Branding, jeder kann Employer Branding und alle machen (irgendwie) Employer Branding.

Viel Employer Branding, kaum Employer Brands

Doch der Blick von außen auf die Anfang der 2010er-Jahre technologisch und kreativ hochgezüchteten Arbeitgeberauftritte der Unternehmen ernüchtert. Auf den Karriereseiten, in Anzeigen und auf Messedisplays wimmelt es von Floskeln, die letztlich immer nur das Gleiche und, so sollte man heute meinen, das Selbstverständliche versprechen: Karrierechancen, attraktive Aufgaben, gutes Betriebsklima, Work-Life-Balance oder, vor allem, Weiterbildung und persönliche Entwicklung. Sicher: Das alles ist aller Ehren wert und zeugt von guter Arbeitgeberqualität — hat mit Employer Branding jedoch nicht viel zu tun.

Warum? Weil „Branding" immer eins bedeutet: Marke werden. Und das heißt seit jeher: Sich profilieren und differenzieren. Ein gewünschtes Vorstellungsbild in den Köpfen der relevanten Bezugsgruppen verankern. Noch dazu eines, das Ecke hat und Kante zeigt, also einen Unterschied macht. Und am besten eines, das den Weg in die gewünschte Zukunft weist.

Austauschbare Floskeln statt Arbeitgeberprofil

Gerade die großen Unternehmen tun sich damit schwer. Als Employer Branding deklariert, entfalten sie ein Pensum an Maßnahmen, das enorm ist. Trotz Jahresbudgets, die nicht selten die Millionengrenze überspringen — Arbeitgebermarke sind die wenigsten geworden. Das zeigt der Blick von außen, denn Marke lässt sich an wenigen Kriterien recht einfach messen.

Ecken und Kanten zeigen Arbeitgeber noch zu selten. Denn Mut zum Profil heißt immer auch, sich für das eine zu entscheiden und anderes schlicht wegzulassen. Das fällt nicht allen leicht und ist auch immer etwas unbequem. Die Liste der Unternehmen ist lang, die ambitioniert „Employer Branding" als Projekt ausschreiben und am Ende des Wegs Austauschbares und Erwartbares zum Kern Ihrer Arbeitgebermarke erheben.

Werden die Unternehmen darauf angesprochen, ist die Einsicht da. Die Suche nach dem Unterschied wird beschworen, als ginge es um den Heiligen Gral. Doch so oft Employer Branding auch begonnen wird, so selten wird der Unterschied ermittelt. Dabei trägt ihn jedes Unternehmen in sich, denn jede Organisation ist einzigartig — und zwar in ihrer Identität, in der Unternehmenskultur und den gelebten Werten.

Woran es im Employer Branding mangelt

Es braucht viele Kompetenzen, um Employer Branding aktiv zu betreiben. Doch zuvorderst das Wissen um die Grundregeln der Markenbildung, damit es auch gelingt. Ein Blick in die gängige Fachliteratur, Studien und Whitepapers der Beraterzunft offenbart: Genau hier herrscht Mangel. „Branding“ wird nur allzu oft zu „Marketing“ verkehrt. Dabei ist Employer Branding vielmehr ein Prozess der Organisationsentwicklung, sogar der Identitäts- und Kulturentwicklung, und erst nachgelagert ein Prozess des Marketings. Gute Arbeitgebermarken entspringen im Inneren des Unternehmens und prägen es von innen.

Daher macht es Sinn, dass die Personaler den Hut aufhaben für das Thema Arbeitgebermarke. Das Problem: Sie werden von der Unternehmensleitung zwar in eine neue Verantwortung gesetzt, bekommen aber nicht immer die Kompetenzen mit, die sie brauchen, um diese auch gut auszuüben.

Früher haben Personaler Stellenausschreibungen geschaltet. Heute sollen sie Personalmarketing betreiben. Crossmedial, viral und below the line. Online und offline. Bitte mit einem Schuss Multichannel und gut integriert. Selbstverständlich, aber gerne. Kaum in die Schuhe der Marketingexperten hineingewachsen, kommt auch schon der nächste Salto in Sachen Kompetenzerweiterung: Von Marketing zu Marke. Statt „Leiterin Personalmarketing“ steht plötzlich „Head of Employer Branding“ auf der Visitenkarte.

Ein Paradies für Berater und Agenturen, die sich auf das Thema Personal spezialisiert haben. Sie haben quasi über Nacht ganze Geschäftsfelder mit Employer Branding übertitelt. In Sachen Kompetenz stehen sie jedoch vor den gleichen Hürden wie die Unternehmen. Das dürfen sie zwar nicht zugeben, doch liegt es auf der Hand: Anders als bei der in Aufbau und Führung von Produkt- und Unternehmensmarken gestählten klassischen Agentur- und Beraterszene hat sich bei den HR-Dienstleistern echte Markenkompetenz naturbedingt nie aufgebaut. Das lässt sich anhand der Etatmeldungen gut nachvollziehen: Wenn in Wettbewerbsausschreibungen für Employer-Branding-Kampagnen klassische Kreativagenturen gegen Personalmarketingagenturen antreten, gehen vier von fünf Etats an die kreativen Markenprofis, die immer mehr ins Thema Employer Branding drängen, seit die Budgets größer geworden sind.

Was Employer Branding braucht, ist Erdung

So ist im deutschsprachigen Raum ein Markt entstanden, der Employer Branding als Label so ziemlich über alles stülpt, was auch nur entfernt mit Arbeitgeberattraktivität zu tun hat, aber meistens nicht direkt mit Arbeitgebermarke. Die wachsende Zahl an Employer-Branding-Fachliteratur zeichnet ebenfalls noch kein stimmiges Bild von Arbeitgebermarkenbildung. Es wimmelt von Definitionen, Sichtweisen und inhaltlichen Sammelsurien in Form von Herausgeberbänden. Bei etwa drei Viertel der im März 2012 bei Amazon angebotenen Employer-Branding-Titel handelt es sich um Veröffentlichungen studentischer Abschlussarbeiten.

Was macht die Fachdebatte? Sie zergliedert sich in aktuelle Themen wie Social Media oder Generation Y statt das wirklich Wesentliche zu vermitteln. Als Best Practices kursieren Kampagnen, die ein bunt präsentiertes Karriereversprechen sind, aber kein klares Profil vermitteln. Die Akteure der Debatte, in Unternehmen und bei Anbietern, ja selbst die Fachzeitschriften, tun sich schwer im Thema. Sie arbeiten sich an Fragen ab, auf die die Welt des Markenwesens seit Jahren eine Antwort weiß.

Und so manche in der Personalmarketingszene heiß geführte und frisch gebloggte Diskussion würde durch einen Blick in die einschlägige Markenliteratur schlagartig überflüssig werden.

Arbeitgebermarke zahlt sich in barer Münze aus

Dieses Buch soll zeigen, wie Sie wirklich Arbeitgebermarke werden. Wie Sie das enorme Potenzial nutzen können, das in Employer Branding liegt. Wie Sie Ihren Mitarbeitern mit Arbeitgebermarke mehr Identifikation stiften und Ihren Bewerbern mehr Orientierung schenken. Und wie Sie der Entwicklung Ihrer Unternehmenskultur, aber auch Ihrer Personal- und Organisationsentwicklung mit Arbeitgebermarke eine Richtung geben können, die den Zielen und Strategien Ihres Unternehmens entspricht.

Unternehmen, die Employer Branding richtig machen, verzeichnen eine ganze Kette von Effekten: Bessere Bewerberpassung mündet in eine homogenere Kultur. Das führt zu mehr Teamgeist und Identifikation mit den Zielen und Werten des Unternehmens. Die Identifikation mit dem Arbeitgeber steigt. Die Folge ist eine höhere Leistungsbereitschaft der Mitarbeiter, die Organisation wird produktiver. Auch andere Effekte wurden schon gemessen: Schnellere Besetzung von Vakanzen, erhöhte Bindung von Leistungsträgern, gesunkener Krankenstand, effizientere Kommunikation zwischen den Bereichen, bessere Arbeitsergebnisse. Beispiele finden Sie in diesem Buch.

Spätestens jetzt spitzt die Geschäftsführung die Ohren und der Finanzvorstand den Bleistift. Das ist auch gut so, denn am Ende ist die Arbeitgebermarke doch kein „Heiliger Gral", sondern — wie Unternehmensmarke generell — ein strategisches Instrument der Unternehmensführung, das vor allem eins erreichen soll: sich in barer Münze auszahlen.

Werden Sie sattelfest, argumentationssicher und handlungsfähig

Darauf können Sie sich verlassen: Wenn Sie Employer Branding richtig machen, lohnt sich das für alle. Für Ihr Unternehmen, das Kosten spart und effektiver wird. Für alle Mitarbeiter, die besser wissen, wofür das Unternehmen steht und worauf es ankommt. Für Bewerber, die schneller entscheiden können, ob sie zu Ihnen passen oder nicht. Und für Sie selbst, denn Employer Branding macht richtig Spaß und bringt Sie weiter — nicht selten auch in der Karriere.

Gestatten Sie eine Anleihe aus der Antike: Richtig gemacht, kann Arbeitgebermarke sein wie das alte Rom. Kristallisationspunkt mit Strahlkraft, Ausgangspunkt für Eroberungen, kulturelles Zentrum. Anziehend. Einnehmend. Nur eins ist anders: Es führen längst nicht alle Wege dorthin.

Dieses Handbuch zeigt, wie Sie zum Ziel gelangen. In 18 Schritten. Mit vielen Beispielen, Interviews mit Employer-Branding-Projektleitern und Fallstudien. Es macht Sie in allen Schritten sattelfest und handlungsfähig und schaut nach rechts und links — damit Sie das Thema Arbeitgebermarke auch in seinen Zusammenhängen sehen und sicher argumentieren können.

Legen Sie los. Schritt für Schritt. Viel Vergnügen.

2 Einleitung: Arbeitgebermarke – Kontext und Ziele

2.1 Employer Branding im Kontext Marke

Einzug in die Fachdebatte hielt der Begriff „Employer Branding" 1996 — durch den im Journal of Brand Management veröffentlichten wegweisenden Fachbeitrag „The Employer Brand" von Tim Ambler, damals Professor an der London Business School, und Simon Barrow. Und doch dauerte es noch etwa zehn Jahre, bis Employer Branding um das Jahr 2006 herum schließlich seinen Siegeszug in der Praxis antrat.

Heute gibt es viele Definitionen von Employer Branding. Die meisten greifen zu kurz, einige sind aus Markensicht schlicht haarsträubend, andere treffen zu. Eine der am häufigsten in wissenschaftlichen Arbeiten zitierte Definition lautet:

„Employer Branding ist die identitätsbasierte, intern wie extern wirksame Entwicklung und Positionierung eines Unternehmens als glaubwürdiger und attraktiver Arbeitgeber."

2.1.1 Employer Branding und Corporate Branding

Wenn von Arbeitgebermarke die Rede ist, sollte immer klar sein: Es handelt sich dabei nicht um eine „andere" Marke — die Arbeitgebermarke ist ein Teil der Unternehmensmarke. Streng genommen darf es den Begriff „Arbeitgebermarke" gar nicht geben, beschreibt er doch nur einen Teil oder eine besondere Ausprägung der Unternehmensmarke.

Die Unternehmensmarke richtet sich an alle relevanten Bezugsgruppen — auch „Märkte" genannt — des Unternehmens:

- Absatzmärkte (Endkunden und Absatzmittler der Produkte bzw. Dienstleistungen)
- Meinungsmärkte (Medien, Politik und Gemeinwesen sowie die allgemeine Öffentlichkeit)
- Finanzmärkte (Eigentümer, potenzielle Investoren und Analysten)
- Arbeitsmärkte (Mitarbeiter, Führungskräfte und potenzielle Mitarbeiter)

Employer Branding ist ein Teil des Corporate Branding, also des Aufbaus und der Führung der Unternehmensmarke. Es spezifiziert und ergänzt die Unternehmensmarke für die Zielgruppen in den Arbeitsmärkten und im Unternehmen, also für Mitarbeiter und Führungskräfte.

Erinnern Sie sich noch, als Mitte der Neunziger in der Kinowerbung nicht mehr nur einzelne Eissorten gezeigt wurden, sondern mitten zwischen Magnum, Solero, Cornetto & Co. plötzlich das Langnese-Logo auftauchte? Als Sie auf einer Werbeanzeige von Nivea rechts oben plötzlich ganz klein das Logo der Firma Beiersdorf sahen — ebenso wie auf Werbung für Tesafilm? Das waren die Anfänge des Corporate Branding in Deutschland. Wenn zuvor von Marke oder Branding die Rede war, dann nur in Bezug auf bekannte Produkte. Wer wusste in den Achtzigern schon, dass Schokoriegel wie Snickers, Bounty oder Twix alle von der gleichen Firma stammen — und Uncle Ben's, Frolic, Whiskas und viele andere Marken gleich dazu?

Dem ging ein Paradigmenwechsel voraus: Standen zuvor die Produkte und ihre Qualität im Vordergrund des Interesses von Konsumenten und Gesellschaft, verlagerte sich der Fokus in den Neunzigern auf die größeren Zusammenhänge. Wertorientiertes, nachhaltiges Verhalten wurde wichtiger. Von den Unternehmen wurde Verantwortungsbewusstsein gefordert, und zwar nicht mehr nur für die Qualität ihrer Produkte, sondern auch für Umwelt und Gesellschaft.

Für manche war es Druck, viele sahen darin eine Chance: Man sprach nicht mehr von Produktqualität, sondern von Markenqualität. Und Marke war plötzlich auch das Unternehmen — die Hersteller traten aus dem Schatten ihrer Produkte. Globalisierung und informationstechnische Vernetzung haben dazu beigetragen, dass Unternehmensmarken — und so manche Produktmarke — heutzutage als integraler Bestandteil der Gesellschaft gesehen wird; mit dem Auftrag, Verantwortung für Gegenwart und Zukunft zu übernehmen. Ob das Unternehmen nun Eiscreme, Schokoriegel, Autos oder Versicherungen verkauft — seine Marke ist zu einem Verantwortungsträger für die eigene Belegschaft, die Regionen, in denen das Unternehmen ansässig ist, künftige Generationen und den ganzen Globus geworden: Wir leben in einer Welt des „Brand Citizenship".

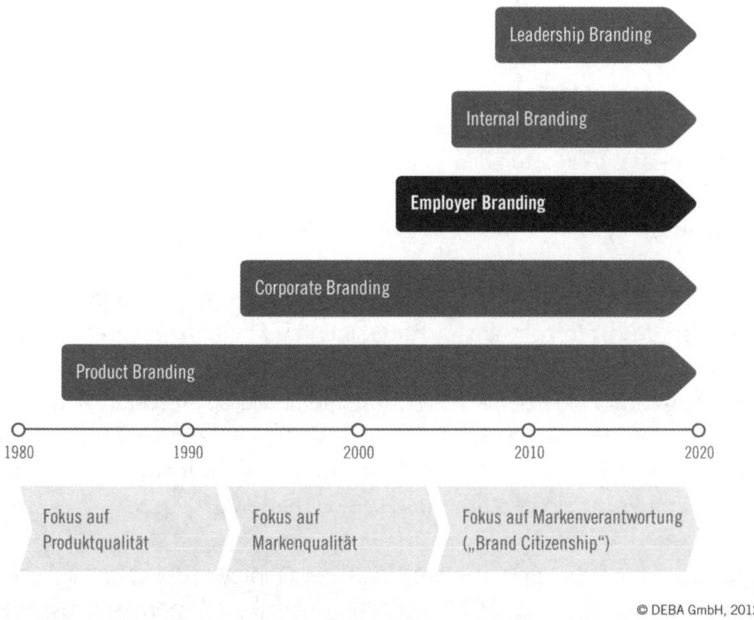

Abb. 2.1: Historie der Branding-Disziplinen in Deutschland

2.1.2 Employer Branding als Teil der internen Markenbildung

Da sich Employer Branding nicht nur nach außen, sondern auch nach innen richtet, ist es zugleich ein Teil der internen Markenbildung („Internal Branding"). Deren Ziel ist hauptsächlich die Ausprägung einer gemeinsamen Identität und eines Werteverständnisses, das Zusammenhalt, Loyalität und Bindung und ein „markenorientiertes" Verhalten der Mitarbeiter und Führungskräfte erzeugt.

Insbesondere Führungskräfte sind erfolgsentscheidend für die interne Markenbildung, hat der direkte Vorgesetzte doch den größten Einfluss auf Zufriedenheit, Loyalität und Leistungsbereitschaft eines Mitarbeiters. 2008 schwappte der Begriff des „Leadership Branding" aus den USA erstmals nach Deutschland – die deutsche Redaktion des Harvard Business Manager sollte einen so betitelten Artikel des amerikanischen Muttermagazins übernehmen und diskutierte ihn mit Employer-Branding-Fachleuten. Der deutschen Redaktion erschien das zunächst als Modebegriff. Ob modisch oder nicht: Leadership Branding ist ein Konzept der internen Markenbildung, das dem Thema „markenorientierte Führung" den Stellenwert geben will, der ihm tatsächlich gebührt.

Doch was unterscheidet Employer Branding von den anderen Disziplinen der internen Markenführung? Während Internal und Leadership Branding sämtliche intern relevanten Themen des Unternehmens und seiner Marke unter einen Hut bringen wollen — zum Beispiel Vision, Leitbild, Unternehmenswerte, soziale und ökologische Verantwortung oder Nachhaltigkeit —, wirkt Employer Branding wie ein inhaltliches Brennglas für die Aspekte, die für das Erleben des Unternehmens als Arbeitgeber relevant sind. Und genau das sind die Themen, die einen Mitarbeiter am meisten berühren und bewegen, wie die Praxis zeigt.

Ist das verwunderlich? Da sich die Unternehmensmarke rundum an alle Bezugsgruppen des Unternehmens richtet, sind ihre Themen in der Regel genereller und damit abstrakter als die Themen der Arbeitgebermarke. Hingegen soll Employer Branding kulturelle Themen, Identitätsmerkmale sowie Veränderungsbedarfe zutage fördern, die sehr viel direkter Einfluss darauf nehmen, ob sich ein Mitarbeiter an seinem Arbeitsplatz wohlfühlt und motiviert ist oder nicht und daher mehr Einfluss haben auf seine Haltung und sein Verhalten.

Das wird auch dadurch erreicht, dass die Employer-Branding-Analyse die häufig vorhandenen Diskrepanzen zwischen „offiziellen" Unternehmenswerten und jenen Werten offenlegt, die von den Mitarbeitern tatsächlich gelebt werden, die ihr Verhalten und die Kultur des Unternehmens prägen. Nicht selten erkennt die Geschäftsführung dann, dass gewisse Werte doch nur Wünsche waren — und kann entsprechend handeln.

Thematisch gesehen ist Employer Branding ein Teil der internen Markenbildung. In der Praxis jedoch genau der Teil, der intern besonders viel verändern und Führungsleitlinien oder Kompetenzmodelle individueller, also markenspezifischer anreichern kann als das generelle, große Ganze.

2.1.3 Employer Branding ist mehr als Personalmarketing

Räumen wir hier auch gleich mit dem sicherlich am weitesten verbreiteten Missverständnis auf: Employer Branding ist nicht Personalmarketing. Es unterscheidet sich davon ebenso fundamental wie Markenbildung ganz generell von Marketing. Die Bildung von Arbeitgebermarken berührt weit mehr Handlungsfelder als das Marketing. Es handelt sich dabei vor allem um einen Prozess der Identitäts- und Organisationsentwicklung, nur zum Teil um einen Marketingprozess. Personalmarketing kann daher als ein operatives Instrument des — vor allem externen — Employer Branding betrachtet werden. Das ist bei Produktmarken ganz anders. Hier sind Marketing und Kommunikation die zentralen Handlungsfelder.

2.2 Start und Ziel des Employer Branding

Ziel des Employer Branding ist immer die Bildung einer Arbeitgebermarke. Ein Vorschlag für die Definition von Arbeitgebermarke:

Ein Unternehmen ist zur Arbeitgebermarke geworden, wenn die relevanten Bezugsgruppen ein überwiegend einheitliches und unterscheidbares Vorstellungsbild von ihm als Arbeitgeber haben.

Die Faustregel: Bis sich ein solches klares Vorstellungsbild (Bild = Image) etabliert hat, dauert es in der Regel drei bis fünf Jahre konsequentes Employer Brand Management. Auch wenn sich der eine oder andere schnelle Effekt sicher schon früher einstellen wird, sollten Sie der Arbeitgebermarkenbildung Zeit geben. Marken entstehen nie über Nacht.

Damit ein Unternehmen ein bestimmtes Vorstellungsbild über sich als Arbeitgeber erzeugen kann, muss es zu Anfang das gewünschte Zielbild definieren. Sie müssen einen klaren Standpunkt einnehmen, also Position beziehen. Während die Arbeitgebermarke der Zielpunkt des Employer-Branding-Prozesses ist, ist die Arbeitgeberpositionierung immer sein Startpunkt — und der Schlüssel dafür, dass eine Unternehmen seine Investitionen in die operativen Aktivitäten des Personalmarketings, des Talent Managements, des Recruitings sowie der Personal- und Organisationsentwicklung tatsächlich in den Dienst der Arbeitgebermarkenbildung stellt.

Eine gute Arbeitgeberpositionierung, in der Fachliteratur auch häufig „Employer Value Proposition“ (EVP) genannt, zeichnet sich durch drei Faktoren aus. Sie ist immer

- glaubwürdig, wird also von der überwiegenden Mehrheit der Mitarbeiter und Führungskräfte akzeptiert,
- differenzierend, unterscheidet den Arbeitgeber also in den Arbeitsmärkten von seinen Wettbewerbern und
- zukunftsweisend, fördert also vom Topmanagement gewünschte Veränderungen im Unternehmen.

Woran Arbeitgebermarkenbildung oftmals scheitert

Viele Unternehmen, die Employer Branding intensiv betreiben, haben genau das versäumt: Sie haben zu Anfang keine markenwirksame Positionierung definiert. Dabei liegt die Betonung auf „markenwirksam“. Zwar haben viele von ihnen, gerade die Konzerne und größeren Mittelständler, insbesondere in den Jahren 2007 bis 2010 Employer-Branding-Strategieprojekte ins Leben gerufen, um die eigene Positionierung als Arbeitgeber zu entwickeln, sind aber nicht zu Ergebnissen gelangt, die markenbildungstauglich sind.

Die meisten haben Selbstverständlichkeiten definiert und nicht gewagt herauszustellen, was sie besonders und anders macht. Das war die Geburtsstunde der vielen austauschbaren Floskeln, die seitdem die Arbeitgeberauftritte der meisten Firmen dominieren — selbst jener, die seit Jahren Employer Branding Schwerstarbeit leisten.

Diese Herangehensweise findet sich in diversen populären Studien, wie auch in der 2006 erschienenen Studie „Unternehmenskritische Nachwuchskräfte gewinnen und Leistungsträger binden“ des Londoner Corporate Leadership Counsil, die vor allem den Fortune-500-Unternehmen als wichtiger Referenzpunkt galt. Aber auch heutzutage hält sich hartnäckig eine den Gesetzen der Markenbildung entgegenwirkende Auffassung über die richtigen Inhalte einer Arbeitgeberpositionierung.

Doch scheint sich ein Trend abzuzeichnen: Immer mehr Unternehmen stellen sich der Gretchenfrage, wozu die enormen Investitionen der letzten Jahre gut waren, wenn der einzige Unterschied, den ein Bewerber heutzutage beim Blick auf ihre ausgefeilten Arbeitgeberauftritte erkennt, doch nur auf Bekanntheit und Image der Produktmarken oder der Unternehmensmarke beruht. Die erhoffte „Arbeitgebermarken-Rendite“ ist ausgeblieben.

Die Erkenntnis setzt sich durch: Nur wer ein Bild von sich als Arbeitgeber definiert, das nicht auf Selbstverständlichkeiten beruht, sondern ihn von anderen unterscheidet, hat die Chance, Arbeitgebermarke zu werden.

2.3 Der Weg zur Arbeitgebermarke – In 18 Schritten

Gibt es einen idealtypischen Prozess der Arbeitgebermarkenbildung? In der Theorie ja, in der Praxis nein. Dieses Buch beschreibt ein Employer-Branding-Prozessmodell, das idealtypisch aufgebaut ist. In der Praxis wird es allerdings sehr selten vorkommen, dass ein Unternehmen die hier beschriebenen 18 Schritte genau so beschreiten kann — oder will.

Employer Branding vollzieht sich in einem Spannungsfeld struktureller, prozessualer, personeller, psychologischer und unternehmenspolitischer Rahmenbedingungen, die bei jedem Unternehmen anders und in ihrer Kombination einzigartig sind. Auch die Ausgangslage in Ihrem Unternehmen wird sehr spezifisch sein.

Employer Branding ist keine Gerade — und auch kein Regal

Darum betrachten Sie den hier beschriebenen Weg zur Arbeitgebermarke bitte als orientierenden Leitfaden. Erfahren Sie, wie die Schritte dieses Wegs funktionieren, worauf Sie achten müssen und was dabei schief gehen kann — um sie auf Ihren ganz spezifischen Bedarf zu adaptieren, zu skalieren, in ihrer Reihenfolge anders zu sortieren oder auch einen Schritt auszulassen. Die wichtigste Grundregel lautet: Nichts ist in Stein gemeißelt. Employer Branding ist kein Regal, das zusammenbricht, wenn Sie ein paar Schrauben weglassen. Vielleicht ist ein eingedampfter Prozess auf Sparflamme für Ihr Unternehmen zurzeit genau das Richtige, um loszulegen. Und ein Jahr später legen Sie noch einmal nach.

Dieses Buch will Ihnen keine „Montageanleitung“ liefern — es soll Sie befähigen, die einzelnen Bausteine clever zu kombinieren und auf Ihre Situation anzupassen. Wo auch immer Sie stehen — Employer Branding ist keine Gerade. Kurven und Umwege, auch Ehrenrunden, gehören in der Regel mit dazu.

2.3.1 Die drei Ebenen der Markenbildung

Markenbildung findet auf drei Ebenen statt:

- Markenanalyse und Markenstrategie
- Markenimplementierung
- Markenführung (Markenmanagement und Controlling)

Zunächst werden alle für die Positionierung der Marke relevanten Daten erhoben. Auf dieser Basis werden die Identität der Marke und ihre Positionierung in den für sie relevanten Märkten definiert. Ist die Markenstrategie einmal definiert, wird sie implementiert. Im Fall von Unternehmens- und damit auch von Arbeitgebermarken heißt das: Werte und Positionierung in der Organisation verankern und extern in Unternehmensauftritt und Unternehmenskommunikation entfalten. Die Markenführung hat die Aufgabe, durch die Planung und Steuerung aller der Markenbildung dienlichen Maßnahmen ein konsistentes Bild der Marke bei den für sie relevanten Bezugsgruppen zu etablieren und zu pflegen.

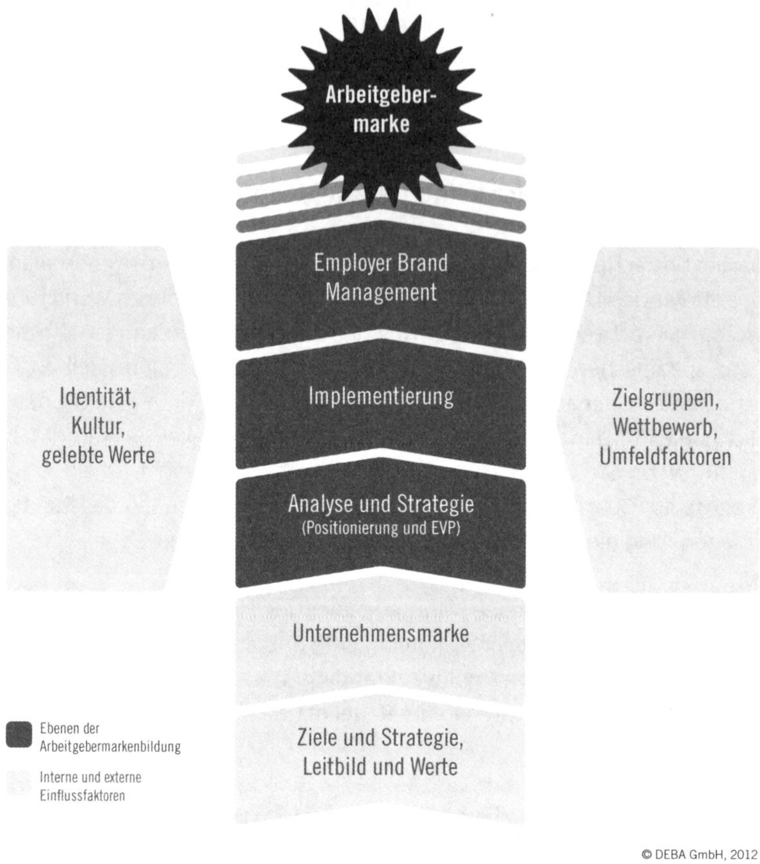

Abb. 2.2: Die drei Ebenen der Arbeitgebermarkenbildung und Einflussfaktoren

2.3.2 Interne Einflussfaktoren: Informell schlägt formell

Unternehmensmarke, und so auch Arbeitgebermarke, ist ein Instrument der strategischen Unternehmensführung. Beide fußen auf den normativen Grundlagen des Unternehmens: Ziele, Werte, Leitbild, Strategie. Sie sind, ebenso wie die Positionierung der Unternehmensmarke, die strategischen Leitplanken für den Employer-Branding-Prozess. Schließlich soll Ihre Arbeitgebermarke ein integraler Bestandteil der Unternehmensmarke sein und die Ziele des Unternehmens fördern.

Werte, Ziele und strategische Grundlagen sind meistens klar beschrieben und können nachgelesen werden. Sie sind die formalen internen Einflussfaktoren auf die Arbeitgebermarkenbildung. Manche Unternehmen stützen ihre Employer-Branding-Analyse ausschließlich auf die formalen Faktoren und versuchen, davon eine Arbeitgeberpositionierung abzuleiten. Das führt nicht sehr weit. Denn es gibt informelle Einflussfaktoren im Unternehmen, die für die Effektivität der Arbeitgebermarke sehr viel wichtiger sind als die formalen Grundlagen. Es handelt sich dabei um Kultur, Identität und die an der Basis gelebten Werte des Unternehmens. Sie sind weitaus weniger greifbar und meistens auch nicht kontrolliert entstanden – prägen aber das Bild und das Erleben des Arbeitgebers bei den Mitarbeitern sehr viel stärker. Eine Arbeitgebermarke, die in ihrer Positionierung auf diesen informellen Faktoren aufsetzt, ist immer authentischer, inspirierender und differenzierender als andere.

Unternehmenskultur? Wie viele haben Sie?

Ein Absatz zum Thema Kultur: Gerade bei Familienunternehmen sind häufig homogene Unternehmenskulturen zu erleben, selbst wenn sie viele Zehntausend Mitarbeiter rund um den Globus haben. Ein Phänomen, das sich auch bei kleineren Unternehmen und großen, die organisch gewachsen sind, beobachten lässt. Hingegen haben größere Unternehmen im Streubesitz, die eher dem Shareholder Value verpflichtet sind, sowie Unternehmen, die eher über Fusionen oder Zukäufe gewachsen sind, zumeist eine eher heterogene Kultur.

Warum scheitern so viele Fusionen und Übernahmen? Aus Employer-Branding-Perspektive sei die Hypothese gewagt, dass das in den meisten Fällen an einem Mangel an Respekt vor der Unterschiedlichkeit der Kulturen liegt. Nur wer zunächst die Unterschiede würdigt, kann erwarten, dass heterogene Kulturen im Laufe der Jahre zusammenwachsen und die Mitarbeiter aller Unternehmensbereiche eine gemeinsame Identität und Wertebasis spüren.

BEISPIEL

Identität und Integration: Megaeffekte des Employer Branding

Ein durch viele Käufe gewachsenes Finanzkonglomerat war inmitten der Transformation zu einem integrierten Unternehmen. Das Unternehmen war sich der integrativen Wirkung von Arbeitgebermarke gar nicht bewusst, als es Employer Branding startete. Es stellte sich heraus, dass die Entwicklung einer globalen Employer Value Proposition dazu führte, dass sich bald schon eine gemeinsame Identitätsbasis für die vielen Einzelteile des Konzerns bildete. Andere Unternehmen setzen Employer Branding ganz gezielt als Instrument der Konzernintegration ein. So zum Beispiel Anfang der Jahrtausendwende ein Industrieunternehmen, das sich zum Tourismusdienstleister wandelte und in Europa die großen Reiseveranstalter aufkaufte. In dem zügig gestarteten Employer-Branding-Strategieprojekt saßen bis zu 20 Personalabteilungen am Tisch, die sich zuvor nie gesehen hatten. Die integrative Wirkung des Prozesses war im Grunde genommen wichtiger als das Ergebnis.

2.3.3 Externe Einflussfaktoren: Achtung, Zielgruppen!

Extern nehmen Zielgruppen, Wettbewerber und Umfeldfaktoren Einfluss auf die Arbeitgebermarkenbildung. Das Employer Brand Management hat die Aufgabe, Veränderungen und Trends bei Zielgruppen, Wettbewerbern und im Umfeld zu beobachten und die eigenen Aktivitäten dahingehend zu prüfen, ob Anpassungen notwendig sind.

Umfeldfaktoren, die auf die Arbeitsmärkte einwirken, sind zum Beispiel

- Demografische Entwicklungen
- Veränderungen der politischen Rahmenbedingungen
- Veränderungen der rechtlichen Rahmenbedingungen
- Veränderungen der technologischen Rahmenbedingungen
- Globalisierungseffekte

Wichtigster externer Einflussfaktor sind sicherlich die Zielgruppen, ihre Wertorientierungen und Präferenzmuster bei der Arbeitgeberwahl. Aber Vorsicht! Hier liegt einer der größten Employer-Branding-Denkfehler der letzten Jahre. Viele Unternehmen haben die Präferenzen ihrer Zielgruppen bei der Arbeitgeberwahl zur Maßgabe ihrer Arbeitgeberkommunikation gemacht — und sich so den Weg verbaut, ein eigenständiges Profil als Arbeitgeber zu entwickeln. Was will der Ingenieur von heute oder der IT-Profi von morgen? Wer seine Arbeitgebermarke inhaltlich auf den Ergebnissen der einschlägigen Präferenzstudien aufbaut, die jährlich veröffentlicht werden, hat gleich zwei Probleme: Zum einen handelt es sich dabei um eher austauschbare Themen wie Vergütung, Karriere oder Arbeitsplatzsicherheit. Zum anderen sind Bewerberpräferenzen zeitgeistigen Einflüssen unterworfen, die je nach konjunktureller Lage und genereller Arbeitsmarktpsychologie gewaltig variieren können, wie ein Vergleich dieser Studien zeigt.

Werte und Kerninhalte einer Marke dürfen jedoch nie zeitgeistig sein. Die Markenpositionierung, auch die Arbeitgeberpositionierung, hat alle Zielgruppen universell, also übergreifend, anzusprechen — und zwar auf einer eher normativen, langfristig stabilen Basis.

Die übergreifenden Botschaften der Arbeitgeberpositionierung sind jedoch nur die Spitze eines Eisbergs. Jeder Arbeitgeber hat eine Fülle weiterer Themen, über die er sprechen will oder muss. Und die können und sollten Sie, flankierend zur Arbeitgeberpositionierung, möglichst zielgruppengenau einsetzen. Eine gute Arbeitgeberkommunikation setzt daher auf kluge Ausdifferenzierung. Nicht nur nach Berufsgruppen, sondern auch zum Beispiel nach Erfahrungsgraden, Hierarchiestufen oder Karrierepfaden.

Neben den Präferenzen in der Arbeitgeberwahl spielen auch die generellen Wertorientierungen der für Sie relevanten Gruppen eine Rolle. Gerade für die Frage, welche Benefits und Attraktivitätsmerkmale ein Unternehmen haben sollte. Setzen Sie besser auf Familienfreundlichkeit oder auf Gesundheitsvorsorge? Auf flexiblere Arbeitszeiten oder bessere Durchlässigkeit, damit mehr Menschen bei Ihnen Karriere machen können? Wenn Sie wissen, welche grundlegenden Bedürfnisse Menschen verschiedener Generationen oder Lebens- und Berufsphasen haben und diese in Rechnung stellen, können Sie zielgerichtet investieren.

2.3.4 Das Employer-Branding-Prozessmodell

Die nachfolgenden Schaubilder zeigen alle Bausteine des idealtypischen Employer-Branding-Prozesses modellhaft in vier Phasen:

- Setup und Analysephase
- Phase der Strategieentwicklung
- Phase der Implementierung (extern und intern)
- Employer Brand Management (Markenführung)

Die Gliederung dieses Buchs weicht aus Gründen der Praktikabilität von der modellhaften, idealtypischen Darstellung leicht ab und setzt Schwerpunkte, die der Bedeutung der einzelnen Bausteine in der Praxis besser Rechnung tragen.

- Das dritte Kapitel widmet sich der Vorbereitung und dem Projektstart.
- Das vierte Kapitel beschreibt das Vorgehen in der Analyse und der Strategieentwicklung.
- Im fünften Kapitel wird gezeigt, wie sich die Arbeitgebermarke erfolgreich in der Organisation verankern lässt.
- Das sechste Kapitel beschreibt, wie die Arbeitgebermarke extern erfolgreich entfaltet und kommuniziert wird.
- Das siebte Kapitel widmet sich dem Management und dem Controlling der Arbeitgebermarkenbildung.

Diese fünf Kapitel leiten Sie durch insgesamt 18 einzelne Schritte, die sich in der Praxis als eine sinnvolle Etappenbildung auf dem Weg zur Arbeitgebermarke erwiesen haben. Nutzen Sie die vier nachfolgenden Schaubilder bei der Lektüre, um sich zu orientieren. Die einzelnen Schritte sind den Bausteinen des idealtypischen Employer-Branding-Prozesses dort zugeordnet, einige auch mehrfach.

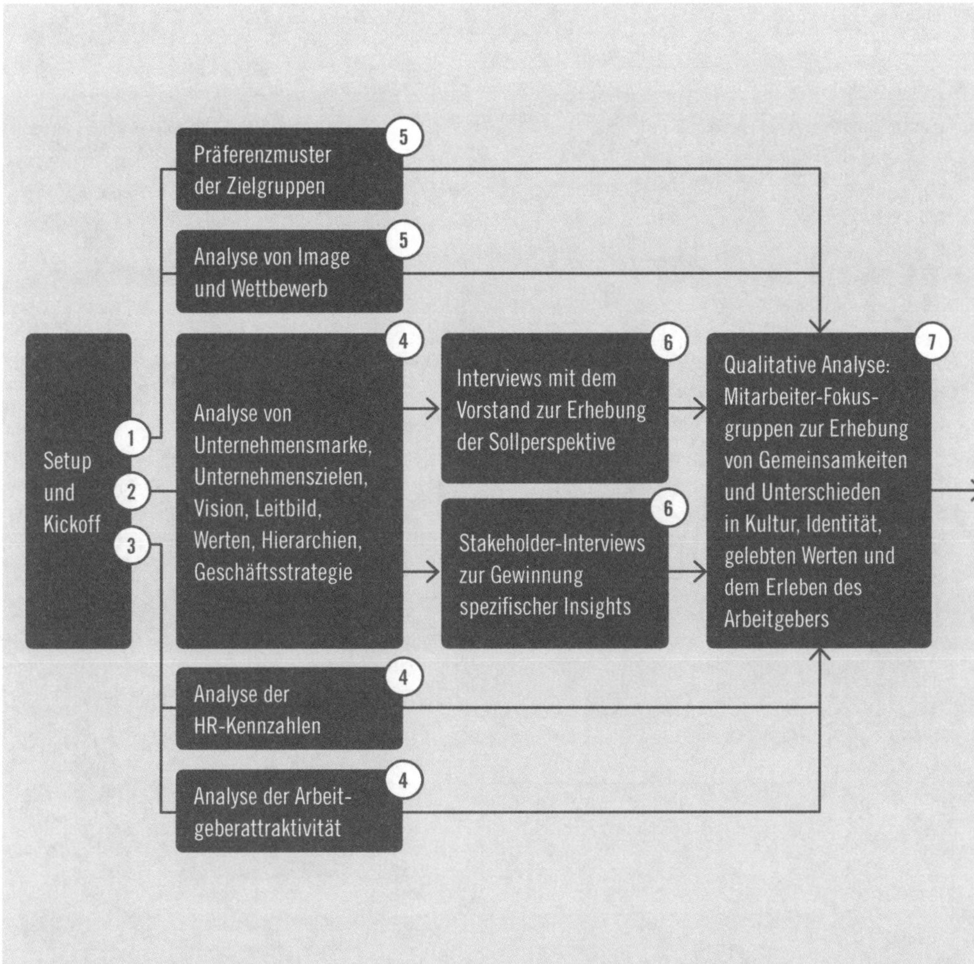

Abb. 2.3: Setup und Analysephase

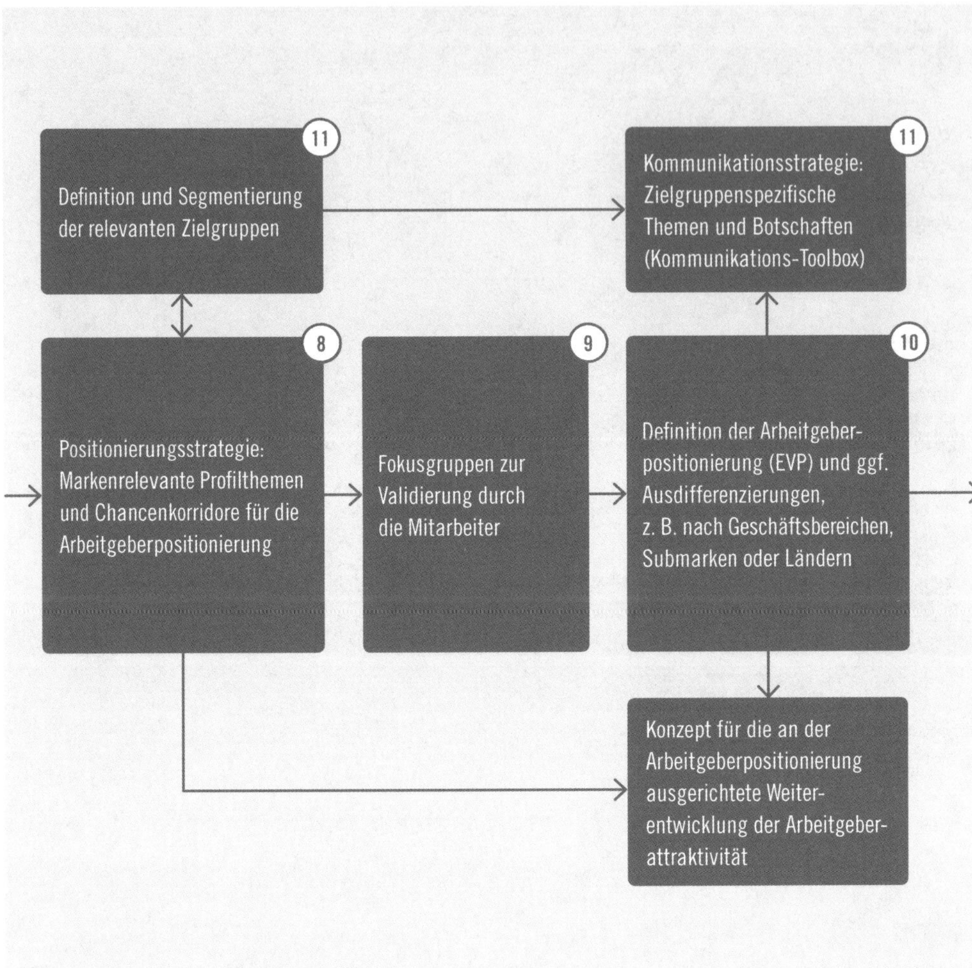

Abb. 2.4: Phase der Strategieentwicklung

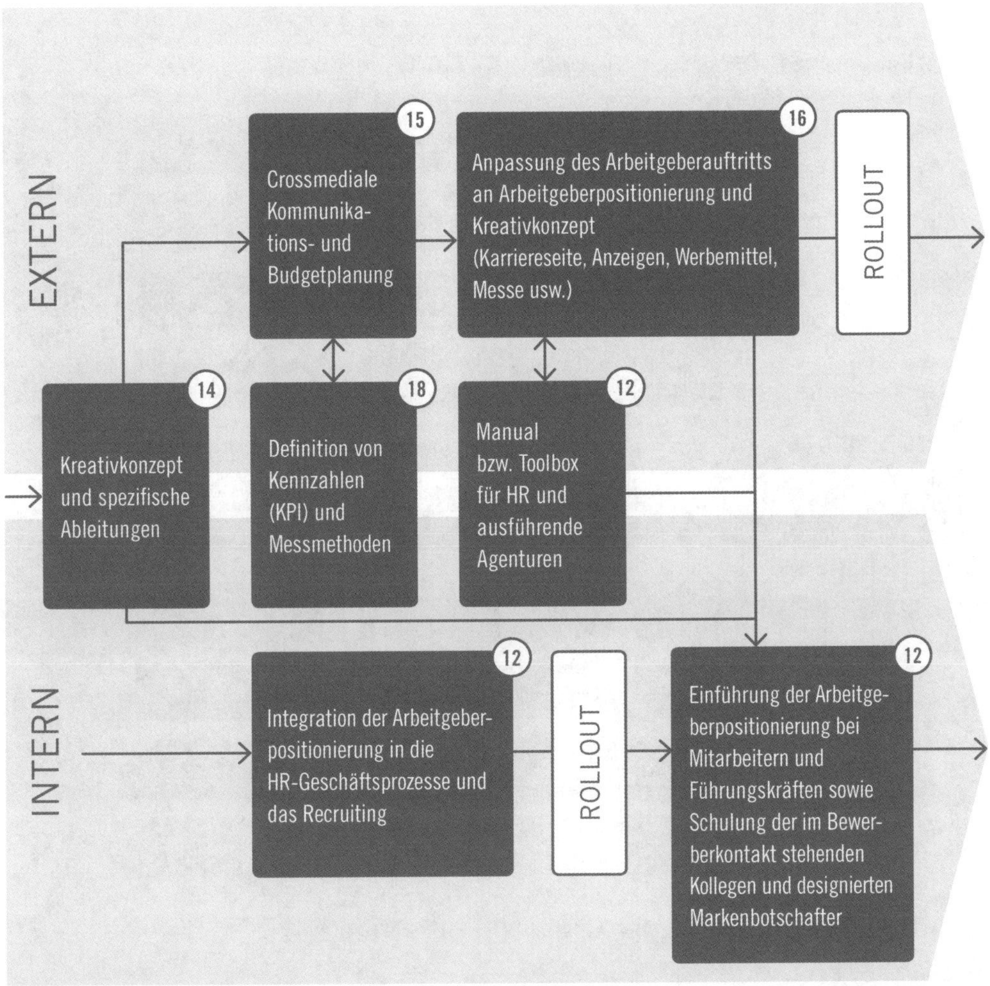

© DEBA GmbH, 2012

Abb. 2.5: Phase der Implementierung

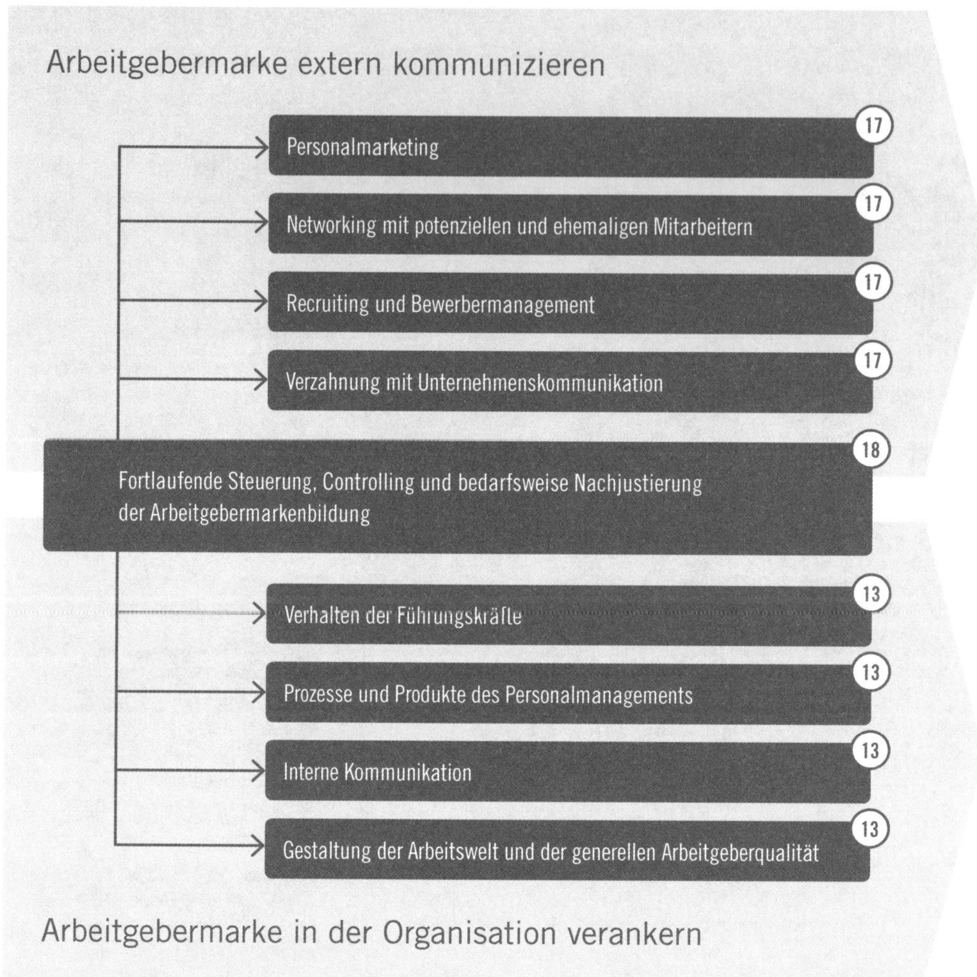

Abb. 2.6: Phase des Employer Brand Managements

3 Vorbereitung und Projektstart

Eine sorgfältige Vorbereitung ist der Schlüssel zum Erfolg. Wenn Sie die richtigen organisatorischen, personellen und psychologischen Rahmenbedingungen schaffen, haben Sie ein gutes Fundament gelegt, damit Employer Branding in Ihrem Unternehmen auch gelingt — und das von Kollegen und Geschäftsleitung auch so gesehen wird.

Viele Employer-Branding-Prozesse scheitern oder bleiben in ihren Ergebnissen unter den Erwartungen zurück, weil das Setup am Anfang versäumt oder nicht richtig gemacht wurde. Entweder steht das Management nicht ausreichend dahinter, es werden zu unterschiedliche Erwartungen an das Projekt geknüpft oder Personalabteilung und Unternehmenskommunikation verfolgen nicht das gleiche Ziel. Sichern Sie den Projekterfolg und vermeiden Sie Enttäuschungen und Kompetenzgerangel, indem Sie schon zu Anfang

- richtig argumentieren und intern überzeugen (Schritt 1)
- Mitstreiter gewinnen und die Unternehmensleitung ins Boot holen (Schritt 2)
- ein gemeinsames Verständnis von Zielen, Abläufen, Rollen und Begriffen etablieren (Schritt 3)

Der Unternehmensspitze kommt dabei eine Schlüsselrolle zu. Sie sollte auf unliebsame Wahrheiten vorbereitet werden, die ein Employer-Branding-Prozess eventuell zutage fördert.

Es gibt Unternehmen, die ein Jahr benötigen, um günstige Voraussetzungen für den Projektstart zu schaffen. Und solche, die innerhalb von wenigen Wochen startklar sind. Ob Sie dafür Wochen oder Monate benötigen — nehmen Sie sich die Zeit für eine gute Vorbereitung des Employer Branding in Ihrem Unternehmen.

Wenn Sie jetzt denken „Moment, ich habe doch bereits einen klaren Projektauftrag von ganz oben“, dann gehören Sie zu den Glücklichen, deren Management bereits rundum überzeugt ist. Trotzdem sollten Sie diesen Teil nicht überspringen. Denn kennt Ihr Vorstand auch wirklich alle Implikationen, die ein Employer-Branding-Prozess möglicherweise hat? Und es ist nicht nur die Geschäftsleitung, die im Commitment stehen sollte. Auch andere Kollegen, Abteilungen und Entscheider beeinflussen Erfolg oder Misserfolg Ihres Employer Branding (siehe Runder Tisch des Employer Branding). Auch sie sollten überzeugt und eingebunden werden. Kurzum: Auch wenn Sie den Projektauftrag schon in der Tasche haben, kann Employer Branding scheitern, wenn diese Grundlagen nicht geschaffen wurden:

- Gemeinsames Verständnis von Employer Branding und den damit verbundenen Erwartungen
- Einbindung aller für das Thema relevanten Kollegen und Abteilungen (Stakeholder)
- Einigung aller Stakeholder auf Strukturen und Prozesse des Employer Branding
- Klärung von Rollen und Zuständigkeiten der Prozessbeteiligten sowie Entscheidungsstrukturen
- Definition von Projektzielen und Erfolgskriterien
- Aufklärung über unternehmensinterne und externe Konsequenzen von Employer Branding
- Bereitschaft, auch unliebsame Projektergebnisse zu würdigen
- Regelung der Informationspolitik gegenüber Mitarbeitern und Führungskräften

Die drei Schritte zur Vorbereitung des Employer Branding haben sich in der Praxis bei Unternehmen aller Größenordnungen und Branchen bewährt. Damit nichts schief geht: Machen Sie Ihren „Employer-Branding-Cockpit-Check".

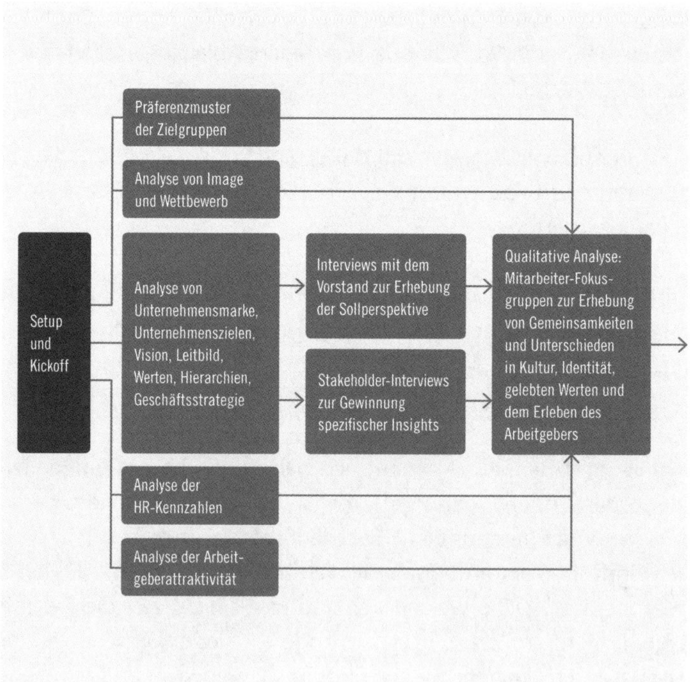

Abb. 3.1: In der Übersicht die Schritte 1, 2 und 3 – Projektvorbereitung und Kick-off

3.1 Schritt 1: Richtig argumentieren, intern überzeugen

Am Anfang heißt es überzeugen und informieren. Das Management und alle anderen relevanten Stakeholder. In der Regel sind es die Fachabteilungen, die die Employer-Branding-Initiative ergreifen, weil sie den operativen Druck spüren. Manchmal stoßen Sie bei der Unternehmensspitze auf offene Ohren, häufig ist es jedoch erst eine intensive Diskussion und ein überzeugendes Argumentarium, das zum Startschuss führt. In einem klassischen „Bottom-up-Prozess" betreiben Sie Lobbying. Sie versuchen, Mitstreiter zu gewinnen und Skeptiker zu überzeugen. Sowohl horizontal, quer durch die Fachabteilungen, als auch vertikal, über die Hierarchiestufen hinweg. Das ist der erste Schritt des Employer Branding: Richtig argumentieren, intern überzeugen.

Wenn Sie Mitglied der Geschäftsleitung sind und dieses Buch lesen, ist das ideal. Doch glauben Sie bitte nicht, Sie kommen um Schritt 1 herum. Denn damit Employer Branding auch bei Ihnen gelingt, müssen mehr Menschen als Sie und das Projektteam am runden Tisch des Employer Branding sitzen. Und zwar aus echter Überzeugung heraus — und nicht nur, weil Sie als Chefin oder Chef das so verlangen.

Sondieren Sie operativen Druck und drohende strategische Risiken

Es gibt viele gute Gründe, um Employer Branding zu starten. In etwa drei Viertel aller Fälle sind es operative Motive: Einstellungsdruck durch schnelles Wachstum, eine überdurchschnittliche Abwanderung von Leistungsträgern, Nachbesetzungsbedarf durch zunehmende Verrentung der Belegschaft oder eine zu geringe Identifikation der Mitarbeiter mit dem Unternehmen. In nur ungefähr einem Viertel der Fälle wird aus strategischen Gründen auf Arbeitgebermarke gesetzt. Der Blick auf die Demografiedaten der Belegschaft oder das frühe Abwägen der personellen und kulturellen Konsequenzen von strategischen Vorhaben wie Wachstum, Erschließung neuer Geschäftsfelder oder von Veränderungsprozessen helfen jedoch sehr, um die relevanten Stakeholder schon dann für Employer Branding zu sensibilisieren, wenn die Probleme noch nicht spürbar sind.

BEISPIEL

Vorausschauendes, nicht druckgetriebenes Employer Branding

Situation

Ein wissenschaftlicher Fachverlag mit 400 zumeist hochspezialisierten Mitarbeitern hatte noch keine Probleme, seine offenen Stellen gut zu besetzen, spürte aber, dass dafür tendenziell mehr Aufwand betrieben werden musste. Leider gab es kein Budget für einen umfassenden Employer-Branding-Prozess.

Bewertung

Employer Branding lässt sich ideal entwickeln, wenn es nicht durch operativen Druck ausgelöst, sondern strategisch vorausschauend initiiert wird. Das war hier der Fall.

Lösung

Der Verlag führte eine Employer-Branding-Analyse durch und entwickelte eine Arbeitgeberpositionierung. Da es noch keinen starken operativen Druck gab, verzichtete er aus Budgetgründen zunächst auf eine komplette Überarbeitung des Arbeitgeberauftritts, sondern stellte ihn ganz langsam Stück für Stück um. Das ließ sich im Rahmen der bestehenden Budgets lösen und brachte ihn in eine Poleposition, um sofort zu reagieren, wenn der Druck größer werden sollte.

Hervorragend, wenn Sie Employer Branding starten wollen, bevor Ihnen die operativen Probleme das Leben schwer machen. Denn Arbeitgebermarke ist, wie auch die Unternehmensmarke, ein Instrument der strategischen Unternehmensführung. Wenn Sie sie frühzeitig entwickeln, gewinnen Sie am meisten und sparen Zeit und Geld. Doch im schnelldrehenden Unternehmensalltag bedeutet Management häufiger das Managen von Problemen als das Management von Potenzialen. Das ist ganz normal und auch darin liegen Chancen. Realer Druck fördert das Bewusstsein für Probleme, und Probleme brauchen eine Lösung.

Überzeugen Sie die anderen relevanten Stakeholder in Ihrem Unternehmen, dass Employer Branding auch bei Ihnen Teil der Lösung sein kann. Ob präventiv oder akut. Manchmal hilft es schon, generelle Risiken und Chancen zu kennen, um die Vorteile eines Employer-Branding-Projekts darzustellen.

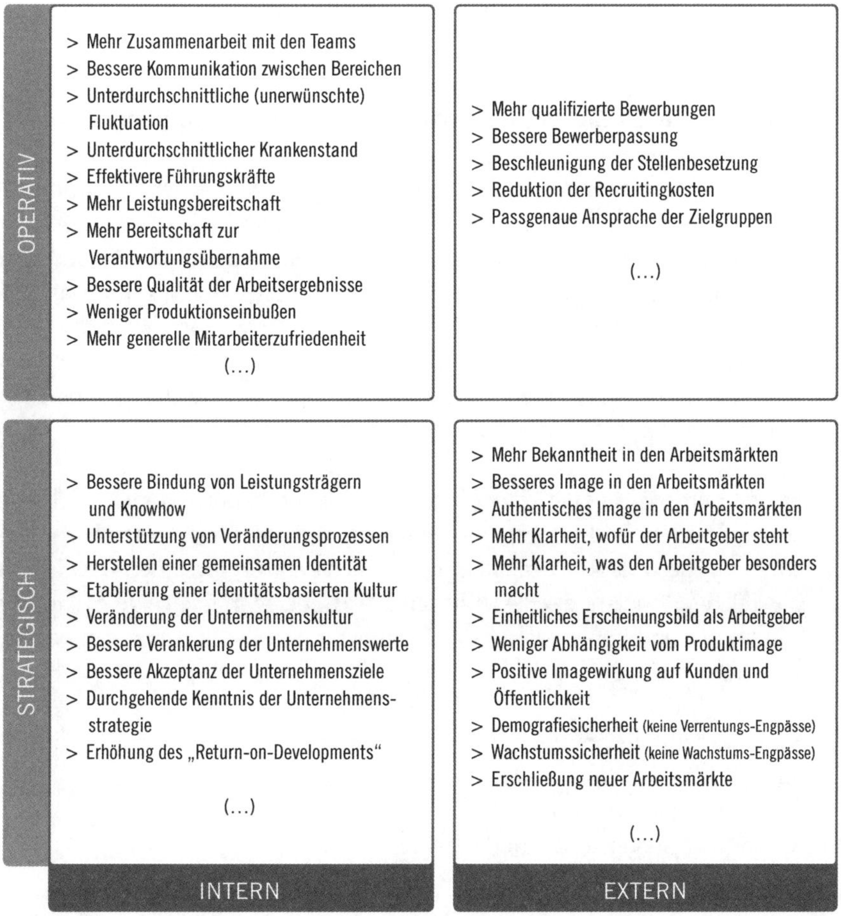

Abb. 3.2: Treiberfaktoren – Warum Unternehmen Employer Branding betreiben

In Abbildung 8 sehen Sie die gängigsten strategischen und operativen Treiberfaktoren für Employer Branding, intern wie extern. Nehmen Sie ruhig einen Stift zur Hand und kreuzen Sie an:

- Was ist in Ihrem Unternehmen schon heute ein operatives Problem?
- Welche kündigen sich gerade an?
- Welche strategische Ausgangslage trifft auf Sie zu?
- Wo sehen Sie besonderes Chancenpotenzial in Ihrem Unternehmen?

Eine solche Übersicht hilft bereits, Management und Stakeholder zu sensibilisieren und verschafft einen guten Nährboden für die weitere Überzeugungsarbeit.

Argumentieren Sie mit Potenzialen, nicht mit Problemen

Employer Branding kann Problemlöser oder Problemvermeider sein. Beides ist wertvoll. Vor allem aber ist es ein Potenzialtreiber. Und genau hierauf sollten Sie in Ihrer Argumentation fokussieren. Der Verweis auf akute Probleme und absehbare Risiken ist wichtig. Bleibt es jedoch dabei, wirkt es frustrierend. Das Aufzeigen — noch besser: Ausrechnen — von Potenzialen hingegen motiviert. Es ermutigt und erzeugt eine positive Grundstimmung für den Start des Employer Branding. Die goldene Regel: Überzeugen Sie mit dem, was Sie erreichen können. Nicht mit dem, was Sie vermeiden wollen.

Einen Überblick über die Potenziale von Employer Branding finden Sie in Abbildung 10. Dort finden Sie den „Employer-Branding-Wirkungskreis", der 2006 ins Leben gerufen wurde und zum Standard in der Fachliteratur geworden ist. Er basiert auf zahlreichen Studien, die die positiven Effekte belegen, die Folge einer strategisch fundierten und konsequenten Arbeitgebermarkenbildung sind, und zwar in den Wirkungsbereichen ...

- Mitarbeitergewinnung
- Mitarbeiterbindung
- Unternehmenskultur
- Leistungsbereitschaft und Ergebnis
- Unternehmensreputation

Die Betrachtung der generellen positiven Effekte von Arbeitgebermarke mag in manchen Fällen bereits genügen. Doch meistens braucht es mehr, um für ein Employer-Branding-Projekt zu werben und die nachhaltige Grundüberzeugung herbeizuführen, die es auf lange Sicht für den Erfolg benötigt.

Das liegt in manchen Fällen am mangelnden Bewusstsein der Entscheider für die Probleme in Gegenwart und Zukunft. Kein Wunder, schließlich spürt das Management den Handlungsdruck in der Regel später als die Fachabteilung und sieht Probleme eher punktuell als strukturell.

BEISPIEL

Unterschiedliche Wahrnehmung von Vorstand und Fachabteilungen

Situation

Ein typisches Beispiel für die unterschiedliche Wahrnehmung hinsichtlich der Notwendigkeit von Employer Branding zwischen Vorstand und Fachabteilungen ließ sich bei einem bekannten Finanzdienstleister gut beobachten. Im bereits dritten Vorbereitungstreffen zum möglichen Start eines Employer-Branding-Projekts diskutierten ein Mitglied des Vorstands und zwölf Mitarbeiter, von leitender Position bis zur Referentenebene, vom Recruiter bis zur Personalentwicklerin. Alle drängten zum Projektstart. Sie hoben Wichtigkeit und Dringlichkeit des Themas hervor. Nur der Vorstand war der Meinung, das sei doch gar nicht nötig.

Bewertung

Dem Vorstand fehlte das Bewusstsein für die operativen Nöte der Fachabteilungen. Wie schwer es diesen bereits fiel, gute Mitarbeiter zu gewinnen und Leistungsträger zu halten, war ihm nicht klar.

Mögliche Lösung

Steter Tropfen höhlt den Stein. Auch ohne ein konkretes Ziel zu verfolgen, macht es Sinn, den Vorstand regelmäßig über Erfolge und Probleme zu informieren. Die Einrichtung eines Reporting-Standards mit wenigen zentralen Kennzahlen oder mit einer Situationsbewertung nach Ampelsystematik kann hier helfen.

Ob Sie in einer solchen Situation sind oder nicht: Eine über generelle Argumente hinausgehende, auf Ihre Situation zugeschnittene Überzeugungsarbeit ist immer nützlich. Demonstrieren Sie den individuellen Nutzen des Employer Branding für Ihr Unternehmen — und das möglichst anhand konkreter Zahlen. Wenn die Probleme schon spürbar sind: Zeigen Sie, wie das Unternehmen mit Employer Branding Geld und Zeit spart. Wenn der Handlungsdruck noch nicht so offensichtlich ist: Zeigen Sie, was passiert, wenn nichts passiert. Und in jedem Fall: Zeigen Sie, welche Effektivitätsgewinne zu erwarten sind.

Abb. 3.3: Methodenkoffer „Intern überzeugen“

Ihr bestes Argument: Der Business Case

Ein Business Case stellt die konkreten geschäftlichen Vorteile dar, die zu erwarten sind, wenn ein Vorhaben umgesetzt wird. Rechnen Sie vor, welche Einsparungen oder Effektivitätsgewinne durch Employer Branding zu erwarten sind.

Wie gehen Sie am besten vor? Einige Unternehmen haben solide Kennzahlen im Personalbereich entwickelt – sie wissen zum Beispiel, was die Neubesetzung einer Fachkraftstelle kostet, eine überdurchschnittliche Krankheitsrate oder wenn eine wichtige Position erst zwei Monate später als benötigt besetzt werden kann.

Das zu wissen, ist für Sie von Vorteil. Wenn bei Ihnen diese Zahlen nicht vorhanden sind, schätzen Sie sie. Sie werden erleben, dass Sie eine hohe Wahrscheinlichkeitsschärfe erreichen können, wenn Sie beispielsweise mit Kollegen aus Recruiting, Personalentwicklung und den Fachabteilungen, die Stellen zu besetzen haben, sprechen. Entwickeln Sie gemeinsam ein Szenario und kommen Sie den Kostenfaktoren auf die Spur.

▶ **BEISPIEL**

Ein Energiekonzern will 125.000 Euro durch weniger unpassende Bewerbungen einsparen

Situation

Ein Konzern bekam jährlich etwa 30.000 Bewerbungen auf 400 Vakanzen. Die meisten davon unpassend. Ein Employer-Branding-Ziel des Unternehmens war, die Zahl der nicht passenden Bewerbungen um mindestens 5.000 zu reduzieren.

Bewertung

Wenn Sie mit Employer Branding ein klares, differenzierendes und authentisches Profil in den Bewerbermärkten etablieren, werden Sie feststellen, dass Sie weniger Bewerbungen, dafür aber mehr passende erhalten. Der Grund ist einfach: Die Bewerber können sich dank Ihrer Arbeitgebermarke besser orientieren, ob Sie zu Ihnen passen oder nicht.

Lösung

Die Personalabteilung ermittelte, wie viel Zeit die Bearbeitung und Rücksendung einer Bewerbung kostet. Die Telefonate mit den abgelehnten Bewerbern, die nachhaken wollten, was sie künftig besser machen können, waren der größte Kostenfaktor. Das Unternehmen ermittelte einen Durchschnittswert von 25 Euro. Bei einer Reduktion der unpassenden Bewerbungen um 5.000 würde das Unternehmen so jährlich 125.000 Euro sparen.

Für eine überzeugende Argumentation können Sie auch Vergleichsdaten anderer Unternehmen heranziehen. Manche Hausnummern und Faustregeln für die Berechnung finden Sie in Fachmagazinen, Blogbeiträgen oder auf Konferenzen. So schätzte das Schweizer Fachmagazin HR-Today einst, dass die Neubesetzung einer gehobenen Fachkraftstelle und die Einarbeitung des neuen Mitarbeiters im Durchschnitt 200.000 Euro kostet. Sehr gewinnbringend ist auch der direkte Austauch mit Kollegen. Bitten Sie in Employer-Branding-Gruppen auf XING um Erfahrungswerte oder schreiben Sie Kollegen in anderen Unternehmen einfach an.

Hier eine Übersicht gängiger und relativ leicht zu ermittelnder Kostenfaktoren im Recruiting, die sich durch Employer Branding optimieren lassen:

- Kosten der Abwanderung eines Leistungsträgers
- Kosten für die Besetzung einer Fachkraftstelle
- Kosten pro Monat, in dem eine Stelle nicht besetzt werden kann
- Kosten für Fehlbesetzungen (Abgang in der Probezeit)
- Kosten für die Rücksendung einer unpassenden Bewerbung
- Kosten pro Ablehnung eines Angebots durch den Kandidaten
- Kosten für Interviews/Assessments mit unpassenden Kandidaten

Darüber hinaus lebt ein Business Case auch von „weichen“ Kennzahlen, deren Geldwert nur sehr schwer bezifferbar ist. Es ist legitim, mit Prognosen und Szenarien zu arbeiten.

BEISPIEL

Ein IT-Unternehmen mit 300 Mitarbeitern prognostiziert 250.000 Euro Einspareffekte durch geringere Abwanderung von Leistungsträgern

Situation

Ein IT-Unternehmen mit ca. 300 Mitarbeitern startete Employer Branding unter anderem, weil es eine überdurchschnittliche Fluktuationsrate verzeichnete. Wichtige Leistungsträger wanderten ab, teilweise 30 pro Jahr.

Bewertung

Ein wichtiges Wirkungsfeld von Employer Branding ist die Bindung von Mitarbeitern und die Steuerung von Fluktuation – sowohl die Reduktion der unerwünschten als auch die Erhöhung der gewünschten Fluktuation.

Lösung

Das Management ließ sich durch ein plausibles Szenario überzeugen: Wenn sich durch Employer Branding die Zahl der Abgänge um nur fünf Mitarbeiter reduzieren ließe, prognostizierte die Personalabteilung Einspareffekte von 250.000 Euro pro Jahr. Dahinter standen Schätzungen für die monetären Kosten durch Arbeitsausfall bis zur Neubesetzung, für Stellenanzeigen und Personalberater sowie Personalkosten für die Durchführung von Auswahlgesprächen und die Einarbeitung der Nachfolgenden. Die Kosten dafür, dass unschätzbares Know-how mit den Kollegen abwandert, eventuell zur Konkurrenz, sind hier noch gar nicht eingerechnet.

Gerade im Zusammenhang mit der Definition von Erfolgszielen lassen sich Szenarien gut darstellen. Im Endeffekt spart Employer Branding immer Geld oder sorgt für Effektivitätsgewinne. Meistens beides.

Gibt es eine Faustregel? Bisher nicht. Erlaubt sei jedoch eine Schätzung auf Basis von Erfahrungswerten: Mit einem einmaligen Investment von vielleicht 200.000 Euro in Employer Branding kann ein Unternehmen mit 100 Mitarbeitern über drei Jahre hinweg Geld und Ressourcen im Wert von 750.000 bis hin zu 1.250.000 Euro sparen. Bei Unternehmen mit einigen Tausend Mitarbeitern ist der Return on Investment um ein Vielfaches größer.

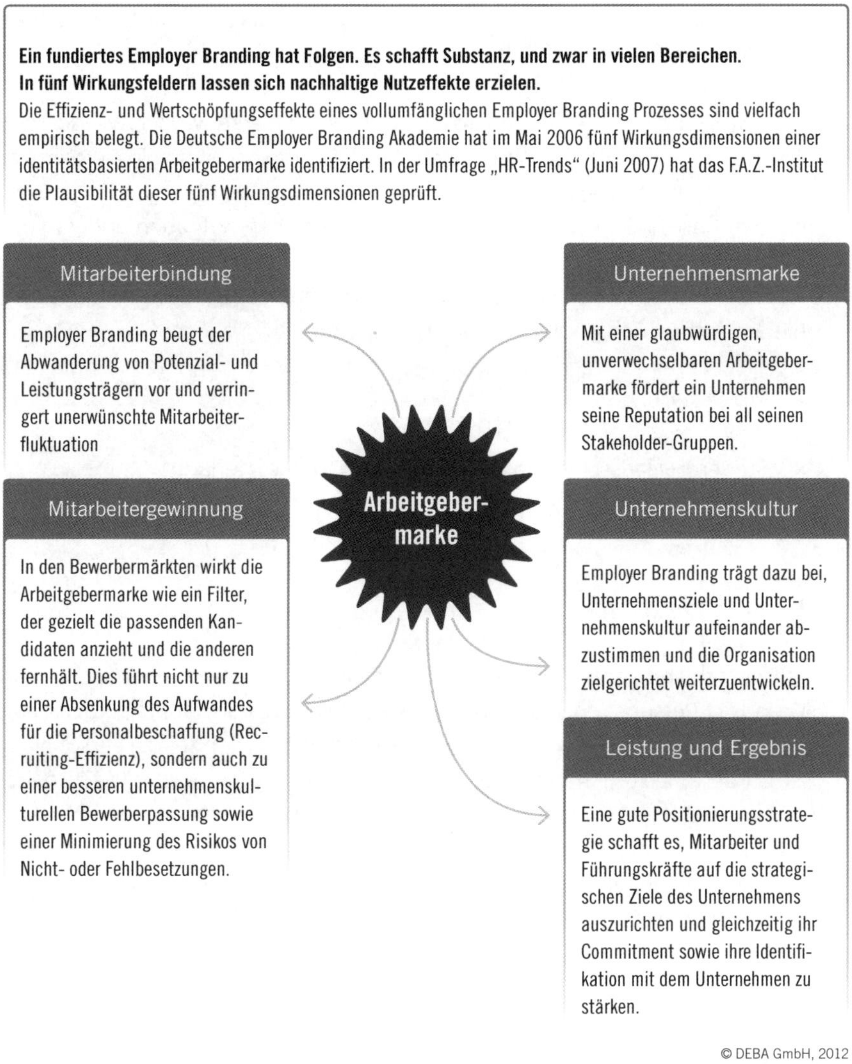

Abb. 3.4: Employer Branding Wirkungskreis

3.2 Schritt 2: Rollen und Verantwortlichkeiten klären

Die Unternehmensleitung ist überzeugt, Sie haben grünes Licht für ein Employer-Branding-Projekt. Bis zum Start ist jedoch noch einiges zu tun.

Nun geht es darum, engagierte Mitstreiter und überzeugende Fürsprecher zu gewinnen, ein schlagkräftiges Team zu konstituieren und die Interaktion der Prozessbeteiligten effizient und zielführend zu gestalten.

Denn wer eine nachhaltig erfolgreiche Arbeitgebermarke werden will, sollte sich von Anfang an Gedanken machen, welche für den Employer-Branding-Prozess relevanten Personen (Stakeholder) im Unternehmen eingebunden werden müssen — in welcher Rolle, in welcher Verantwortung, mit welchen Aufgaben und Ressourcen.

In der Praxis hat es sich sehr bewährt, ein Employer-Branding-Projekt mit einem hierarchischen Gerüst aus vier internen Ebenen aufzubauen:

- Projektleitung
- Projektteam
- Steuerungsausschuss (auch Lenkungsausschuss genannt)
- Soundingboard

3.2.1 Projektleitung

In Deutschland liegt die Projektleitung meistens im Personalbereich. Und das mit Grund, ist Personal doch der „Qualitätsmanager“ des „Produkts“ Arbeitsplatz. Vom Recruiting bis zur Personal- und Organisationsentwicklung — die Personalabteilung ist an den meisten Themen, die Employer Branding berührt, einfach näher dran. Viel wichtiger ist jedoch, dass die Projektleiterin oder der Projektleiter über eine gute Kenntnis des eigenen Unternehmens verfügt, auch seine informellen Regeln und ungeschriebenen Gesetze kennt und ein belastbares persönliches Netzwerk habt. Sprich: Die Insiderperspektive ist wichtig. Eine Projektleitung, die frisch von außen kommt, kennt das alles nicht. Sie hat kein Gefühl für Stimmungen und Fettnäpfchen, für Sensibilitäten des Führungspersonals, Konfliktlinien und Seilschaften. Das zu kennen, macht den Job viel leichter und hilft, den Prozess so zu gestalten, dass er allseits akzeptiert wird. Wer intern über wenig Akzeptanz verfügt, riskiert mit der Projektleitung Employer Branding nicht nur den Projekterfolg, sondern eventuell auch die Karriere.

BEISPIEL

Projektleitung frisch eingestellt I: Wie ein Fortune-500-Unternehmen viel Zeit verlor

Situation

Endlich war das „Go“ vom Vorstand da und der Personalbereich eines weltweit operierenden Fortune-500-Unternehmens wollte loslegen. Dumm nur, dass schon vor dem Start des Employer-Branding-Projekts der designierte Projektleiter abgeworben wurde. In der Not stellte das Unternehmen Ersatz von außen ein.

Bewertung

Diese Entscheidung verzögerte das Projekt um schätzungsweise drei Monate, weil der neue Projektleiter zwar hoch engagiert war, sich aber kaum zurechtfand und die Ansprechpartner in den Niederlassungen und Divisionen noch nicht kannte.

Lösung

Bieten Sie die Projektleitung jemandem an, der das Unternehmen kennt wie seine Westentasche, auch bei Führungskräften Akzeptanz genießt und über ein gutes informelles Netzwerk verfügt.

BEISPIEL

Projektleitung frisch eingestellt II: Wie Employer Branding in einem Life Science Unternehmen gleich gänzlich scheiterte

Situation

Ein Unternehmen der Life-Science-Industrie übergab die Projektverantwortung Employer Branding der neu eingestellten Leiterin des Personalmarketings. Die Personalabteilung ging nahezu mustergültig vor und entwickelte eine Positionierung, die ebenso authentisch wie profilstark war. Doch obwohl die Kommunikationsabteilung die ganze Zeit mit am Projekttisch saß, wischte sie das Ergebnis, an dem mehr als hundert Mitarbeiter und Führungskräfte über neun Monaten lang gearbeitet hatten, vom Tisch und setzte anschließend eine Employer-Branding-Kampagne durch, die nichts von den Arbeitsergebnissen widerspiegelte.

Bewertung

Das Employer-Branding-Projekt war komplett gescheitert. Die Projektleiterin wurde von der Kommunikationsabteilung nicht ernst genommen und damit auch das gesamte Projekt nicht. Sie hatte keine Hausmacht, auch weil sie noch keinen Draht zu Personalleitung und Vorstand hatte.

Lösung

Wie bei dem Beispiel zuvor: Achten Sie darauf, dass die Projektleitung im Unternehmen gut vernetzt ist und Autorität genießt.

3.2.2 Projektteam

Die Projektleitung leitet das Projektteam, das in der Regel aus zwei bis vier weiteren Personen besteht. Zwei Dinge sind ganz wichtig: Dass eine Projektassistenz benannt ist, die sich um die Koordination von Abläufen und Terminen kümmert, und dass die Unternehmenskommunikation (oder die Marketingabteilung) einen festen Platz bekommt.

Idealerweise besteht das Projektteam aus einer Projektassistenz sowie Vertretern von

- Personalmarketing
- Personal- und Organisationsentwicklung
- Unternehmenskommunikation (respektive Marketing)

Entscheidend ist, dass die Unternehmenskommunikation (in manchen Unternehmen ist es die Marketingabteilung oder — sofern vorhanden — das Brand Management) nicht nur als Beobachter, sondern von Anfang an aktiv gestaltend mit an Bord ist. Sehr vorteilhaft ist es, wenn das Teammitglied aus Kommunikation oder Marketing einen guten Draht zur Bereichsleitung hat und seine Vorgesetzten regelmäßig informiert. So sind beide Fachabteilungen in der Verantwortung. Eventuell gegenläufige Erwartungen, Ansichten und Bewertungen werden früh erkannt und ausgeräumt. Kompetenzen und Erfahrungen aus beiden Perspektiven bereichern das Projekt. Der Schulterschluss beider Fachabteilungen sorgt in der Regel für überzeugenden Nachdruck bei Ergebnispräsentationen vor dem Steuerungsausschuss. Und nicht zuletzt haben die Leitungen von Kommunikation und Marketing immer einen guten Draht nach oben — meist deutlich besser als die Personaler. Dass die beiden Abteilungen Hand in Hand an dem Projekt arbeiten, ist daher ein Schlüssel zum Erfolg — und meistens keine Last, sondern ein Gewinn für alle.

3.2.3 Steuerungsauschuss

Der Steuerungsausschuss, auch Lenkungsausschuss genannt, kommt zusammen, wenn Entscheidungen zu treffen sind. Er sollte hochrangig besetzt sein. Bei kleineren Unternehmen unbedingt mit der Geschäftsleitung oder ein bis zwei Mitgliedern der Geschäftsleitung. Bei größeren Unternehmen und Konzernen ist meistens die Bereichsleitungsebene im Steuerungsausschuss vertreten, vor allem aus Personal und Kommunikation bzw. Marketing sowie Vertrieb.

Die weitere Zusammensetzung orientiert sich immer an individuellen Kriterien. Vertreten sein können zum Beispiel Topentscheider aus:

- strategisch wichtigen Geschäftseinheiten
- starken Tochtermarken und Beteiligungen
- zugekauften Einheiten (auch als diplomatisches Signal)
- besonders wachstumsstarken Ländern
- den größten Wachstumsfeldern
- bei Familienunternehmen: Ein Mitglied der Eigentümerfamilie

3.2.4 Soundingboard

Das Soundingboard hat keine Entscheidungsfunktion. Es soll den Prozess begleiten, Impulse geben und Zwischenergebnisse kommentieren. So stellen Sie sicher, dass die Entscheidungen, die Sie im Employer Branding treffen, auf einer breiten Wissens- und Akzeptanzbasis basieren.

Falls Sie die in der vorangehenden Liste aufgeführten Entscheider nicht bereits im Steuerungsausschuss versammelt haben, macht es Sinn, ihnen einen Platz im Soundingboard anzubieten. Darüber hinaus ist es eine gute Plattform, um Kollegen einzubinden, die nicht in leitender Funktion sind, aber eine wichtige Multiplikatorenfunktion in der Belegschaft einnehmen oder stark meinungsbildend wirken.

Mitglieder des Betriebsrats sollten im Soundingboard unbedingt Platz finden. Die Erfahrung zeigt, dass die Betriebsräte Employer-Branding-Prozessen gegenüber sehr aufgeschlossen sind und gerne an einem authentischen Arbeitgeberprofil mitwirken.

Typische Aufgaben des Soundingboards sind:

- Schriftliche Kommentierung der Analyseergebnisse sowie der ersten strategischen Empfehlungen anhand einiger Leitfragen.
- Feedback zum Stimmungsbild der Mitarbeiter, insbesondere der am Prozess Beteiligten. Gibt es bereits Flurfunk, welche Erwartungshaltungen bauen sich bei der Belegschaft auf?
- Schriftliche Kommentierung der Endergebnisse anhand einiger Leitfragen, bevor sie dem Steuerungsausschuss präsentiert werden.
- Multiplikatoren- und Vorbildfunktion bei Implementierung und Rollout der Arbeitgebermarke.

Die Aufbauorganisation in einem internationalen oder globalen Employer-Branding-Projekt muss sich davon nicht unterscheiden. Allerdings kommt der Einbindung der Länder besondere Bedeutung zu. Am besten unterscheiden Sie aus Gründen der Praktikabilität zwischen den wichtigsten Märkten (Kernländer) einerseits und allen anderen Regionen andererseits. Das Management eines internationalen Projekts ist komplexer und erfordert gutes internationales Standing der Projektleitung und viel Insiderwissen. In der folgenden Abbildung sehen Sie eine Übersicht zu Rollen und Verantwortlichkeiten im internationalen Employer Brand Management, das Sie auch gut auf nationale Employer-Branding-Prozesse adaptieren können.

	Besetzung	Verantwortung
Steuerungs-ausschuss	> HR-Leitungen der Kernmärkte > Konzernpersonalleitung	> Richtungsentscheidungen > Entscheidungen über personelle Organisation > Unterstützung der politischen Akzeptanz von EB bei Top-Entscheidern in Ländern und Vorstand
Sounding Board	> Experten aus den Fachbereichen > GF von Kernmärkten > Konzernbereichsleitungen > Betriebsratsvertretungen > Unternehmenskommunikation > Assoziierte Experten	> Denkanstöße und Impulsgeber für Projektteam > Feedback auf Konzepte und zentrale Maßnahmen > Panel für kurze Befragungen oder Interviews zu wichtigen Vorhaben/Themen
Internationale Projektleitung	> „Global Head of EB" kann jeder werden, der über die nötige Fachkompetenz, gute Kenntnisse über das Unternehmen und hohe internationale Akzeptanz verfügt > Vertretung (aus Kreis des Projektteams) > ggf. Einrichtung einer Doppelspitze (s. Lessons learned) > Assistenz	> Besetzung und Leitung Projektteam > Kontakt zu Soundingboard > Management Dialog- und Lernplattformen sowie Koordinations-/Kommunikations-routinen des Projektteams > Bilaterale Diskussion mit Vertretern der Länder im Projektteam (vor Ort) > Erstellung von Guidelines > Entscheidung von strittigen Fragen > Viertel- oder halbjährlicher Bericht an Steering Team (standardisiert) > Clearing-Stelle für globale Konsistenz
Internationales Projektteam	> Vertreter Corporate Communications > „Head of EB" der Kernländer und wichtigster Submarken > Diversity Manager	> Koordination und Controlling der gruppen-weiten Aktivitäten > Organisation von Erfahrungsaustausch: Lernendes System etablieren > Dokumentation und Konsistenz-Abgleich der Maßnahmen der Länder > Schnittstelle EB-Stakeholder in Ländern > Training und Schulung von neuen, am EB-Prozess beteiligten Mitarbeitern

© DEBA GmbH, 2012

Abb. 3.5: Rollen und Verantwortlichkeiten im internationalen Employer Brand Management

	Aufgaben	Lessons learned
Steuerungs-ausschluß	> Jährliche Sitzung mit Projektteam > Viertel- oder halbjährliche Sichtung des Berichts der Projektleitung, Feedback > Bericht an Vorstand > ideal: Jährlicher Employer Branding Think Tank	> Manche Top-Entscheider auf Länder- oder Bereichsebene nutzen den direkten Draht zum Vorstand, um Ausnahmen von EB-Entscheidungen zu erwirken; das Steering Team kann dem entgegenwirken, auch in bilateralen Gesprächen
Sounding Board	> Befragungen/Input per E-Mail > Befragungen/Input per Telefon > ideal: Jährlicher Employer Branding Think Tank	> „Binde alle ein, die Du nicht ungestraft weglassen kannst" – Die Einbindung auch kritischer Stakeholder ist nicht nur politisch sinnvoll, sondern führt meistens auch zu differenzierteren Sichtweisen und besseren Ergebnissen
Internationale Projektleitung	> Siehe Projektteam > Online-Plattform für die Dokumentation der Maßnahmen der Länder und Verteilung von Guidelines für HR-Abteilungen, Hiring Managers sowie ausführende Agenturen und Personalberater	> Projektleitung sollte über ausgezeichnete Kommunikationsfähigkeiten verfügen und im Konzern international gut vernetzt sein (politische Akzeptanz) > Projektleitung benötigt Teil-Freistellung für die Ausübung der Rolle (in der Implementierung nahezu Vollzeit) > Gerade bei einem global agierenden, jedoch sehr „deutsch" geprägten Unternehmen kann die Ernennung einer nicht-deutschen Projektleitung (z. B. im Rahmen einer Doppelspitze) die internationale Akzeptanz erhöhen
Internationales Projektteam	> Monatliche Telco oder Videomeetings > Jährliches Arbeitstreffen (mehrtägig, mit viel Raum für informelle Begegnung, z. B. Abendprogramm, Besichtigungen) > ideal: Jährlicher Employer Branding Think Tank	> Vertreter der Kernländer sollten über politische Akzeptanz und Autorität in ihren Ländern verfügen und dort jeweils ein eigenes EB-Team zusammenstellen > Plattformen und Routinen des Erfahrungsaustauschs sind wichtiger als Regeln und Guidelines – ebenso eine gute Teamatmosphäre und persönliche Wertschätzung der Teilnehmer untereinander

Abb. 3.6: Rollen und Verantwortlichkeiten im internationalen Employer Brand Management

Binde alle ein, die Du nicht ungestraft weglassen kannst!

Die Frage, wer in welchem Gremium welche Rolle spielt, ist immer sensibel und manchmal auch ein diplomatischer Balanceakt. So mancher Employer-Branding-Prozess ist gescheitert, weil zu Anfang nicht alle eingebunden wurden, die dafür wichtig waren. Das rächt sich später. Entweder, weil sich einflussreiche Funktionsträger übergangen fühlen und das Projekt nicht konstruktiv begleiten, weil die Erfahrungen und Kompetenzen wichtiger Kollegen ungenutzt geblieben sind oder einzelne Unternehmensbereiche oder Länder beim Rollout nicht an einem Strang ziehen wollen.

Um die richtige Aufbauorganisation zu wählen, hilft ein informeller Netzwerkplan. Denn nicht immer sind es offizielle Funktionen und Berichtslinien, die ausschlaggebend dafür sind, wer mit an den Tisch kommt.

Wie immer gilt: Es gibt keinen Königsweg in der Klärung von Rollen und Verantwortlichkeiten auf den verschiedenen Ebenen der Projekt- und Prozessstruktur. Es gibt aber einen wunderbaren Leitsatz aus der systemischen Organisationsberatung, der auf den Punkt bringt, was zu tun ist. Er lautet:

Binde alle ein, die Du nicht ungestraft weglassen kannst.

▶ **BEISPIEL**

Informelle Netzwerke beachten: Warum ein Werkstudent unter Bereichsleitern das Sagen hatte

Situation

Der Employer-Branding-Steuerungsausschuss in einem sehr erfolgreichen Mobilfunkunternehmen war mit allen Bereichsleitern besetzt – und dem Werkstudenten des Finanzvorstands. In den Sitzungen ließ sich ein seltsames Phänomen beobachten: Die Bereichsleiter, allesamt gestandene und etablierte Führungskräfte achteten genau darauf, was der junge Mann zu sagen hatte. Sie gingen sehr vorsichtig mit ihm um und vermieden direkten Widerspruch.

Bewertung

Nicht der Vorstandsvorsitzende, sondern der Finanzvorstand hielt die Fäden in der Hand und die Geschäfte auf Kurs. Der junge Werkstudent war zu einem persönlichen Vertrauten avanciert und seine rechte Hand – ein Vertrauen, das sich in zahlreichen gemeinsamen Geschäftsreisen gebildet hatte, deren Märkte das Unternehmen erschließen wollte.

Lösung

Die Projektinitiatoren im Personalbereich wussten zum Glück, dass der junge Mann den direkten Draht zum „heimlichen Herrscher" des Unternehmens hatte. Deshalb banden sie ihn ein. Tatsächlich hat das dem Prozess geholfen: Entscheidungen waren verlässlich, Dienstwege blieben kurz. Das Projekt war ein Erfolg.

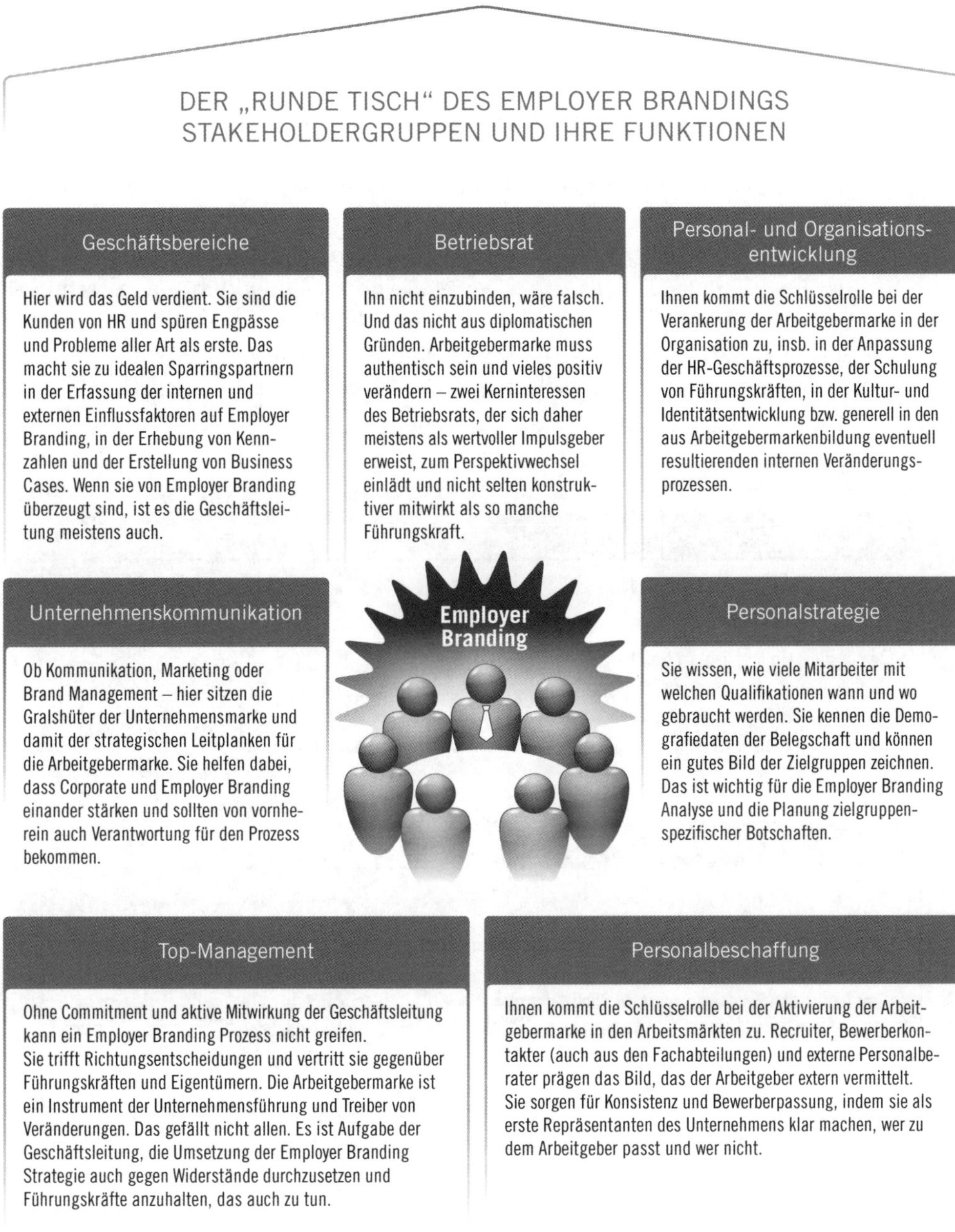

Abb. 3.7: Der „Runde Tisch" des Employer Branding

3.3 Schritt 3: Richtig starten

Der Weg zur Arbeitgebermarke gelingt nur, wenn man ihn gemeinsam geht. Er wird Ihr Unternehmen prägen, vielleicht sogar verändern, Staub aufwirbeln und unter Beobachtung stehen — wohlwollend wie kritisch.

Der Start ist ein psychologisch wichtiger Moment. Gestalten Sie ihn motivierend. Geben Sie ihm Raum und Rahmen in einer konstituierenden Sitzung. In einem solchen Kick-off sollen sich alle noch einmal klar werden über Ziele, Begriffe, Abläufe des Employer Branding und ihre eigene Rolle und Verantwortung darin. Nicht alles muss bis zum Kick-off schon in Stein gemeißelt sein. Es hat sich bewährt, einige Fragen erst an dieser Stelle gemeinsam mit den Teilnehmern zu diskutieren und zu entscheiden. Andere Punkte sollten Sie im Vorfeld des Kick-offs geklärt und mit dem Projektsponsor abgestimmt haben.

Mögliche Teilnehmer

> Projektteam
> Projektsponsor
> Mindestens ein Mitglied der Geschäftsführung
> Mitglieder des Steuerungsausschusses
> Mitglieder des Soundingboards (falls schon benannt)
> Weitere Stakeholder (z. B. die Leitungen wichtiger Geschäftsbereiche oder Niederlassungen

Sinnvolle Agendapunkte

> Ziele:
Was wollen wir mit Employer Branding erreichen?
> Stakeholder und Gremien:
Wer hat welche Rollen und Verantwortlichkeiten?
Gibt es noch andere Kollegen, die eingebunden werden sollten, z. B. im Soundingboard
> Ablaufplanung:
Wie ist das Projekt zugeschnitten, sollte noch etwas geändert werden?
> Kommunikation:
Mit welchen Begriffen arbeiten wir, und wie kommunizieren wir das Projekt im Unternehmen?

Abb. 3.8: Das Kick-off-Meeting

Wenn der Kick-off gut gelingt, stehen Sie in der Poleposition für Ihr Employer Branding. Je besser Sie ihn vorbereiten, desto motivierter werden die Kollegen sein, die Sie dazu brauchen. Falls Sie sich von einem externen Dienstleister beraten und begleiten lassen, binden Sie ihn hier bereits ein, gerne auch in der Moderation der konstituierenden Sitzung.

Fragen, die Sie im Vorfeld des Kick-offs klären sollten, sind ...

- Kapazitäten: Wie sehr wird Employer Branding die beteiligten Stakeholder in Anspruch nehmen?
- Ablaufplanung: Welcher Prozessablauf ist für Sie der richtige?
- Dienstleister: In welcher Phase des Prozesses brauchen Sie externe Unterstützung?

3.3.1 Projektbausteine und Abläufe

Noch bevor Sie das Projekt in einem Kick-off-Meeting starten, sollten Sie sich mit Ihrem Projektsponsor auf einen Prozessablauf geeinigt haben. Nutzen Sie zum Beispiel die grafischen Übersichten des Employer-Branding-Prozesses im zweiten Kapitel, um den Projektzuschnitt im Kreis der Fachleute festzulegen.

Holen Sie sich schon im Vorfeld des Kick-offs bei dem für das Thema zuständigen Mitglied der Geschäftsführung oder des Vorstands grünes Licht für das von Ihnen geplante Vorgehen. Bitte gehen Sie auf Nummer sicher, dass „da oben" auch verstanden wurde, was die einzelnen Projektbausteine auch inhaltlich bedeuten, welche Teilergebnisse sie bringen sollen und welche Konsequenzen sie haben.

▶ **BEISPIEL**

Wenn der Vorstand nicht versteht, was er in Auftrag gibt

Situation

Ein großes Industrieunternehmen startete ein Projekt zur Entwicklung der internationalen Employer-Branding-Strategie. Auftraggeber und Projektsponsor war der Personalvorstand. Das Projektteam arbeitete exzellent vor – der Projektablauf war gut geplant, Inhalt und Umfang der einzelnen Zwischenergebnisse allen klar. Der Personalvorstand hatte den Projektzuschnitt zwar mehrfach mit der Projektleiterin persönlich abgestimmt und nahm an dem mustergültigen Kick-off-Meeting teil. Dennoch war er zum einen überrascht, dass die Definition der Arbeitgeberpositionierung zu einem guten Teil auch auf den Ergebnissen der Kulturanalyse mit den Mitarbeitern basieren sollte.

Zum anderen stellte er erste inhaltliche Ausarbeitungen in Frage, weil er sie für das Endergebnis hielt, obwohl sie in Form und Inhalt für die Validierung durch die Mitarbeiter gedacht waren. Diese Irritationen führten letztlich zu einem Abbruch des Projekts.

Bewertung

Dem Personalvorstand waren die Inhalte und Konsequenzen der einzelnen Arbeitsschritte nicht klar. Er hatte seine eigene Vorstellung von den Projektbausteinen und Begrifflichkeiten, die nicht synchronisiert waren mit dem, was das Projektteam und das beauftragte Beratungsunternehmen darunter verstanden.

Lösung

Es ist wichtig, im direkten Gespräch mit dem Projektsponsor festzustellen, ob alle das gleiche denken, wenn sie von demselben sprechen. Am besten in bilateralen Gesprächen. Das gilt für die gesamte Vorstandsebene. Es reicht nicht, wenn ein Mitglied des Vorstands, in der Regel der Personalvorstand, gut informiert ist. Ein Projekt kann auch daran scheitern, dass seine Vorstandskollegen andere Vorstellungen von Zielen, Inhalten und Konsequenzen des Employer Branding haben — oder es für Personalmarketing halten und entsetzt sind, dass das Projekt Kultur und Identität des ganzen Unternehmens berührt.

3.3.2 Einbindung externer Dienstleister

Es gibt kaum Unternehmen, die Employer Branding ohne Hilfe von außen starten. Dass Sie später, wenn es werblich wird und Sie in den Arbeitsmärkten kommunizieren, die Unterstützung einer Agentur brauchen, ist klar. Aber wer ist der richtige Dienstleister in der Analyse, der Strategieentwicklung, in der internen wie externen Implementierung oder in der Messung des Erfolgs?

Diese Entscheidung sollte früh getroffen werden. Im Wesentlichen haben Sie drei Möglichkeiten: Sie können versuchen, Analyse, Strategie und Implementierung mit eigenen Ressourcen und eigener Expertise inhouse zu bewältigen. Oder Sie suchen die Unterstützung eines Outsourcingpartners, mit dem Sie ein Projekt aufsetzen. Gerade kleine Unternehmen gehen gerne einen Mittelweg: Sie setzen auf eine Prozessbegleitung. Sie machen Analyse und Strategie inhouse, lassen sich aber von einem erfahrenen Berater in allen Schritten coachen und kritisch überprüfen sowie einzelne Ergebnisbausteine auf Basis der übermittelten Analysedaten zuliefern.

Wer sich für ein Outsourcing oder eine Prozessbegleitung entschieden hat, steht noch vor einer anderen Überlegung in der Partnerwahl: Kann ich den gesamten Prozessweg in die Hände eines Generalisten legen oder sollte ich auf mehrere Spezialisten setzen? Hier zeichnet sich eine Tendenz ab: Der Employer-Branding-

Prozess ist zu vielschichtig, als dass ein Dienstleister immer und überall die beste Wahl sein kann. Praktikabel ist eine Dienstleisterkette oder die Beauftragung eines Dienstleisters, der die richtigen Partner mitbringt.

- So benötigen Sie in der Analyse und der Strategieentwicklung vor allem Markenexperten, am besten Markenstrategieberater. Diese wissen sehr viel besser, wie eine markenwirksame Arbeitgeberpositionierung aussieht und wie man dorthin gelangt, als es den eher markenunerfahrenen Agenturen und Beratungen im Personalmanagement und -marketing je gelingen kann.
- Wenn Sie ein Kreativkonzept nach allen Regeln der Kunst entwickeln wollen, sollten Sie auf waschechte Kreativagenturen, also klassische Werbeagenturen setzen. Anders als Personalmarketingagenturen haben sie das Personal an Bord, das in der kreativen Bundesliga spielt.
- Hingegen stechen Personalmarketingagenturen die kreativen Werber locker aus, wenn es um die gefürchteten „Niederungen des Operativen" geht. Sie sind die idealen Rahmenvertragspartner für die operative Kommunikation. Klassische Werbeagenturen sind zu hochdotiert für die langjährige Betreuung, haben wenig Erfahrung mit den Spezifika der Arbeitsmärkte und keine so guten Einkaufskonditionen bei Jobbörsen und Stellenmärkten wie die Personalmarketingspezialisten.
- Die genuinen HR-Beratungen sind natürlich immer eine gute Wahl, wenn es um die interne Verzahnung der Arbeitgebermarkenstrategie mit den HR-Geschäftsprozessen geht.

Alles aus einer Hand ist also nicht unbedingt die klügste Wahl. Und wird immer seltener praktiziert. Auf eine Dienstleisterkette zu setzen, bedeutet natürlich auch mehr Aufwand, um die Schnittstellen sorgsam zu organisieren.

Schauen Sie sich Ihre externen Dienstleister in Ruhe an. Überzeugen Sie sich, dass sie in dem Bereich, für den sie anbieten, auch wirklich viel Erfahrung und Referenzen haben, die nicht nur vordergründig beeindrucken, sondern auch erfolgreich Arbeitgebermarkenbildung gefördert haben.

In einer Zeit, in der alle möglichen Dienstleister wie von Zauberhand quasi über Nacht zu Employer-Branding-Experten geworden sind, und selbst Onlinejobbörsen Employer-Branding-Beratung anbieten, ist das unerlässlich.

Was tun Sie, wenn Sie partout kein Budget bekommen, um einen externen Berater zu engagieren? Dann werfen Sie die Flinte bitte nicht ins Korn. Es gibt Beispiele wie das eines schweizerischen Staatskonzerns, eines kleinen Maschinenbauunternehmens oder das einer Medienholding mit wenigen hundert Mitarbeitern, die Analyse und Strategieentwicklung inhouse angegangen sind. Das ist vielleicht nicht optimal – gerade in der Analyse von Kultur, Identität und gelebten Werten sieht der geschulte und unverstellte Blick von außen deutlich mehr, als die eigene Insiderbrille einem selber erlaubt – aber machbar.

Dieses Buch soll daher auch ein Handlungsleitfaden für eine Inhouse-Lösung sein. Suchen Sie sich in einem solchen Fall möglichst einen externen Sparringspartner, der Sie im Sinne einer Prozessbegleitung unterstützt, Ihre Ergebnisse kritisch kommentiert und Ihnen die richtigen Impulse gibt, wenn Sie einmal nicht weiterkommen. Das kostet auch Geld, in der Regel aber nur ein Drittel dessen, was Sie bei einer kompletten Outsourcing-Lösung investieren müssten.

3.3.3 Management von Zielen und Erwartungshaltungen

Selbstverständlich existiert bereits eine Vorstellung davon, was Ihr Unternehmen mit Employer Branding erreichen will und muss. Schließlich gibt es Gründe, dass Ihr Management das Thema anpacken will oder von Ihnen mit guten Argumenten überzeugt wurde, es zu tun.

Im Kreis derer, die den Employer-Branding-Prozess vorbereiten, sollte sich die Frage nach den Zielen zum Zeitpunkt des Projektstarts nicht mehr stellen. Doch ob im Steuerungsausschuss oder im Soundingboard – im Laufe des Prozesses sind noch mehr Kollegen eingebunden, die sich im Vorfeld noch nicht so intensiv damit beschäftigt haben.

Es ist erstaunlich, wie viele unterschiedliche Vorstellungen von Employer Branding und Erwartungshaltungen an das Thema in einem Unternehmen existieren. Der Kick-off ist eine gute Gelegenheit dazu, die zuvor verabschiedeten Employer-Branding-Ziele zu diskutieren, vielleicht auch zu ergänzen, oder gemeinsam eine Zieldefinition erstmals vorzunehmen. Die anwesenden Mitglieder der Geschäftsführung gewinnen eine bessere Perspektive auf das Gesamtbild, und die anderen Anwesenden werden sich der Chancen und Potenziale von Employer Branding viel besser bewusst. Das hat eine nicht zu unterschätzende motivierende Wirkung – ganz besonders, wenn die gemeinsame Diskussion in die offizielle Zieldefinition einfließt.

3.3.4 Ressourceneinsatz und Kapazitätsplanung

Es ist wichtig, dass alle Beteiligten wissen, was von ihnen erwartet wird und wieviel Zeit sie vermutlich investieren müssen. Wie Sie Projektteam, Steuerungsausschuss und Soundingboard besetzen und welche Aufgaben die verschiedenen Stakeholder haben, ist in „Schritt 2“ ausführlich beschrieben.

Daher hier nur eine Anmerkung zum Thema Kapazitätsplanung: Alle Beteiligten werden es Ihnen danken, wenn Sie die Projektsponsoren, meistens Personalleitung oder Personalvorstand, dafür sensibilisieren, dass Employer Branding nicht mit links und nebenbei zu absolvieren ist.

Die folgende Abbildung gibt Ihnen einen Überblick, mit welchen zeitlichen Investments die verschiedenen Stakeholdergruppen in den drei Phasen der Arbeitgebermarkenbildung — Markenstrategie, Markenimplementierung, Markenführung — rechnen können. Die Angaben sind Erfahrungswerte aus mehr als 30 Employer-Branding-Projekten. Die Abbildung zeigt Ihnen Richtwerte für den Ressourceneinsatz sowohl für einen nationalen als auch für einen globalen Employer-Branding-Prozess.

	Phase 1 **Analyse und Strategie**	Phase 2 **Implementierung**	Phase 3 **Employer Brand Management**
	Binnen- und Umfeldanalyse sowie Entwicklung der Positionierungsstrategie und Definition der Arbeitgeberpositionierung	Implementierung der Arbeitgeberpositionierung in den externen Auftritt, die Recruitingprozesse sowie die internen HR-Prozesse (Talent Management, Kompetenzmanagement, Personalentwicklung, Führung usw.)	Kontinuierliches Management und Controlling sowie Justierung der für Employer Branding relevanten Prozesse
	ca. 6 Monate	ca. 12 Monate	fortlaufend
Gesamt Projektleiter/in	**25 - 50 %**	**40 - 60 %**	**20 - 40 %**
Projektassistent/in	**15 - 25 %**	**20 - 40 %**	**10 - 20 %**
Mitglieder des Steuerungsausschusses	**5 %** (1 Tag / Monat)	**3 - 6 %**	**1 - 2 %**
Mitglieder des Soundingboards	**2 - 4 %**	**2 - 4 %**	**< 1 %**

Abb. 3.9: Kapazitätseinsatz der internen Stakeholder bei einem nationalen Employer Branding Prozess

	Phase 1 **Analyse und Strategie**	Phase 2 **Implementierung**	Phase 3 **Employer Brand Management**
	Binnen- und Umfeldanalyse sowie Entwicklung der Positionierungsstrategie und Definition der Arbeitgeberpositionierung	Implementierung der Arbeitgeberpositionierung in den externen Auftritt, die Recruitingprozesse sowie die internen HR-Prozesse (Talent Management, Kompetenzmanagement, Personalentwicklung, Führung usw.)	Kontinuierliches Management und Controlling sowie Justierung der für Employer Branding relevanten Prozesse
Konzernzentrale	ca. 6 Monate	ca. 12 Monate	fortlaufend
Gesamt Projektleiter/in	50 - 75 %	75 - 100 %	25 - 50 %
Projektassistent/in	25 - 50 %	25 - 50 %	10 - 20 %
Mitglieder des Steuerungsausschusses	5 % (1 Tag / Monat)	3 - 6 %	1 - 2 %
Mitglieder des Soundingboards	2 - 4 %	2 - 4 %	< 1 %
EB Kernländer			
EB-Verantwortliche/r	20 - 30 %	30 - 50 % (länderspezifisch)	25 - 40 %
Assistent/in	5 - 7 %	5 - 10 % (länderspezifisch)	1 - 2 %
Mitglieder des Soundingboards	2 – 4 %	2 - 4 %	> 1 %
Andere Länder			
EB-Verantwortliche/r	5 - 10 %	10 - 25 %	5 - 10 %

© DEBA GmbH, 2012

Abb. 3.10: Kapazitätseinsatz der internen Stakeholder bei einem globalen Employer Branding Prozess

Gerade die Projektleitung wird zeitlich stark gebunden sein. Es macht Sinn, andere Verantwortlichkeiten in dieser Zeit offiziell zurückzustellen. Aber auch die im Steuerungsausschuss oder im Soundingboard gefragten Kollegen brauchen die Ressourcen, sich dem Thema angemessen zu widmen — mit kluger Reflexion, strukturiertem Feedback und Entscheidungen, die durchdacht sein wollen.

Die Entscheider im Steuerungsauschuss werden stärker involviert sein, als ihr reiner Zeiteinsatz erahnen lässt. Schließlich sind die Entscheidungen, die zu treffen sind, neuralgisch für die Entwicklung des Unternehmens. Sie wollen reflektiert und in ihren möglichen Konsequenzen abgewogen werden.

Auch wenn es aus Sicht des Projektmanagements nicht effizient erscheint: Manchmal ist es effektiver, dem Steuerungsausschuss in Terminen zur Präsentation von Zwischenergebnissen gar keine verbindliche Entscheidung abzuverlangen. Mit manchen Entscheidungen in puncto Employer Branding ist es wie mit Obst: Sie werden besser, wenn sie reifen können.

3.3.5 Zuschnitt des Projektablaufs

Sie haben schon im Vorfeld einen Vorgehensplan abgestimmt und mit dem Management verabschiedet. Doch seien Sie offen dafür, dass sich noch etwas ändern kann. Häufig haben die Kollegen im Kick-off, mit denen Sie im Vorfeld in der Regel nicht über das genaue Vorgehen gesprochen haben, interessante Anmerkungen und Ideen. Oder raten zu Ergänzungen, zum Beispiel einer Ausweitung der Mitarbeiter- oder Stakeholderbefragung in der Analysephase, um die interne Akzeptanz der Projektergebnisse zu erhöhen. Häufig erhalten Sie auch wertvolle Anmerkungen zur Zeitplanung.

Greifen Sie diese Impulse auf. Nutzen Sie die Erfahrung der Kollegen. In manchen Fällen ändert sich auf diese Weise im Kick-off-Meeting noch einmal der Projektzuschnitt, in vielen Fällen mindestens die Zeitplanung. Das vermeidet Stresssituationen, weil die Prozesse so noch realistischer und sicherer geplant werden können. Und gibt Ihnen die Gewähr, dass spätere ungeliebte Erkenntnisgewinne im Sinne von „Hätten wir diese Abteilung doch auch befragt ...“ ausbleiben.

Da in den meisten Fällen ein Mitglied der Geschäftsführung auch am Kick-off teilnimmt, bei größeren Unternehmen zumindest die Personalleitung, vielleicht auch die Marketingleitung, können Sie auch direkt vor Ort darüber eine Entscheidung treffen.

3.3.6 Begriffe und Projektkommunikation

Wie nennen Sie das Projekt im Unternehmen? Sprechen Sie von Employer Branding? Verstehen das die Mitarbeiter überhaupt – oder die Fachbereichsleiter? Einigen Sie sich im Kick-off auf Begriffe, um Verwirrung zu vermeiden. Und entscheiden Sie, ob Sie in der Kommunikation mit der Belegschaft überhaupt Fachjargon benutzen wollen.

Manchmal ist es ratsam, den Begriff Employer Branding zu vermeiden. Viele Menschen hören „Branding" und denken spontan an Fernsehwerbung. Und schon setzt sich im Flurfunk das Misstrauen fest, dass das Unternehmen für sich als Arbeitgeber Fassadenmalerei betreiben will und mit dem Projekt nach schönen Werbefloskeln fahnden lässt. Auch so mancher Betriebsrat zieht die Augenbrauen hoch, wenn er mit Marketingjargon konfrontiert wird. Nur ungern wird er eine konstruktive Rolle einnehmen wollen, wenn er bei Employer Branding an Waschmittelwerbung denkt.

BEISPIEL

Projektbezeichnungen, die intern auch verstanden werden
Vermeiden Sie allzu fachliche Terminologien. Gerade das Wörtchen „Branding" wird häufig missverstanden. Ein mittelständischer Automobilzulieferer übeschrieb seine Employer-Branding-Aktivitäten deshalb mit dem Titel „Identität und Werte als Arbeitgeber" – einem Beispiel, dem viele andere Unternehmen gefolgt sind. Der europäische Marktführer in der Sanitärtechnologie nannte sein internationales Employer-Branding-Projekt „Employer Attractiveness", ein Energieunternehmen titelte markenfachlich korrekt „Kern und Werte als Arbeitgeber". Auch Projektbezeichnungen wie „Arbeitgeber-Wettbewerbsfähigkeit" sagen den Mitarbeitern meist mehr als der Begriff „Employer Branding" – und sorgen für mehr Akzeptanz.

Überlegen Sie sich also gut, wie Sie intern das Kind beim Namen nennen. Schildern Sie Sinn und Zweck des Vorhabens ehrlich und überzeugend. Sorgen Sie dafür, dass alle Mitarbeiter gleichzeitig und gleichmäßig über das Projekt informiert werden und seine Sinnhaftigkeit erkennen. Damit das gelingt, sollten Sie im Auftakt der internen Kommunikation zu dem Projekt diese Fragen beantworten:

- Was ist der Anlass für das Projekt?
- Welche Ziele verfolgt das Unternehmen damit?
- Welche Verbesserungen wird das für die Mitarbeiter bringen?
- Wer ist eingebunden?

- Wann ist mit Ergebnissen zu rechnen?
- Wie werden die Mitarbeiter von den Ergebnissen erfahren?
- Wen können die Mitarbeiter ansprechen, wenn sie Fragen haben?

Wie Sie die Kommunikation zum Auftakt und während des Projektverlaufs gestalten, wann Sie worüber und in welcher Form informieren, das klären Sie mit den anderen Beteiligten im Kick-off-Meeting. Bitte beachten Sie auf jeden Fall einige Grundregeln, die sich als sehr nützlich erwiesen haben:

- Schaffen Sie maximale Transparenz über das Projekt. Neben den punktuellen Informationen zu wichtigen Meilensteinen ist eine ständige Begleitung, zum Beispiel im Intranet, hilfreich.
- Bieten Sie eine Feedback- oder Diskussionsmöglichkeit an. Bewährt haben sich Onlineforen oder interne Blogs, in denen am Prozess Beteiligte ihre Erlebnisse schildern oder Unbeteiligte Fragen stellen können. Das setzt voraus, dass das Projektteam auch in der Lage ist, Fragen zeitnah zu beantworten.
- Nehmen Sie auf jeden Fall die Geschäftsführung zum Auftakt in die Pflicht. Die erste Information über das Employer-Branding-Vorhaben sollte direkt von der Geschäftsführung oder dem Vorstand kommen, gerne auch in Doppelautorenschaft mit der Personalleitung.
- Wenn Sie im Soundingboard Kollegen haben, die an der Basis gut vernetzt sind, fragen Sie sie immer wieder, ob und wie das Thema im Flurfunk besprochen wird. Das gibt Ihnen wertvolle Hinweise, ob Ihre interne Kommunikation gut läuft oder nachgebessert werden muss.

Auch der Ton macht die Musik. Und realistische Schilderungen schaffen Vertrauen. Berichten Sie deshalb nicht nur im besten Werbetexterdeutsch und mit gut gemeinter Political Correctness („Unser Dank gilt allen Teilnehmern.“, „Ohne Euch hätten wir das nie geschafft.“, „Unsere Erwartungen wurden übertroffen.“) über die erfolgreichen Projektschritte, sondern bleiben Sie am Boden. Kommunizieren Sie ehrlich, einfach, und verschweigen Sie auch nicht die Momente, die schwierig waren. Denn ein Employer-Branding-Projekt, das angeblich völlig rund läuft, ist vermutlich längst gescheitert.

Agenda Kickoff-Workshop

15'	**Begrüßung und Vorstellung**
15'	**Projektziele und Beweggründe** Warum brauchen wir Employer Branding?
45'	**Einführung in das Thema Arbeitgebermarke** Was ist Arbeitgebermarke, wie entsteht sie, womit hängt sie zusammen?
45'	**Ziele und Erwartungshaltungen** Woran würden wir erkennen, dass Employer Branding bei uns erfolgreich ist? Welche Effekte sollen eintreten, an welchen Kennzahlen können wir sie messen?
45'	**Projektablauf und Projektteam** Wie gehen wir vor? Wie sieht der zeitliche Ablauf aus? Wer ist im Projektteam?
45'	**Pause**
45'	**Rollen und Verantwortlichkeiten** Wer sitzt im Steuerungsausschuss und im Soundingboard? Welche Aufgaben haben Projektteam, Steuerungsausschuss und Soundingboard? Wer sollte außerdem noch eingebunden werden?
30'	**Mitarbeiter-Fokusgruppen** Ist ein repräsentativer Querschnitt des Unternehmens abgebildet, auch hinsichtlich der Zukunft? Wer soll an den Mitarbeiter-Fokusgruppen teilnehmen – gibt es Wünsche oder weitere Ideen?
30'	**Begriffsklärung und Projektkommunikation** Wie bezeichnen wir das Projekt und die einzelnen Projektschritte intern? Wie kommunizieren wir über das Projekt (Inhalt, Frequenz, Absender, Plattformen und Medien)?

© DEBA GmbH, 2012

Abb. 3.11: Agenda Kick-off-Workshop

3.4 Interview: Vorbereitung und Start eines Employer-Branding-Projekts (SAS Deutschland)

Unternehmen	SAS
Branche	IT/Business Analytics Software
Mitarbeiter	500 in Deutschland, 13.000 weltweit
Standorte	6 Niederlassungen im Bundesgebiet, weltweit in 56 Ländern mit über 400 Niederlassungen vertreten
Projektstart	2011

Marlies Bürkel

Peter Schütte

Marlies Bürkel, Human Resources Manager, SAS Deutschland und Peter Schütte, Programs Manager Corporate Communications, SAS Deutschland, im Interview mit Wolf Reiner Kriegler.

Warum haben Sie Employer Branding gestartet? Gab es einen akuten Anlass oder haben Sie eher präventiv handeln wollen?

SAS steht weltweit für eine exzellente Unternehmenskultur, was Jahr für Jahr durch internationale und lokale Arbeitgeberrankings bestätigt wird. Die Entscheidung, Employer Branding zu betreiben, basiert auf der Überzeugung, dass eine Arbeitgebermarke authentisch sein muss, wofür richtiges Employer Branding unserer Auffassung nach auch immer stehen sollte. Gerade in Zeiten allgemein höherer Personalmarketing-Investitionen ist es uns sehr wichtig klarzumachen, dass wir bei SAS keine Fassadenmalerei betreiben. Aus neuen Mitarbeitern werden langjährige Mitarbeiter, wenn sie das, was sie im Anbahnungs- und Bewerbungsprozess über ihren neuen Arbeitsplatz gelernt haben, auch im Alltag wiederfinden. Employer Branding ist für diese Form von Offenheit und Ehrlichkeit exakt der richtige Ansatz.

Wie haben Sie das Commitment der Geschäftsleitung für das Projekt bekommen? Mit welchen Argumenten konnten Sie sie am besten überzeugen?

Die Geschäftsleitung musste nicht überzeugt werden. Sie war und ist in den kompletten Prozess eng eingebunden und hat diesen von Beginn an voller Überzeugung unterstützt. Das gilt allerdings nicht nur für die Geschäftsleitung, sondern für die gesamte SAS-Deutschland-Belegschaft. Da wir uns vorab natürlich intensiv mit dem Thema Employer Branding auseinandergesetzt haben, wussten wir, dass es sich hierbei um einen Prozess handelt, der nicht auf Top-down-Vorgaben beruht, sondern nur unternehmensübergreifend funktionieren kann. Diese Sichtweise vertritt auch die SAS-Deutschland-Geschäftsleitung. Deshalb hatten innerhalb des Evaluationsprozesses alle Mitarbeiter die Möglichkeit, sich aktiv einzubringen, was organisatorisch natürlich eine Herausforderung, aber im Ergebnis absolut lohnend und richtig war.

Angenommen, Ihre Unternehmensspitze wäre nicht selber von Employer Branding überzeugt gewesen. Mit welchen Argumenten, Zahlen oder Szenarien hätten Sie am besten Überzeugungsarbeit leisten können?

Selbstverständlich ist der „War for Talents" in der IT-Branche spürbar. Die Unternehmensphilosophie von SAS unterstreicht zudem, dass die Mitarbeiter unser wichtigstes Asset sind. Kombiniert man diese Rahmenbedingungen mit der Tatsache, dass SAS sich in führender Position auf einem hochdynamischen Wachstumsmarkt (Business Analytics) bewegt, liegt eine Schlussfolgerung sofort auf der Hand: Der Experten-Nachschub muss langfristig gesichert sein, um die Erfolgsgeschichte des Hauses weiter zu führen. Allerdings ist es genauso wichtig, dass diese Experten nicht nur fachlich, sondern auch persönlich zu SAS passen. Genau hier liegt die Grenze zwischen klassischem Personalmarketing und Employer Branding, denn Employer Branding dient nicht originär dem Anwerben neuer Mitarbeiter, sondern dem Finden zueinander passender Unternehmenskulturen und Menschen.

Wie haben Sie den Kick-off-Workshop für das Employer-Branding-Projekt gestaltet? Und welchen Nutzen hatte er für die Teilnehmer?

Das Ziel und der „Weg zum Ziel" wurden abgesteckt. Hierbei haben uns die Erfahrungswerte und die Sachkunde des externen Partners sehr geholfen. Da SAS bereits seit vielen Jahren als exzellenter Arbeitgeber wahrgenommen wird, hat der Kick-off-Workshop nochmals gut nachvollziehbar vor Augen geführt, dass dieses „Image" langfristig authentisch übermittelt und auch immer wieder nachvollziehbar begründet werden muss. Die Teilnehmer haben gemeinsam gelernt, wie umfangreich ein gutes Employer-Branding-Projekt ist und dass die intensive Mitarbeiter-Einbindung letztlich über den Erfolg entscheidet. Ein Aspekt, der im fortfolgenden Projekt-Rollout strikt berücksichtigt wurde.

Im Kick-off waren bereits zwei Vertreter der Geschäftsleitung anwesend. Was hat sich dadurch für das Projekt und vielleicht auch speziell für die beiden verändert?

Für den einmal verabredeten Prozess hat sich nichts verändert. Die unternehmensübergreifende Perspektive der Geschäftsleitungs-Mitglieder war aber im Kick-off und während des Projekts inhaltlich sehr hilfreich. Außerdem ist das Engagement der Geschäftsleitung grundsätzlich ein Zeichen für andere, dass es sich offensichtlich um ein für alle wichtiges Thema handelt. Diesen Rückwind hat die Projektgruppe von Anfang an gespürt — beginnend mit dem besagten Kick-off-Meeting.

Wie wichtig war es für Sie, dass die Geschäftsleitung auch im Steuerungsausschuss saß?

Sehr wichtig, denn der gerechtfertigte Aufwand, der bei einer gewissenhaften Employer-Branding-Projektumsetzung anfällt, wurde auch seitens der Geschäftsleitung immer deutlich gesehen. Dies garantiert jederzeitiges Situations-Verständnis. Employer Branding zu betreiben bedeutet, tief in die Identität der eigenen Organisation einzutauchen und gemeinsam die zentralen Säulen der Unternehmenskultur zu identifizieren. „Gemeinsam" heißt mit allen Mitarbeitern und der Geschäftsleitung — denn nur so ist das Unternehmen, das man authentisch darstellen möchte, komplett eingebunden.

Nicht jedes Unternehmen hat die Möglichkeit dazu. Was würden Sie jenen raten, die nicht die oberste Ebene in den Kick-off oder den Steuerungsausschuss bekommen?

Nochmal: Es geht nicht um Top-down-Entscheidungen, aber um einen sehr wichtigen Prozess mit entsprechender Tragweite. So etwas sollte nicht in separierten Gruppen „abgewickelt" werden, weil man dann nicht zu einer wirklich repräsentativen Betrachtung der Unternehmenswahrheit gelangt. Diese konsensual und exakt zu definieren, ist aber ein wesentlicher Erfolgsfaktor für gutes Employer Branding. Wenn kein Commitment des Topmanagements vorliegt, sollte an der Stelle intensive Aufklärungsarbeit betrieben werden. Bei SAS war diese Einbindung auch deshalb selbstverständlich, weil die Wahrung und die Entwicklung der Unternehmenskultur zu den obersten Prioritäten der gesamten Geschäftsleitung gehört.

Viele Unternehmen fragen sich, welche Rolle der Betriebsrat im Employer-Branding-Prozess haben soll oder ob ihm überhaupt eine Rolle zukommen soll. Wie war das bei Ihnen und welche Erfahrung haben Sie damit gemacht?

Der SAS-Deutschland-Betriebsrat war von Beginn an mit zwei Kollegen in der Projektgruppe vertreten und somit aktiv eingebunden. Darüber hinaus wurden Zwischenschritte mehrfach vor dem Gesamtbetriebsrat präsentiert. Eine andere Vorgehensweise ist zu keinem Zeitpunkt in Erwägung gezogen worden. Eine aktive Zusammenarbeit im Projekt ist auch deshalb empfehlenswert, weil die interne Kommunikation vor diesem Hintergrund stärker auf Ergebnisse und weniger auf Prozessdetails ausgelegt werden kann. Dies dient der Klarheit und ist ein Mehrwert für alle Mitarbeiter.

Es gibt Projekte, die scheitern daran, dass Personal und Marketing nicht richtig an einem Strang ziehen. Das Problem hatten Sie nicht. Haben Sie einen Tipp, wie man das schaffen kann?

Es gab in unserem Projekt keinen „internen Kunden". Deshalb haben wir uns nie als Auftraggeber und Auftragnehmer verstanden, sondern als wirkliches Team. Sowohl für Marketing als auch für Human Resources war und ist es eine sehr lehrreiche Zusammenarbeit, aus der sich bereits diverse Folgeprojekte entwickelt haben.

Wirklich interessant ist: Viele SAS Eigenheiten, die in der Employer-Branding-Evaluation identifiziert worden sind, kamen auch innerhalb der Projektgruppe zum Vorschein. Daran konnten wir im laufenden Prozess gut ablesen, dass wir auf der richtigen Spur waren.

Sie haben ein Soundingboard für das Projekt eingerichtet. Warum war Ihnen das wichtig, wer war darin vertreten, und welchen Vorteil hat das Soundingboard gebracht?

Es war uns wichtig, das Soundingboard einzurichten, weil wir über die zahlreichen Gruppen- und Großgruppen-Sessions hinaus — zu denen alle Mitarbeiter eingeladen waren — immer einen Eindruck davon haben wollten, wie die Erkenntnisse, Interpretationen und Verdichtungen des laufenden Prozesses im Unternehmen ankommen und wo Erklärung benötigt wird. Gerade für die Vorbereitung der sogenannten Open-Room-Sessions zur Validierung war das Feedback des Soundingsboards sehr hilfreich. Bei der Zusammensetzung haben wir auf kriterienübergreifende Repräsentativität geachtet.

Sind Ihnen beim Aufsetzen des Projekts auch Widerstände oder Barrieren begegnet? Welche waren das?

Grundsätzlich sind wir auf ein sehr offenes und interessiertes Klima gestoßen. Einige Mitarbeiter bekannten ehrlich, dass sie Employer Branding zunächst als „Nabelschau“ betrachtet haben. Deshalb wurde bei der internen Kommunikation strikt darauf geachtet zu erläutern, was an welcher Stelle mit welchen Inhalten geschieht und welche Maßnahmen aus welchen Erkenntnissen abgeleitet worden sind. Das hat überzeugt. Besonders wichtig ist es unserer Erfahrung nach, die Verdichtungen von Erkenntnissen in — auch für Externe verständliche — Kommunikationsbotschaften genau zu erklären. Es geht dabei nicht um „Barrieren“ oder „Widerstände“, sondern um die Verpflichtung gegenüber engagierten Mitarbeitern. Wer sein Feedback beisteuert, möchte auch wissen, was damit konkret geschieht. Kontinuierliche Kommunikation dient an dieser Stelle auch der Motivationserhaltung. Schließlich erstreckt sich ein Employer-Branding-Prozess über einen längeren Zeitraum.

Wie haben Führungskräfte und Mitarbeiter davon erfahren, dass Sie ein Employer-Branding-Projekt starten, und wie haben Sie die Belegschaft während des Prozesses informiert?

Zeitgleich mit der Entscheidung für die Projektumsetzung wurde ein sehr detaillierter Kommunikationsplan aufgesetzt, der allgemeine und spezielle Informationsmaßnahmen für Führungskräfte und Mitarbeiter umfasste. Die Kick-off-Kommunikation war dabei allerdings nicht der wichtigste Teil. Absolute Priorität galt durchgehend der Kommunikationskontinuität.

Welche Tipps haben Sie aus Ihrer Erfahrung für die interne Kommunikation über das Projekt?

Es lohnt sich, neben den Standard-Kanälen immer wieder den direkten Austausch zu suchen, was bei SAS Deutschland in Form von Brown-Bag-Lunches und einer Informationstour durch sämtliche Niederlassungen geschehen ist. Employer Branding ist ein Thema, das viel mit persönlicher Meinung und individueller Wahrnehmung der Mitarbeiter zu tun hat. Deshalb ist es sehr wichtig, in den direkten Dialog zu treten.

Wie lange hat es bis zum Projektstart gedauert, seit Sie das erste Mal im Unternehmen über Employer Branding nachdachten?

Ca. sechs Monate. Vor dem tatsächlichen Projektstart haben wir zunächst den passenden Beratungspartner gesucht und mit vielen Anbietern gesprochen. Die Entscheidung für den Partner war letztlich einstimmig und absolut richtig für SAS.

Wenn Sie das Projekt noch einmal neu aufsetzen könnten, würden Sie etwas anders machen?

Wir fühlen uns durch den Projektverlauf und die gemeinsam entwickelten Ergebnisse bestätigt. Der eingeschlagene Weg ist der richtige für unser Unternehmen.

Was sind Ihre wichtigsten „Lessons Learned für die Vorbereitung und den Start eines Employer-Branding-Projekts?

Es war auch aus Gründen der Neutralität sehr sinnvoll, einen externen Prozessexperten in die Evaluationsphase einzubinden. Die Suche und Beauftragung einer Werbeagentur haben wir erst nach erfolgter Definition der Arbeitgeberpositionierung sowie nach Verabschiedung der Unique Employer Proposition durchgeführt. Diese Aufgabentrennung gemäß zentraler Expertisefelder der beteiligten Partner hat sich aus unserer Sicht bewährt.

3.5 Interview: Vorbereitung eines Employer-Branding-Projekts (Engelhard Arzneimittel)

Unternehmen	Engelhard Arzneimittel
Branche	Arzneimittelhersteller
Mitarbeiter	280
Standorte	Niederdorfelden
Projektstart	2011

Karin Eller

Karin Eller, Personalleiterin, im Interview mit Wolf Reiner Kriegler.

Jeder kennt Prospan oder Isla-Moos, kaum jemand kennt das Unternehmen dahinter: Engelhard Arzneimittel. Unter diesen Voraussetzungen haben Sie im Herbst 2011 nicht nur ein Employer-Branding-Projekt, sondern auch ein Corporate-Branding-Projekt gestartet. Wie kam es zu der Entscheidung, beide Themen miteinander zu verbinden?

Engelhard Arzneimittel hat seinen Firmensitz mitten im Rhein-Main-Gebiet. Spezialisten sind knapp und hart umworben, gerade auch durch große Pharmakonzerne. Folglich muss Engelhard Arzneimittel Überlegungen anstellen, wie es als familiengeführtes, mittelständisches Pharmaunternehmen in diesem Wettbewerb die Nase vorne haben kann.

Wir haben uns daher zunächst für einen Employer-Branding-Prozess entschieden, um ganz klar herauszukristallisieren, was Engelhard als Arbeitgeber auszeichnet. Zusammen mit der Geschäftsleitung und unter Einbindung von Mitarbeitern und Führungskräften wollten wir definieren, was Engelhard als Arbeitgeber tatsächlich attraktiv macht und welche Bedingungen im Unternehmen uns so einzigartig machen, dass die „Klügsten und Besten“ sich für uns als Arbeitgeber und für keinen anderen entscheiden. Schließlich wollten wir auch Übereinkunft darin erzielen, was wir bieten und tun müssen, um unsere Mitarbeiter langfristig an unser Unternehmen zu binden. Denn es ist absehbar, dass der Wettbewerb um Talente Auswirkungen haben wird auf die Fluktuationsrate in den Unternehmen.

Bei der Beantwortung dieser Fragestellungen in unseren Vorüberlegungen zum Employer Branding haben wir dann schnell bemerkt, dass es nicht nur wichtig ist, Engelhard als Arbeitgebermarke in den Köpfen der Bewerber und Mitarbeiter zu verankern, sondern dass dieser Prozess ganz eng verknüpft ist mit dem Corporate Branding, nämlich dem Etablieren des Unternehmens als Marke generell, also auch bei Kunden und in der Öffentlichkeit. Unsere Schlussfolgerung war: Botschaften, die wir in den Markt senden — egal an welche Zielgruppe —, müssen aus „einem Guss“ sein, will man nicht an Glaubwürdigkeit und Identifikationsmöglichkeiten verlieren. Deshalb haben wir uns entschlossen, beide Themen miteinander zu verknüpfen und zeitgleich durchzuführen.

Die Theorie sagt, dass Employer Branding am besten dann gestartet wird, wenn eine definierte Unternehmensmarke vorliegt. Was sagt die Praxis? Hat das Zusammenlegen beider Prozesse funktioniert oder gab es ein Problem?

Richtig ist aus meiner Sicht, dass das eine nicht ohne das andere geht, womit ich meine, der Employer-Branding-Prozess kann nicht unabhängig vom Corporate-Branding-Prozess stattfinden. Es ist sicherlich von Vorteil, wenn eine klar definierte Unternehmensmarke bereits vorhanden ist. Dies könnte den Prozess beschleunigen. Andererseits haben wir es sehr begrüßt, beide Prozesse miteinander verknüpfen zu können. Auf diese Art und Weise konnte sichergestellt werden, dass sich kein Prozessstrang verselbstständigt. Die Kontrollfrage „Passen die Inhalte des Corporate und Employer Branding in allen Facetten zusammen?“ konnte in jedem Prozessschritt mitgedacht und überprüft werden.

In der Praxis hat die parallele Entwicklung beider Prozesse gut funktioniert. Wir haben in einzelnen Prozessphasen den Schwerpunkt auf entweder die Unternehmens- oder die Arbeitgebermarke gelegt und Einzelergebnisse immer wieder zur Spiegelung an unsere Gremien, die diese Prozesse inhaltlich begleitet haben, zurückgespielt. Auf diese Weise haben wir die Prozesse erfolgreich zu Ende gebracht und unsere Mitarbeiter aktiv mit eingebunden.

Arbeitgebermarke hat zum Ursprung, was auch ein wichtiger Teil der Unternehmensmarke ist: Identität, Werte und Kultur des Unternehmens. Konnten sich die beiden Themen in Ihrem Fall wechselseitig bereichern?

Wie zuvor bereits erwähnt, sind sie inhaltlich und methodisch eng verwoben. Im Kern geht es um das integrierte Zusammenwirken von Markenführung und Personalmanagement mit dem Ziel einer Effizienzsteigerung von der Rekrutierung bis zur Mitarbeiterbindung durch eine gekonnte und zielgruppengerechte Markenkommunikation sowohl intern in das Unternehmen wie extern an auserwählte Gruppierungen. Dabei werden in beiden Prozessen Identität, Werte und Kultur eines Unternehmens wechselseitig auf ihr Zusammenspiel geprüft und bewertet.

War die Geschäftsführung von vornherein im Boot oder mussten Sie Überzeugungsarbeit für Employer Branding leisten?

Bei uns war die Geschäftsleitung von Beginn an im Boot. Unser Geschäftsführer, Herr Richard Mark Engelhard, hatte beim „Life Science Forum 2010“ in Frankfurt einen Vortrag zum Thema „Mit Employer Branding zum Erfolg? Von der Worthülse zum Wettbewerbsfaktor“ gehört. So musste die Personalabteilung keine Überzeugungsarbeit leisten, um die Unternehmensführung für dieses Thema zu sensibilisieren.

Welche anderen internen Stakeholder haben Sie argumentativ ins Boot geholt, bevor Sie losgelegt haben?

In der Planungsphase haben wir die Thematik sehr ausführlich im Bereichsleiterkreis erörtert; hier wurde die Vorgehensweise zur Diskussion gestellt und letztlich auch zusammen entschieden.

Gab es dabei Widerstände, mit welchen Argumenten konnten Sie andere Entscheider zur Mitwirkung in den Projektgremien bewegen?

In unserer Kick-off-Veranstaltung haben wir weitere wichtige Entscheider und Meinungsbildner im Unternehmen zusammengeholt und die Thematik sowie unsere Beweggründe, die dazu geführt haben, sich mit diesen Themen zu befassen, dargelegt. Dabei sind wir auf ein überraschend positives Echo gestoßen. Engelhard ist in den letzten Jahren sehr stark gewachsen. Es galt, im letzten Geschäftsjahr bis heute rund 20 Prozent neue Mitarbeiter zu integrieren und eine große Anzahl an Projekten durch zahlreiche Innovationen im Pharma-, aber auch im Organisations- und Verwaltungsbereich zu bewerkstelligen. Das war für unsere Mitarbeiter keine leichte Ausgangsbasis. Dennoch — oder vielleicht gerade deshalb — hatten wir den Eindruck, dass sowohl Mitarbeiter als auch Führungskräfte dankbar dafür waren, dass wir das Thema trotz oder gerade wegen dieser Veränderungen im Unternehmen in Angriff genommen haben. Der Wunsch einer erweiterten Suche nach identifikationsstiftenden Werten war stark spürbar. Insbesondere an die Organisationsentwicklung wurden viele Erwartungen geknüpft und das sicherlich zu Recht, betrachtet man die schnelle wirtschaftliche und personelle Entwicklung unseres Hauses. Also: Wir sind nicht mit Widerständen konfrontiert worden, allerdings mit hohen Erfolgserwartungen, denen wir zügig gerecht werden müssen.

Apropos Gremien: Welche gab es? Wie waren Projektteam und Steuerungsausschuss besetzt?

Unsere Projektorganisation sah wie folgt aus:

Steuerungsausschuss

- Zwei Mitglieder der Geschäftsleitung
- Verantwortlich für Lenkung, Entscheidungen, Beaufsichtigung der Projektergebnisse

Projektteam

- Drei Mitarbeiter aus PR und Personal, fallweise kamen Mitarbeiter aus Marketing und Vertrieb hinzu
- Verantwortlich für Projektkoordination und Durchführung

Sie haben auch mit einem Soundingboard gearbeitet. Wer war dabei und war dieses Gremium auch wirklich notwendig?

Das Soundingboard bestand aus einem bereichsübergreifenden Team von Entscheidungsträgern, internen Stakeholdern und wichtigen Impulsgebern unseres Unternehmens. Mit ihnen haben wir die Kick-off-Veranstaltung durchgeführt; dieses Soundingbord stand uns nach der Analysephase und zur Positionierung stets mit ihrem Feedback über von uns formulierte Leitfragen zur Verfügung. Zudem unterstützte das Soundingboard unser Projekt als Multiplikator und Stimmungsbarometer über den gesamten Verlauf. Das funktioniert natürlich nur, wenn ein laufender Informationsaustausch gewährleistet wird. Hierzu haben wir neben vielen Gesprächen und gezielten Frageaktionen insbesondere auch unser Intranet genutzt. Zwar haben wir während der Analyse und Positionierungsphase ebenso Feedback durch unsere Trüffelgruppen (Mitarbeiter-Fokusgruppen, Anm. d. Autors) erhalten, dennoch halten wir das Soundingboard für unverzichtbar, weil diese Gruppe stärker als andere die strategische Sollperspektive, die dieser Thematik innewohnt, diskutiert hat.

Der Betriebsrat ist häufig ein Freund von Employer-Branding-Prozessen, sorgen sie doch dafür, dass ein Arbeitgeber authentischer kommuniziert und seine Arbeitgeberattraktivität auch tatsächlich verbessern will. Haben Sie das auch so erlebt?

In unserem Unternehmen werden Betriebsräte in wegweisende zukunftsgestaltende Projekte von Anbeginn an einbezogen. Sozialpartnerschaftliches Verhalten ist bei uns geübt und eingespielt. Von daher unterstützt das Betriebsratsgremium nicht nur die Zielsetzungen dieses Projekts, sondern fungiert sozusagen als „zweites Soundingboard“. Die Betriebsräte haben in der Analysephase sehr stark ihr Know-how eingebracht, als es um folgende Fragen ging:

- Was zeichnet uns als Unternehmen aus?
- Welche Unternehmenskultur herrscht bei Engelhard?
- Was unterscheidet uns von anderen?
- Welche Werte werden bei Engelhard wirklich gelebt?
- Welches Selbstverständnis prägt die Kultur bei Engelhard?

Und sie waren uns zudem ein guter Ratgeber beim Nachvollziehen und Bewerten der Ergebnisse aus den Trüffelgruppen. Dabei standen Fragen nach Glaubwürdigkeit und Authentizität immer im Mittelpunkt.

Engelhard Arzneimittel ist ein relativ kleines Unternehmen. Da spricht jeder mit jedem. Wie haben die Führungskräfte und Mitarbeiter darauf reagiert, dass Sie Employer Branding machen wollten? Gab es eine systematische Kommunikation – und haben Sie dabei überhaupt den Fachbegriff Employer Branding verwendet?

Wir haben den Begriff Employer Branding von Beginn an verwendet. Ich halte nichts davon, Sachverhalte unter anderen Termini zu kommunizieren, wenn es hierfür einen Fachterminus gibt. Das sorgt nur für Verwirrung.

Ich betonte bereits eingangs, wir haben mit diesem Projekt eher „offene Türen eingerannt“. Es gab allerdings einen Bereich in unserem Unternehmen, der sich aus Zeitgründen anfangs diesem Thema weniger intensiv widmen konnte. Wir haben diese Probleme offen angesprochen, wir haben nach Problemlösungsmöglichkeiten gesucht, sie gefunden und damit auch diesen Bereich einbinden können.

Die systematische Kommunikation, die über die Projektgremien verlief, wurde natürlich begleitet durch eine „informelle Kommunikation“ unter den Mitarbeitern selbst. Die Projektmitglieder werden vielfach auf das Thema Employer Branding angesprochen, sie werden nach Fortschritten im Projektverlauf und nach Umsetzungsplanungen befragt. Aus Mitarbeiterberichten weiß ich, dass Employer Branding auch Thema am Mittagstisch ist. Diese Reaktionen zeigen mir, dass Mitarbeiter und Führungskräfte sich für Employer Branding engagieren und auch mit verantwortlich fühlen. Denn nichts wäre für uns schlimmer, als einen Papiertiger zu produzieren, also Werte zu postulieren, die letztendlich nicht mit Leben gefüllt werden können.

Sie haben gleich zu Anfang Ziele für das Employer Branding definiert. Hat das Management diese Ziele vorgegeben oder wurden Sie auch zusammen mit den Bereichsleitern und anderen diskutiert?

Die Ziele des Employer-Branding-Prozesses haben wir in der Kick-off-Veranstaltung, in der Mitarbeiter unterschiedlicher Unternehmensebenen teilnahmen, gemeinsam erarbeitet, diskutiert und priorisiert. Wir sind der Auffassung, dass eine einseitige Festlegung dieser Zielsetzungen letztlich nicht zielführend sein kann. Das würde unserer Kultur und unserem Selbstverständnis bei Engelhard nicht entsprechen.

Engelhard hat von vornherein auch die sogenannten gewerblichen Mitarbeiter in sein Employer Branding einbezogen: Produktion, Lager, Versand.

Was entgegnen Sie denen, die der Auffassung sind, dass sich Employer Branding nur an akademische Zielgruppen richtet?

Diesen möchte ich gerne sagen, besuchen Sie unsere gewerblichen Betriebsabteilungen und machen Sie sich ein realistisches Bild davon, wie bedeutend diese Abteilungen für unsere Kultur, aber auch für unseren Erfolg sind und welches Innovationspotenzial gerade in diesen Bereichen steckt. Employer Branding ist nie und nimmer ein Thema, das ausschließlich Akademikern vorbehalten ist. Es betrifft alle Abteilungen eines Unternehmens gleichermaßen, unabhängig davon, ob diese überwiegend akademische oder gewerbliche Mitarbeiter beschäftigen. Kultur und Werte eines Unternehmens werden durch das Zusammenspiel aller Abteilungen bestimmt und nicht nur durch einzelne Beschäftigungsgruppen.

Sie haben sich in dem Projekt von einem Beratungsunternehmen begleiten lassen. Rückblickend betrachtet, war das die richtige Entscheidung? Welche Vorteile hat Ihnen das gebracht?

Die professionelle Begleitung war für uns eine große Hilfestellung. Wir haben uns sowohl fachlich-inhaltlich wie auch organisatorisch gut beraten gefühlt. Ganz wichtig war für uns, dass wir die Moderation der Trüffelgruppen und die Auswertung der Ergebnisse zusammen mit allen Projektgremien in externe Hände legen konnten. Hierdurch haben wir Zeit für unser operatives Geschäft gewonnen und gleichzeitig Organisationspsychologen noch einmal Gelegenheit gegeben, einen Blick von außen auf unser Miteinander bei Engelhard zu werfen und hieraus Handlungsmaßnahmen abzuleiten.

Wie sind Sie bei der Auswahl des externen Partners vorgegangen? Worauf sollten Unternehmen achten, wenn Sie einen Dienstleister für ihr Employer Branding suchen?

Die Auswahl unseres Beratungsunternehmens ging auf eine Empfehlung des Arbeitgeberverbandes HessenChemie und über einen direkten Kontakt auf der oben genannten Veranstaltung zurück. Referenzen spielen für uns immer eine entscheidende Rolle. Wichtig ist für uns ferner, dass das Beratungsunternehmen uns Arbeitsergebnisse in vergleichbaren mittelständischen Unternehmen — idealerweise in der pharmazeutischen Industrie — zur Bewertung vorlegen kann. Letztendlich muss jedes Unternehmen für sich in Gesprächen oder einem Workshop herausfinden, ob die Chemie zwischen Beratern und Beratenden stimmt.

Was war Ihr bisher positivstes Erlebnis im Employer-Branding-Prozess?

Dieser Prozess war für das Miteinander im Unternehmen äußerst förderlich. Kolleginnen und Kollegen konnten gemeinsam in bereichs- und abteilungsübergreifenden Kreisen zu Themenstellungen denken und arbeiten, die üblicherweise im Arbeitsalltag zu kurz kommen. Somit konnten auch Haltungen und Meinungen aufgenommen werden, die unter anderen Bedingungen so nicht zutage traten. Der Zusammenhalt und das Verständnis füreinander hat allein durch eine hohe Einbindungsquote der Mitarbeitenden in dieses Projekt einen neuen identitätstiftenden Impuls bekommen. Als Prozessverantwortliche haben wir uns sehr darüber gefreut, dass unsere Mitarbeitenden das Employer Branding aktiv auch in den Trüffelgruppen und Open Rooms (Validierungsworkshops, Anm. d. Autors) mitgestalten wollten. Vielen war es eine Herzensangelegenheit, den Stolz auf bisher mit dem Unternehmen Erreichtes zum Ausdruck zu bringen und endlich nach außen kommunizieren zu können, warum man gerne ein Teil des Engelhard-Teams ist.

Und Ihr größter Lerneffekt?

Eingestiegen bin ich in den Employer-Branding-Prozess in der Überzeugung, dass es für die Zukunftssicherung von Engelhard Arzneimittel auf dem Bewerbermarkt unumgänglich ist, eine attraktive glaubwürdige Arbeitgebermarke zu präsentieren und die Arbeitgeberattribute an die richtigen Zielgruppen zu senden. Überrascht und beeindruckt war ich im Verlaufe dieses Prozesses über die enorme Innenwirkung, die das Employer Branding entfaltet: Die Steigerung des Wir-Gefühls.

Wenn Sie zurückdenken: Was hätten Sie tun müssen, damit Employer Branding bei Engelhard definitiv scheitert?

Je stärker die Mitarbeitereinbindung, desto erfolgreicher kann sich der Prozess gestalten. Mitarbeiter können gelebte Unternehmenskultur und gelebte Unternehmenswerte am besten beschreiben. Im Umkehrschluss heißt das, je geringer die Mitarbeiterbeteiligung, desto eher läuft man Gefahr, ein realitätsfremdes und verzerrtes Unternehmens- und Arbeitgeberbild zu postulieren.

Wenn Sie noch einmal von vorne anfangen müssten, was würden Sie anders machen?

Schon Jahre eher beginnen! Ansonsten, denke ich, haben wir mit Employer Branding bei Engelhard Arzneimittel auf dem Weg der Zukunftssicherung einen wesentlichen Meilenstein beschritten und sind bereits ein gutes Stück vorangekommen.

4 Fundamente legen: Analyse und Strategie

Die Strategieentwicklung markiert den Startpunkt Ihres Employer-Branding-Prozesses. Sie tragen verschiedene Analysedaten zusammen und entwerfen auf dieser Basis eine Positionierungsstrategie. Dort beantworten Sie die Schlüsselfrage des Employer Branding: In welche Richtung, mit welchen Themen können Sie sich, gemessen an Ihren Zielen, als Arbeitgeber am besten positionieren? Ist dieses Bild einmal klar, arbeiten Sie Ihre Arbeitgeberpositionierung aus — in der Fachliteratur oft Employer Value Proposition (EVP) genannt. Sie ist Dreh- und Angelpunkt für alle weiteren Employer-Branding-Aktivitäten im Unternehmen und in den externen Arbeitsmärkten.

Für die Analyse und Strategieentwicklung setzen die meisten Unternehmen ein Projekt auf, das je nach Zuschnitt zwischen vier und neun Monaten dauert. Vier Monate sind sehr knapp bemessen. Das setzt voraus, dass viele Rahmenbedingungen klar sind, dass die Stakeholder im Unternehmen alle an einem Strang ziehen und Abstimmungsprozesse schnell verlaufen. Aus Erfahrung lässt sich sagen, dass die meisten Employer-Branding-Strategieprojekten etwa ein halbes Jahr, manchmal neun Monate in Anspruch nehmen, wenn es sich um ein nationales Projekt handelt.

Bei internationalen und globalen Projekten sollten Sie mindestens neun Monate, eher ein Jahr einplanen. Nicht weil Sie das Projekt nicht schneller absolvieren könnten, sondern weil die Entwicklung einer Arbeitgeberpositionierung ein abstimmungs- und reflektionsintensives Thema ist. Zeitlich allzu ambitionierte Projektpläne sind schnell Makulatur, also planen Sie von vornherein etwas großzügiger. Wenn Sie dafür anfangs Unverständnis ernten, werden Sie spätestens zur Halbzeit des Projekts für Ihre vorausschauende Planung Komplimente erhalten.

Die Phase der Analyse und Strategieentwicklung gliedert sich in acht Schritte. Legen Sie ein optimales Fundament für Ihre Arbeitgebermarkenbildung, indem Sie

- die internen Rahmenbedingungen kennen (Schritt 4)
- das Umfeld in den Arbeitsmärkten erkunden (Schritt 5)
- mit dem Management den Blick in die gewünschte Zukunft werfen (Schritt 6)
- Ihrer Kultur, Identität und den gelebten Werten mithilfe Ihrer Mitarbeiter auf den Grund gehen (Schritt 7)
- Chancen und Risiken möglicher Positionierungen strategisch abwägen (Schritt 8)

- die ersten Ansätze von den Mitarbeitern kritisch prüfen lassen (Schritt 9)
- Ihre Arbeitgeberpositionierung festlegen (Schritt 10)
- ein Kommunikationskonzept entwickeln (Schritt 11)

Beherzigen Sie diese acht Schritte, dann haben Sie die besten Chancen, eine Arbeitgeberpositionierung zu entwickeln, die

- Mitarbeitern Identifikation stiftet, weil sie identitätsbasiert erhoben und von der Belegschaft akzeptiert ist,
- Bewerbern Orientierung schenkt, weil sie differenziert und klar macht, wer zu Ihnen passt und wer nicht,
- und Ihrer Organisation Richtung gibt, weil sie die Sollperspektive des Managements integriert und in eine gewünschte Zukunft weist.

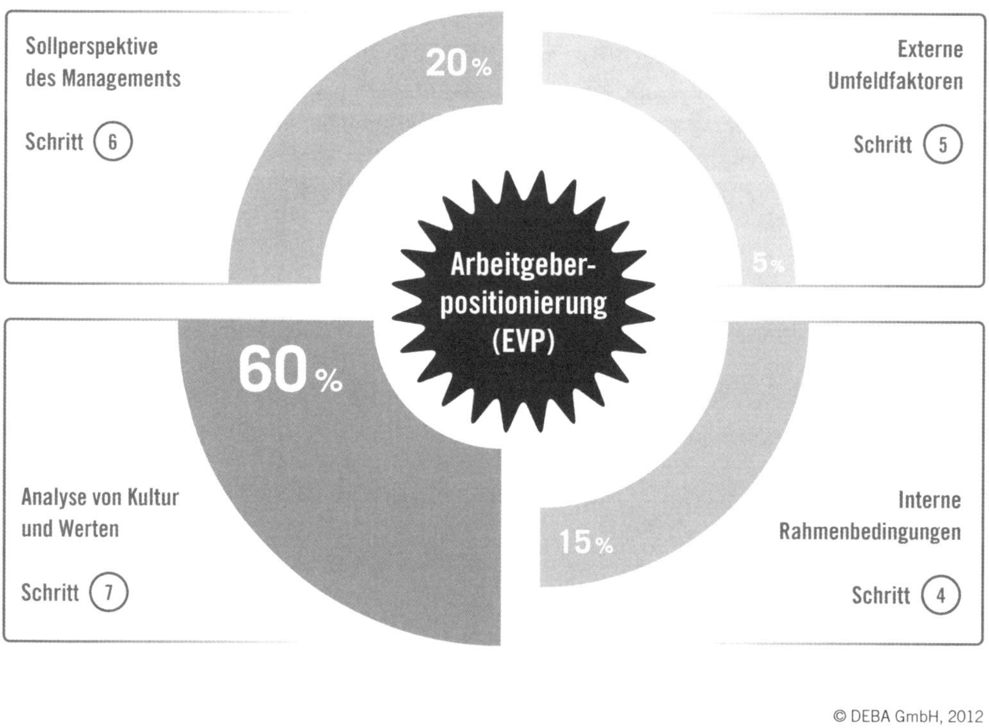

Abb. 4.1: Relevanz der Analysebausteine für die Arbeitgeberpositionierung

4.1 Schritt 4: Inventur – Blick auf die internen Rahmenbedingungen

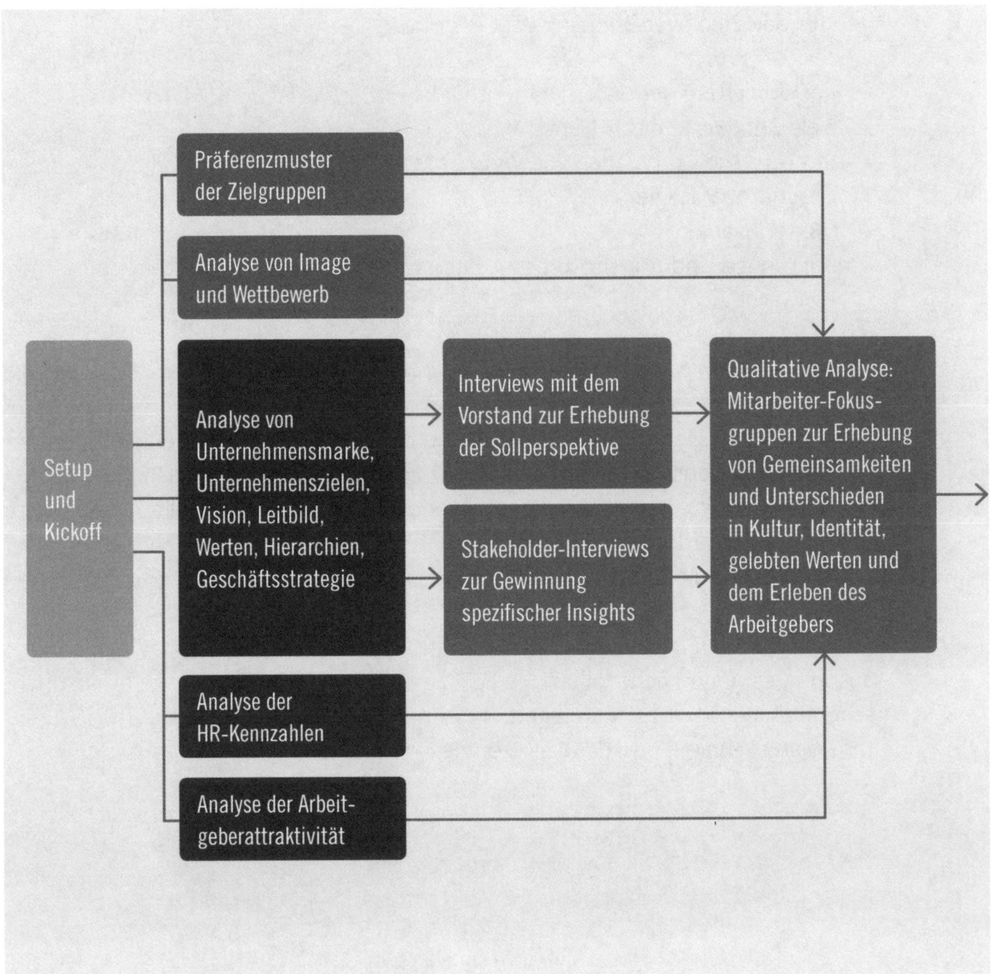

© DEBA GmbH, 2012

Abb. 4.2: In der Übersicht der Schritt 4 – Binnenanalyse

Wie sehen die Voraussetzungen für die Arbeitgebermarkenbildung im Unternehmen aus? In welchem Kontext starten Sie das Employer-Branding-Projekt überhaupt? Sofern Sie das nicht schon in der Phase des Projekt-Setups getan haben, verschaffen Sie sich jetzt einen Überblick über die internen Rahmenbedingungen. Vieles werden Sie kennen, anderes erst in Erfahrung bringen müssen. Die Grundlagen für den Employer-Branding-Prozess sind:

- Positionierung der Unternehmensmarke
- Ziele und Werte des Unternehmens
- Strategische Grundlagen wie Vision, Mission, Leitbild
- Geschäftsstrategie
- HR-Kennzahlen
- Leistungen und Angebote des Arbeitgebers (Merkmale der Arbeitgeberattraktivität)

Wenn Sie Analyse und Strategie nicht inhouse machen, sondern sich wie die meisten Unternehmen in dieser Prozessphase von einem externen Dienstleister unterstützen lassen, ist ein gutes Briefing der internen Rahmenbedingungen unerlässlich. Übrigens: Sie erkennen, ob der Berater Ihrer Wahl wirklich Ahnung von Employer Branding hat, schon daran, ob er die richtigen Fragen stellt und relevante Unterlagen anfordert. In der folgenden Abbildung finden Sie eine Checkliste der Informationen, die Ihren Outsourcingpartner oder Prozessbegleiter interessieren sollten.

Besonderes Augenmerk sollten Sie auf die strategischen und auf die atmosphärischen Rahmenbedingungen legen. Sie haben besonderen Einfluss auf die Akzeptanz der Ergebnisse und das Gelingen des Prozesses.

Checkliste interne Datensammlung

Strategie

- O Markenstrategie der Unternehmensmarke
- O Ziele der strategischen Unternehmensentwicklung
- O Unternehmenswerte
- O Vision, Mission, Leitbild, Philosophie, offizielle Kulturdefinitionen usw.
- O Geschäftsstrategie
- O Personalstrategie

Research

- O Imagebefragungen und Arbeitgeberrankings (z. B. Great Place to Work)
- O Ergebnisse aus Mitarbeiterbefragungen
- O Sonstige Marktforschungsergebnisse
- O Interne Erhebungen (z. B. Eintritts-/Austrittsinterviews)

Kommunikation

- O Recruiting-Kampagne (Musterbeispiele und Maßnahmenplan), ggf. mit Wirkungsanalysen
- O Unternehmens-Imagekommunikation (Musterbeispiele)
- O Maßnahmen der Mitarbeiterkommunikation
- O Presse-Clippings zur Wahrnehmung als Arbeitgeber
- O Materialien zu Hochschulmarketing, ggf. Auswertungen (z. B. Messen)
- O Medien und Maßnahmen zur Integration von New Hires (Onboarding)

Personalmanagement

- O Zielgruppen inkl. eigener Erhebungsdaten
- O Anforderungs- und Stellenprofile (Kompetenzprofile)
- O Hierarchieebenen und Karrierewege
- O Leistungen und Angebote des Arbeitgebers
- O Employer Branding relevante HR-Prozesse (z. B. Recruiting, Bewerbermanagement)
- O Performance- und Talentmanagementsysteme
- O HR-Kennzahlen (Fluktuation, Krankenstand)
- O Personal-, Führungskräfte- und Azubi-Entwicklungsprogramme

Abb. 4.3: Inventur – Checkliste interne Datensammlung

4.1.1 Strategische Rahmenbedingungen

Hat Ihr Unternehmen normative Grundlagen wie Werte, eine Vision oder ein Leitbild definiert? Gibt es eine Unternehmensphilosophie, eine Kulturdefinition, Verhaltensleitlinien oder ähnliche offizielle Beschreibungen von Grundhaltungen und Verhalten?

Sie sind, ebenso wie die Positionierung oder Kern und Werte Ihrer Unternehmensmarke, die strategischen Leitplanken für das Employer Branding. Die Arbeitgeberpositionierung darf diesen strategischen Grundlagen inhaltlich nicht widersprechen, sondern soll sie spezifizieren und ergänzen.

Soweit, so gut. In der Praxis erlebt man immer wieder, dass die offiziell deklarierten Werte wenig gemein haben mit dem, was tatsächlich im Unternehmen gelebt wird. Hier tun sich Widersprüche auf und Employer Branding kann einen ganz entscheidenden, ungemein wertvollen „Nebeneffekt“ haben: Solche Widersprüche aufzudecken.

Sprechen Sie dieses Thema vor Projektstart an. Meistens haben die Beteiligten ohnehin ein gutes Gespür dafür, ob die offiziell deklarierten Werte, Philosophien oder Leitlinien eher einem Wunschbild oder der Realität entsprechen. Solche Diskrepanzen aufzudecken, könnte sogar ein Projektziel werden.

Dabei geht es in erster Linie gar nicht darum, Werte oder Leitlinien später zu verändern. Der Employer-Branding-Prozess zeigt vor allem auf, in welchen Teilen der Organisation sie in welchem Maße schon gelebt werden und in welchen nicht. Wo führen Vorgesetzte analog zu den Leitlinien, wo nicht? An welchem Standort oder in welchem Unternehmensbereich sind die Werte an der Basis angekommen, wo nicht? In der Phase der Implementierung kann der Employer-Branding-Prozess dazu beitragen, solche Glaubwürdigkeitslücken zu schließen und die Werteorientierung der Organisation homogener zu gestalten.

4.1.2 Atmosphärische Rahmenbedingungen

Würden Ihre Mitarbeiter ein neues Projekt mit vielen Workshops und Befragungen sowie Implikationen für die Organisation zurzeit überhaupt begrüßen oder nicht? Schauen Sie sich die Stimmung im Unternehmen an. Sie ist wichtig für die Akzeptanz des Employer-Branding-Prozesses und kann ihn sowohl positiv wie auch negativ beeinflussen, sogar über Erfolg und Misserfolg entscheiden.

Auch wenn Sie optimal über das Projekt kommunizieren und die passenden Begriffe verwenden (siehe Schritt 3) — eine negative Grundstimmung im Unternehmen kann Anlass sein, mit dem Start eines Employer-Branding-Projekts zu warten. Dabei ist zu unterscheiden zwischen einer nur zwischenzeitlich geringen Akzeptanz für ein solches Projekt und einer generell skeptischen Grundhaltung der Belegschaft.

Wenn Sie zum Beispiel gerade viel umstrukturiert oder strategische Veränderungen vorgenommen haben, ist die Akzeptanz für Employer Branding in der Regel geringer. Oder Ihre Mitarbeiter und Führungskräfte wurden bereits in anderen Projekten um Mitwirkung gebeten, zum Beispiel, um Unternehmenswerte zu entwickeln, die Unternehmensmarke zu definieren oder an Führungsleitlinien zu arbeiten. Dann ist nicht selten eine gewisse Müdigkeit vorhanden, erneut Workshops beizuwohnen. Ehe Sie den Eindruck erwecken, dass Employer Branding nur die sprichwörtlich „nächste neue Sau ist, die durchs Dorf getrieben wird“, halten Sie lieber inne.

Nicht immer lässt sich ein Employer-Branding-Projekt verschieben. Häufig lässt der operative Druck das gar nicht zu. Dann halten Sie den Ball lieber etwas flacher, wenn Sie das Projekt und seine Bedeutung für das Unternehmen intern kommunizieren. Werden Sie nicht zu offiziell und planen Sie die Mitwirkung der Mitarbeiter und Führungskräfte in einem für die Organisation möglichst verträglichen Maß.

4.2 Schritt 5: Umfeld erkunden – Arbeitsmärkte, Zielgruppen und Wettbewerber

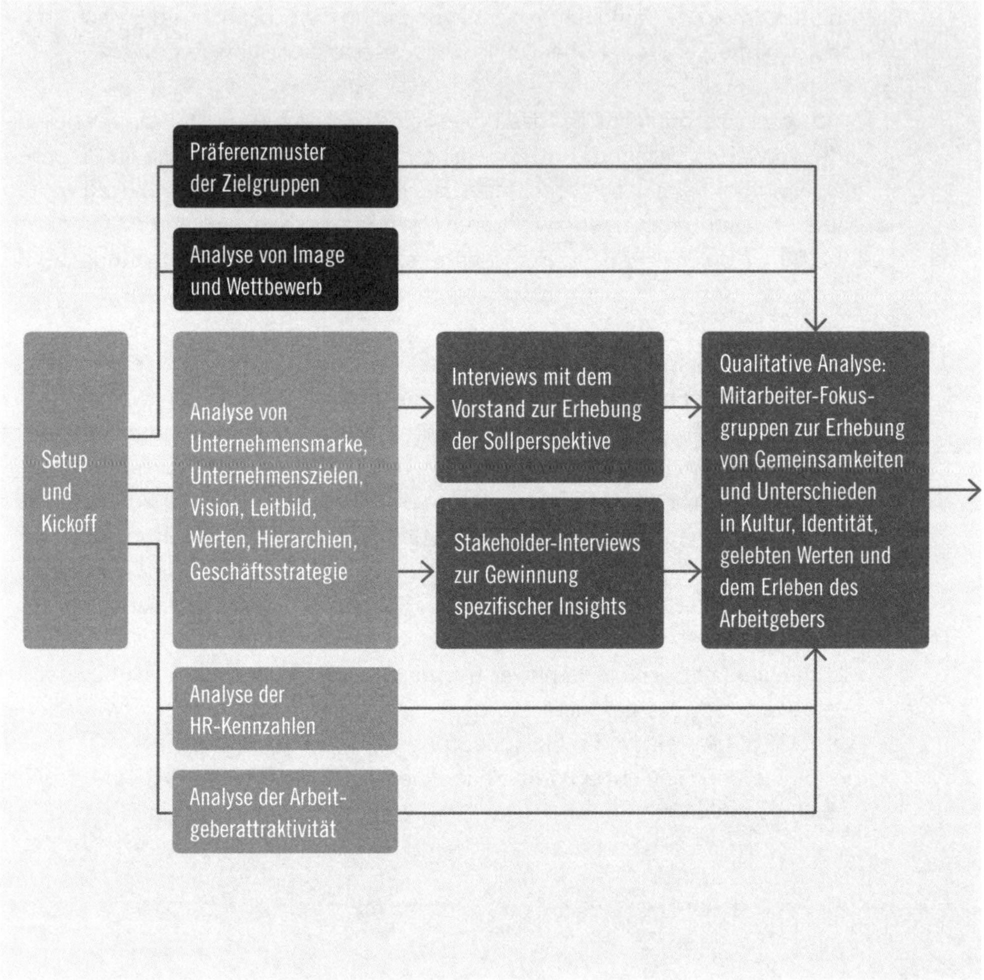

Abb. 4.4: In der Übersicht der Schritt 5 – Umfeld- und Kontextanalyse

Der Blick auf die externen Rahmenbedingungen zeigt Ihnen,

- wie sich die Arbeitsmärkte entwickeln,
- wie Sie als Arbeitgeber derzeit wahrgenommen werden,
- was sich Ihre Zielgruppen von einem guten Arbeitgeber wünschen
- und wo Sie im Vergleich mit anderen stehen.

Im Rahmen von Markt- und Umfeldanalysen betreiben manche Unternehmen eigene Marktforschungen. Sie betrachten regelmäßig die Wettbewerber sowie Entwicklungen und Trends auf den Arbeitsmärkten. Andere investieren gezielt in Daten zu den Präferenzmustern ihrer Zielgruppen oder in eine Teilnahme an Arbeitgeberimagerankings.

Um das Umfeld erschöpfend zu betrachten, können Sie viel Geld und Zeit einsetzen. Der Datensammlung sind kaum Grenzen gesetzt — es gibt schließlich immer etwas, was sich noch lohnen könnte zu erfahren.

Häufig steht der Aufwand, der hinsichtlich Employer Branding in der Umfeldanalyse betrieben wird, in keinem Verhältnis zu seinem Nutzen. Überlegen Sie daher genau, was Sie analysieren. Die im Employer Branding am häufigsten angewendeten Elemente der Umfeldanalyse sind:

- Arbeitsmarktanalyse
- Arbeitgeberimageanalyse
- Teilnahme an Arbeitgeberimagerankings
- Zielgruppenpräferenzanalyse
- Wettbewerberanalyse

Damit Sie eine für sich sinnvolle Auswahl treffen können, werden diese fünf Bausteine hier kurz beschrieben und bewertet.

4.2.1 Arbeitsmarktanalyse

Die Arbeitsmärkte entwickeln sich dynamisch — in vielen Ländern noch viel mehr als in Deutschland, Österreich und der Schweiz. Die Prozesse rund um die Gewinnung, Bindung und Entwicklung von Mitarbeitern sind fünf externen Treiberfaktoren unterworfen:

- Demografischer Wandel
- Wirtschaftlicher Wandel

- Technologischer Wandel
- Wandel der rechtlichen Rahmenbedingungen
- Globalisierung

Wenn wir von Arbeitsmarkt sprechen, meinen wir nicht den traditionellen, wirtschaftspolitischen Arbeitsmarktbegriff, also den Ort, an dem Angebot und Nachfrage zusammentreffen. Es hat sich in der Personalpraxis bewährt, nicht von einem Arbeitsmarkt als ein homogenes Gebilde zu sprechen, sondern von einer Vielzahl an Arbeitsmärkten auszugehen, die sehr unterschiedlich sein können. So unterscheidet sich der Arbeitsmarkt für IT-Fachkräfte von dem für Juristen, der Markt für Ingenieure von dem für gewerbliche Mitarbeiter.

Sie können eine Arbeitsmarktanalyse also nicht nur auf ein bestimmtes Land beziehen, sondern auch auf ein spezielles Segment. Definieren Sie daher zu Anfang die für Sie wichtigen Märkte und konzentrieren Sie Ihre Analyse auf die Segmente, in denen Sie aktuell oder künftig die größten Engpässe oder Bedarfe sehen. Die Unternehmensstrategie gibt Ihnen wichtige Indikatoren: In welche Unternehmensbereichen soll künftig stärker investiert werden? Wo soll das größte Wachstum stattfinden, sollen etwa neue Geschäftsfelder erschlossen werden, für die ganz neue Kompetenzen in bisher unbekannten Arbeitsmärkten akquiriert werden müssen?

Ähnliche Fragen können Sie sich auch im internationalen Umfeld stellen, um festzustellen, wo Sie Ihre Schwerpunkte in der Analyse setzen.

Wenn der Zuschnitt der Analyse den Zukunftsplänen des Unternehmens entspricht, kann eine Status- und Trendanalyse der relevanten Arbeitsmärkte durchgeführt werden. Manche Unternehmen entwerfen und diskutieren auf dieser Basis Zukunftsszenarien für die jeweiligen Kernarbeitsmärkte.

Bewertung

Eine Arbeitsmarktanalyse macht immer dann Sinn, wenn das Unternehmen neue Arbeitsmärkte erschließen will. Zum Beispiel in Vorbereitung einer internationalen Expansion oder wenn das Geschäft etwa durch neue Technologien oder Werkstoffe andere, bisher nicht im Unternehmen vorhandene Kompetenzen erfordert. Wer nicht vor einer solchen Situation steht, kann darauf verzichten — der Aufwand steht nicht im Verhältnis zum Nutzen, da Sie ohnehin genügend Menschen an Bord haben, die ihre Arbeitsmärkte wie die eigene Westentasche kennen. Greifen Sie lieber auf dieses Wissen zurück, als dass Sie in teure Analysen investieren.

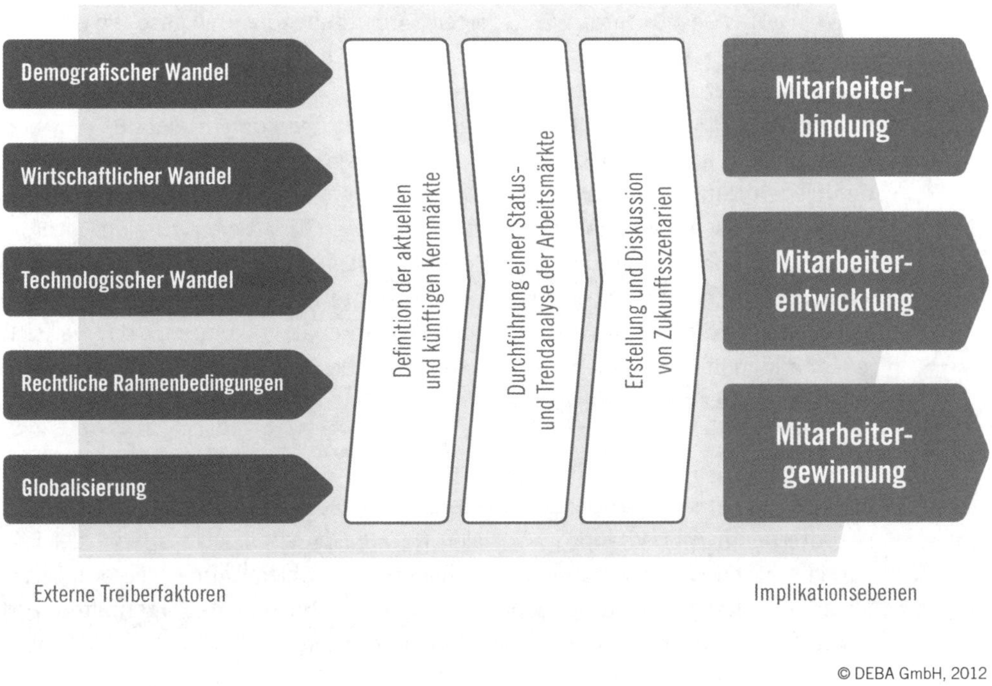

Abb. 4.5: Arbeitsmarktanalyse: Treiber, Vorgehen, Implikationen

4.2.2 Arbeitgeberimage-Untersuchungen

Um festzustellen, welches Image Sie als Arbeitgeber derzeit haben, gibt es mehrere Möglichkeiten. Einige setzen dabei auf umfangreiche Analysen, andere vertrauen eher dem Gespür der eigenen Leute. Sie können die Sicht Ihrer Zielgruppen auf Sie als Arbeitgeber erfahren, indem Sie beispielsweise

- eine Marktforschung in Auftrag geben
- an den einschlägigen Arbeitgeberimagerankings teilnehmen
- einen Social-Media-Resonanztest machen
- die eigenen Mitarbeiter befragen

Die Beauftragung eines Marktforschungsunternehmens gibt sehr konkrete Insights, ist jedoch häufig mit Kosten verbunden, die nur in speziellen Fällen in gutem Verhältnis zum Nutzen einer Arbeitgeberimageanalyse stehen.

Als Alternative bietet sich die Befragung eigener Mitarbeiter an. Sie haben meistens ein gutes Gespür dafür, wie der eigene Arbeitgeber draußen gesehen wird. Sie kennen die Reputation ihres Arbeitgebers durch Gespräche mit Familie, Freunden und Bekannten, insbesondere in der Region. Aber auch darüber hinaus sind viele Mitarbeiter in ihrer fachlichen Zunft gut vernetzt. Sie können erahnen, wie der Arbeitgeber in kollegialen Fachkreisen gesehen wird – ob durch die persönlichen beruflichen Netzwerke, den Austausch in Internet-Fachforen oder durch Begegnungen auf Fachtagungen. Das macht die eigenen Mitarbeiter zu einer interessanten und auch kostengünstigen Quelle, um das eigene Image als Arbeitgeber kennenzulernen. Doch Vorsicht vor der berüchtigten Betriebsblindheit. Nicht jeder Mitarbeiter wird die Sicht von außen objektiv einschätzen können, auch weil sich jeder häufiger mit Menschen umgibt, die die eigene Sicht der Dinge eher teilen, als mit Leuten, die eine andere Perspektive haben.

Ein Social-Media-Resonanztest ist eine relativ kostengünstige Möglichkeit, um Rückschlüsse auf das Arbeitgeberimage zu ziehen – vorausgesetzt, es wird über Ihr Unternehmen überhaupt im sozialen Netz gesprochen. Ist das nicht der Fall, können Sie entweder aufatmen oder haben ein Problem. Atmen Sie auf, wenn Sie ahnen, dass Sie als Arbeitgeber keinen guten Ruf haben. Sorgenfalten sind angebracht, wenn Ihre Mitarbeiter mit Ihnen als Arbeitgeber zufrieden sind – aber draußen keiner darüber spricht.

Es gibt mehrere Anbieter für Social-Media-Resonanztests. Die Guten erkennen Sie daran, dass Sie eine differenzierte Auswertung liefern, zum Beispiel nach

- Blogs
- Microblogs
- Bewertungsportale
- Foren
- Social Networks
- Media-Sharing/-Commenting

Bei der Auswertung von Kommentaren im sozialen Netz ist es wichtig und nicht immer einfach, zwischen allgemeinen Aussagen über das Unternehmen und arbeitgeberspezifischen Aussagen zu differenzieren.

Genau das ist die Achillesferse der sogenannten Arbeitgeberimagerankings. Die bekanntesten Anbieter sind das Berliner Trendence-Institut und das schwedische Marktforschungsunternehmen Universum. Sie veröffentlichen jährlich Rankings der beliebtesten Arbeitgeber.

Sie sind das Pendant zu den sogenannten Arbeitgeberqualitätsrankings, wie unter anderem Great Place to Work© oder Top Job. Während diese die Sicht der Mitarbeiter auf die Qualität des eigenen Arbeitgebers erheben, fragen Universum und Trendence außenstehende Absolventen und Schüler nach dem Image, die ein Unternehmen als Arbeitgeber hat.

Zur validen Messung des Arbeitgeberimages taugen diese Erhebungen nur bedingt, da die Befragten in der überwältigenden Mehrheit kein ausreichendes Vorstellungsbild davon haben, wie es ist, in den Unternehmen zu arbeiten. So werden die Ergebnisse der Imagerankings sehr stark von den Images der Unternehmen an sich oder ihrer bekannten Produkte überlagert.

Der Leiter des Talent Managements eines Automobilkonzerns, der in den Arbeitgeberimagerankings von Trendence oder Universum regelmäßig ganz weit vorne liegt, kommentierte das auf einer Fachkonferenz so: „80, wenn nicht gar 90 Prozent unseres Arbeitgeberimages werden komplett von unserem Produktimage ausgemacht. Die Leute haben gar keine Ahnung, wie es ist, bei uns zu arbeiten. Und es würde bestimmt auch nicht allen gefallen.“

Für manche Unternehmen ist die Überlagerung ihres Arbeitgeberimages durch das Produktimage eher Fluch als Segen: Die Bewerber sind enttäuscht, wenn sie ihre Vorstellungen über das Produkt auf den Arbeitgeber übertragen. Wer zum Beispiel von den beliebten Produkten auf den Arbeitgeber schließt, riskiert Enttäuschungen: Nicht immer schnurrt der direkte Vorgesetzte so leise wie der neue Audi. Und der eigene Arbeitsplatz ist selten so gut gepolstert wie der Fahrersitz eines Panameras.

Nicht jedes Unternehmen freut sich über wöchentliche Waschkörbe mit Initiativbewerbungen. Wo sich Menschen unreflektiert bewerben, weil sie primär nicht den Arbeitgeber, sondern die Produkte schätzen, sind die Bewerberpassung niedrig und die Kosten für die Bearbeitung der Bewerbungsflut sehr hoch. Nicht selten wollen die Bewerber das Unternehmen einfach nur im Lebenslauf haben und gehen nach kurzer Zeit schon wieder. Das alles kostet viel Geld.

Wer meint, dass die großen Unternehmen mit bekannten Namen und Produkten doch Employer Branding gar nicht nötig hätten, der irrt fundamental. Eine Arbeitgebermarke, die klar macht, was wirklich los ist, wer dazu passt und wer auch nicht, ist gerade für solche Firmen effektiv.

BEISPIEL

Wer sich von Produktimages blenden lässt, ist vom Arbeitgeber dahinter schnell enttäuscht

Situation

Die Produktmarke eines österreichischen Unternehmens hatte im Land eine höhere Markenbekanntheit als die lila Kuh. Die Showrooms sahen aus wie das berühmte Raumschiff Enterprise. Verführerisch, mit diesem glänzenden Produktimage auch Fachkräfte zu locken. Wer die Firmenzentrale betrat, traf jedoch auf ein etwas anderes Ambiente. Sah die Lobby noch nach einem modernen Unternehmen aus, hatten die Flure und Büros eher den funktionalen Charme von Krankenhäusern. Die wunderbare Welt der Produktmarke gab es hier nur noch auf Postern an den Wänden.

Bewertung

Das Arbeitgeberimage gerade größerer, bekannterer Unternehmen lebt überwiegend von den positiven Abstrahleffekten der Unternehmensmarke oder der Produktmarken. Wenn die Imagewelten der Produkte nicht mit der Arbeitswelt übereinstimmen, darf mit ihnen nicht geworben werden – auch wenn es sehr verlockend ist.

Lösung

Das Unternehmen war sich dessen auch bewusst. Es hat im Employer Branding ein realistisches Bild der Arbeitswelt gezeigt und die Produktmarke nur flankierend eingebunden.

Bewertung

Überlegen Sie sich generell, ob eine Arbeitgeberimageanalyse für die Arbeitgebermarkenbildung wichtig ist. Für die Entwicklung einer Arbeitgeberpositionierung brauchen Sie diese Informationen nicht, da diese vornehmlich auf Ihrer Identität, Ihrer Kultur und den im Unternehmen gelebten Werten basiert. Bei den meisten Unternehmen wird das Arbeitgeberimage ohnehin vom allgemeinen Unternehmensimage überlagert. Insofern sind Reputationsanalysen, falls sie vorliegen, hier eine gute Alternative.

Ratsam ist die Imageanalyse, wenn Sie von einem negativen Image ausgehen müssen, zum Beispiel wenn Sie Produkte herstellen, die gesellschaftlich umstritten sind. Wählen Sie dann einen Weg, der Ihnen nicht einfach nur den Platz auf einer Beliebtheitsskala spiegelt, sondern dezidiert Aufschluss über Diskrepanzen zwischen internem und externem Arbeitgeberimage sowie Korrekturchancen gibt – zum Beispiel, indem Sie ein Marktforschungsunternehmen beauftragen oder einen Social-Media-Resonanztest durchführen. Beides macht auch Sinn, wenn Ihr Unternehmen aufgrund der Geschäftsentwicklung neue Arbeitsmärkte und Zielgruppen erschließen will.

Wenn der Kontext, in dem Sie sich bewegen, keine Imagebarriere darstellt, und wenn Sie sich auch in Zukunft eher in den Ihnen bekannten Arbeitsmärkten bewegen, rentiert sich eine Auftragsforschung weniger. Ihre Mitarbeiter sind eine gute alternative Quelle, um sich ein Bild davon zu machen, wie über Sie gesprochen wird. Das kostet zwar Zeit, aber in der Regel kein Geld.

Arbeitgeberimagerankings sind nur bedingt ein geeignetes Instrument, wenn Sie ein wirklich differenziertes Bild über Ihre Reputation als Arbeitgeber gewinnen wollen. Hier wird es Ihnen am schwersten fallen, die Überlagerungen des Produktimages auszufiltern.

4.2.3 Zielgruppenpräferenzanalyse

- Was erwartet ein Ingenieur von seinem Job?
- Worauf achtet die Generation Y bei der Arbeitgeberwahl?
- Was bewegt Berufserfahrene zum Jobwechsel?
- Wie schaffe ich es, dass sich mehr Frauen bewerben?

Die Liste dieser Fragen ließe sich endlos fortsetzen. Es sind Fragen zu Wertorientierungen bestimmter Gruppen und ihrer Präferenzmuster bei der Arbeitgeberwahl. Die Antworten auf solche Fragen werden von vielen Personalleitern gehandelt wie der Heilige Gral.

In den Anfangszeiten des Employer-Branding-Booms hierzulande, in den Jahren 2006 bis 2010, hatten die sogenannten Bewerberpräferenzstudien Hochkonjunktur. Viele Marktforschungsinstitute veröffentlichen jährlich eine Übersicht der Merkmale von Arbeitgeberattraktivität, die bei Ingenieuren, Wirtschaftswissenschaftlern, IT-Fachleuten oder Juristen besonders hoch im Kurs stehen. Aber auch andere legen immer wieder Analysen dazu vor, selbst die Hamburger Sparkasse hat schon einmal eine Studien zu Bewerberpräferenzen veröffentlicht.

Bewerberpräferenzen sind verführerisch — Und führen Ihre Arbeitgebermarke auf die falsche Fährte

Doch wie wichtig ist es für Sie wirklich, diese Präferenzmuster zu kennen? Welchen Nutzen haben sie im Employer Branding? Solche Fragen haben sich die Personalmanager früher nie gestellt. Dankbar haben sie die Ranglisten der Bewerberpräferenzen als Vorlage genommen und auf ihren Karriereseiten, Stellenanzeigen sowie in Bewerbungsinterviews zum Kern ihrer Botschaften gemacht. Viele Unternehmen auch gleich zum Inhalt ihrer Employer Value Proposition, also ihrer Arbeitgeberpositionierung. Sie wollen es? Wir bieten es! Nachfrage, Angebot. Der Arbeitgeber geht auf Nummer sicher, schließlich beruft er sich auf solide Daten, und wenn das Unternehmen in den von den Bewerbern gewünschten Punkten auch wirklich punkten kann, verspricht man nicht einmal zuviel.

Was vordergründig so richtig und so logisch wirkt, hatte in Bezug auf Employer Branding gleich zwei entscheidende Haken: Da auch alle anderen Arbeitgeber Präferenzstudien zurate zogen, lasen sich die Lockrufe der Personalwerbung erschreckend gleich. Arbeitgebermarke wird so niemand. Noch heute zeigt der Blick von außen eine erschreckende Gleichförmigkeit und Profillosigkeit der Arbeitgeberaufritte. Die unreflektierte Nutzung der veröffentlichten Präferenzmuster ist ein wesentlicher Grund dafür.

Der wichtigste Grund, warum Sie im Employer Branding mit dem Thema Bewerberpräferenzen differenziert umgehen sollten: Sie sind zeitgeistigen Einflüssen und gesellschaftlichen sowie konjunkturellen Trends unterworfen und daher für eine auf Langfristigkeit angelegte, eher normativ wirkende Arbeitgeberpositionierung nicht zu gebrauchen. In der Wirtschaftskrise 2008 und 2009 stand zum Beispiel bei allen Zielgruppen Arbeitsplatzsicherheit hoch im Kurs, davor und danach nicht.

Wer die mehr als 20 Bewerberpräferenzstudien der Jahre 2004 bis 2009 nebeneinander legte, kam zu einem wenig verwunderlichen Ergebnis: Bewerberpräferenzen sind volatil. Ob Vergütung, Karrierepfade, Work-Life-Balance, Gesundheitsvorsorge oder andere Benefits — die Präferenzen schwankten in der Zeitreihe erheblich. Selbst jährlich erhobene Studien zeigten kein klares Bild, das als verlässliche Grundlage für die Planung einer langfristig ausgelegten Arbeitgebermarkenstrategie herangezogen werden konnte.

Ohnehin ist es zweifelhaft, ob die Kenntnis von Präferenzmustern bestimmter Berufsgruppen für das Employer Branding relevant ist. In jedem Fall ist sie zu eindimensional. Seit etwa 2010 richtet die Fachdebatte ihr Augenmerk vor allem auf eine andere Form der Kategorisierung der Arbeitsmarktteilnehmer: Nicht nach Berufsgruppen, sondern nach Generationen. In der Arbeitswelt von heute treffen sich vier Generationen:

- Traditionals (geboren bis 1945)
- Babyboomer (geboren 1945 bis 1964)
- Generation X (geboren 1965 bis 1977)
- Generation Y oder auch Millenials (geboren ab 1978)

Gerade die Generation Y ist Gegenstand vieler Fachartikel, Blogs und Debatten. Viele Unternehmen richten ihr Personalmanagement und ihre Arbeitswelt gezielt auf diese Gruppe aus.

	Jahrgänge	Merkmale	Im Arbeitsleben	Motivation	Kommunikation
Generation Y, Millenials	ab 1978	werteorientiert, selbstbewusst, Leben im Hier und Jetzt	Arbeit muss Spaß machen, Arbeit ist Lifestyle, selbstständig und unabhängig	Einen Beitrag leisten, vernetzt sein, mit Gleichgesinnten zusammen sein	Neue Medien, Web 2.0
Generation X	1965-1977	pragmatisch, selbstständig, Unternehmergeist, Zeit wertvoller als Geld	ergebnisorientiert, Multitasking, teilen Macht und Verantwortung, konsensorientiert	Hohe Freiheitsgrade in der Arbeitsgestaltung, Steigerung des Marktwerts, Work-Life-Balance	E-Mail, Mobiltelefon
Baby Boomers	1945-1964	idealistisch, teamorientiert, karriereorientiert, Arbeit hat hohen Stellenwert	strukturierter Arbeitsstil, regelmäßiger Austausch mit Team, Beziehungsmanagement im Fokus	persönliches Wachstum, Wertschätzung für die eigene Erfahrung, Gefühl gebraucht zu werden	Telefon
Traditionals	bis 1945	Disziplin, Loyalität, Pflichtbewusstsein und Ehrgefühl, erst die Arbeit, dann das Vergnügen	hart arbeiten, loyal zum Arbeitgeber, Respekt vor Autorität und Seniorität	definieren sich über ihre Position, Anerkennung für ihre Erfahrung, Respekt für ihren Einsatz	Persönliches Gespräch

© DEBA GmbH, 2012

Abb. 4.6: Generationenmix in der Arbeitswelt

Aber auch das greift erneut zu kurz. Studien zeigen, dass die Ansprüche, die ein Mensch an seinen Arbeitgeber stellt, viel mehr von seiner Lebensphase beeinflusst werden als von den Wertorientierungen seiner Generation. Während Lebensphasen wie Partnersuche, Ehe oder Elternschaft früher noch viel klarer bestimmten Altersgruppen zugeordnet werden konnten, gelingt das heute nicht mehr. Sogenannte disruptive Lebensläufe sind nicht mehr selten, vielleicht schon bald die Regel. Die Menschen bekommen ihre Kinder nicht mehr klassisch zwischen 20 und 30. Heute werden sie auch dann noch Mutter oder Vater, wenn sie bereits zehn oder 15 Berufsjahre hinter sich haben und vielleicht leitende Funktionen haben.

BEISPIEL

Lebensphasen schlagen Generationen und Berufsgruppen

Situation

Zwei Bewerber, ein Softwareprogrammierer der Generation X und eine Ingenieurin der Generation Y, stehen mit Ihnen im Fahrstuhl. Beide sind glückliche Eltern eines kleinen Kinds. Sie würden beide gerne für Ihr Unternehmen gewinnen und haben ihnen schon gesagt, was Sie als Arbeitgeber generell auszeichnet und von anderen unterscheidet. Jetzt haben Sie nur noch Zeit für einen Satz. Womit überzeugen Sie am meisten?

Bewertung

Die beiden Bewerber unterscheiden sich in ihrer Berufsgruppe und in ihrer Generation, sind jedoch in der gleichen Lebensphase. Die spezifischen Bedürfnisse, die aus den unterschiedlichen Lebensphasen resultieren, beeinflussen die Wahl eines Arbeitgebers in der Regel stärker als berufsgruppen- und generationenspezifische Präferenzmuster.

Lösung

Sie können sprichwörtlich zwei Fliegen mit einer Klappe schlagen und beide Bewerber über Merkmale Ihrer Arbeitgeberattraktivität informieren, die zu ihrer gemeinsamen Lebensphase passen: zum Beispiel über Teilzeitmöglichkeiten oder Eltern-Kind-Zimmer. Diese Themen sind für beide relevanter als die anderen.

Präferenzmuster versus Wertorientierungen

Sie merken schon, ein weites Feld. Es gibt kein Patentrezept im Umgang mit den unterschiedlichen Anspruchshaltungen der Zielgruppen, jedoch ein paar Grundprinzipien, mit denen Sie nichts falsch machen können:

Es schadet nicht, in Ihrer Bewerberkommunikation auf die zeitgeistigen Bewerberpräfenzen einzugehen, die jährlich veröffentlicht werden. Auf der operativen Ebene können Sie sehr gut Trends aufgreifen und die Themenschwerpunkte auch kurzfristig verändern. Immer vorausgesetzt, dass das, was Sie in Ihrem Personalmarketing versprechen, nicht bei neu eingestellten Mitarbeitern zu Enttäuschungen und bei den alten Hasen zu Gelächter führt.

Mehr Nutzen ziehen Sie aus den zentralen Wertorientierungen, die bestimmte Lebensphasen auslösen und bestimmte Generationen oder Berufsgruppen haben. Solche Wertorientierungen sind langfristig stabil. Sie zu kennen, ist nützlich für personalpolitische Handlungsfelder, die nicht im Jahresturnus neu aufgesetzt werden, sondern auf mittel- bis langfristiger Perspektive ausgerichtet sind. Dazu zählen beispielsweise ...

- Personalentwicklung
- Kompetenzmanagement
- Verhalten der Führungskräfte
- Ausgestaltung der Arbeitswelt

Wenn Sie Ihre Belegschaft gut kennen und wissen, wie sie sich in Zukunft entwickeln wird, geben Ihnen solche Wertorientierungen eine gute Planungsgrundlage. Dann können Sie deutlich zielsicherer und passgenauer an Ihren personalpolitischen Stellschrauben drehen. Über den Kamm scheren können Sie Ihre Belegschaft trotzdem nicht. Wertorientierungen sind allenfalls Indikatoren, die Ihnen zeigen, wann Sie eher in Gesundheitsvorsorge oder mehr Familienfreundlichkeit investieren sollten und wann nicht. Oder wo Sie welche Führungskultur brauchen, damit die Leute motiviert sind, und wie Ihre Personalentwicklung auf die unterschiedlichen Bedürfnisse der verschiedenen Mitarbeitergruppen zugeschnitten werden kann.

Wer mit Wertorientierungen arbeitet, sollte sie nicht singulär, sondern mehrdimensional interpretieren. Erst dann trifft er den Kern. Wer wissen will, was ein berufserfahrener Marketingprofi aus der Generation der Babyboomer, der in zweiter Ehe lebt und gerade noch einmal Vater geworden ist, von einem Arbeitgeber erwartet, der darf zwischen die Präferenzkategorien keine Pluszeichen setzen und die Themen aufaddieren. Vielmehr entsteht erst aus der Kombination von Berufsgruppe, Generation, Lebens- und Berufsphase das individuelle Interessensprofil dieses Bewerbers.

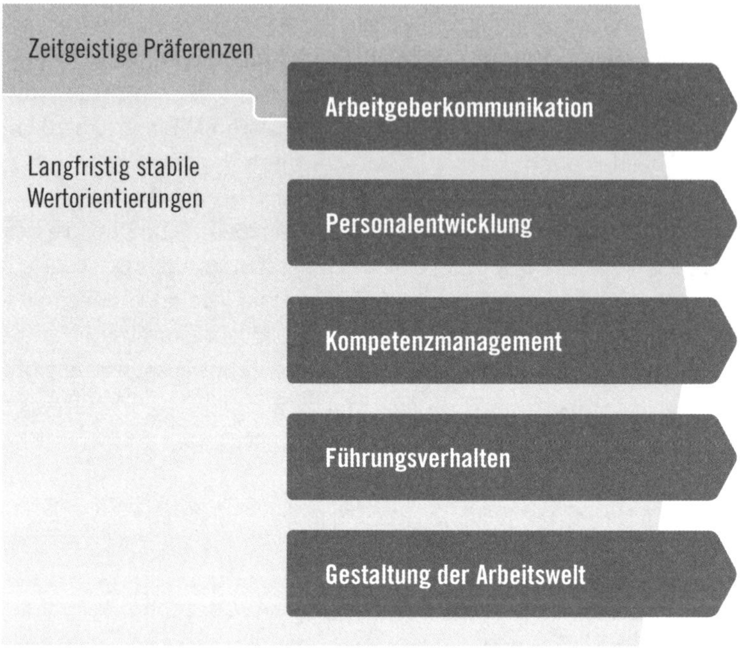

© DEBA GmbH, 2012

Abb. 4.7: Nutzenebenen von Bewerberpräferenzen und Wertorientierungen

Bewertung

Ob variierende Bewerberpräferenzen oder stabile Wertorientierungen bestimmter Gruppen oder Phasen — bauen Sie sie in Ihre Kommunikation ein und ziehen Sie Rückschlüsse auf Ihr Personalmanagement. Auf der Ebene der Employer-Branding-Strategie, also der Themenfindung für die Arbeitgeberpositionierung, haben weder zeitgeistige Präferenzen noch gruppengenerelle Wertorientierungen etwas zu suchen. Sie charakterisieren den Arbeitgeber nicht individuell und sind daher weder profilbildend noch differenzierend, also nicht markenwirksam.

„Der Köder soll dem Fisch schmecken, nicht dem Angler."

Im Kontext von Employer Branding wird diese alte Marketingweisheit zum unreflektierten Anglerlatein. Im Klartext: Totaler Quatsch.

4.2.4 Wettbewerberanalyse

Die fundierte Analyse Ihres Wettbewerbs: Ist sie wirklich wichtig? Wie schon bei der Frage nach der Bedeutung von Bewerberpräferenzen wirkt die Antwort vordergründig unorthodox. Denn Sie lautet: Nein.

Doch Achtung, auch dieses „Nein“ ist relativ. Wie so häufig im Employer Branding gibt es keine absolute Wahrheit und keine Empfehlung, der Sie blindlings folgen können. Wie immer lohnt sich eine differenzierte Betrachtung der Dinge.

Zunächst zurück zum „Nein“. In der Sache können Sie den Blick auf die Wettbewerber tatsächlich vernachlässigen, sogar darauf verzichten. Denn gute Arbeitgebermarken sind immer identitätsbasiert. Sie entspringen dem Innersten des Unternehmens und sind dadurch wahrhaftig.

Wie auch immer sich Ihre Wettbewerber positionieren — jeder muss sich auf sich selbst besinnen. Das macht eine fundierte Wettbewerberanalyse im Allgemeinen obsolet. Einen Blick sollten Sie dennoch riskieren. Schauen Sie sich die Arbeitgeberauftritte der Konkurrenz kurz an. Gewinnen Sie ein Gefühl dafür, welchen Themen die anderen besetzen und mit welchen Ideen sie sie transportieren. Sie werden in den meisten Fällen erleben, dass die Wettbewerber eher austauschbare Inhalte zum Besten geben, mitunter sehr kreativ verpackt. Ganz selten werden Sie eine Überschneidung entdecken, die für Ihre eigene Arbeitgeberpositionierung relevant ist. Um dieses Restrisiko von vornherein auszuschalten, reicht ein Blick auf die Karriereseiten und Stellenanzeigen der Konkurrenz. Einer fundierten, mitunter kostspieligen Analyse bedarf es dafür nicht.

▶ **BEISPIEL**

Wie zwei Energiekonzerne mit fast dem gleichen Slogan warben

Situation

Bei der Suche nach aufschlussreichen Fallbeispielen für einen Fachvortrag stieß der Autor 2007 auf zwei große deutsche Energiekonzerne, die mit fast dem gleichen Slogan um Talente warben. Bei dem einen hieß es überall sehr prominent: „Unsere Energie. Ihr Antrieb.“ Der andere Konzern überschrieb seine Anzeigen konsequent mit „Ihre Energie ist unser Antrieb.“

Bewertung

Ein außergewöhnlicher Fall, der viel Aufmerksamkeit bekam und auf Fachkonferenzen gezeigt wurde. Er zeigt, welchen Stellenwert das Thema Employer Branding 2007 in den deutschen Unternehmen hatte. Trotz der Ähnlichkeit wirkten beide Slogans ganz unterschiedlich, fragte man Bewerber und das Publikum

auf Vorträgen. „Unsere Energie. Ihr Antrieb“ wurde als ein für die Branche typischer „Pflichtspruch“ abgetan, „Ihre Energie ist unser Antrieb“ hingegen als „vampiristisch“ kritisiert. Der Mensch als Antriebskraft für einen Oligopolisten, der Jahr für Jahr größere Gewinne schreibt, während die Stromrechnungen der Bürger immer höher werden? Das war ein klares Image-Eigentor für das Unternehmen.

Lösung

Auch hier wäre eine fundierte Wettbewerberanalyse nicht notwendig gewesen, um Prävention zu betreiben. Ein kurzer Blick auf die Wettbewerber hätte ausgereicht, um das Offensichtliche zu erkennen. Das ist vor allem dann unerlässlich, wenn man in einem Arbeitsmarkt agiert, in dem es um Fachkräfte mit sehr branchenspezifischen Kompetenzen geht.

Wann macht eine Wettbewerberanalyse Sinn?

Zur Bestimmung der Themen und Inhalte, über die Sie sich als Arbeitgeber positionieren können, ist die Analyse der Wettbewerber also nicht zwingend erforderlich. Es gibt jedoch Ausgangs- und Motivlagen, die sie zu einem sinnvollen Investment machen:

- Wenn Sie in einer Branche agieren, in der es auf Fachleute mit sehr branchenspezifischen Kompetenzen ankommt, sodass Sie in einem eher engen Arbeitsmarkt vornehmlich mit den Unternehmen konkurrieren, die auch Ihre Wettbewerber in den Absatzmärkten sind.
- Wenn Sie Talente, denen Sie ein Angebot machen, immer wieder an einen oder mehrere bestimmte Wettbewerber verlieren, zum Beispiel in der Region.
- Wenn es zu Ihrer Kultur gehört, dass bei wichtigen Projekten Wettbewerberanalysen angefertigt werden. Die Irritationen, die Sie vielleicht auslösen, wenn Sie darauf verzichten wollen, könnten Sie teurer zu stehen kommen als die Kosten für die Wettbewerberanalyse selber.

In der Praxis werden Wettbewerberanalysen tatsächlich häufig durchgeführt, um Geschäftsführer und Vorstände von der Zweckmäßigkeit eines Employer-Branding-Projekts zu überzeugen. Indem Sie aufzeigen, wo Ihr Unternehmen als Arbeitgeber im Vergleich mit anderen steht, sorgen Sie für Akzeptanz und wecken Ehrgeiz – entweder um die Wettbewerber zu übertreffen, oder um den Abstand weiter zu vergrößern.

Auf dem internen diplomatischen Parkett hat die Wettbewerberanalyse aber noch einen anderen Vorteil: Sie sorgt nicht nur für die Motivation und den Ehrgeiz, besser zu werden. Sie beugt auch Akzeptanzproblemen vor. Employer Branding wird von vielen Entscheidern immer noch primär mit Marketing assoziiert. Und dort gehört das Wissen um die Aktivitäten der Konkurrenz dazu wie die Butter aufs Brot. Bei einzelnen Entscheidern sorgt es immer wieder sogar für Unverständnis, wenn Sie ganz darauf verzichten. Mit einer Wettbewerberanalyse holen Sie so manchen internen Stakeholder in seinem „gelernten Denken" ab, vermeiden Akzeptanzprobleme und sichern sich seine Unterstützung für das Projekt.

Wer sind meine Wettbewerber in den Arbeitsmärkten?

Das Wichtigste gleich vorneweg: Verwechseln Sie nicht die Unternehmen, mit denen Sie in den Absatzmärkten konkurrieren, mit Ihren Wettbewerbern in den Arbeitsmärkten. Im Employer Branding wettbewerben Sie nicht nur innerhalb Ihrer Branche, sondern mit vielen anderen Branchen auch. Ingenieure, Wirtschaftswissenschaftler, IT-Profis, Marketingfachleute oder gewerbliche Mitarbeiter — die Menschen, die Sie suchen oder halten wollen, sind auch bei Arbeitgebern gefragt, die nicht Ihrer Branche angehören.

In hochspezialisierten Branchen ist das anders. Die Unternehmen stehen hinsichtlich der administrativen Bereiche wie Finanzen, Marketing, Recht, IT oder Personal einerseits in einem branchenübergreifenden Wettbewerb. Während sie in anderen Bereichen wie Forschung und Entwicklung, dem Betrieb von Anlagen oder im Vertrieb andererseits häufig Personal mit so spezialisierten Kompetenzen suchen, dass sich der Wettbewerb um diese Fachleute auf die eigene Branche, vielleicht sogar ganz wenige Unternehmen beschränkt. Das gibt es in der pharmazeutischen Industrie, in der Medizin, bei Kraftwerks- und Nahverkehrsbetreibern oder in der Luft- und Raumfahrt, um nur einige Beispiele zu nennen.

Wie identifizieren Sie Ihre Wettbewerber an den Arbeitsmärkten? Es gibt einige ganz pragmatische Kriterien, an denen Sie sich orientieren können, wenn Sie sich fragen, welche Unternehmen Sie im Rahmen einer Wettbewerberanalyse unter die Lupe nehmen wollen. Viele Selektionskriterien lassen sich aus dem operativen Recruiting oder dem Retention Management ableiten. Strategische Überlegungen, die zum Beispiel aus Geschäftsstrategie oder der Personalplanung resultieren, spielen ebenfalls eine Rolle, mitunter sogar eine größere. Und es gibt diplomatisch-taktische Gründe, die Sie in der Selektion der Wettbewerber berücksichtigen können, damit sich Ihre Auswahl auch bei wichtigen Stakeholdern richtig und vollständig „anfühlt".

Leitfragen zur Identifikation der Wettbewerber in den Arbeitsmärkten

Operativ bezogene Leitfragen

- Bei welchen Arbeitgebern bewerben sich die zu Ihnen passenden Kandidaten besonders häufig parallel?
- Für welche Arbeitgeber entscheiden sich Bewerber, die Ihr Angebot abgelehnt haben, überdurchschnittlich häufig?
- Sollten Sie nur die zweite Wahl eines neu eingestellten Mitarbeiters gewesen sein, wer wäre besonders häufig die erste Wahl gewesen?
- Zu welchem Arbeitgeber wären neu eingestellte Mitarbeiter überdurchschnittlich häufig gegangen, wenn Ihr Unternehmen sie nicht mit mehr Geld gelockt hätten?
- Wo hätten sich neu eingestellte Mitarbeiter besonderes häufig beworben, wenn nicht jemand aus Freundeskreis oder Familie Sie empfohlen hätte?
- Gibt es Arbeitgeber, von denen interne Stakeholder wie zum Beispiel die Fachbereichsleiter einfach glauben, dass sie Ihnen die besten Leute immer wieder wegschnappen, ohne dass sich diese überhaupt bei Ihnen bewerben?
- Bei welchen Arbeitgebern bewerben sich Kommilitonen der von Ihnen eingestellten Absolventen oder Kollegen der von Ihnen eingestellten Professionals überdurchschnittlich häufig?
- Zu welchen Arbeitgebern wandern Ihre Mitarbeiter überdurchschnittlich häufig ab?
- Zu welchen Arbeitgebern würden überdurchschnittlich viele Ihrer Leistungsträger wechseln wollen, wenn diese einstellen oder mehr Gehalt bieten würden?
- Bei welchen Unternehmen waren Mitarbeiter beschäftigt, bevor sie zu Ihnen kamen (zu erfragen bei Recruitern)?

Strategisch bezogene Leitfragen

- Welche Arbeitgeber in der Nähe Ihrer Standorte suchen ähnliche Funktionen wie Sie?
- Welche Arbeitgeber suchen intensiv nach den gleichen Engpass- und Schlüsselfunktionen wie Sie (auch überregional, international oder global)?
- Welche Unternehmen haben in den für Sie primär relevanten Arbeitsmärkten das beste Arbeitgeberimage?
- Welche Arbeitgeber gelten (bei Fachbereichsleitern) als „First Choice" in Arbeitsmärkten, in denen Ihr Unternehmen noch unbekannt ist, aber aufgrund der Erschließung neuer Geschäftfelder künftig präsent sein muss?

Kulturbezogene Leitfragen

- Welche Unternehmen haben in den für Sie relevanten Einzugsgebieten ein Arbeitgeberimage, das vor allem durch die besondere Unternehmenskultur und nicht durch die Produkte/Dienstleistungen geprägt wird?
- Zu welchem Arbeitgeber wechseln Ihre Mitarbeiter besonders häufig, weil sie von dessen Werten oder der gelebten Kultur überzeugt wurden?
- Gibt es Unternehmen, von denen ihre Mitarbeiter immer wieder in Bezug auf ihre besondere Unternehmenskultur, zum Beispiel im Flurfunk, berichten oder sogar schwärmen?
- Welche Arbeitgeber kommunizieren offensiv Werte und kulturelle Merkmale, die den Ihren ähnlich sind?
- Wenn Sie es könnten: Zu welchem Unternehmen würden Sie gerne gehen und dort die Mitarbeiter abwerben, weil sie gut zu Ihnen passen würden?

Taktisch orientierte Leitfragen

- Welche Unternehmen würde Ihre Geschäftsführung spontan als wichtige Wettbewerber im Kampf um Talente nennen?
- Welche Konkurrenten auf den Absatzmärkten sind Ihrer Geschäftsführung immer wieder ein Dorn im Auge oder werden von ihr als Vorbild angesehen?

Identifikation der Wettbewerber unter Einbezug interner Stakeholder

In vielen Fällen können Sie im kleinen Kreis über die Auswahl der zu analysierenden Wettbewerber befinden. Sie sichern Ihre Entscheidung ab, wenn Sie Rücksprache halten mit am Recruitingprozess beteiligten Kollegen und stichprobenartig neue Mitarbeiter befragen sowie Bewerber, die Ihr Angebot ausgeschlagen haben.

In strukturell oder kulturell komplexen Organisationen empfiehlt es sich, die verschiedenen internen Stakeholder systematischer zu beteiligen. Insbesondere dann, wenn …

- das Unternehmen eher dezentral strukturiert ist
- Unternehmensbereiche heterogen oder relativ autark sind
- eine internationale oder globale Arbeitgebermarke entwickelt werden soll
- eine Kultur der Akzeptanz durch Beteiligung vorherrscht

- Sie befürchten müssen, dass die Akzeptanz der Projektergebnisse ansonsten darunter leidet
- die frühe Beteiligung Kollegen motiviert, Verantwortung für den Employer-Branding-Prozess ganz generell zu übernehmen, zum Beispiel im Rahmen eines späteren Employer Brand Managements

In solchen Fällen können Sie über ein Longlist-Shortlist-Verfahren arbeiten, in dessen Verlauf Sie die relevanten Stakeholder um die Nominierung von Wettbewerbern für die Analyse bitten. Damit die Auswahl zielgerichtet erfolgt, geben Sie den involvierten Kollegen einen Kriterienkatalog an die Hand. Die vorstehend genannten exemplarischen Leitfragen zur Selektion der Wettbewerber in den Arbeitsmärkten sind hierfür eine nützliche Vorlage.

Natürlich verfolgt die systematische Einbindung der relevanten Stakeholder auch taktische Ziele wie Akzeptanz und Motivation. Bei komplexeren Organisationen ist sie meistens auch für die Sache äußerst dienlich. Wer weiß schon in der Zentrale, welche Konkurrenten dem Werk in den USA die besten Leute wegschnappen, zu wem die eigenen Leute in Singapur ganz besonders häufig abwandern oder gegen welche Arbeitgeber Sie sich behaupten müssen, wenn Sie in China für das neue Forschungszentrum rekrutieren?

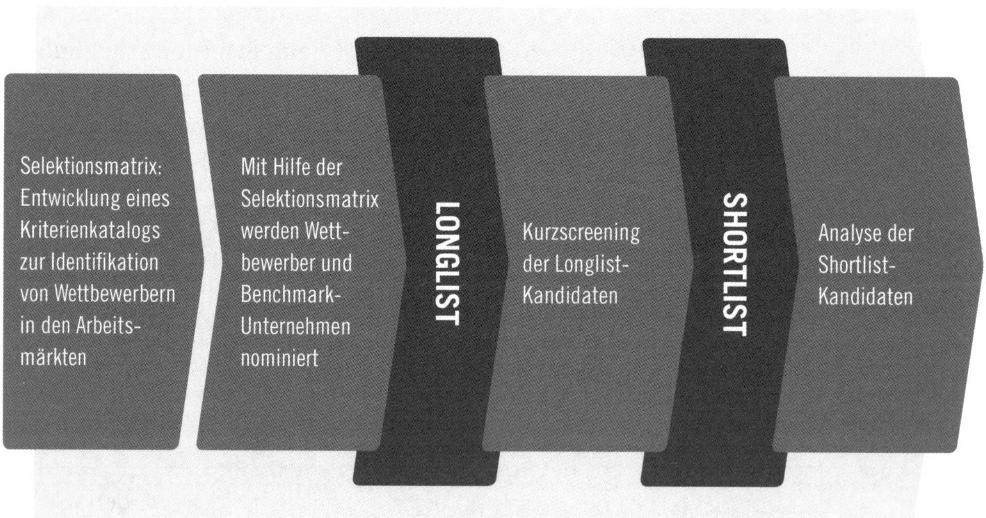

© DEBA GmbH, 2012

Abb. 4.8: Nominierung und Identifikation von Wettbewerbern und Benchmark-Unternehmen

Welche Inhalte lohnt es zu analysieren?

Sie können eine Wettbewerberanalyse in verschiedenen Umfängen betreiben. Um für Ihr Employer Branding relevante Ergebnisse zu erhalten, reicht im Grunde die Analyse weniger zentraler Punkte:

- Kernbotschaften des Wettbewerbers
- Profil- und Differenzierungsqualität seiner Kernbotschaften
- Konsistenz des Arbeitgeberauftritts
- Kreative Qualität des Arbeitgeberauftritts
- Resonanz in Arbeitgeberbewertungsplattformen

Um hierzu Aussagen treffen zu können, analysieren Sie die Karriereseiten und Stellenanzeigen sowie weitere Medien der Arbeitgeberkommunikation des Wettbewerbers, derer Sie mit einer Recherche habhaft werden können und bestellen Broschüren und anderes Informationsmaterial.

Die meisten Unternehmen versichern sich externer Unterstützung in der Analyse und der Interpretation der Ergebnisse. Nicht selten hier auch wieder aus taktischen Gründen, da dem Prophet im eigenen Land manchmal weniger geglaubt wird als der Stimme externer Experten. Denen fällt es auch leichter, Ergebnisse zu zeigen und kritisch zu kommentieren, die das eigene Unternehmen nicht im besten Licht erscheinen lassen und vom Management vielleicht nicht gerne gehört werden.

Wem dieses Vorgehen nicht fundiert genug ist, der geht einen Schritt weiter und bezieht die Zielgruppen mit ein. Die Bewertung der Wettbewerber und des eigenen Arbeitgeberauftritts erfolgt dann im Rahmen einer Fokusgruppe. Um einen Blick hinter die Kulissen werfen zu können, eignen sich Mystery Applications. Sehr aufwändig, aber effektiv, um das Bewerbermanagement und den Recruitingprozess eines Wettbewerbers kennenzulernen.

Um zu erkennen, ob Außen- und Innenperspektive bei Ihrem Wettbewerber übereinstimmen, können Sie auch Testanrufe starten. Probieren Sie nach dem Zufallsprinzip ein paar Durchwahlen aus, bis sich jemand meldet. Fragen Sie ihn, wie er das Arbeiten dort erlebt und was er Ihnen empfehlen würde. Wenn Sie das oft genug versuchen, finden Sie meistens jemanden, der sich auf ein Gespräch einlässt. So können Sie Rückschlüsse darauf ziehen, wie der Arbeitgeber intern erlebt wird.

Benchmarking? Benchmarking!

Wenn Sie eine Wettbewerberanalyse durchführen wollen oder sollen, nutzen Sie diese ruhig auch gleich zum Benchmarking. Zur Selektion können Sie ebenfalls die internen Stakeholder einbinden und Sie können die gleichen Punkte analysieren und bewerten lassen wie bei Ihren Konkurrenten. Richtig spannend wird es, wenn Sie sich dabei nicht einfach nur die Spitzenreiter der gängigen Rankings anschauen, sondern eher Hidden Champions, die für einzelne Unternehmensbereiche, einzelne Zielgruppen oder einzelne Regionen ein Vorbild darstellen. Die Kollegen in den Ländern und Regionen haben dazu in der Regel Vorstellungen und Ideen, auf die Sie und Ihre Mitstreiter in der Zentrale vielleicht nicht gekommen wären.

Bewertung

Die Analyse von Wettbewerbern und Benchmarkunternehmen ist eher Kür als Pflicht. Sie liefert nur in besonderen Fällen Erkenntnisse, die für die Definition der eigenen Arbeitgeberpositionierung und ihre Implementierung einen Relevanzgrad haben, der den Aufwand rechtfertigt. In solchen Fällen sowie aus Gründen der Projektmotivation und generellen Akzeptanz des Employer-Branding-Prozesses leistet sie jedoch wertvolle Dienste.

4.3 Schritt 6: Die Sollperspektive erheben

In diesem Schritt erfahren Sie, ...

- wie Sie die Sollperspektive des Topmanagements erheben
- wie Sie weitere Entscheider im Unternehmen einbinden
- welchen Nutzen Sie daraus ziehen

Nicht immer ist das, was ist, auch das, was soll. Organisationen, die sich im Wandel befinden, können ein Lied davon singen. Und im Wandel befindet sich heutzutage fast jedes Unternehmen.

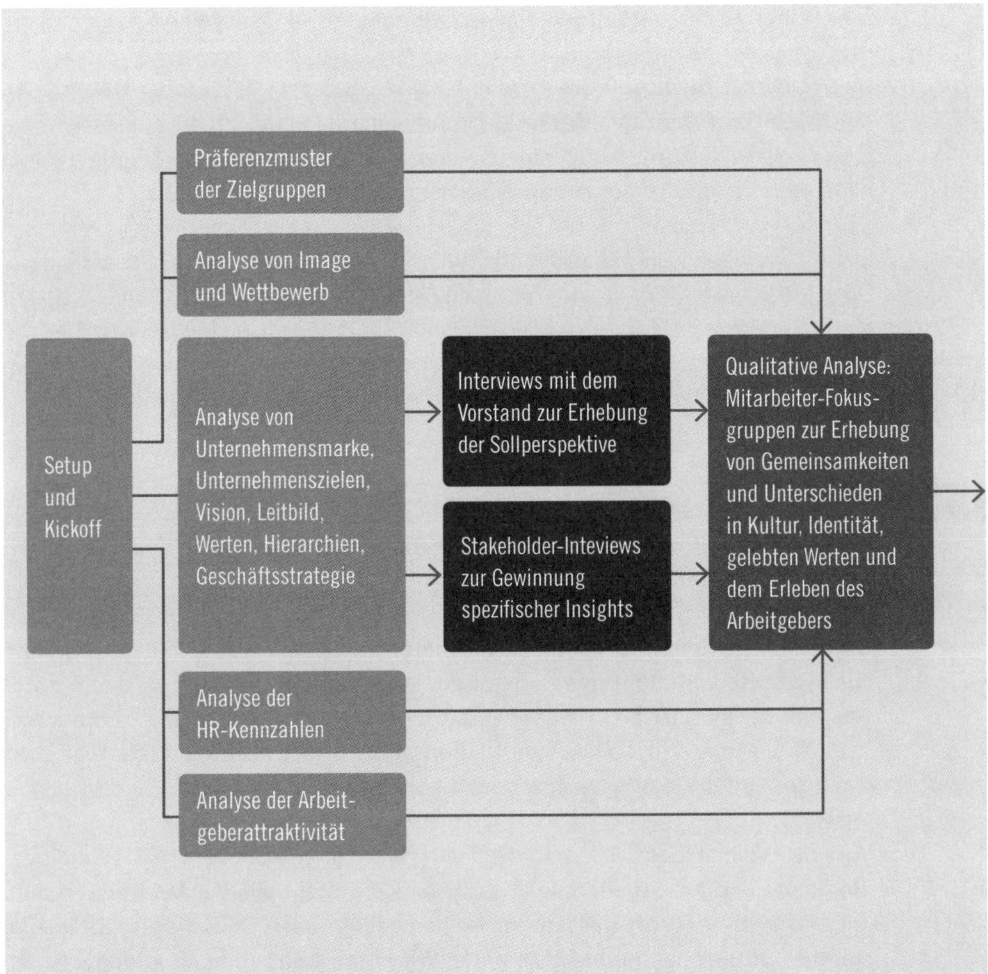

© DEBA GmbH, 2012

Abb. 4.9: In der Übersicht der Schritt 6 – Erhebung der Sollperspektive

Ein ganz entscheidender Baustein in der Employer-Branding-Analyse ist daher die Erhebung der Sollperspektive. Als Teil der Unternehmensmarke ist die Arbeitgebermarke ein Instrument der Unternehmensführung. Und da sie noch viel expliziter über Merkmale und Themen positioniert, die jeder Mitarbeiter täglich erlebt, die seine Identifikation prägen und letztlich über seine Leistungsbereitschaft entscheiden, kann die Arbeitgebermarke ein Turbo-Booster für den gewünschten

Wandel sein — viel mehr, als die Unternehmenswerte und die meistens eher generischen Definitionen der Unternehmenspositionierung es im Allgemeinen vermögen.

Da Employer Branding in erster Linie kein Marketingprozess ist, sondern ein Prozess der Kultur- und Identitätsentwicklung und damit auch der Organisationsentwicklung, wäre es nicht nur verschenktes Potenzial, gewünschte Veränderungen nicht in der Arbeitgeberpositionierung zu verankern — es wäre leichtsinnig.

In ganz wenigen Fällen braucht oder will sich ein Unternehmen nicht verändern. Dann können Sie getrost zum nächsten Schritt übergehen. Wann immer Sie aber eine Veränderung anstoßen wollen, ist Employer Branding ein besserer Treiber von Transformationsprozessen, als es die teuersten internen Kommunikationskampagnen je sein können. Schließlich ist die vielleicht vornehmste Aufgabe von Arbeitgebermarkenbildung, der Organisation eine, vielleicht neue, Richtung zu geben.

BEISPIEL

Wie ein Weltkonzern die Arbeitgebermarke zum Prüfstein für seine Mitarbeiter machte

Situation

Ein weltweit führender Markenartikelhersteller wollte mit Employer Branding auch interne Veränderungen anstoßen. Die Chefetage wusste, dass ein guter Teil der Belegschaft nicht zu der Unternehmenskultur passte, die es brauchte, um in den immer dynamischeren Märkten auch in Zukunft die strategischen Ziele des Unternehmens realisieren zu können.

Bewertung

Aus der Sollperspektive ergab sich ein ganz klarer Auftrag an das Employer Branding: Die Arbeitgebermarke sollte ein Prüfstein für die Mitarbeiter sein, die nicht zur Zukunft passen. Wenn das gelingt, wirkt die Arbeitgebermarke auf die kulturell passenden Mitarbeiter wie eine wohltuende Akupunkturnadel, während andere sie eher wie einen Nadelstich erleben.

Lösung

Die Definition der Arbeitgeberpositionierung fokussierte kulturelle Merkmale des Unternehmens, die den zukünftig passenden Mitarbeitern eher entsprachen als den unpassenden und die sich künftig immer stärker in Haltung und Verhalten der Mitarbeiter ausdrücken sollten. Als das intern klar wurde, waren weite Teile der Belegschaft begeistert, andere nicht. Ein Glück für die, die damit haderten: Sie wussten jetzt, was kommt und konnten sich entscheiden, ob sie den Weg mitgehen wollen oder nicht.

4.3.1 Die Arbeitgebermarke in Veränderungsprozessen

Veränderungen vollziehen sich mehr oder weniger schnell. Sie sind für die Menschen in der Organisation mehr oder weniger deutlich spürbar. Das ist wie mit dem kleinen und großen Zeiger an der Uhr. Tatsächlich ist der unmerkliche Wandel sehr viel effektiver als die vielen offiziell deklarierten „Changeprozesse", in denen die Unternehmensspitze oder die Anteilseigner auf die Tube drücken.

In beiden Fällen kann Employer Branding helfen, den Wandel zu fördern und in die richtige Bahn zu lenken. Je nach Intensität und Geschwindigkeit der gewünschten organisationalen Veränderungen kann die Arbeitgebermarke in Transformationsprozessen als Verstärker, als Orientierungsgeber, als Stabilisierer oder als Weichensteller fungieren.

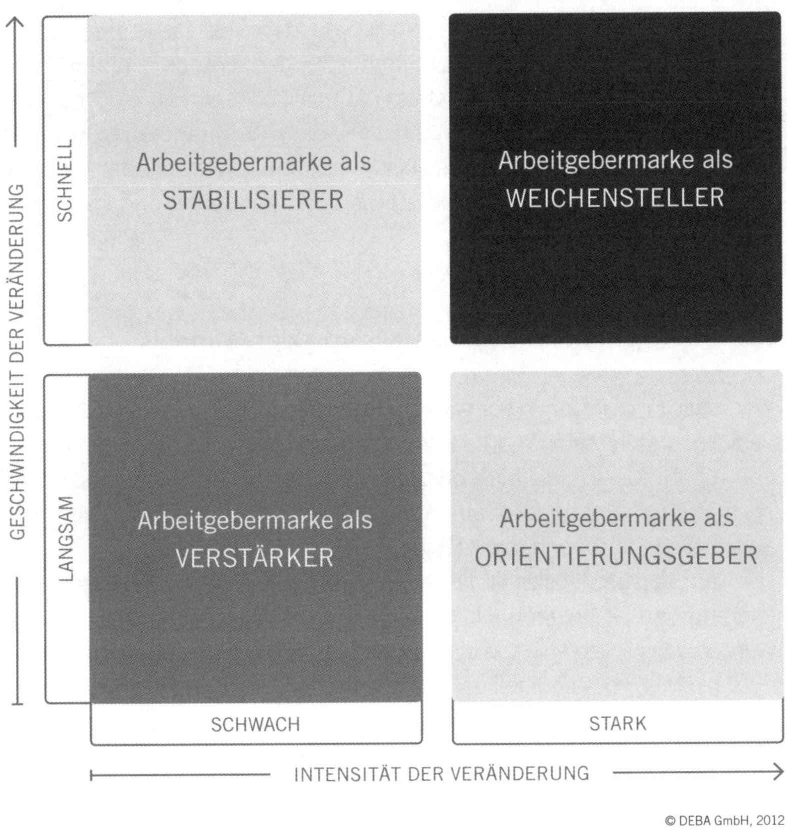

Abb. 4.10: Funktionen der Arbeitgebermarke in Transformationsprozessen

Die Arbeitgebermarke als Verstärker von Wandel

Wenn Veränderungsprozesse weniger intensiv sind und eher langsam vollzogen werden, ist das optimal, birgt aber auch die Gefahr, dass die gewünschten Veränderungen zu wenig wahrgenommen werden und im Laufe des Prozesses keine Kontur annehmen. In diesem Fall kann die Arbeitgebermarke wandelverstärkend wirken, indem die Aufmerksamkeit in der Definition der Arbeitgeberpositionierung und ihrer organisationalen Verankerung gezielt auf jene Aspekte fokussiert wird, die sich ändern sollen.

Die Arbeitgebermarke als Orientierungsgeber im Wandel

Wenn die gewünschten Veränderungen eher geringfügig sind, aber schnell erreicht werden sollen, muss die Arbeitgebermarke keine verstärkende Funktion einnehmen: Die Organisation wird ohnehin spüren, dass sich etwas ändert. Der Arbeitgebermarke kommt in diesen Fällen eher eine orientierende Funktion zu. Die Arbeitgeberpositionierung kann also stärker auf die Sollperspektive ausgerichtet werden und damit Orientierung geben. Da die gewünschte Veränderung nicht intensiv sein soll, sind keine Glaubwürdigkeitslücken zu befürchten, die der Arbeitgebermarke die grundlegende Akzeptanz der Belegschaft entziehen und ihre Identifikationskraft schwächen würden.

Die Arbeitgebermarke als Stabilisierer des Wandels

Wenn das Unternehmen vor weniger intensiven, aber sehr schnell umzusetzenden Veränderungen steht, kann das zu kulturellen, vor allem atmosphärischen Störungen führen. Gerade die Mitarbeiter, die von den Veränderungen am wenigsten zu profitieren glauben oder in ihnen sogar eine Gefahr für sich sehen, könnten innere Widerstände aufbauen, die sich je nach Einfluss dieser Gruppe mehr oder weniger stark auf das Betriebsklima niederschlagen. Hier kann die Arbeitgebermarke stabilisierend und beruhigend wirken, indem jene Aspekte ihrer Positionierung betont werden, mit denen sich die Mitarbeiter seit jeher besonders identifizieren — während die interne Kommunikation die Veränderungen gut begründet und ihre Konsequenzen für das Unternehmen und den Einzelnen ehrlich aufzeigt.

Die Arbeitgebermarke als Weichensteller für den Wandel

Es gibt Changeprozesse, die so intensiv sind und die so schnell erfolgen sollen, dass kulturell kein Stein auf dem anderen bleibt. Das ist häufig der Fall bei Übernahmen, Fusionen oder wenn ein radikaler Umbau nötig ist, etwa, um das Überleben des Unternehmens zu sichern. Hier ist die Arbeitgebermarke ganz extrem gefordert, in den meisten Fällen auch überfordert. Was in solchen Situationen am meisten hilft, ist schonungslose Ehrlichkeit. In der Kommunikation der Veränderungen ohnehin, aber auch im Umgang mit der Arbeitgebermarke. Vergessen Sie in solchen Fällen das, was Sie in diesem Buch lesen. Ein solches Vorgehen ist nicht mehr möglich, wenn die nahe Zukunft ganz anders ist als die Vergangenheit, und wenn die Gegenwart im radikalen Umbruch ist. Haben Sie bereits zu diesem Zeitpunkt schon eine Arbeitgeberpositionierung entwickelt, schmeißen Sie sie über Bord und definieren sie neu. Aber nicht mehr im Spannungsfeld von „Ist" und „Soll", sondern richten Sie die neue Positionierung ausschließlich auf die Sollperspektive aus — unmissverständlich, grundehrlich und konsequent. So zeichnen Sie auch in Ihrer Arbeitgeberkommunikation ein klares Bild von dem, was kommt, und für manche Menschen im Unternehmen wird dieses Bild ein Feindbild sein. Das ist gut so, denn so hat jeder Mitarbeiter Gewissheit und kann sich entscheiden, ob er Teil des neuen Unternehmens sein will. Ihre Arbeitgebermarke dient als Weichensteller. Für die Organisationsentwicklung, jede Führungskraft und jeden Mitarbeiter.

▶ **BEISPIEL**

Wie eine IT-Beratung im Change die besten Leute verlor und Employer Branding mit schonungsloser Klarheit helfen konnte

Situation

Ein Beratungsunternehmen mit knapp 2.500 Mitarbeitern wurde im Zuge einer Übernahme zu einem Geschäftsbereich einer großen, internationalen Beratungsgruppe. Das kleine Unternehmen hatte eine sehr ausgeprägte, identitätsstarke Kultur, die sich völlig von der Kultur der Gruppe unterschied. Nachdem die Mitarbeiter zunächst im Glauben gelassen wurden, dass trotzdem alles beim Alten bliebe, wurde später klar, dass kaum ein Stück der eigenen Identität den Changeprozess überleben würde. Die Mitarbeiter waren frustriert und orientierungslos. Sie wussten nicht, was auf sie zukommt, die Zukunft war unklar. Viele Leistungsträger gingen von Bord, laufende Projekte waren in Gefahr.

Bewertung
Das Management hatte es versäumt, den Changeprozess ausreichend zu erklären und zu begründen. Vor allem aber aufzuzeigen, wohin die Reise ging. Später wurde klar, dass der Vorstand das selber gar nicht wusste. Es gab keine Vision für die Zukunft, die ein neues Identifikationsangebot machen konnte und für Klarheit sorgte.
Lösung
Die Personalabteilung des neuen Geschäftsbereichs versuchte gar nicht erst, Teile der alten Unternehmensidentität in die Gegenwart zu retten. Die Unterschiede waren zu groß. Deshalb ließen Sie einen externen Partner Management-Interviews zur Sollperspektive führen, die neuen Kollegen im Ausland nach der gelebten Unternehmenskultur befragen und auf dieser Analysegrundlage eine ausschließlich auf die Sollperspektive einzahlende Arbeitgeberpositionierung entwickeln. Die Personalabteilung konnte auf dieser Basis in vielen Gesprächen mit den Mitarbeitern und Führungskräften mehr Akzeptanz schaffen und ein klares Bild der Zukunft vermitteln. Viele gingen trotzdem von Bord, weil sie dieses Bild nicht teilten. Jetzt aber im Guten, weil ihnen ehrlich gesagt wurde, was kommt. Genauso wichtig war die neue Arbeitgeberpositionierung für die Gewinnung neuer Mitarbeiter: Recruiting und Personalmarketing wussten endlich, welcher Typus Mitarbeiter in die neue Kultur passte. Sie konnten zielgerichtet Leute einstellen, die genau das suchten — und in dem alten IT-Unternehmen nie glücklich geworden wären.

4.3.2 Vorbereitung der Interviews zur Sollperspektive

Ob Sie sich nun in einem systematischen Transformationsprozess befinden oder nicht, die meisten Unternehmen streben auf kurz oder lang Veränderungen an. Einige wollen bestimmte Merkmale ihrer Unternehmenskultur stärker betonen, andere schwächen oder loswerden. Andere wollen gezielt Menschen mit bestimmten Werthaltungen und Persönlichkeitsmerkmalen in die Organisation holen, die bisher unterrepräsentiert sind, aber künftig stärker gebraucht werden.

Finden Sie heraus, ob es auch in Ihrem Fall eine Sollperspektive gibt, die sich von der Gegenwart unterscheidet, und welche das ist. Die Menschen, die dazu am besten Auskunft geben können, sind ...

- Inhaber oder Hauptgesellschafter
- Vorstand oder Geschäftsführung
- Entscheider Unternehmensstrategie
- Entscheider Geschäftsentwicklung

Nur in ganz seltenen Fällen lassen sich Inhaber oder Hauptgesellschafter für ein Interview im Rahmen der Employer-Branding-Analyse gewinnen. Sollte der Inhaber auch in der Geschäftsführung tätig sein, ist das schon wesentlich leichter — und sollte Ihr vorrangiges Ziel sein. In jedem Fall sollten Sie mindestens ein Mitglied des Vorstands oder der Geschäftsführung für eine Interview zur Sollperspektive gewinnen. Die Erfahrung zeigt: Je größer das Unternehmen, desto weniger gelingt das.

Mindestens aber der Personalvorstand sollte sich bereit erklären — tut er das nicht, sollten Sie sich fragen, woran das liegt. Falls das ein Zeichen von mangelndem Verständnis für oder Commitment auf ein Employer-Branding-Projekt sein kann, ist vielleicht bei der Projekt-Vorbereitung etwas schief gegangen. Prüfen Sie, ob Sie wie bei Monopoly lieber eine Ehrenrunde einlegen: Gehen Sie zurück auf Los, ziehen Sie keine Sollperspektive ein.

Eine Absage muss nicht Ausdruck mangelnden Commitments sein. Vielleicht lässt es der Terminkalender einfach nicht zu. Vergewissern Sie sich in jedem Fall, dass das Employer-Branding-Projekt vom Vorstand gewünscht und unterstützt wird und beziehen Sie ihn später ein. Wie schon zu Anfang gelesen: Employer Branding ist keine Gerade und verläuft so gut wie nie idealtypisch.

Vereinbaren Sie nach Möglichkeit Interviewtermine von ein bis zwei Stunden Dauer. Für die Durchführung der Interviews ist es hilfreich, einen externen Berater im Boot zu haben, denn auch in diesem Prozessschritt hat der Prophet im eigenen Land häufig weniger Gewicht als ein gestandener Experte von außen. Rechnen Sie übrigens damit, dass die Vorstände oder Geschäftsführer darauf bestehen werden, von „ihresgleichen“, also von der Geschäftsleitung des Beratungsunternehmens, interviewt zu werden, nicht von einem Seniorberater, erst recht nicht von einem Junior.

Ob die Interviews persönlich oder telefonisch geführt werden, ist nicht entscheidend. Hauptsache, sie werden geführt. Manche Telefoninterviews sind ergiebiger als das persönliche Gespräch. Manche Geschäftsführer präferieren, gemeinsam interviewt zu werden. Das stellt Ihr Terminmanagement zwar vor eine echte Herausforderung, hat aber den Vorteil, dass die Unternehmenslenker miteinander diskutieren können. Und den Nachteil, dass einige sich in der gemeinsamen Runde vielleicht nicht trauen, die Dinge so direkt beim Namen zu nennen wie bei den Einzelinterviews.

4.3.3 Ziele und Durchführung der Interviews zur Sollperspektive

Ziel der Interviews ist es, die für das Employer Branding relevanten Veränderungen zu erfahren. Relevant sind diese Ebenen von Veränderungen:

- Wertesystem — Sind die Werte und Grundhaltungen des Unternehmens zukunftsfähig?
- Unternehmenskultur — Muss sich der Umgang miteinander ändern, um zukunftsfähig zu bleiben, zum Beispiel Führungsverhalten, Kommunikation zwischen den Ebenen und Bereichen, Meetingkultur oder die Arbeitskultur generell?
- Mitarbeitertypus — Braucht das Unternehmen künftig Mitarbeiter mit anderen Persönlichkeitsmerkmalen oder eine Veränderung der inneren Haltung und des Verhaltens der bestehenden Belegschaft?

Bereiten Sie Interviewfragen vor, die auf Ihre Situation passen. Meistens existieren bereits durch Rückkopplungen mit der Unternehmensspitze, der Personal- oder Marketingleitung während der Projektvorbereitung Eindrücke und Hypothesen über notwendige Veränderungen, die durch das interne Employer Branding gefördert werden können. Nutzen Sie solche Vorüberlegungen, um die Interviews besonders zielgerichtet zu führen oder führen zu lassen.

Die größte Herausforderung wird sein, die Reflektion der Topmanager auf die kulturelle Ebene zu bringen. Den wenigsten fällt es leicht, gleich in die Richtung zu assoziieren, die für Employer Branding relevant ist. Die meisten Geschäftsführer werden zunächst über Veränderungen in der Geschäftsstrategie, im Produktportfolio oder Expansionspläne sprechen. Alles interessante Informationen, die in der Regel aber bereits vorliegen. Gehen Sie behutsam vor und lenken Sie die Aufmerksamkeit der Gesprächspartner immer mehr auf die weichen Themen von Werten, Kultur und Identität. Haken Sie nach: Welche Konsequenzen haben Veränderungen in der Strategie, im Produktmanagement oder eine Internationalisierung für die Kultur und das Betriebsklima, welche Veränderungen in Haltung und Verhalten braucht es, um diesen Zielen gerecht zu werden?

Das ist die Schlüsselfrage: Was muss sich in der Unternehmenskultur sowie in der Geisteshaltung und im Verhalten von Führungskräften und Mitarbeitern verändern, um die geschäftsstrategischen Ziele der nächsten fünf Jahre zu erreichen?

Wichtig ist, eine gute Verbindung mit dem Gesprächspartner zu bekommen. Stellen Sie sich auf den Gesprächspartner ein — manch einer kann mit Bildern mehr anfangen, als mit konkreten Beschreibungen. Hilfestellung bei der Assoziation bieten Sie beispielsweise darüber, dass Sie auf einer möglichst für das jeweilige Unternehmen spezifischen Ebene und konkret formulieren, etwa indem Sie in Bezug auf die Mitarbeiter von „Schwester Erna“ und „Oberarzt Karl“ oder „Ingenieur Tom“ und „Mechanikerin Sabine“ sprechen, statt von „unseren Mitarbeitern“. Zudem können hier zusätzliche Informationen versteckt sein, da meist für unterschiedliche Berufsgruppen verschiedene Anforderung bestehen.

Um den Gesprächspartner auf die richtige Fährte zu bringen, haben sich verschiedene Techniken bewährt:

- Skalierungsfragen
- Frage nach Bildern
- Zirkuläre Fragen
- Paradox gestellte Fragen

Skalierungsfragen

Eine typische Skalierungsfrage ist zum Beispiel: „Auf einer Skala von 1 bis 10, wie gut passen die Mitarbeiter schon heute zu den Anforderungen in fünf Jahren?“ Und, ergänzend: „Was glauben Sie, um wie viele Punkte auf der Skala sich die aktuelle Belegschaft in dieser Zeit verändern kann?“ Skalierungsfragen sind hilfreich, um ein Gefühl für den Grad einer gewünschten Veränderung und das interne Potenzial für die Veränderung zu bekommen.

Bildhafte Fragen

Bildhafte Fragen werden in assoziativen Analysen häufig angewendet. Fragen Sie die Geschäftsleitung, durch welches Tier das Unternehmen heute am besten symbolisiert wird, und welches Tier es in fünf Jahren sein soll. Auch die Frage nach Landschaften hat sich bewährt: Ob bergig oder eben, wilde Wiese oder englischer Garten, zerklüftet oder voller Brücken — aus den Antworten lässt sich viel herauslesen. Sie ahnen gar nicht, wie gut das Gespür der Vorstände sein kann, wenn sie nicht rational antworten dürfen, sondern intuitiv und assoziativ. Da zeichnen gestandene DAX-Vorstände plötzlich das Bild einer Insellandschaft ohne Schiffsverkehr und wünschen sich dennoch keinen verbundenen Kontinent, sondern wollen lieber Flugplätze bauen, nachdem sie zuvor die Unternehmensstrategie abstrakt referiert haben.

Zirkuläre Fragen

Bei zirkulären Fragen geht es um die Beschreibung der aktuellen Situation und der gewünschten Zukunft durch das Einnehmen der Perspektiven anderer. Einfacher gesagt: Zirkulär fragen heißt, um die Ecke zu fragen. Die Technik stammt aus der Familientherapie und wird auch in der systemischen Organisationsberatung erfolgreich eingesetzt. Zirkuläre Fragen helfen dem Befragten, eine objektivere Sicht einzunehmen und bringen ihn zu Erkenntnissen, die er vielleicht nicht gehabt hätte, wäre er direkt nach seiner Meinung gefragt worden. Ein klassisches Beispiel: Die Antwort auf die Frage „Was würde Dein Kollege sagen, wie es Dir geht?" ermöglicht dem Betroffenen eine objektivere Antwort als die direkte Frage „Wie geht es Dir?" Im Kontext Employer Branding können zirkuläre Fragen so lauten: „Wenn ich Ihren Vorstandskollegen fragen würde, was er am liebsten sofort verändern würde, wenn er könnte, was wäre das?" Oder: „Alles ist hervorragend gelaufen: Wenn ich dann in fünf Jahren Ihren Vorstandskollegen fragen würde, was sich zum Besseren verändert hat, was wäre das?" Probieren Sie es einfach aus.

Paradox gestellte Fragen

Sie sorgen immer wieder für Verwunderung. Eine relativ harmlose Variante paradox gestellter Fragen ist: „Was muss man tun, um in diesem Unternehmen zu scheitern?" Haken Sie nach: „Und in fünf Jahren?" Schwerer fällt es den Gesprächspartnern, ein leidenschaftliches Plädoyer darüber zu halten, warum man sich in Ihrem Unternehmen auf gar keinen Fall bewerben soll! Oder lassen Sie die Vorstände eine Liste der Eigenschaften und des Verhaltens eines Mitarbeiters anfertigen, der in fünf Jahren überhaupt nicht in das Unternehmen passen würde. So gewinnen Sie ein Bild des Mitarbeiters der Zukunft, das häufig prägnanter und klarer ist als bei der positiv formulierten Frage, die sehr schnell mit den üblichen Allgemeinplätzen wie teamorientiert, vorausschauend, anpackend und Ähnlichem beantwortet wird.

4.3.4 Befragung weiterer wichtiger Stakeholder

In diesem Prozessschritt können Sie auch parallel zum Management weitere Stakeholder nach ihrer Perspektive auf das Unternehmen als Arbeitgeber und die zukünftigen Bedarfe befragen. Je nach Komplexität Ihrer Organisation finden Sie wertvolle Impulsgeber in den Bereichen oder Ländern:

- Leitung Marketing
- Leitung Vertrieb

- Leitungen Fachbereiche
- Leitungen der Standorte
- Geschäftsführungen der Länder
- Personalleitungen der Länder
- Betriebsratsvorsitz

Die Interviews dienen dazu, das Bild des Topmanagements abzurunden, spezifische Insights zu gewinnen, über die die Unternehmensspitze vielleicht nicht verfügt und der Bedeutung dieser Stakeholder durch eine aktive Einbindung gerecht zu werden — was wiederum Akzeptanz sichert und bei größeren Unternehmen aus politischen Gründen häufig eine kluge, wenn nicht gar unerlässliche Maßnahme ist.

Nutzen Sie diese Interviews nicht nur, um die Sollperspektive für den jeweiligen Unternehmensbereich, den Standort oder das Land kennenzulernen. In den meisten Fällen kann ohnehin nur die Unternehmensspitze dazu verlässlich Auskunft geben. Die weiteren Stakeholderinterviews sind sehr nützlich, um die spezifischen Erwartungshaltungen der jeweiligen Stakeholder an das Employer Branding in Erfahrung zu bringen und auf etwaige Barrieren und Stolpersteine aufmerksam gemacht zu werden, an die Sie vielleicht noch nicht gedacht haben.

Ein Wort zum Betriebsrat: Binden Sie ihn in jedem Fall ein. Je nach Stellung des Betriebsrats in Ihrem Unternehmen ist es eine Frage des guten Tons, den Betriebsratsvorsitzenden parallel zu den Vorständen oder Geschäftsführern zu sprechen. Sie werden sehen: Wenn Sie Employer Branding so anpacken, wie in diesem Praxishandbuch beschrieben, nämlich authentisch und ehrlich, werden Sie in den Betriebsräten echte Unterstützer finden. Die Erfahrung zeigt, dass die Betriebsräte nur selten ein Hemmschuh für Employer Branding sind. In manchen Fällen bringen sie sogar mehr konstruktive Energie ein als der Vorstand selber.

4.3.5 Der richtige Zeitpunkt im Prozessablauf

Wenn Sie sowohl die Sollperspektive mit dem Management als auch die aktuelle Situation mittels Mitarbeiter-Fokusgruppen (Schritt 7) erheben, stellt sich die Frage, was Sie als erstes, was als zweites tun. Beides ist möglich. Beides ist nützlich — je nach Ihrer Situation.

Wenn Sie zuerst die Zukunftsperspektive ermitteln, können Sie hypothesengeleitet in die Mitarbeitergruppen gehen und sie gezielter auf das Zukunftsbild des Arbeitgebers hin befragen. Wenn Sie erst mit den Mitarbeitern sprechen, können Sie bereits erste Ergebnisse der Statusanalyse in die Gespräche mit dem Management einbringen und sie mit der Sollperspektive abgleichen.

Fragen Sie sich, welche Reihenfolge in Ihrem Fall nützlicher ist oder mehr Akzeptanz finden würde und entscheiden Sie dann.

4.4 Schritt 7: Kulturanalyse mit Mitarbeitern

Herzlich willkommen bei dem mit Abstand wichtigsten Teil Ihrer Employer-Branding-Analyse: Die Bestandsaufnahme all jener Faktoren, Merkmale und Haltungen, die das Erleben des Arbeitgebers seitens Mitarbeiter und Führungskräfte am meisten prägen — positiv wie negativ.

Dabei handelt es sich um Kulturfaktoren, Identitätsmerkmale und Werthaltungen des Unternehmens — also weiche Faktoren, die emotionale Benefits des Arbeitgebers darstellen. Sie beeinflussen die Einstellung eines jeden Mitarbeiters gegenüber seinem Arbeitgeber, sein Zufriedenheitsgefühl, seine Leistungsbereitschaft und seine Entscheidung zu bleiben oder zu wechseln, sehr viel stärker als harte Faktoren oder rationale Benefits wie Vergütung, Förderprogramme oder Karrierechancen.

In diesem Prozessschritt geht es deshalb darum, festzustellen

- wie die Mitarbeiter den Arbeitgeber sehen
- was das Arbeitgebererlebnis am meisten prägt
- womit sich die Mitarbeiter am meisten identifizieren
- welche kulturellen Merkmale ihn besonders machen
- welche Werte an der Basis wirklich gelebt werden

Niemand kann darüber besser Auskunft geben als die eigene Belegschaft. Noch immer gibt es Unternehmen, die ihre Mitarbeiter nicht einbinden, wenn sie Unternehmenswerte definieren, Verhaltensleitlinien verabschieden oder die Positionierung der Unternehmensmarke entwickeln. Einige vergessen das einfach, andere wollen lieber gar nicht erst wissen, was die eigenen Leute über das Wunschbild der Unternehmensführung denken. Das ist unklug und einer der Gründe, warum viele Unternehmenswerte und -positionierungen von der Belegschaft abgelehnt werden. Gelesen, gelacht, gelocht — ein Knock-out für jede Unternehmensmarke und erst recht für Ihre Arbeitgebermarke, von dem sie sich nicht so schnell erholen würde.

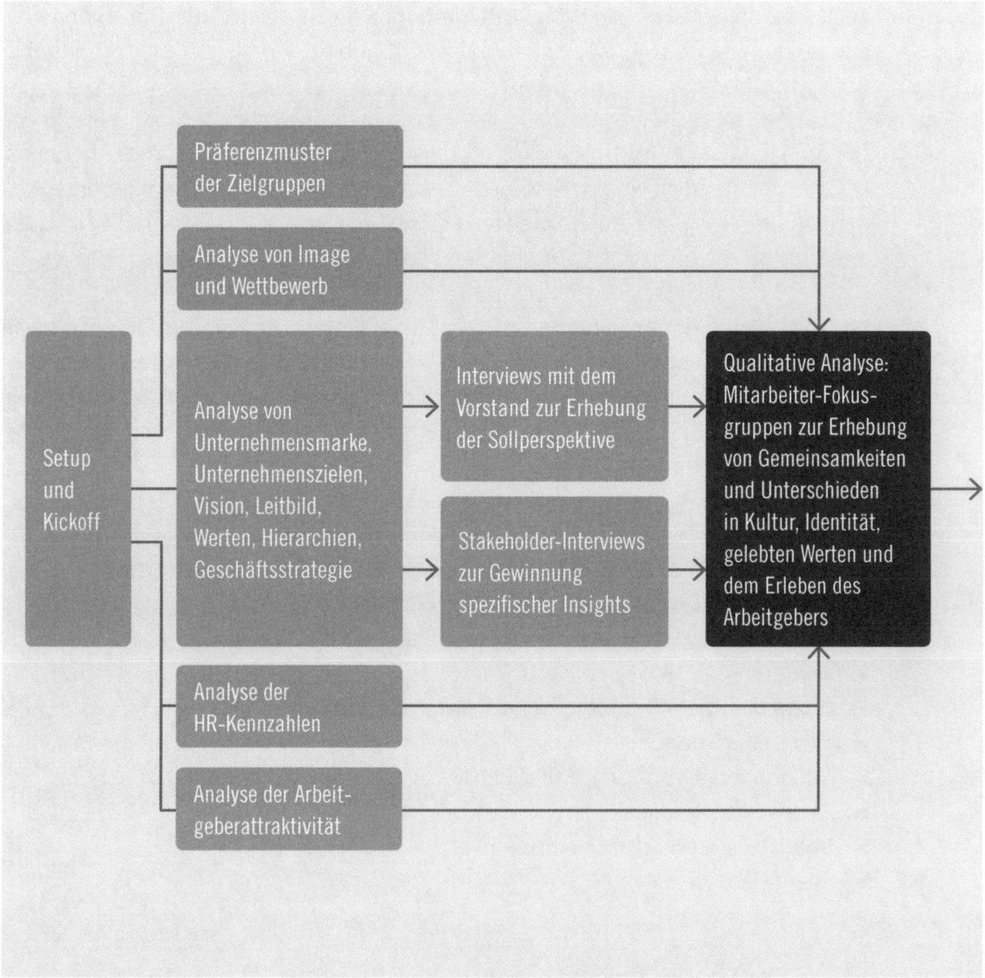

© DEBA GmbH, 2012

Abb. 4.11: In der Übersicht der Schritt 7 – Kulturanalyse mit Mitarbeitern

4.4.1 Unternehmenskultur: Zentraler Erfolgsfaktor der Arbeitgebermarkenbildung

Marken sollen Orientierung geben, Identifikation erzeugen und Entscheidungen vereinfachen — indem sie profilieren und differenzieren. Damit das möglich ist, benötigen Sie eine Markenpositionierung, die das Zeug hat, genau das zu leisten. So auch im Employer Branding. Die Arbeitgebermarke ist der Teil der Unternehmensmarke, der am meisten Identifikationspotenzial birgt — falls sich der Arbeitgeber richtig positioniert.

Genau das ist im deutschsprachigen Raum noch selten der Fall. Die Arbeitgeberpositionierungen, auch Employer Value Propositions genannt, basieren häufig auf einer Kombination generischer, meistens selbstverständlicher Themen, die sich viele andere Unternehmen auch auf die Fahne schreiben könnten und auch tun.

Die Topthemen der Arbeitgeber im deutschsprachigen Raum, über die sie sich als Marke primär zu positionieren versuchen, sind nur zum Teil arbeitgeberspezifisch — manche Unternehmen versäumen gänzlich, sich als Arbeitgeber zu beschreiben und überlassen ihre Stellenanzeigen und Karriereseiten von vornherein ganz allgemeinen Unternehmensthemen.

Die häufigsten arbeitgeberbezogenen Positionierungsthemen

- Weiterentwicklung, Talentförderung, persönliche Entfaltung
- Karrieremöglichkeiten
- Attraktive, vielseitige und herausfordernde Aufgaben
- Work-Life-Balance
- Vereinbarkeit von Familie und Beruf
- Gutes Betriebsklima
- Vergütung und Sozialleistungen
- Teamgeist

Die häufigsten unternehmensbezogenen Positionierungsthemen

- Größe, Wachstum und Erfolg
- Nachhaltigkeit
- Unternehmenswerte
- Internationalität
- Stolz auf die Produkte

Hand aufs Herz: Mit welchen dieser Themen werben auch Sie?

Damit kein falscher Eindruck entsteht: Die vorgenannten Themen sind wichtig und Ausdruck einer guten Arbeitgeberqualität. Wer keine vernünftige Weiterbildung anbietet, ein nur mittelmäßiges Betriebsklima hat, schlecht bezahlt und keine familienfreundlichen Arbeitszeitmodelle vorhält, der ist heutzutage schnell weg vom Fenster. Die Talente werden immer anspruchsvoller. Wer keine Mindestqualität als Arbeitgeber bietet, dem kann die beste Arbeitgebermarke auch nicht helfen.

Allein über diese eher harten Faktoren Ihrer Arbeitgeberqualität lässt sich eine Arbeitgebermarke allerdings nicht aufbauen. Sie beeinflussen zwar rationale Entscheidungen, aber sorgen nicht dafür, dass die Entscheidung für einen Arbeitgeber auch emotional getroffen wird. Deshalb positionieren sich erfolgreiche Arbeitgebermarken immer über emotionale Benefits des Arbeitgebers. Das hat zur Folge, dass Bewerber auch Nachteile bei den rationalen Benefits in Kauf nehmen, wenn sie das Gefühl haben, dass sie zu einem bestimmten Arbeitgeber einfach besser passen, dort eher aufblühen und gerne lange bleiben würden.

Wer Arbeitgebermarke ist, braucht keine Lockgehälter mehr

Genau daran erkennen Sie sehr gut, ob Ihre Arbeitgebermarkenbildung erfolgreich war: Wenn ein Bewerber das besser dotierte Angebot eines Ihrer Konkurrenten ausschlägt, weil er unbedingt zu Ihnen will. Wenn er auf eine Limousine als Dienstwagen verzichtet, weil er weiß, dass Sie ihm zwar nur einen Kleinwagen bietet können, dafür aber die Gewissheit, jeden Tag gerne zur Arbeit zu gehen. Wenn eine exzellente Mitarbeiterin jedem Abwerbeversuch widersteht, weil ihre emotionale Bindung an den Arbeitgeber stärker ist als der Lockruf des Karrieresprungs.

Das passiert, wo immer Organisation und Mensch besonders gut zueinander passen. Wo ein Geist durch die Flure weht, der dem Arbeitgeber besondere Identität verleiht und für hohe Identifikation der Mitarbeiter sorgt.

Die Identifikation der Mitarbeiter ist die wirklich harte Währung für den Erfolg des Unternehmens. Identifizierte Mitarbeiter sind leistungsbereiter, engagierter, loyaler und produktiver — und damit ein Schlüssel für den Unternehmenserfolg. Das hat sich in den Vorstandsetagen rumgesprochen. Die Identifikation der Mitarbeiter wird herbeigewünscht, beschworen und vereinzelt sogar auch gemessen.

Doch damit sich Ihre Mitarbeiter mit Ihrem Unternehmen identifizieren, müssen Sie ihnen vor allem eines machen: ein Identifikationsangebot. Das gelingt den Unternehmen am besten, die sich über ihre Identität im Klaren sind. Je profilierter und unterscheidbarer die Identität eines Unternehmens ist, desto klarer und wirkungsvoller ist sein Identifikationsangebot.

Ihre Arbeitgebermarke soll genau das tun: ein Identifikationsangebot sein. Indem sie die besonderen Merkmale Ihrer Arbeitgeberidentität in Worte fasst, spürbar und erlebbar macht.

Doch über welche Faktoren oder Themen können Sie sich als Arbeitgeber positionieren, damit Sie nicht nur Profil gewinnen und einen Unterschied erkennen lassen, sondern gleichzeitig mit Ihrer Arbeitgebermarke den Mitarbeitern und Bewerbern ein erkennbar starkes Identifikationsangebot machen?

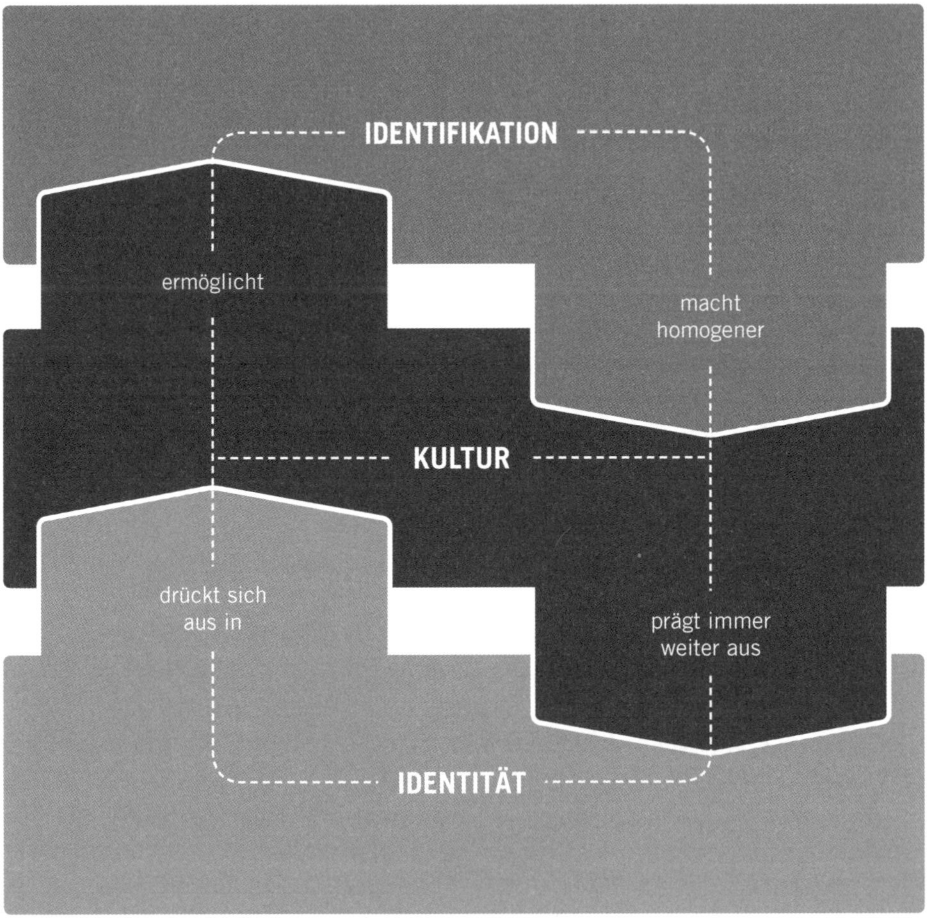

Abb. 4.12: Unternehmenskultur als Mittler von Identität und Identifikation

Unternehmensidentität — Corporate Identity — drückt sich in der Unternehmenskultur aus. An dieser erkennt ein Mitarbeiter, wofür ein Unternehmen steht, was es besonders macht und wer dazu passt oder auch nicht. Kurz: Es ist die Unternehmenskultur, die Identifikation ermöglicht. Je stärker die Identifikation, desto homogener wird die gelebte Kultur, was wiederum die Identität des Unternehmens und des Arbeitgebers immer weiter ausprägt. Ein Kreislauf sich gegenseitig stärkender Ebenen, deren treibende Kraft die Unternehmenskultur ist.

Nur Unternehmenskultur macht Arbeitgeber einzigartig

Daher kommt der Unternehmenskultur in der Positionierung als Arbeitgeber und in dem Prozess der Arbeitgebermarkenbildung eine zentrale Rolle zu. Sie ist der Schlüsselfaktor, über den sich ein Arbeitgeber tatsächlich immer unterscheidet, denn Unternehmenskultur ist in ihren Facetten und Ausprägungen in jedem Unternehmen individuell und einzigartig — nicht immer in augenfälliger Deutlichkeit, aber immer in Nuancen.

Unternehmenskultur setzt sich aus unterschiedlichen Merkmalen zusammen — die einen sichtbar und bewusst, die anderen unsichtbar und unbewusst. Die Fachliteratur zum Thema Unternehmenskultur geht davon aus, dass das Verhalten von Mitarbeitern nur zu zehn Prozent von den formellen, bewussten Merkmalen der Unternehmenskultur beeinflusst wird und zu 90 Prozent von den informellen, unbewussten.

Sichtbare und formelle Merkmale von Unternehmenskultur

- Leitbilder, Visionen, Mission Statements
- Offizielle, deklarierte Werte
- Regeln, Prozesse und Strukturen
- Rituale
- Legenden und Anekdoten
- Formeln (etwa der Begrüßung, der Anerkennung)
- Redewendungen (zum Beispiel in Meetings)

Unsichtbare und informelle Merkmale von Unternehmenskultur

- Gelebte Werte
- Einstellungen und Gefühle
- Verdeckte Regeln und Tabus
- Umgangsformen

- Systematik von Beziehungen
- Denkmuster
- Menschenbild

Unternehmenskultur ist nicht nur ein Schlüsselfaktor für das Gelingen von Employer Branding, sie ist auch ein entscheidender Treiber für Geschäftserfolg, wie man heute weiß. 2007 zeigte ein Forschungsprojekt des Bundesministeriums für Arbeit und Soziales, des Great Place to Work Instituts Deutschland und anderen Partnern, dass Unternehmenskultur und das damit verbundene Mitarbeiterengagement einen bedeutenden Einfluss auf den Unternehmenserfolg haben. In der Studie wurde gezeigt, dass der Faktor Unternehmenskultur bis zu 31 Prozent des Unterschieds zwischen dem Drittel der erfolgreichsten und dem Drittel der am wenigsten erfolgreichen der untersuchten Unternehmen ausmacht.

Der moderne Employer-Branding-Ansatz macht sich diese Zusammenhänge zunutze. Er lässt sich am besten als „identitätsorientiertes Employer Branding" bezeichnen — ein Begriff, der von dem Autor 2006 in die Fachdebatte eingebracht wurde und immer mehr Eingang in die wissenschaftliche Fachliteratur findet. Identitätsbasiertes Employer Branding positioniert die Arbeitgebermarke über Identitätsmerkmale und Kulturfaktoren des Unternehmens, also über emotionale Benefits des Arbeitgebers, auch gerne „weiche Faktoren" genannt.

Hier liegen die Themen, die aus einem Arbeitgeber eine Marke machen. Die Identifikation stiften und differenzieren. Das ist die Aufgabe der Kulturanalyse in diesem Prozessschritt: Nach den Themen zu suchen, die hier als Identifikationsfaktoren und Differenziatoren bezeichnet werden sollen — in Abgrenzung zu den Themen, die auf den eher „harten Faktoren" der Arbeitgeberqualität, also in Tendenz rationalen Benefits eines Arbeitgebers beruhen.

4.4.2 Inhalte der Arbeitgebermarkenbildung: Von Hygienefaktoren zu Identifikationsfaktoren und Differentiatoren

Beispielhafte Themen für rationale Benefits sind zuvor bereits genannt worden. Es handelt sich bei ihnen häufig um sogenannte Hygienefaktoren. Dieser Ausdruck wurde von dem amerikanischen Professor Frederick Herzberg (1923 — 2000) im Rahmen seiner Zwei-Faktoren-Theorie zur Motivation, speziell der Arbeitsmotivation, geprägt. Sie entstand 1959 und ist neben der Bedürfnispyramide von Maslow (1943) eine der bekanntesten Inhaltstheorien der Motivation.

Herzberg konnte verdeutlichen, dass Kontextfaktoren wie Einkommen, Arbeitsbedingungen, Status oder Sicherheit nicht zur Zufriedenheit der Mitarbeiter beitrugen, wenn sie auf gutem Niveau bei einem Arbeitgeber vorhanden waren, sondern nur Unzufriedenheit verhinderten. Hygienefaktoren bezeichnen all jene Merkmale eines Arbeitgebers, die genau das erreichen: Wenn Sie vorhanden sind, werden sie als selbstverständlich wahrgenommen, sie dienen also der allgemeinen Hygiene. Es handelt sich dabei vornehmlich um rationale Benefits. Sie wirken sich weder auf die Motivation von Mitarbeitern aus noch – und hier denken wir das Modell von Herzberg in die Welt des Employer Branding weiter – sorgen sie für Identifikation oder Differenzierung in den Arbeitsmärkten.

Abb. 4.13: Faktoren der Arbeitgebermarkenbildung

Aufgrund von Fachkräftemangel und demografischem Wandel kann sich kein dynamisches Unternehmen mehr leisten, seine Wettbewerbsfähigkeit als Arbeitgeber nicht ständig zu optimieren. Denn die Bewerber werden immer anspruchsvoller und die Konkurrenz schläft nicht. Ein regelrechtes Wettrüsten ist im Gange: Denn was heute noch besonders ist, ist für die Talente schon morgen wieder selbstverständlich. Wenn ein Arbeitgeber in einem harten Faktor seiner Qualität heute einen Maßstab setzt, ziehen andere schnell nach. Die Folge: Was heute vielleicht noch motivierend wirkt, ist morgen schon Hygiene.

Ein teurer Teufelskreis, aus dem Arbeitgebermarke einen Ausweg zeigt: Denn Sie müssen gar nicht in allen Faktoren Ihrer Arbeitgeberqualität spitze sein, um Ihre Attraktivitätsziele als Arbeitgeber zu erreichen. Es reicht, wenn Sie in den rationalen Qualitätsmerkmalen ein durchschnittliches oder leicht überdurchschnittliches Niveau erreichen. Das ist ein ausreichend fruchtbarer Grund, um Ihre Arbeitgebermarke zu pflanzen. Welche rationalen Faktoren Sie nun weit überdurchschnittlich ausprägen, das zeigt Ihnen die Arbeitgeberpositionierung. Schließlich stiftet sie nicht nur Mitarbeitern Identifikation, schenkt Bewerbern Orientierung, sondern gibt der Organisation auch Richtung. Eine Richtung, die es Ihnen ermöglicht, Ihre Attraktivitätsziele als Arbeitgeber zu erreichen, auch ohne nach dem Prinzip Gießkanne in alle harten Faktoren der Arbeitgeberqualität zu investieren. Ein mittelständisches Unternehmen spart dadurch schnell Hunderttausende Euro, ein Konzern wahrscheinlich Millionen. Eines ist dann nicht mehr nötig — und vielleicht auch nicht mehr möglich: In den vorderen Rängen bei den einschlägigen Arbeitgeberqualitätsrankings wie Top Job, CRF oder Great Place to Work.

Auch andere Wissenschaftler wie Filip Lievens und Scott Highhouse unterscheiden in rationale (dort: „instrumentelle“) und emotionale (dort: „symbolische“) Faktoren der Arbeitgeberattraktivität. In ihrer Studie „The relation of instrumental and symbolic attributes to a company's attractiveness as an employer“, erschienen in dem Journal Personnel Psychology (2003, 56), kommen sie ebenfalls zu dem Ergebnis, dass die emotionalen Faktoren entscheidend sind, um sich von Wettbewerbern am Arbeitsmarkt zu differenzieren.

Abb. 4.14: Instrumentelle und symbolische Faktoren der Arbeitgeberattraktivität

4.4.3 Die Methode: „Trüffelgruppen"

Auf ihren Sonderseiten „Arbeitgeberattraktivität" im Juni 2008 titelte die Süddeutsche Zeitung: „Am Anfang steht die Trüffelsuche". Sie bezog sich damit auf eine Metapher, welche die Deutsche Employer Branding Akademie 2007 eingeführt hatte, um die Besonderheit dieses sicherlich delikatesten Schritts im Employer-Branding-Prozess zu verdeutlichen. Die Analogie ist passend. Denn Trüffel sind nicht leicht zu finden. Weil sie so wertvoll sind, gleicht die Trüffelsuche einer Schatzsuche. Und da Trüffel unter der Erde wachsen, benötigen Sie eine gute Spürnase, um sie zu finden.

Tatsächlich ist es gar nicht leicht, die Fokusgruppen mit den Mitarbeitern so zu gestalten, dass die Teilnehmer tatsächlich auf der kulturellen Ebene über ihren Arbeitgeber assoziieren. Meistens sprechen sie anfangs eher über oberflächliche, leicht zu erkennende Charakteristika des Unternehmens: Marktstellung, Produkte, Technologien, Tradition und dergleichen. Haben Sie es geschafft, die Teilnehmer von den allgemeinen Unternehmensthemen hin zu den arbeitgeberspezifischen Themen zu führen, werden meistens ebenfalls zunächst eher generelle Aspekte thematisiert, die im Grunde auch im Gespräch mit der Personalabteilung zu erfahren gewesen wären.

Die wahren „Trüffel" für die Arbeitgebermarkenbildung liegen tiefer. Es braucht Erfahrung und Gespür, um sie aufzuspüren. Dazu eignet sich ein qualitativer Erhebungsansatz sehr viel besser als ein quantitativer. Über eine standardisierte Befragung der Mitarbeiter werden Sie nicht tief genug vordringen können, um die zur Sammlung der positionierungsrelevanten Aspekte benötigte Reflektionsebene zu erreichen. Das gelingt am besten über das direkte Gespräch mit Ihren Mitarbeitern in Fokusgruppen.

Anzahl der Gruppen und Zusammensetzung der Teilnehmer

Die Anzahl der Fokusgruppen hängt nicht nur von der Unternehmensgröße ab, sondern auch vom Komplexitätsgrad der Organisation oder den individuellen Rahmenbedingungen. Bei Unternehmen, die dezentral aufgebaut sind oder deren Bereiche relativ autark, vielleicht auch mit eigenen Markenidentitäten geführt werden, macht eine breiter angelegte Auswahl Sinn. Ebenso, wenn Tochtergesellschaften oder Submarken unter dem Dach der Arbeitgebermarke einbezogen werden sollen. Auch Hypothesen über die kulturelle Heterogenität schlagen sich in der Gruppenanzahl nieder. Es gilt: Je komplexer und heterogener, desto mehr Gruppen.

Bei relativ homogenen Organisationen hat sich folgende Gruppenzahl bewährt:

- bis 500 Mitarbeiter: 4 — 6 Mitarbeiter-Fokusgruppen
- bis 2.500 Mitarbeiter: 6 — 8 Mitarbeiter-Fokusgruppen
- ab 2.500 Mitarbeiter: 8 — 12 Mitarbeiter-Fokusgruppen

Eine produktive Gruppengröße liegt bei 8—12 Teilnehmern. Die Zusammensetzung der Teilnehmer innerhalb der Fokusgruppen will gut durchdacht sein, entscheidet sie doch über die Qualität der Ergebnisse. Sie sind grundsätzlich immer gut beraten, wenn Sie einen möglichst repräsentativen Querschnitt der Belegschaft einladen:

- Berufsgruppen
- Unternehmensbereiche
- Standorte
- Betriebszugehörigkeiten
- Geschlecht
- Alter

Ziel der Kulturanalyse ist es, Unterschiede zwischen diesen Gruppen zu erkennen. Denn die Frage nach dem Unterschied führt zu den Gemeinsamkeiten. Deshalb mischen Sie nicht einfach die oben genannten Kategorien, sondern bilden in der Gruppenstruktur die bekannten oder gemutmaßten Heterogenitäten Ihrer Organisation realistisch ab.

Sie trennen die Gruppen also immer nach einer Kategorie und mischen die anderen innerhalb der Gruppen. Ganz klassisch ist eine Trennung der Gruppen nach Berufsbildern, während Sie die Teilnehmer in jeder Gruppe nach Bereichen, Standorten, Betriebszugehörigkeiten, Geschlecht und Alter mischen. Wer den Eindruck hat, dass zwischen seinen Standorten die meisten Unterschiede existieren, der sortiert die Fokusgruppen danach und mischt die anderen Kategorien.

Bitte beachten Sie eine goldene Regel: Mischen Sie nie Führungskräfte mit „normalen" Mitarbeitern in den Gruppen, sondern setzen Sie eine eigene Gruppe nur für das untere und mittlere Management auf. Das sorgt nicht nur dafür, dass die Mitarbeiter wirklich frei sprechen, sondern gibt Ihnen Aufschluß über die häufig unterschiedlichen Sichtweisen von Mitarbeitern und Führungskräften. Das sorgt in der Praxis immer wieder für überraschende und sehr interessante Einsichten.

Neu eingestellte Mitarbeiter, die sogenannten New Hires, bringen einen sehr unverstellten Blick auf den Arbeitgeber mit und, wenn sie schon Berufserfahrung haben, können auch viel besser mit anderen Arbeitgebern vergleichen als jemand, der schon viele Jahre bei Ihnen an Bord ist. Darum noch ein Tipp: Keine Trüffelrunde ohne eine eigene Gruppe für Mitarbeiter, die bis zu einem halben, maximal einem Jahr im Unternehmen sind.

So ziehen Sie Vergleiche zwischen den Gruppen und kommen kulturellen Unterschieden auf die Schliche. In den folgenden Abbildungen werden einige beispielhafte Gruppenstrukturen gezeigt, wie sie in der Praxis vorgekommen sind.

Noch ein Tipp: Wenn Sie absehen können, dass sich Ihre Belegschaftsstruktur künftig verändern wird, etwa in den Berufsgruppen aufgrund der Geschäftsentwicklung, in der Altersstruktur aufgrund von Verrentung oder weil Sie beispielsweise stärker für Frauen attraktiv sein wollen, dann beziehen Sie das ein. Sie müssen bei der Zusammensetzung der Teilnehmer nicht exakt den Status quo abbilden, sondern sollten auch die künftige Ausrichtung der Organisation berücksichtigen.

Das Allerwichtigste ist jedoch, dass Sie Mitarbeiter einladen, die gerne und offen über den eigenen Arbeitgeber sprechen wollen. Wer nur Leute einlädt, die sowieso ständig begeistert sind, handelt kurzsichtig. Er wird kein realistisches Bild des Arbeitgebers und seiner Kultur erhalten. Das passiert auch nicht, wenn in den Gruppen notorische Nörgler sitzen, die ihre Teilnahme missbrauchen, um Dampf abzulassen. Setzen Sie auf eine ausgewogene Mischung und umfahren Sie weiträumig Mitarbeiter, die für einseitige Sichtweisen bekannt sind.

Sie handeln übrigens klug, wenn Sie in den Gruppen auch gezielt Mitglieder des Betriebsrats berücksichtigen.

**BEISPIEL AUTOMOBILZULIEFERER MIT 6.500 MITARBEITERN:
KLASSISCHE STRUKTUR NACH BERUFSBILDERN**

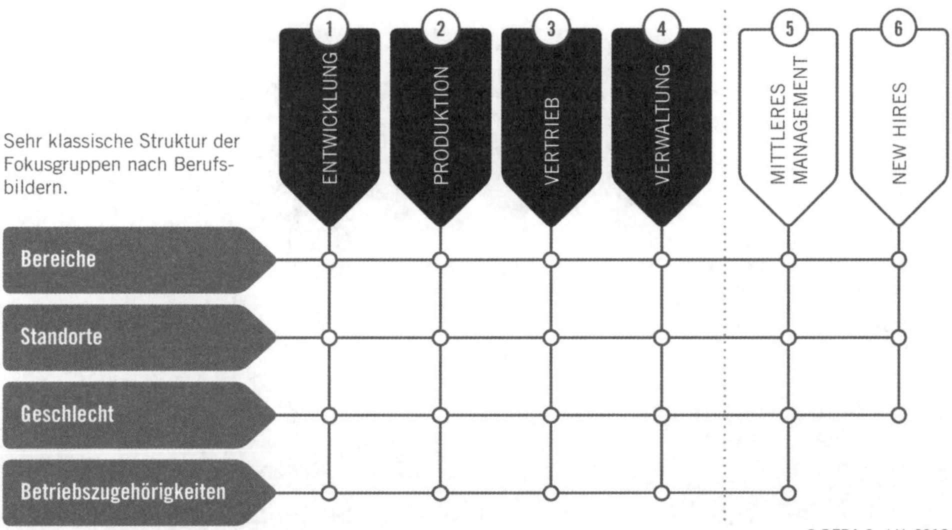

© DEBA GmbH, 2012

**BEISPIEL ELEKTRONIKHERSTELLER MIT 950 MITARBEITERN:
SPEZIALGRUPPEN FÜR „INNOVATOREN" UND „BEST FITS"**

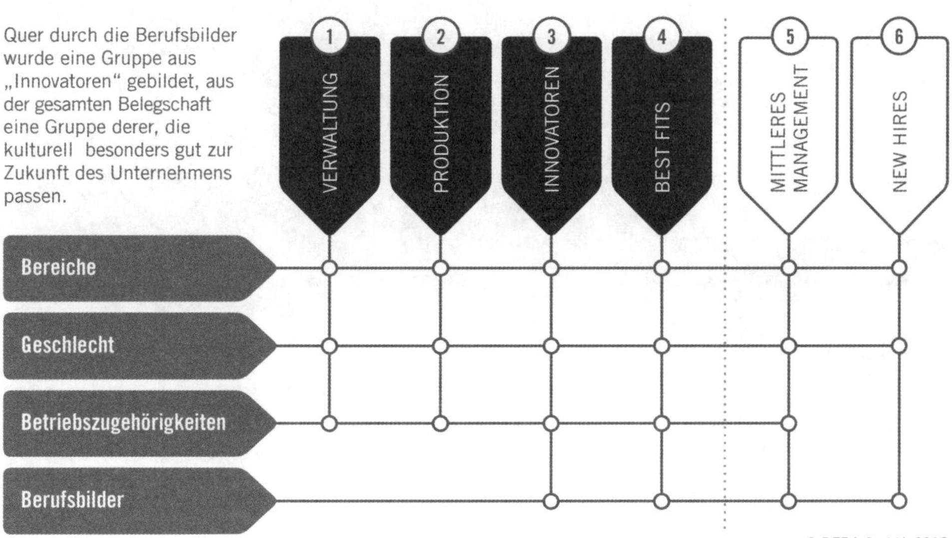

© DEBA GmbH, 2012

Abb. 4.15: Beispiel für die Struktur der Fokusgruppen

BEISPIEL IMMOBILIENDIENSTLEISTER MIT 1.000 MITARBEITERN: STRUKTUR NACH STANDORTEN

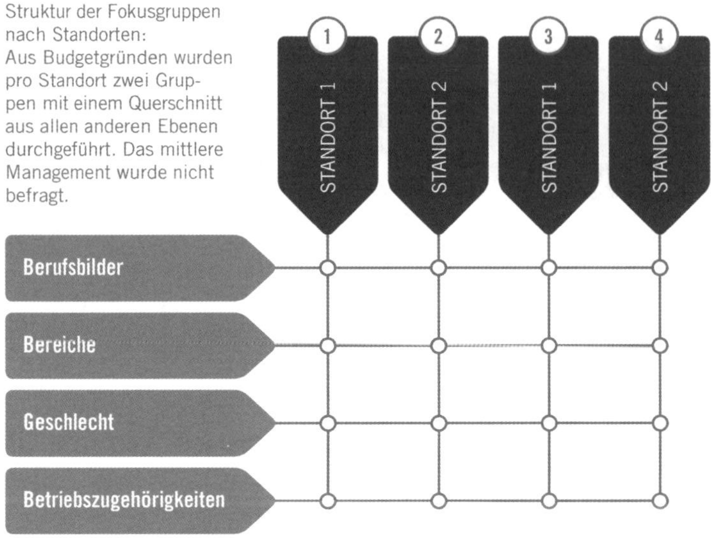

© DEBA GmbH, 2012

BEISPIEL TRADITIONSREICHES CHEMIEUNTERNEHMEN MIT 15.000 MITARBEITERN: BESONDERE BEACHTUNG DER „ALTEN HASEN"

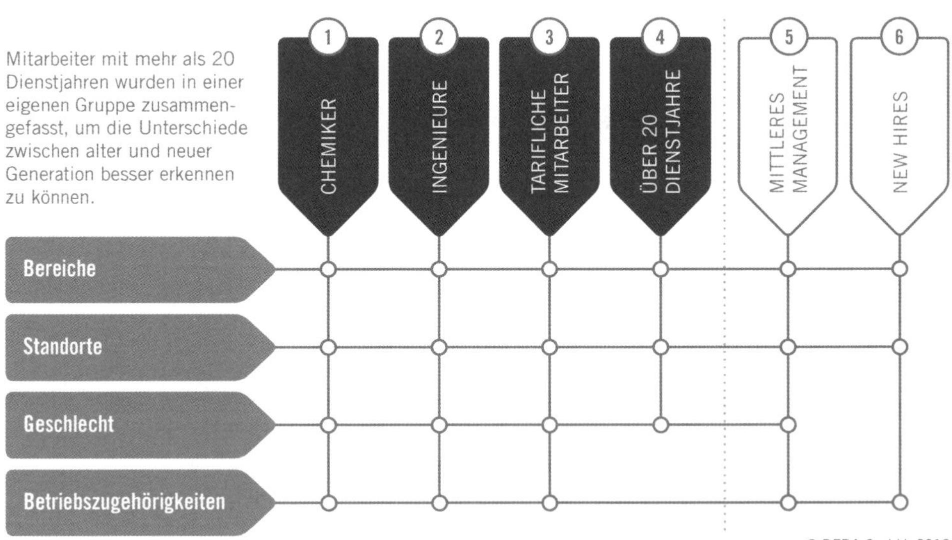

© DEBA GmbH, 2012

Abb. 4.16: Beispiel für die Struktur der Fokusgruppen

4.4.4 Organisation und Durchführung

Die Vorbereitung und Durchführung der Trüffelgruppen ist eine sensible Angelegenheit. Achten Sie zum Beispiel darauf, dass sich kein Fachbereich oder Standort benachteiligt fühlt. Das würden Sie später bereuen, denn es schwächt die Legitimation der Analyseergebnisse.

Und fragen Sie sich, wann der richtige Zeitpunkt dafür ist. Es gibt Unternehmen, in denen ständig Workshops stattfinden – zu großen Themen wie Werten oder Leitbildern und zu Spezialthemen der Fachbereiche. Entwickeln Sie ein Gespür dafür, wann die Organisation von zu viel Reflexionsprozessen übersättigt oder frustriert ist und verschieben Sie die Trüffelsuche in dem Fall – eventuell das gesamte Employer-Branding-Projekt. Damit die Fokusgruppen ein Erfolg werden, brauchen Sie Teilnehmer, die nicht das Gefühl haben, dass die „nächste Workshopsau durchs Dorf getrieben wird".

Terminierung und Einladung der Teilnehmer

Suchen Sie nach Terminen für die Fokusgruppen, die sich gut mit den Bedürfnissen der Organisation vereinbaren lassen. Wenn das Unternehmen in einer kurzfristigen Stressphase ist, zum Beispiel, um Liefertermine zu halten, oder der Vertrieb einen Endspurt hinlegt, um die Quartalsziele zu erreichen, ist das kein guter Zeitpunkt.

Auch gilt es, ganz praktische Dinge wie Freistellungen, etwaige Reisekosten oder Urlaubszeiten ebenso zu berücksichtigen wie politische Erfordernisse. Übergehen Sie nicht die Team- oder Fachbereichsleiter, wenn Sie bestimmte Mitarbeiter einladen wollen. Wenn Ihr Unternehmen groß genug ist, dass Sie nicht mehr jeden Mitarbeiter kennen und einschätzen können, sollten Sie die Fachbereichsleiter ohnehin um Unterstützung bitten, um eine ausgewogene Mischung an Teilnehmern zu nominieren, die ihre Meinung sagen wollen und auch eine haben.

Besprechen Sie die Struktur der Gruppen sowie die Zusammensetzung der Teilnehmer unbedingt im Kick-off-Meeting. Fragen Sie aktiv nach, ob die Planung für alle passt oder ob es andere Ideen gibt. Immer wieder ist zu erleben, dass die im Kick-off versammelte Entscheiderrunde noch ein oder zwei Gruppen mehr wünscht oder konkrete Vorschläge hat, wer teilnehmen soll. Gehen Sie darauf ein, denn meistens wird die Analyse dadurch besser.

Die Moderation: Eine Frage des Vertrauens Ihrer Mitarbeiter

Schaffen Sie innerhalb der Gruppen eine Atmosphäre des Vertrauens. Sichern Sie den Teilnehmern zu, dass Sie mit den Ergebnissen so umgehen werden, dass niemand Rückschlüsse darauf ziehen kann, wer was gesagt hat – erst recht nicht die Geschäftsführung. Anonymität ist daher oberstes Gebot. Sicher, es gibt Unternehmenskulturen, in denen jeder Mitarbeiter frank und frei spricht, auch wenn der Chef direkt daneben sitzt. Doch selbst wenn Sie glauben, das sei bei Ihnen auch der Fall – Sie würden sich wundern, welchen Unterschied es macht, wenn Sie ein solches Szenario vermeiden.

Es ist die Aufgabe des Moderators, einen atmosphärischen Rahmen zu schaffen, der jeden Teilnehmer dazu bringt, ganz offen und ehrlich über den eigenen Arbeitgeber nachzudenken und den Finger auch mal in die Wunde zu legen. Woraus sich schon schließen lässt, wer für die Moderationsrolle überhaupt in Frage kommt. Und das ist im Idealfall jemand von außerhalb des Unternehmens. Denn Sie und Ihre Kollegen haben bereits vorgefasste Meinungen, positive wie negative. Sie bringen nicht den unverstellten Blick von außen mit, doch genau der ist extrem hilfreich, um die Gruppen zu guten Ergebnissen zu moderieren.

Wenn möglich, also auch budgetierbar, lassen Sie die Trüffelgruppen von einem externen Profi moderieren. Wenn Sie sich ohnehin von einem Dienstleister begleiten lassen, ist das natürlich am besten einer seiner Mitarbeiter. Aber Vorsicht: Lassen Sie nicht jeden Kundenberater, Strategieexperten oder Kreativen auf Ihre Mitarbeiter los. Sie haben in der Regel nicht das richtige Profil dafür. Schließlich geht es hier nicht um den Pretest von Kampagnen oder ein Marketing-Brainstorming. Die Trüffelgruppen sind eher vergleichbar mit Coachingsitzungen. Ideale Voraussetzungen für die Moderation der Fokusgruppen bringt jemand mit, der ...

- eine psychologische Ausbildung hat,
- über Coaching- und Trainingserfahrung verfügt,
- möglichst eine Zusatzqualifikation in der systemischen Organisationsberatung erworben hat und
- Erfahrung mit Werte- und Kulturanalysen vorweisen kann.

Wenn Sie die Kollegen aus der Personalabteilung fragen würden, würden sie sicherlich gerne in den Gruppen dabei sein und Mäuschen spielen. Manche Unternehmen machen das zur Voraussetzung für die Durchführung von Trüffelgruppen. Der direkte Vergleich zwischen Gruppen, die von außen moderiert werden, und Gruppen, die von internen Kollegen moderiert werden oder in denen Personaler anwesend sind, spricht Bände: Sie können durch die Bank einen Unterschied in der Gesprächsatmosphäre sowie einen Vertrauens- und damit Qualitätsverlust feststellen, wenn Personaler mit am Tisch sitzen. Selbst in Unternehmen, in denen der Personalabteilung nicht mehr das früher übliche Klischee des „Heuerns und Feuerns“ nachhängt.

BEISPIEL

Wie die falschen Trüffelfragen einen internationalen Employer-Branding-Prozess ruinierten

Situation

Ein traditionsreiches Technologieunternehmen, das auf drei Kontinenten tätig ist, beauftragte eine Agentur mit der Entwicklung seiner internationalen Arbeitgeberpositionierung. Das Ergebnis war jedoch nicht markenwirksam. Es traf auf viele Unternehmen zu und differenzierte nicht. Zwar wurde die Positionierung so verabschiedet, jedoch in der Schublade gelassen. Die Beteiligten entschieden sich dagegen, noch mehr Geld und Zeit in die Umsetzung dieser Positionierung zu investieren. Sie stellten das Thema vorerst zurück und starteten später mit einem anderen Partner neu.

Bewertung

Der Agentur war nicht klar, dass die Employer-Branding-Analyse vor allem auf emotionale, nicht rationale Benefits abzielt und mit einer Kulturanalyse vergleichbar ist. Sie führte zwar Fokusgruppen mit den Mitarbeitern durch, stellte aber schlicht die falschen Fragen. Die Workshop-Protokolle zeigten: Die Antworten der Mitarbeiter bezogen sich ausschließlich auf die harten Faktoren der Arbeitgeberqualität. Der Moderator der Agentur wusste nicht, dass er die Gruppendiskussion auf die Ebene von Kultur und gelebten Werten hätte bringen müssen. So gab es keine Ergebnisse, auf deren Basis eine profilierende und differenzierende Arbeitgeberpositionierung hätte formuliert werden können.

Lösung

Nur wenn Sie sich der verschiedenen Anforderungen an die Kompetenzen eines Dienstleisters bewusst sind, die aus den unterschiedlichen Phasen des Employer Branding resultieren, können Sie in jeder Prozessphase den richtigen externen Partner finden. In der Analyse und Strategieentwicklung hätte das Unternehmen besser auf einen speziell dafür qualifizierten Berater setzen und die Agentur bei der operativen Umsetzung zum Zuge kommen lassen sollen.

4.5 Schritt 8: Positionierungsstrategie – Profilthemen erkennen und Richtung einschlagen

Nehmen wir an, Sie hätten den Weg zur Arbeitgebermarke bis hierhin abgeschritten. Dann halten Sie jetzt einen wahren Fundus an Themen in den Händen, für die Sie als Arbeitgeber schon heute stehen oder die Ihr Management in Zukunft stärken möchte. Sie wissen, welche strategischen Leitplanken sich aus den Zielen, Werten und der Marke des Unternehmens ergeben und vielleicht sogar, worüber sich Wettbewerber positionieren oder welche Wertorientierungen Ihre aktuellen und künftigen Zielgruppen haben.

Je nach Ausgangslage haben Sie mehr oder weniger intensiv beobachtet, zugehört, zusammengetragen. Herzlichen Glückwunsch. Sie sitzen auf einer wahren Schatztruhe an Themen. Nur: Wie schließen Sie sie so auf, dass sich alle Fundstücke und Erkenntnisse darin systematisch zu jenen Themen reduzieren, verdichten, kombinieren, die das Zeug dazu haben, die für Ihr Unternehmen am besten passende und chancenreichste Arbeitgeberpositionierung zu definieren?

Genau das ist die Aufgabe der Positionierungsstrategie. Sie soll Relevanz, Chancen und Risiken aller ermittelten Themen für die Festlegung der Arbeitgeberpositionierung systematisch bewerten und zu einem strategisch fundierten Entscheidungskorridor führen, welche Profilthemen Bestandteile der Arbeitgeberpositionierung werden. Dabei, und das ist ganz entscheidend, soll auch geprüft werden, ob es mehrere Positionierungswege gibt und welche organisationalen Konsequenzen diese eventuell haben.

Die Positionierungsstrategie ist das strategische Fundament des Employer Branding. Auf ihrer Basis wird die Arbeitgeberpositionierung entwickelt, die das Vorstellungsbild definiert, das durch den Prozess des Employer Branding über die Jahre innen wie außen etabliert werden soll, damit das Unternehmen Arbeitgebermarke wird.

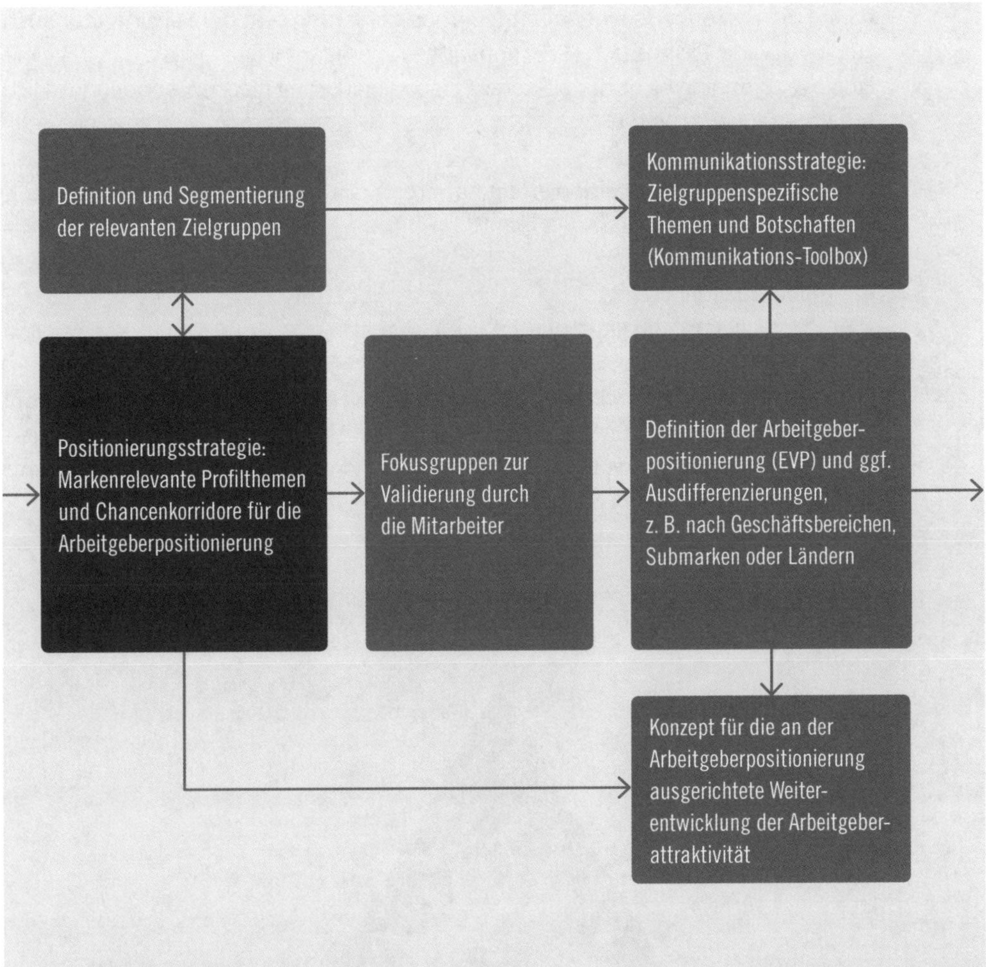

Abb. 4.17: In der Übersicht der Schritt 8 – Positionierungsstrategie

4.5.1 Das Qualitätsdreieck der Arbeitgeberpositionierung

Ziel der Positionierungsstrategie ist die fundierte Ermittlung der Profilthemen für die Arbeitgeberpositionierung, deren Qualität nicht weniger als über den gesamten Erfolg der Arbeitgebermarkenbildung und somit über die Höhe der Rendite aller Employer-Branding-Investitionen Ihres Unternehmens in den kommenden

Jahren entscheidet. Grund genug, als Allererstes einen sehr aufmerksamen Blick darauf zu werfen, was eine Arbeitgeberpositionierung — in der Fachliteratur auch Employer Value Proposition (EVP) genannt — überhaupt leisten muss, damit Sie mit Employer Branding nicht nur besseres Personalmarketing machen, sondern wirklich Arbeitgebermarke werden.

Eine gute Arbeitgeberpositionierung hat drei Qualitäten:

- Ankerqualität
- Treiberqualität
- Differenzierungsqualität

In diesem Qualitätsdreieck entsteht ein emotionales Spannungsfeld, das sowohl Identifikationspunkte für Mitarbeiter und Führungskräfte als auch in den Arbeitsmärkten differenzierende Elemente enthält — und darüber hinaus deutlich macht, wohin der Arbeitgeber in Zukunft steuert.

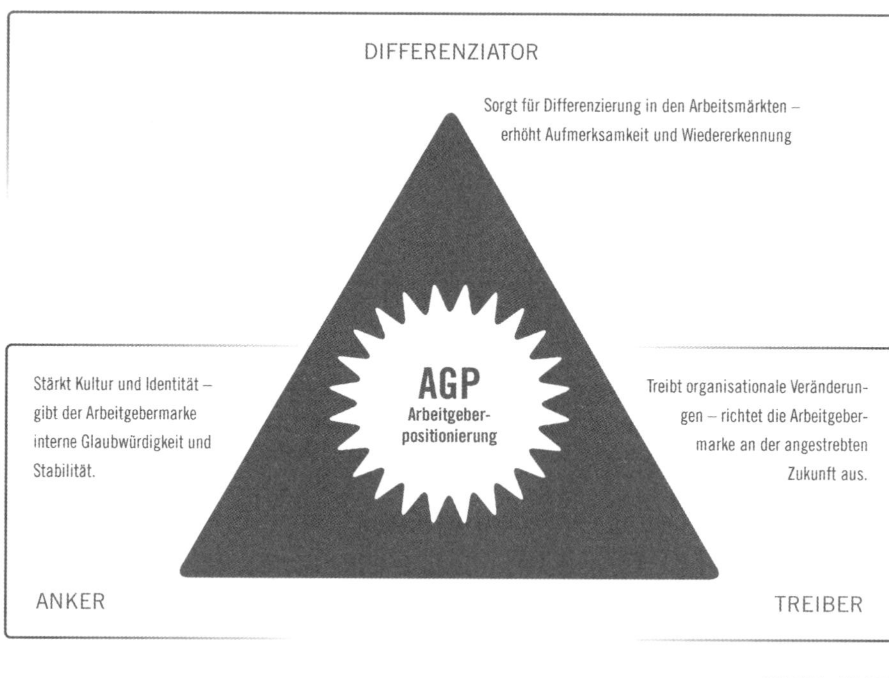

Abb. 4.18: Qualitätsdreieck der Arbeitgeberpositionierung (EVP)

4.5.2 Relevanzgrade der Analyseergebnisse für die Positionierung

Die verschiedenen Analyseergebnisse sind unterschiedlich relevant für eine Positionierung als Arbeitgeber. Es ist nützlich, die unterschiedlichen Relevanzgrade der Ergebnisse aller potenziellen Analysebausteine einschätzen zu können — auch wenn Sie gewiss nicht alle einsetzen werden (und auch nicht sollten). Hier noch einmal die Zusammenfassung auf einen Blick.

Keine Relevanz für die Arbeitgeberpositionierung

- Arbeitsmarktumfeld
- Präferenzen der Zielgruppen

Anders als Wertorientierungen sind die Präferenzmuster der verschiedenen Zielgruppen, die mehrfach jährlich als Ergebnis verschiedener Studien vermeldet werden, mit wenigen Ausnahmen zeitgeistigen Einflüssen unterworfen. Die Ausnahmen von dieser Regel bewegen sich ausschließlich auf einer sehr generellen Ebene der Arbeitgeberattraktivität, die dem Bereich der Hygienefaktoren zugeordnet werden kann: Respekt und Wertschätzung im Umgang, interessante Aufgaben, Verantwortungsübergabe, Nähe des Managements, Transparenz sowie Klarheit über Ziele und Strategien.

Die Entwicklung der Arbeitsmärkte in den verschiedenen Ländern hat Einfluss auf Teilbereiche des Employer Branding und verwandte Themen wie Talent Management, Personalmarketing und Recruiting, aber keine Relevanz für die Definition einer universellen, also auch über Ländergrenzen und Zielgruppen hinweg gültigen und langfristig stabilen Arbeitgeberpositionierung.

Geringe Relevanz für die Arbeitgeberpositionierung

- Wertorientierungen der Zielgruppen

Wertorientierungen, die zum Beispiel aus der Zugehörigkeit zu Generationen oder geografischen Kulturräumen resultieren, sind langfristig stabil und so gesehen theoretisch geeignet, um in einer ebenfalls langfristig angelegten Arbeitgeberpositionierung Platz zu finden. Da sie jedoch innerhalb ihrer Gruppen allgemeingültig, also nicht individuell und differenzierend sind, sollten sie ebenfalls nicht zur Definition einer Arbeitgeberpositionierung herangezogen werden.

Nur in seltenen Fällen ist das ratsam. Zum Beispiel, wenn ein Unternehmen aus bestimmten Gründen in einem deutlich überdurchschnittlichen Maße eine ganz bestimmte Herkunfts- oder Generationengruppe über mehrere Jahre hinweg fokussiert. Dann ist der Einbezug ihrer Wertorientierungen überlegenswert – aber Achtung: Das ist Ihnen auch nur möglich, wenn diese Werte in Ihrer Arbeitswelt auch gespiegelt werden und willkommen sind.

Einfacher – und in jedem Fall die sicherere Lösung – ist es, Wertorientierungen auf einer der Arbeitgeberpositionierung nachgelagerten Ebene der Kommunikation Raum zu geben.

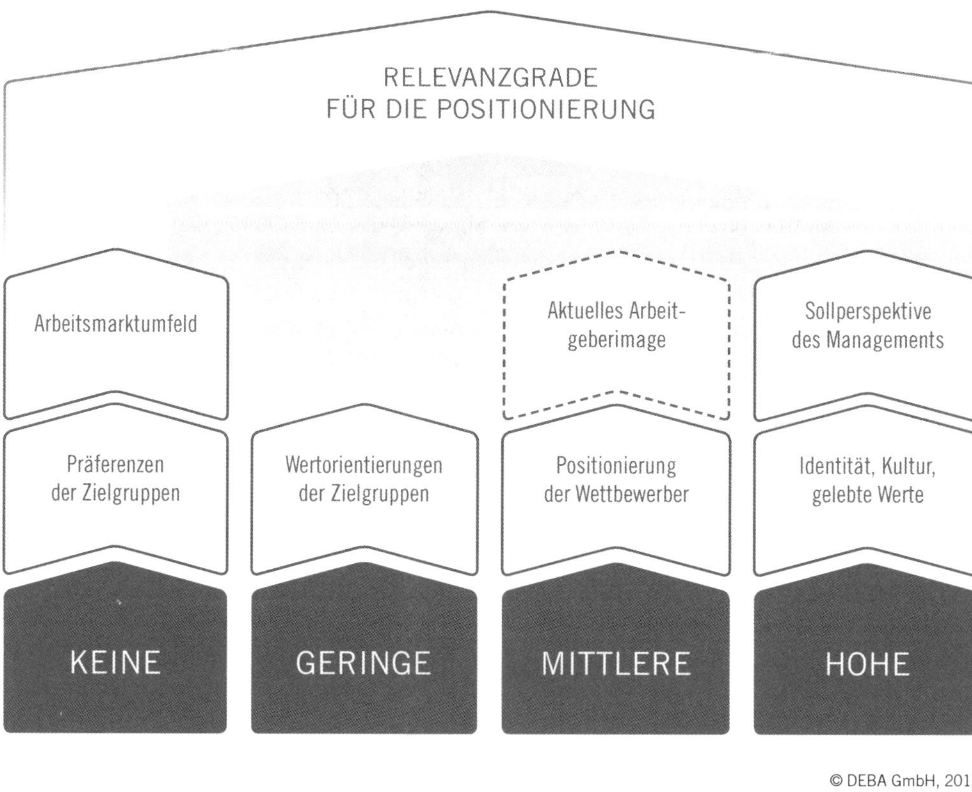

Abb. 4.19: Relevanzgrade der Analyseergebnisse für die Arbeitgeberpositionierung

Mittlere Relevanz für die Arbeitgeberpositionierung

- Aktuelles Arbeitgeberimage (wenn starker Korrekturbedarf)
- Positionierung der Wettbewerber

Das aktuelle Image eines Arbeitgebers besitzt mittleren Einfluss auf die Positionierung — und zwar nur dann, wenn es stark von dem Bild abweicht, das die Mitarbeiter von ihrem Arbeitgeber haben und das künftig positioniert werden soll. Wenn Fremdbild und Wirklichkeit sehr stark kollidieren, dann kann es zur Aufgabe der Arbeitgeberpositionierung gemacht werden, schon auf dieser zentralen und primären Ebene der Arbeitgeberkommunikation die Korrektur des Arbeitgeberimages ganz gezielt zu integrieren.

Das ist auch in Fällen überlegenswert, in denen das Image eines Arbeitgebers ganz stark von einem negativen Branchenimage überlagert wird. Da in solchen Fällen Rahmenbedingungen vorliegen, die eine rein identitätsbasierte Arbeitgeberpositionierung ohnehin nicht glaubwürdig erscheinen ließen, sollte hier eine kluge Konzession an die Umstände gemacht werden. So kann dem Negativimage langsam entgegengewirkt werden, um eventuell eine spätere Nachschärfung der Arbeitgeberpositionierung zu ermöglichen.

Auch die Bewertung der Relevanz von Wettbewerberpositionierungen auf die eigene Arbeitgeberpositionierung ist branchenanhängig. Sind Sie in einer relativ geschlossenen Branche aktiv, in der viele Spezialisten tätig sind, für die außerhalb Ihrer Branche kaum ein Arbeitsmarkt existiert, wird die Abgrenzung von der Positionierung Ihrer Wettbewerber in jedem Fall mittlere Relevanz haben, in bestimmten Fällen vielleicht sogar hohe.

Im Normalfall ist die Relevanz eher mittel bis gering, da Sie als Arbeitgeber je nach Berufsgruppenstruktur mit Unternehmen vieler Branchen um Fachkräfte konkurrieren, sodass Sie sich gar nicht explizit von bestimmten Unternehmen abgrenzen müssen — und das auch gar nicht können, sofern Sie nicht individuelle Differenziatoren im Unternehmen ertrüffeln, die für Sie wie ein Leuchtfeuer aus dem großen Ozean der Arbeitgeber herausleuchten.

Hohe Relevanz für die Arbeitgeberpositionierung

- Sollperspektive des Managements
- Identität, Kultur, gelebte Werte

Wie in Schritt 7 bereits umfassend beschrieben, sind Identitätsmerkmale, kulturelle Faktoren und die gelebten Werte die wichtigsten Zutaten Ihrer Arbeitgeberpositionierung. Sie können alles andere weglassen, aber identitätsbasiert und authentisch muss Ihre Positionierung sein, wenn Sie Ihre Investitionen in das Employer Branding nicht komplett in den Sand setzen wollen. Selbst der Verzicht auf ein differenzierendes Element in der Arbeitgeberpositionierung käme Sie weniger teuer zu stehen als eine Positionierung, die nicht glaubwürdig ist.

Manche Unternehmen haben keine klar erkennbare Sollperspektive in ihrer Arbeitgeberpositionierung. Wenn keine Veränderungen anstehen, ist das auch nicht nötig. Tatsächlich haben die meisten Unternehmen, beeinflusst von Markt und Wettbewerb, Dynamisierungsdruck und Entwicklungsbedarf. Die daraus für die Organisation entstehenden Konsequenzen in der Positionierung nicht abzubilden wäre unklug.

Bitte beachten Sie: Sollperspektive heißt nicht nur, das Bestehende in eine neue Richtung zu lenken oder es zu verändern. Im Employer Branding heißt das auch häufig, dass bestimmte bereits existierende Merkmale noch weiter gestärkt werden und mehr Gewicht bekommen sollen, weil erkannt wurde, dass sie für die Zukunft viel wichtiger sind als andere gelebte Werte und Merkmale der Unternehmenskultur.

4.5.3 Vorgehen zur Ermittlung der Arbeitgeberprofilthemen

Manchmal erkennen die Beteiligten auf den ersten Blick, welche der in der Analyse gefundenen Themen genau die richtigen für die Positionierung des eigenen Unternehmens als Arbeitgeber sind. Häufig kann man sich auf das eigene Gefühl verlassen. Nur leider schlecht damit argumentieren. Daher zeigt die folgende Abbildung ein systematisches Vorgehen zur Ermittlung der Arbeitgeberprofilthemen, mit dem Sie in jedem Fall alles richtig machen.

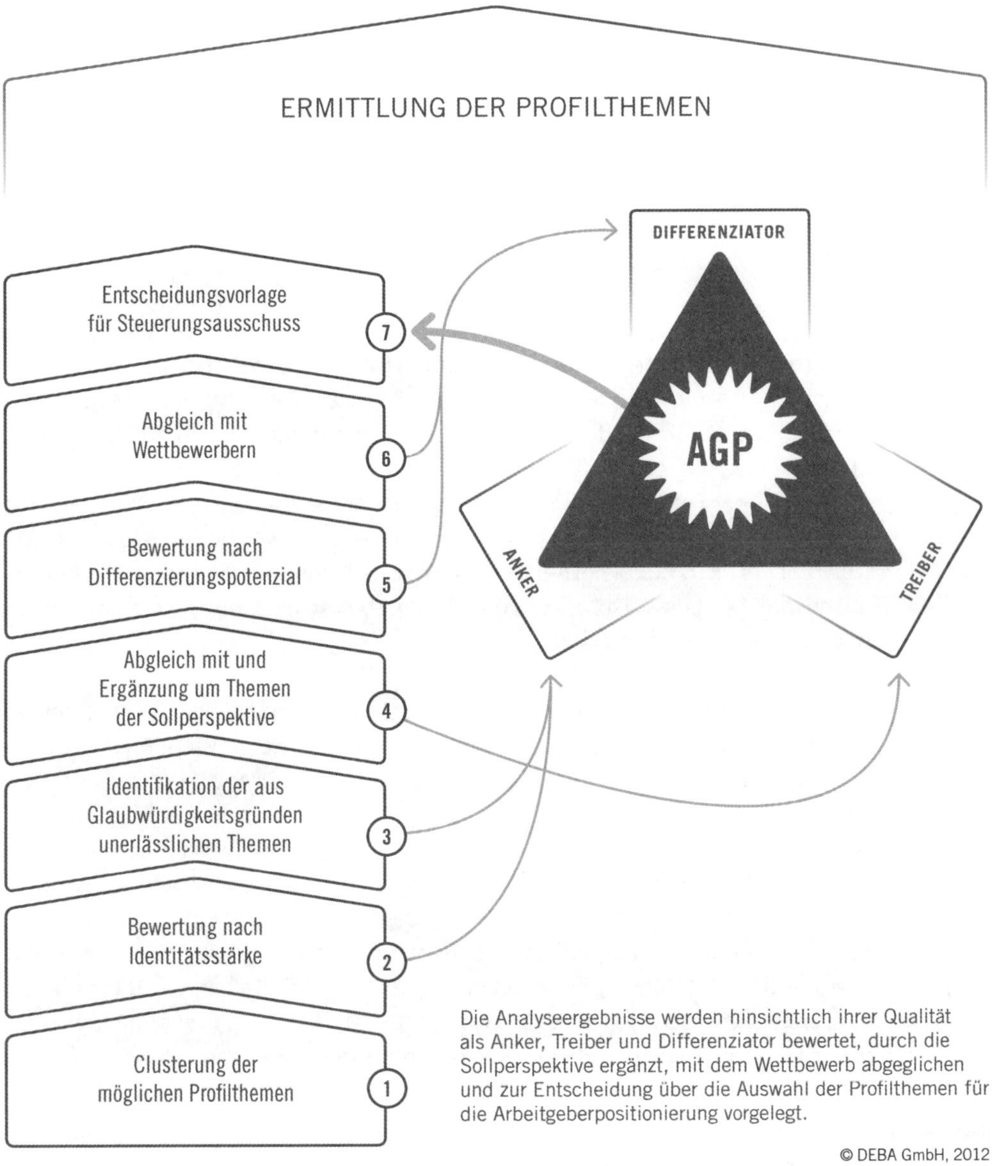

Abb. 4.20: Vorgehen zur Ermittlung der Profilthemen für die Arbeitgeberpositionierung

Doch auch hier hat die Praxis einen Pferdefuß auf Lager. Während es den Employer-Branding-Verantwortlichen in den Unternehmen noch relativ leicht fallen mag, eine verlässliche Aussage darüber zu treffen, welche der gefundenen Themen besonders identifikationsstark und kulturprägend sind, ist es ihnen kaum möglich einzuschätzen, welche Themen eine differenzierende Wirkung in den Arbeitsmärkten haben und welche eher generisch sind. In vielen Prozessbegleitungen von Unternehmen, die Employer Branding inhouse angepackt haben, war zu beobachten, dass die berühmte Betriebsblindheit an dieser Stelle des Prozesses genauso trügerisch ist wie bei der Kulturanalyse.

Die Profilkiller: Betriebsblindheit und Themenverliebtheit

Dabei ist Betriebsblindheit nicht einmal die größte Gefahr für ein gutes Ergebnis, das Markenkraft entfalten kann – vielmehr ist es in den allermeisten Fällen die Verliebtheit der Entscheider im Steuerungsausschuss, aber auch der Projektteams in einzelne Themen, die ihnen den Blick dafür verstellt, welche Eigenschaften des Arbeitgebers nicht nur blindlings attraktiv machen, sondern die passenden Bewerber ansprechen, die leistungstragenden Mitarbeiter motivieren und noch dazu möglichst differenzierend sind.

Und schon sind Sie mittendrin: In der sensibelsten Phase und neben der Auswahl der Profilthemen (Schritt 8) der zweiten großen, vielleicht allergrößten, Bruchstelle im Employer-Branding-Prozess. Sind Sie bereit? Denn seien Sie sich sicher, dass es genau an dieser Stelle emotional werden und heiße Diskussionen geben wird. Da werden mächtige Bereichsfürsten die Themen prominent platzieren wollen, die speziell für ihren Bereich wichtig sind. Andere merken erst jetzt, dass profilieren auch immer zuspitzen, dass zuspitzen auch immer weglassen, und dass weglassen auch immer loslassen bedeutet – was bei liebgewonnenen Themen nicht jeder so einfach kann. Oder die Geschäftsführung wundert sich, dass Sie partout auch ein Thema in der Positionierung haben wollen, dass das Arbeitgebererlebnis zwar enorm prägt, aber auch klar macht, dass das Arbeiten in Ihrer Firma nicht immer ganz so einfach ist.

BEISPIEL

Wenn das Profil der Zukunft alte Hüte tragen soll

Situation

In einem ehemals öffentlichen, nun teilprivatisierten Unternehmen schälte sich im Laufe des Employer-Branding-Prozesses ein Arbeitgeberprofil heraus, der im Vergleich mit anderen zwar nur bedingt differenzierend, aber für dieses Unternehmen bereits sehr überraschend und profilierend war.

Die Positionierungsstrategie wurde auf einer Sitzung von Vorstand und Bereichsleitungen vorgestellt. Ein Bereichsleiter plädierte, die im Vergleich mit privaten Unternehmen überdurchschnittliche Arbeitsplatzsicherheit des Arbeitgebers zum Kern der Positionierung zu machen. Als angedeutet wurde, dass die künftig benötigten Leistungsträger mit diesem Thema weder angeworben werden könnten noch dass es der angestrebten Zukunft entspräche, entstand eine hitzige und wenig freundliche Debatte.

Bewertung

Die Gegner bestimmter Inhalte sind häufig die Gegner einer bestimmten Zukunft. Die Employer-Branding-Positionierungsstrategie stand stellvertretend dafür. Der Graben zwischen den Bewahrern der Vergangenheit („Deswegen sind die Leute doch schon immer zu uns gekommen und das hat doch gut geklappt!“) und den Gestaltern der Veränderung wurde hier noch einmal richtig deutlich. Das ist sogar begrüßenswert, denn lieber haben Sie es mit Widerständen zu tun, die mit offenem Visier vorgetragen werden als mit solchen, die Sie subtil spüren.

Lösung

Je systematischer Sie vorgegangen sind und je logischer Sie die empfohlene Positionierungsstrategie begründen können, desto besser. Etwaige Gegner sind zu Sachargumenten gezwungen und können Sie nicht persönlich angreifen oder die Methodik diskreditieren. Lassen Sie solche Sitzungen von Ihrem externen Partner moderieren. Er bringt aufgrund seiner Expertise Autorität und Objektivität ins Spiel, die schwerer in Zweifel gezogen werden kann als die Ihre. Und natürlich: Je bessere Arbeit Sie im Lobbying für das Projekt geleistet haben, in seiner Vorbereitung und im Kick-off, desto weniger wahrscheinlich ist es, dass Sie in eine solche Situation geraten. In dem konkreten Fall hat sich das Unternehmen nicht beirren lassen. Der Vorstand erkannte, dass Employer Branding hier nur als Stellvertreter für die Auseinandersetzung um den Changeprozess herhalten musste und verabschiedete die Positionierungsstrategie.

Besonders spannend wird es, und das vorstehende Beispiel illustriert auch solche Fälle sehr gut, wenn eventuell dem einen oder der anderen im Steuerungsausschuss oder im Soundingboard anhand Ihres Vorschlags für die Positionierungsrichtung erstmals klar wird, dass er oder sie gar nicht zu der Zukunft passt, in der das Unternehmen steuert.

Wenn Sie so etwas erleben, dann haben Sie natürlich ein Problem. Aber eines, dass Sie innerlich jubilieren lassen darf, denn es zeigt nur, dass Sie einen guten Job gemacht haben und die von Ihnen empfohlenen Profilthemen wirklich solche sind, an denen sich die Geister in der Organisation auch scheiden lassen können. Das ist wunderbar, denn die besten Arbeitgebermarken haben auch Prüfsteinqualität nach innen.

In dieser Situation sind Besonnenheit, Würdigung der Perspektive anderer und eine schlüssige Argumentation gefragt. Je systematischer Sie vorgegangen sind, um die Profilthemen der Arbeitgeberpositionierung zu ermitteln, desto besser werden Sie überzeugen.

Wenn die Diskussion den Zeitplan sprengt, war dieser auch nicht gut genug

Nehmen Sie sich Zeit für diesen Prozessschritt. Weil er ebenso wichtig wie sensibel ist, sollten Sie in Ihrem Projektablaufplan nach der Diskussion im Steuerungsausschuss nicht gleich danach den nächsten Schritt geplant haben. Es gibt Fälle, in denen gleich nach der Präsentation der Positionierungsstrategie im Steuerungsausschuss eine Entscheidung fällt, die auch nach zweimal Schlafen alle noch begeistert. Vielleicht passiert das auch bei Ihnen. Planen Sie im Projektablauf zur Sicherheit trotzdem zweimal Schlafen ein, bevor Sie weitermachen. Im Klartext heißt das: Pausieren Sie ein oder zwei Wochen, damit die Entscheidung reifen kann.

BEISPIEL

Karriere einer Strategie: Vom Steuerungsausschuss in die Vorstandssitzung

Situation

Zwei der fünf Mitglieder des Vorstands saßen bereits im Employer-Branding-Steuerungsausschuss eines IT-Unternehmens. Die Positionierungsstrategie wurde in dem Gremium stark diskutiert und auch verabschiedet. Die Diskussion war nötig, denn nur so bildete sich die Überzeugung der Entscheider, dass auch vordergründig ambivalente Aspekte des Arbeitgebers zum Zuge kommen sollten. Den Teilnehmern wurde dadurch aber auch klar, dass es den anderen Vorständen sehr schwer fallen würde, die Qualität des Ergebnisses zu erkennen, ohne die Gedankengänge selber zu vollziehen.

Bewertung

Die richtige Entscheidung über die Positionierung eines Arbeitgebers muss gut überlegt sein und das braucht besonders dann genug Zeit, wenn die Ergebnisse teilweise überraschend sind oder auch ungeliebte Themen ans Licht bringen. Dann benötigen Sie Zeit für fundierte Reflexion und bewusste Entscheidung. Sollten die Entscheider im Steuerungsausschuss glauben, dass sie nicht ohne Weiteres von der Zustimmung der Unternehmensspitze ausgehen können, ist das ein Alarmsignal, nicht weiterzumachen, ohne das zu klären.

Lösung

Der Steuerungsausschuss entschied, den Zeitplan kurzerhand zu strecken, um mit der Positionierungsstrategie in die nächste Vorstandssitzung zu gehen und

dieselben Reflexionsprozesse mit dem Gesamtvorstand nachzuvollziehen. Das geschah mit Erfolg. Die Arbeitgeberpositionierung konnte mit umso größerer Legitimation formuliert werden — noch dazu gab der Vorstandsvorsitzende die Erlaubnis, auch ein Kulturmerkmal, das er eigentlich nicht mehr im Unternehmen haben wollte, als „orientierendes Warnsignal" an Bewerber aufzunehmen. Denn allen war klar, dass es Jahre dauern würde, um diese Eigenart aus der Kultur herauszuholen, und dass sie bis dahin das Erleben des Arbeitgebers noch stark prägen würde.

4.5.4 Organisationale Konsequenzen der Positionierungsentscheidung

Im Steuerungsausschuss entscheiden Sie, über welche Profilthemen Sie sich positionieren wollen, um Arbeitgebermarke zu werden. Bitte beachten Sie dabei, ob, und wenn Ja, welche organisationalen Konsequenzen daraus entstehen. Wenn Sie sich zum Beispiel stark über eine Sollperspektive positionieren, dann kann das zu einer Glaubwürdigkeitslücke in den davon weiter entfernten Teilen der Organisation oder in der Organisation im Ganzen führen. Eine starke Sollpositionierung ist legitim, wenn sie strategisch begründet ist und aufgrund neuer Unternehmensziele, der geschäftlichen Entwicklung, pressierenden Umfeldfaktoren oder wegen anderer Faktoren kaum Alternativen vorhanden sind.

Eine Arbeitgeberpositionierung sollte jedoch nie so stark ins Soll gedehnt werden, dass das Band der Glaubwürdigkeit vollends reißt. Wie auch eine gute Unternehmensvision soll die Positionierung immer noch realistisch erscheinen, also innerhalb eines absehbaren Zeitraums erreichbar sein.

Eine starke Sollpositionierung hat Konsequenzen für die Organisationsentwicklung. Beginnen Sie unmittelbar damit, organisationale Veränderungen in Angriff zu nehmen, etwa in Strukturen, Prozessen oder dem Verhalten der Führungskräfte sowie dem Personalmanagement, damit die Belegschaft spürt, dass das Unternehmen die neue Zielperspektive ernst nimmt und daran arbeitet, sie auch zu erreichen. Die Präsentation der Positionierungsstrategie im Steuerungsausschuss ist der richtige Moment, auch die Geschäftsleitung dafür zu sensibilisieren, dass nicht alles, was zukunftsweisend ist und sexy klingt, auch ohne Preis zu haben ist. Ohne dass Glaubwürdigkeitslücken verringert werden, zahlen Sie nämlich schon auf mittlere Sicht einen sehr viel höheren Preis für eine Sollpositionierung, die nicht ernsthaft verfolgt wird — Akzeptanzverluste und Mitarbeiter, die sich zu Hause, in sozialen Netzwerken, im Sportverein, im Kollegenkreis, auf Fachkonferenzen und auch auf einer Arbeitgeberbewertungsplattform desillusioniert über ihren Arbeitgeber äußern.

Für die externe Arbeitgeberkommunikation hat eine einseitig auf die Sollperspektive ausgerichtete Arbeitgeberpositionierung ebenfalls Konsequenzen: Vermeiden Sie den Eindruck, dass die Dinge schon so sind. Machen Sie immer klar, dass das eine Zukunftsvision ist und dass Sie Menschen suchen, die Lust haben, sie mit Ihnen zu teilen und mit Ihnen daran arbeiten, sie zu erreichen.

Was Sie in die Aufmerksamkeit rücken, wird kritischer betrachtet

Auch ohne starke Sollgewichtung müssen Sie damit rechnen, dass eine Arbeitgeberpositionierung die Aufmerksamkeit der Belegschaft und der Bewerber auf jene Punkte fokussiert, die Sie positionieren. Indem Sie sie ins Rampenlicht rücken, werden sie naturgemäß gründlicher betrachtet und viel mehr hinterfragt. Nicht selten erkennen Sie eine prägnante Arbeitgeberpositionierung daher auch daran, dass in der nächsten Mitarbeiterbefragung genau die Themen, die Sie fokussieren, kritischer bewertet werden. Es wäre völlig falsch, darin einen Misserfolg zu sehen. Ganz im Gegenteil. Das ist übrigens auch ein Punkt, auf den Sie die Entscheider im Steuerungsausschuss hinweisen sollten, um spätere Enttäuschungen zu vermeiden.

BEISPIEL

Wie ein Unternehmen von den Folgen seiner Arbeitgeberpositionierung überrascht wird

Situation

Ein anorganisch gewachsener, internationaler Konzern hatte vollbracht, was viele nicht für möglich hielten: Länderübergreifende Kulturmerkmale zu finden, die eine übergreifende, universelle Positionierung als Arbeitgeber ermöglichten. „Gegenseitiges Vertrauen" war der Kern der Positionierung. Das war zwar noch nicht sehr differenzierend, aber diesen Kompromiss gingen die Verantwortlichen vor dem Hintergrund der Unternehmensentwicklung gerne ein, denn Hauptziel des Employer Branding waren in diesem Fall die Identitätsbildung und die Konzernintegration. Was die Entscheider aber überraschte, war die deutlich kritischere Sicht der Mitarbeiter auf das Thema Vertrauen, nachdem die Arbeitgeberpositionierung im Unternehmen kommuniziert wurde.

Bewertung

Der Konzern hatte richtig gehandelt, indem er in seinem Employer Branding zunächst auf ein weniger differenzierendes, dafür aber das Zusammenwachsen förderndes Thema setzte. Dass die Mitarbeiter dieses Thema nun kritischer bewerten, ist gerade angesichts des anorganischen Wachstums völlig normal. Positioniert man sich als Arbeitgeber über einen Wert wie Vertrauen, muss man auch beweisen, dass die eigene Vertrauenskultur sehr viel weiter geht als der vertrauensvolle Umgang, der in den meisten Unternehmen herrscht.

Lösung

Die Geschäftsführung muss Zeichen setzen, dass „gegenseitiges Vertrauen" in diesem Unternehmen ganz besonders hoch gehalten wird. Die Personalabteilung schlug eine ganze Reihe von Maßnahmen vor, um das zu erreichen. Sie betrafen vor allem das Verhalten der Führungskräfte, zum Beispiel hinsichtlich Kontrolle und Feedback. Eine Diskussion machte ganz besonders klar, dass ein solches Positionierungsthema nicht einfach bedenkenlos gewählt werden sollte: Ein Unternehmen, das Vertrauen zum Kern seiner Arbeitgeberidentität erhebt, kann den Mitarbeitern nicht mehr verbieten, während der Arbeitszeit private E-Mails zu schreiben oder YouTube und Facebook zu nutzen. „Social Web Freedom" hieß dieser Vorschlag der Personalabteilung und Sie können sich vorstellen, welchen Zündstoff er enthielt.

4.5.5 Umgang mit ambivalenten Themen – Die Effektivität der Ehrlichkeit

Profilthemen müssen nicht immer uneingeschränkt positiv sein. Und vor allem nicht allen gefallen. Es gibt sehr viele kulturelle Merkmale, die seitens der Geschäftsführung und der Belegschaft oder von einer dieser Seiten als ambivalent oder komplett negativ gesehen werden. Doch wenn sie die Kultur eines Unternehmens so stark prägen, dass sie für jeden Mitarbeiter und jeden Neuzugang in jedem Fall stark spürbar sind, dann ziehen Sie unbedingt in Betracht, sie in der Arbeitgeberpositionierung zu berücksichtigen.

Das mag Sie wundern, stellt es doch die aus dem Produktmarketing bekannten Gesetze vollends auf den Kopf. Doch denken Sie einen Schritt weiter: Ihre Unternehmenskultur hat dieses Merkmal und es zu verschweigen, könnte bei neu eingestellten Mitarbeitern zu Irritationen und frühen Abgängen führen. Sollten Sie dieses Merkmal in den nächsten ein bis zwei Jahren nicht aus Ihrer Arbeitskultur verbannen können, dann wird es Ihr Arbeitgebererlebnis weiter prägen — ob Sie wollen oder nicht. Im Sinne der Glaubwürdigkeit wäre es kontraproduktiv, das zu verschweigen.

Nehmen wir an, Sie haben eine sehr konsensgeprägte Entscheidungskultur, deren positive Absicht der besonders sensible Umgang mit den Meinungen anderer ist. Sie wissen, dass Sie das nicht so schnell abstellen können, brauchen aber in Zukunft immer mehr Leute, die Kontroversen suchen, um schneller auf den Punkt zu kommen, und Dissens als Bereicherung empfinden. Wenn Sie die Ambivalenz

Ihrer Konsenskultur nun verschweigen, würde manch einer der neuen Mitarbeiter entnervt wieder das Weite suchen. Darum „warnen" Sie ihn vor. Denn er muss das zwar nicht mögen, aber zumindest die Geduld mitbringen, es auszuhalten. Sonst ist er bei Ihnen fehl am Platz und kostet Sie nur Geld. In einem Employer Brand Positioning Statement (siehe Schritt 10) kann das dann lauten: „Hier hat jede Stimme ein Gewicht." Oder: „Sensibel sein und Klartext reden. Das ist bei uns kein Widerspruch."

Der offensive Umgang ist auch effektiver: Wenn Sie Ihr „kulturelles Warnschild" schon im Personalmarketing hochhalten, können sich Bewerber früh entscheiden, ob sie zu Ihnen passen oder nicht. Das erhöht schon nach kurzer Zeit die Bewerberpassung, sorgt mittelfristig für homogenere Teams und weniger Fluktuation und auf lange Sicht für mehr Produktivität und Leistungsbereitschaft — die „Effektivität der Ehrlichkeit".

Außerdem geben ambivalente Themen Ihrer Arbeitgebermarke Ecken und Kanten — sie erzeugen Aufmerksamkeit und zeugen von Mut. Das wird in den Arbeitsmärkten sofort honoriert, denn zwischen den vielen vollmundigen Werbeversprechen der anderen Arbeitgeber werden Sie sich künftig wohltuend authentisch abheben.

BEISPIEL

Warum Sie hier immer „zwei Euro in der Tasche haben" sollten

Situation

Erneut ein österreichisches Unternehmen. Die Trüffelgruppen förderten ein geflügeltes Wort zutage, das dort jeder kannte: „Hier musst du immer zwei Euro in der Tasche haben!" Dahinter steckte etwas, das die Arbeitskultur in dem Unternehmen sehr stark prägte: Das Unternehmen war häufig nicht in der Lage, die Informationen, die jemand für seine Arbeit brauchte, systematisch zur Verfügung zu stellen. Das war historisch gewachsen und hatte auch mit mehreren Umstellungen in der IT zu tun. Was man wissen musste, erfuhr man von Kollegen — wenn man sie zum Kaffee einlud. Der kostete in der Kantine knapp zwei Euro.

Bewertung

Ein sehr anschaulicher Fall. Darauf angesprochen, bestätigte der Vorstand dieses Defizit. Es war jedoch klar, dass man das in den nächsten Jahren nicht würde abstellen können, ohne das halbe Unternehmen lahmzulegen. Außerdem, so sagte er, würde das Geschäft extrem erfolgreich laufen — trotz dieses Mankos.

Lösung

Die Lösung war nicht, den Missstand zu beseitigen. Das Unternehmen war wirklich extrem erfolgreich. Die Projektbeteiligten kamen zu dem Schluss, dass genau das Problem mit der Informationsbeschaffung vielleicht sogar ein Teil des Erfolgs sein könnte: Die Leute waren gezwungen, sich gut zu vernetzen und viel auszutauschen. Die einzelnen Aufgaben, für die Informationen benötigt wurden, wurden gleich mit einem Kollegen diskutiert. So entstanden neue Perspektiven und Ideen. Ob diese Hypothese nun zutraf oder nicht: Es führte kein Weg daran vorbei, diesen Umstand in der Arbeitgeberpositionierung klar zu benennen. In dem Employer Brand Positioning Statement hieß es folgerichtig auch: „Sich selber seine Wege suchen, die Dinge in die Hand nehmen." Es wurden Menschen gesucht, die „Beharrlichkeit und Biss" mitbringen.

4.5.6 FUTURA AG – Musterbeispiel für die Selektion von Profilthemen

An dieser Stelle möchten wir Sie mit der FUTURA AG bekannt machen. An ihrem Beispiel soll in diesem und den kommenden Kapiteln die Entstehung einer Arbeitgeberpositionierung und ihre Implementierung verdeutlicht werden. Ob es sich dabei um einen rein fiktiven Fall handelt oder um einen anonymisierten realen Fall, das sei hier nicht verraten.

In der nächsten Abbildung sehen Sie, welche Arbeitgeberprofilfelder bei der FUTURA AG in der Analysephase ermittelt wurden. Es wurden neun potenzielle Profilthemen identifiziert und anhand einer Matrix nach ihrer Differenzierungsqualität sowie zwischen Ist-Situation und Sollperspektive verortet. Je größer ein Kreis, desto stärker ist sein Thema identifikationsprägend, während die Themen der kleineren Kreise in unserem Beispiel eher geringe Identifikationswirkung auf die Belegschaft haben. Die FUTURA hat sich entschieden, die Themen B, D, E und I als Profilthemen in die Arbeitgeberpositionierung aufzunehmen.

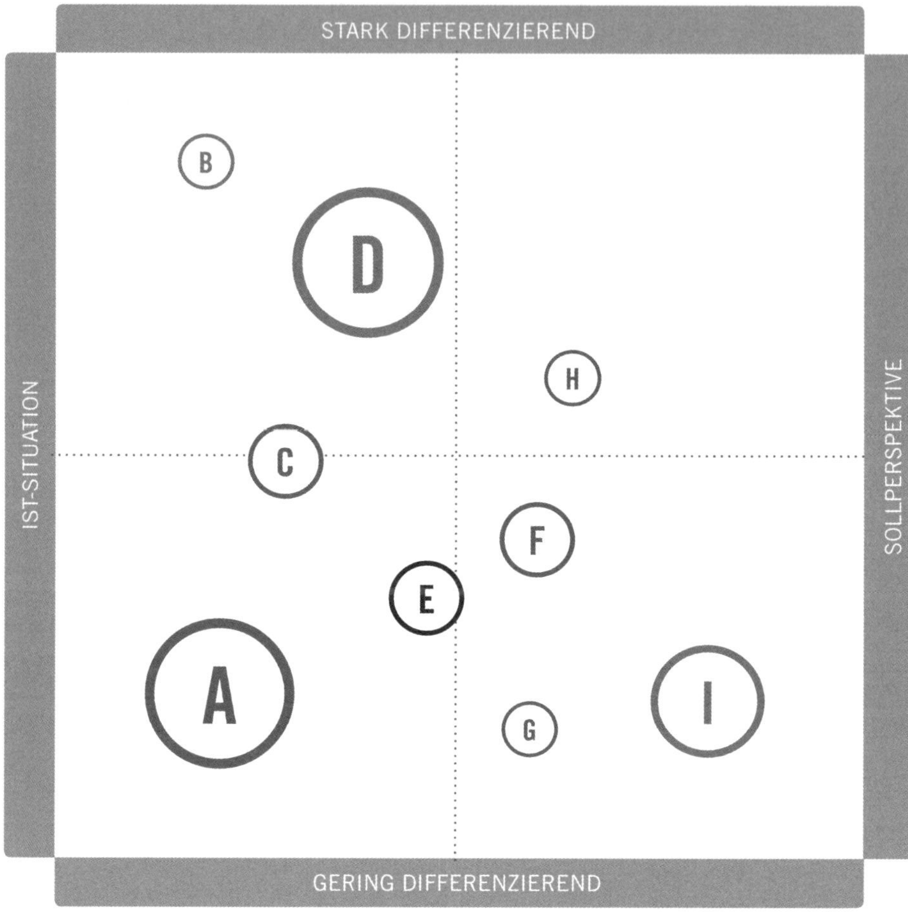

Abb. 4.21: FUTURA AG – Muster für die Selektion von Profilfeldern

Profilfeld B

Dieses Thema spiegelt die Ist-Situation wider und ist daher stark glaubwürdig. Es ist zwar wenig identifikationsstiftend, wird aber trotzdem Teil der Arbeitgeberpositionierung, weil es am allermeisten das Potenzial hat, die FUTURA in den Arbeitsmärkten zu differenzieren.

Profilfeld D

Ein Prachtexemplar von Trüffel: Glaubwürdig, stark identifikationsprägend und noch dazu in hohem Maße differenzierend. Die FUTURA ist gut beraten, diesen Aspekt zum Kern der Arbeitgeberpositionierung zu erheben.

Profilfeld E

Es ist in weiten Teilen glaubwürdig, jedoch wenig identitätsprägend. Noch dazu handelt es sich um ein Thema, das ambivalent ist und nicht jedem gefällt. Grund genug, diesen Aspekt in die Positionierung aufzunehmen, weil die FUTURA AG weiß, dass es auch auf längere Sicht das Arbeitserlebnis stark prägen wird und der Arbeitgebermarke erst recht Profil und Persönlichkeit verleihen wird.

Profilfeld I

Ein Trüffel von der besonders seltenen Sorte: In der Organisation zurzeit nicht spürbar, soll aber in der Zukunft eine wichtige Rolle bekommen, wie das Management der FUTURA in den Interviews zur Sollperspektive festgestellt hat. Noch dazu wurde er als in gewissem Maße identifikationsstark bewertet – was sich dadurch erklären ließe, dass die angestrebten Veränderungen auch von der Belegschaft dringend gewünscht werden. Wenn Ziele geteilt werden, dann werden sie zu einer Flagge, der alle folgen.

4.6 Schritt 9: Die interne Validierung – Bei den Mitarbeitern rückversichern

Sie haben die Profilthemen für die Arbeitgeberpositionierung festgelegt. Gehen Sie jetzt noch einmal auf Nummer sicher, bevor sie die Arbeitgeberpositionierung definieren. Fragen Sie Ihre Mitarbeiter, ob sie mit diesen Positionierungsaussagen mitgehen würden oder, bei starken Sollpositionierungen, was sie von dem Arbeitgeber erwarten, wenn er sich so positioniert, damit sich etwaige Glaubwürdigkeitslücken schnell schließen oder gar nicht erst entstehen.

Die interne Validierung ist wie ein Netz mit doppeltem Boden — eine Rückversicherung für die Akzeptanz der Arbeitgebermarke und ihre Authentizität. Das ist von größtem Wert. Kaum eine Employer Branding Strategieentwicklung, in der die Validierung nicht noch einmal Augen öffnet, neue Impulse gibt, Gewichte in der Positionierung leicht verschiebt oder andere Verbesserungen nach sich zieht.

▶ **BEISPIEL**

Wie die Validierung die Kehrseite der Positionierung offenbarte

Situation

Ein weltweit operierendes Familienunternehmen positionierte sich über die extremen Freiheitsgrade, die fast jeder Mitarbeiter dort erfuhr. Der externe Berater ging sehr zuversichtlich in die Validierung, lag es doch völlig auf der Hand, dass sich dieser Arbeitgeber über seinen weitgehend regelfreien Raum sehr stark von anderen Unternehmen differenzierte. In der Validierung reagierten die Mitarbeiter anders als erwartet: Sie bestätigten das Thema Freiheit als Kern der Arbeitgeberidentität, wiesen jedoch darauf hin, dass der „Preis der Freiheit" enorm ist: Schlechtere Abstimmungen, Meetings starten unpünktlich, viele Reibungsverluste sind die Folge.

Bewertung

Die Validierung war Gold wert. Nur so wurde erkannt, dass es einen ganz bestimmten Persönlichkeitstyp brauchte, um in dieser Firma arbeiten und die enormen Freiheitsgrade überhaupt ertragen zu können.

Lösung

Die Arbeitgeberpositionierung wurde um die Kehrseite der Medaille ergänzt. Sie machte deutlich, dass Freiheit für alle, die dafür nicht gebaut sind, ein zweischneidiges Schwert ist. Das war der Schlüssel zu mehr Profil und Differenzierung, zu besserer Bewerberpassung und Identifikation mit dem Unternehmen

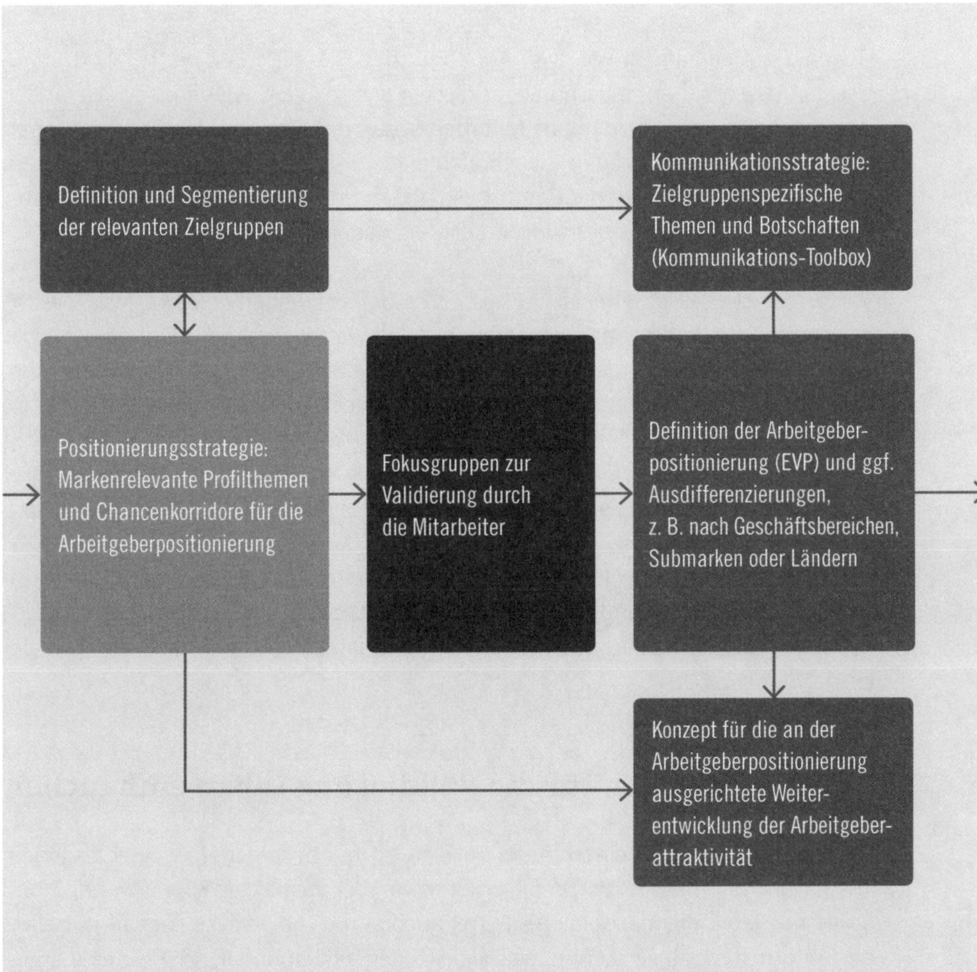

Abb. 4.22: In der Übersicht der Schritt 9 – Interne Validierung

4.6.1 Vorbereitung und Durchführung der Validierung

Gehen Sie pragmatisch vor. Den Aufwand, den Sie eventuell bei der Kulturanalyse betrieben haben, müssen Sie in diesem Schritt nicht wiederholen. Laden Sie zu zwei oder drei Terminen alle Mitarbeiter ein, die schon in den Trüffelgruppen anwesend waren – und gerne auch einige, die bisher noch nicht beteiligt waren. Schließlich soll die Positionierung für alle gelten und hat auch bei jenen zu bestehen, die in der Analyse keinen Input geliefert haben.

Sollten Sie die Mitarbeiter im Vorfeld nicht befragt haben – etwa, weil die Organisation mit Workshops bereits übersättigt war, weil das Budget fehlte oder aus anderen Gründen, dann bietet Ihnen die Validierungsphase eine aufwandsschonende Möglichkeit, die Mitarbeiter zumindest in einem gewissen Maße zu beteiligen, auch wenn Sie bereits mit einem konkreten Positionierungsvorschlag daherkommen. Besser so als gar keine Beteiligung der Basis – der Akzeptanz Ihrer Arbeitgebermarke wird das sehr helfen.

Parallel zu der qualitativen Befragung der Mitarbeiter können Sie erneut das Soundingboard einbinden und mittels konkreter Leitfragen um Feedback zur Positionierungsstrategie bitten. Das kann ganz pragmatisch erfolgen, zum Beispiel per E-Mail.

4.6.2 Den Profilthemen für die Validierung Leben einhauchen

Sie können die Profilthemen in der Validierung frei besprechen – oder zu jedem Thema eine Art Imagetext schreiben, der es von der abstrakten Ebene wegholt und anfassbar, lebendig macht. Diese Texte, auch gerne „Spiritsätze" genannt, helfen den Mitarbeitern zu verstehen, was wirklich gemeint ist und sorgen für eine ergiebige Auseinandersetzung – vorausgesetzt, dass sie emotional geschrieben sind, also eher im Stile eines Mission Statements als einer rationalen Beschreibung des Themenfelds. Ein Muster für solche Kurzbeschreibungen finden Sie anhand des Beispiels der FUTURA in der nächsten Abbildung.

Wenn sich die Mitarbeiter an solchen Sätzen abarbeiten, haben Sie nicht nur eine verlässliche inhaltliche Basis für die Arbeitgeberpositionierung gewonnen, sondern auch eine Beschreibung des Arbeitgebers, die Klarheit schafft nach innen, mit der sich die Mitarbeiter identifizieren und die Sie in der externen Kommunikation Wort für Wort verwenden können, weil sie den Arbeitgeber anfassbar macht und ihm ein extrem authentisches, sehr facettenreiches Gesicht gibt, das definitiv nicht bei anderen zu lesen ist.

Veröffentlichen Sie diese Sätze ruhig, schon bevor Sie die Positionierung fertig ausgearbeitet haben — ein schöner Sofortgewinn für die inhaltliche Optimierung Ihres Arbeitgeberauftritts.

4.6.3 Musterbeispiel: „Short Story" der FUTURA AG

Um das zu illustrieren, füllen wir die Profilfelder der FUTURA AG aus Schritt 8 mit Leben:

Profilfeld B: Ideen müssen Treppen steigen

Hier geht es um die spezielle Innovationskultur der FUTURA, die sehr erfolgreich ist, aber ganz anders als erwartet: Ideen können hier nicht fliegen, sondern müssen „Treppen steigen". Das heißt: Ideen und Entwicklungen werden in jeder Stufe ihrer Entstehung geprüft und in Frage gestellt. Ein mühsamer Prozess, der Menschen braucht, die sich darauf einlassen können. Das Profilfeld ist wenig identifikationsfördernd, aber authentisch und in den für die FUTURA relevanten Arbeitsmärkten durchaus differenzierend, da dort die meisten Unternehmen eher von großen Ideen und mutigen Innovationssprüngen sprechen.

Profilfeld D: Zum Macher gezwungen sein

Sie erinnern sich? Das Prachtexemplar einer Trüffel, weil sehr authentisch, stark identifikationsprägend und noch dazu differenzierend. Dahinter verbirgt sich ein Arbeitgeber, der sich stark zurückhält und seine Leute machen lässt. Das braucht Mitarbeiter, die solchen Raum auch verantwortungsvoll füllen können. In der Kultur der FUTURA ist es schwer verpönt, diesen freien Raum auszunutzen und persönliche Ziele zu verfolgen. Deshalb arbeiten dort Menschen, die über eine hohe Kompetenz zur Selbststeuerung ebenso verfügen wie über den Hang zur Selbstlosigkeit.

Profilfeld E: Informelle Regeln fordern Spürsinn

Konkret geht es hier darum, dass die FUTURA zwar wenig formale Regularien, aber viele informelle Spielregeln für das Arbeitsleben hat. Auch für altgediente Mitarbeiter ist es manchmal mühsam, sich da zurechtzufinden, und man kann schnell anecken. Das Profilthema wird von einigen ambivalent, von anderen ausschließlich negativ bewertet. Es prägt das Arbeitgebererlebnis jedoch so sehr, dass es unklug wäre, es zu verschweigen – es sei denn, man nimmt vorprogrammierte Enttäuschungen und überdurchschnittliche Kündigungen in der Probezeit in Kauf. Bewerber sollten wissen, was sie bei der FUTURA erwartet.

Profilfeld I: Scout sein

Ein Thema, das noch nicht in der Organisation verankert ist, aber künftig eine wichtige Rolle spielen soll: Die Erkenntnis reift, dass der bisherige Geschäftserfolg auf Dauer nur zu halten ist, wenn die FUTURA viel früher als bisher Trends und Dynamiken voraussieht und in neue Lösungen für die Kunden ummünzt. Die Belegschaft sieht das genauso. Sie unterstützt eine Veränderung in diese Richtung und sieht darin eine spannende Herausforderung. Sie identifizieren sich mit diesem Ziel.

Wie die FUTURA diese Profilfelder für die Validierung durch die Mitarbeiter veranschaulicht und sie mittels „Spiritsätzen" auf einen emotionalisierenden Punkt gebracht hat, sehen Sie in der folgenden Abbildung. Der Vorteil einer solchen Vorgehensweise: Die Mitarbeiter können sich sehr konkret vorstellen, was gemeint ist. Es bleibt kein Spielraum für Spekulation, den die puren Betitelungen der Profilfelder noch lassen würden. Die Assoziationen werden genau so ausgerichtet, wie es die Positionierungsstrategie vorgesehen hat. Das ermöglicht den Mitarbeitern sehr konkrete Stellungnahmen zu sehr konkreten Punkten. Die Sätze sollen emotionalisieren und pointieren. Sie sprechen den Bauch eher an als den Kopf. Das erzeugt spontane Zustimmung oder Widerspruch viel effektiver als sachliche Beschreibungen der Profilfelder.

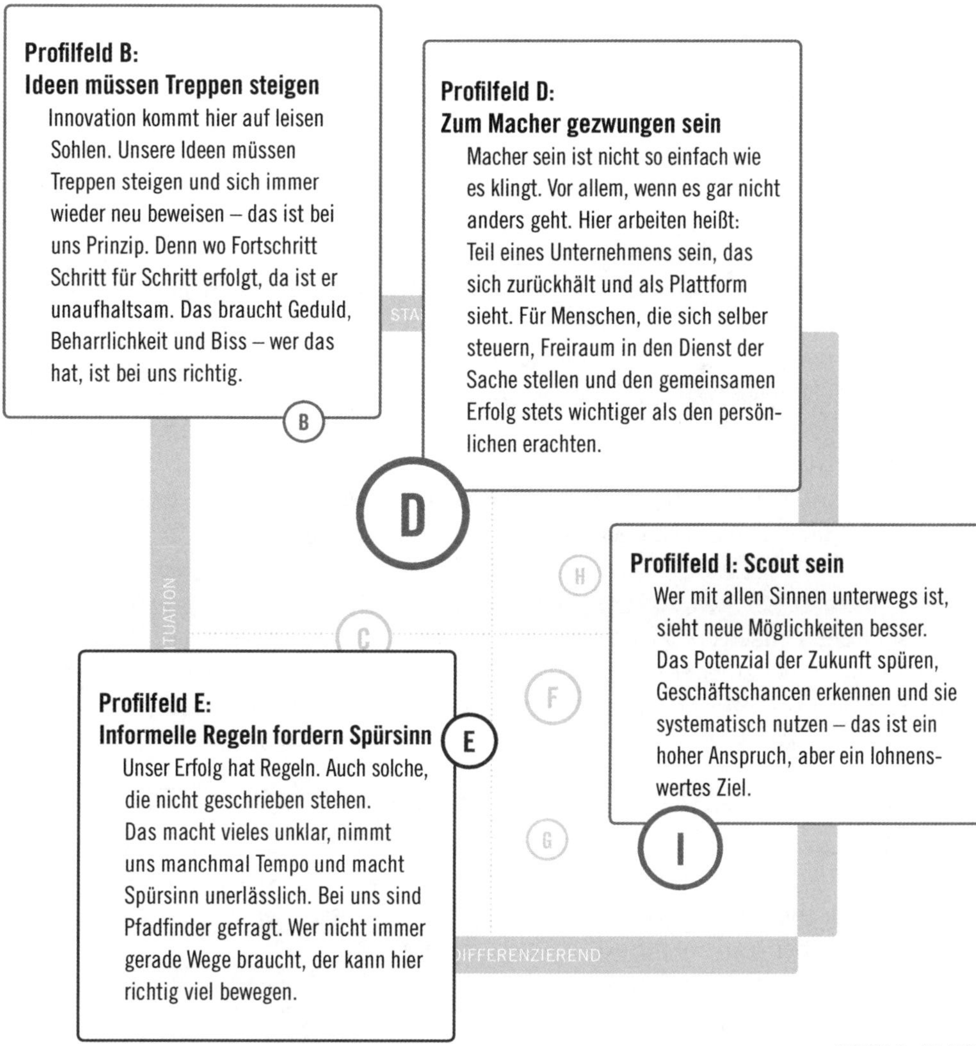

Abb. 4.23: FUTURA AG – Veranschaulichung der Profilfelder

4.6.4 International validieren

Nicht immer kann sich ein internationales Unternehmen leisten, Trüffelgruppen in einigen, geschweige denn allen Landesniederlassungen durchzuführen. Viele setzen auf Mitarbeiter-Fokusgruppen in ihrem Herkunftsland und beziehen vielleicht noch zwei oder drei der wichtigsten Kernländer mit ein.

Wenn Sie nach einem kostenschonenden Weg suchen, die anderen Länder einzubinden, ist die Validierung eine exzellente Möglichkeit. Setzen Sie eine Onlinebefragung auf, in der die Profilthemen bewertet werden, und das am besten hinsichtlich

- Glaubwürdigkeit: Wie stark wird das Profilfeld in dem jeweiligen Land gespürt und gelebt?
- Zukunftstauglichkeit: Wird das Profilfeld in der Zukunft wichtiger oder weniger wichtig für das Unternehmen sein?
- Implementierung: Welche Veränderungen werden von dem Arbeitgeber erwartet, wenn er sich über diese Themen positioniert?

Damit eine internationale Onlinebefragung nützliche Ergebnisse bringt, reicht es nicht, einfach nur die Profilthemen zu benennen. Sie müssen sie beschreiben, damit die Mitarbeiter verstehen, was damit gemeint ist. Denn gerade im internationalen Kontext sind einzelne Stichworte sehr missverständlich – je nach geografischem Kulturraum werden sie eventuell völlig anders interpretiert.

Aus diesem Grund führen viele Unternehmen, die ein internationales Employer Branding aufbauen, die Onlinevalidierung erst dann durch, wenn die Ergebnisse der Arbeitgeberpositionierung vorliegen und testen dann die ganz konkreten Formulierungen der Positionierungsbausteine hinsichtlich der oben genannten Faktoren, aber auch der Attraktivität der Formulierungen.

Validierungsinhalte müssen adaptiert, nicht übersetzt werden

Bitte beachten Sie in solchen Fällen, dass Sie die Ergebnisse einer Arbeitgeberpositionierung nicht einfach übersetzen lassen können. Sie haben es mit kreativen, emotional wirkenden Formulierungen zu tun, die klug in einen anderen Kulturraum adaptiert werden müssen. Nicht jedes Übersetzungsbüro kann das leisten. In Deutschland gibt es Adaptionsagenturen wie Adapt in Berlin, bei denen muttersprachliche Kreativdirektoren arbeiten und die sich auf die Adaption von kreativen Inhalten wie auch ganzen Werbekampagnen aus Deutschland in andere Kulturräume spezialisiert haben.

Andere Validierungsformen

Ob nun schon an dieser Stelle im Prozess oder nach der Definition der Arbeitgeberpositionierung — es gibt auch andere Formen der Validierung. Ein Industriedienstleister beispielsweise nutzte einen eigens für solchen Meinungsaustausch eingerichteten virtuellen Raum im Intranet für Führungskräfte, der mit einem Chatroom oder einer Facebook-Wall vergleichbar ist. So konnten die Entscheider nicht nur bilateral Feedback geben, sondern auch direkt miteinander diskutieren. Ein Vorgehen, dass sich sehr bewährt hat.

Vielleicht stehen Ihnen im Unternehmen ähnliche oder ganz andere kreative Wege offen, um zu validieren. Machen Sie davon ruhig gebraucht, denn eine Positionierungsstrategie und vor allem die Endergebnisse der Arbeitgeberpositionierung stehen nach der Einführung im Unternehmen ohnehin in der Diskussion und werden auf den Fluren hin und her gefunkt. Holen Sie sich kritische Meinungen lieber früher als später ein.

4.7 Schritt 10: Die Arbeitgeberpositionierung definieren

Keine Arbeitgebermarke ohne Arbeitgeberpositionierung. Wer sie nicht definiert, der macht kein Employer Branding. Der überlässt das Bild, das in den Arbeitsmärkten über ihn entsteht, dem Zufall und stellt seine Investitionen in Personalmarketing, Recruiting, Talent Management, Retention Management, Personal- und Organisationsentwicklung nicht in den Dienst der Arbeitgebermarkenbildung. Kurzum: Der verliert bares Geld. Und, was in Zeiten des demografischen Wandels und des Fachkräftemangels vielleicht noch wichtiger ist, wertvolle Zeit.

Wenn Sie in Employer-Branding-Seminaren, auf Konferenzen und in Fachvorträgen das Publikum fragen, was sie unter Employer Branding verstehen, wird sehr häufig von dem „gemeinsamen Dach“ oder der „verbindenden Klammer“ für die vielen operativen Maßnahmen gesprochen. In einem Kennenlerntermin mit einem an Employer Branding interessierten Unternehmen griff die Gesprächspartnerin immer wieder in die Luft. Das Unternehmen wollte mit Employer Branding den besonderen Geist, der das Arbeiten dort so sehr prägt und der inspirierend durch die Flure weht, endlich manifestieren — ihn in Worte fassen können und ihm ein Gesicht geben.

Genau das soll die Arbeitgeberpositionierung leisten: Identität und Werte des Arbeitgebers manifestieren, ihm ein Gesicht geben und das, was ihn auszeichnet und besonders macht, in wenigen Worten fassbar machen — authentisch, zukunftsweisend und möglichst differenzierend.

Bis hierhin haben Sie schon viel erreicht:

- Sie haben guten Grund für den Employer-Branding-Prozess geschaffen, indem Sie die relevanten Stakeholder an den Tisch geholt, sich auf Ziele geeinigt und Akzeptanz hergestellt haben.
- Sie haben Identität, Kultur und Werte des Arbeitgebers ermittelt, kennen die Sollperspektive des Topmanagements und weitere relevante Faktoren.
- Sie haben die Ergebnisse der Analyse in einer Positionierungsstrategie verdichtet und mit den Mitarbeitern validiert.

Die Positionierungsstrategie gibt Ihnen den inhaltlichen Korridor für Ihre Arbeitgeberpositionierung. Sie zu definieren, ist die Königsdisziplin der Employer-Branding-Strategieentwicklung — und der Ausgangspunkt für die Arbeitgebermarkenbildung, die damit überhaupt erst starten kann.

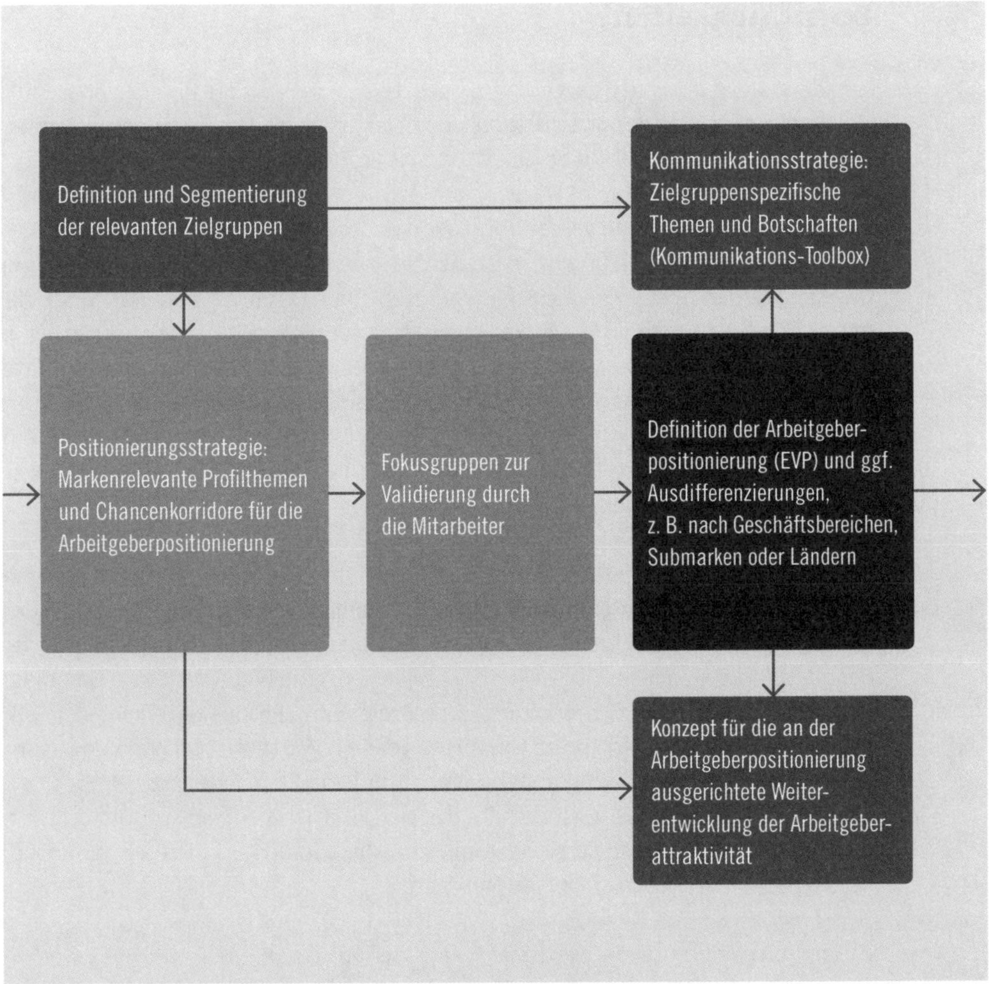

Abb. 4.24: In der Übersicht der Schritt 10 – Definition der Arbeitgeberpositionierung

4.7.1 Arbeitgeberpositionierung oder EVP? Die Tücken der Begrifflichkeiten

Gerade die wissenschaftlich geprägte Fachliteratur verwendet häufig den Begriff der Employer Value Proposition, aber auch viele größere Unternehmen sprechen von der sogenannten EVP, wenn sie Arbeitgeberpositionierung meinen.

Der Begriff der Employer Value Proposition ist ein Sinnbild für die Unklarheiten, die rund um Employer Branding existieren — sowohl in der Fachwelt als auch bei Dienstleistern und, als logische Folge daraus, bei den Unternehmen. Das fängt damit an, dass EVP oftmals auch als Employee Value Proposition bezeichnet wird, manche sprechen sogar von einer Engagement Value Proposition. Man könnte meinen, dahinter verstecken sich fein ausdifferenzierte, unterschiedliche Konzepte, aber alle meinen tatsächlich das Gleiche: Das besondere Angebot, das ein Arbeitgeber Mitarbeitern und Bewerbern macht, um sich glaubwürdig zu profilieren und zu unterscheiden.

Wenn Sie sich jetzt fragen, welche Übersetzung von EVP die Richtige ist, dann sind Sie schon in einer Diskussion gelandet, in der es mehrere Meinungen gibt. Orientierung schenkt — auch hier — der Blick in das Markenwesen: Genauso wie sich der Begriff „Branding" immer auf seinen Absender bezieht (vgl. Corporate Branding, Product Branding, Employer Branding), beschreibt eine „Proposition" immer ein besonderes Angebot, einen speziellen Vorteil oder ein Werteversprechen von jemandem — und nicht, wie häufig angenommen, für jemanden. Eine Value Proposition bezieht sich also auf das Versprechen, das ein Unternehmen, ein Produkt oder ein Arbeitgeber macht. Deshalb sind Sie mit der Übersetzung von EVP als „Employer Value Proposition" noch am besten beraten.

Im Übrigen gehören auch exotische Begriffsschöpfungen wie Employee Branding aus der Welt der Marke verbannt. Gemeint ist, Mitarbeiter zu Markenbotschaftern und damit zu einem instrumentellen Teil des Employer Branding zu machen, markensprachlich bedeutet Employee Branding jedoch das „Branding" eines Mitarbeiters, betrachtet ihn also als Marke — was sicher nicht im Sinne des Erfinders war.

Bei der inhaltlichen Defitinion von EVP wird es nicht besser: Suchen Sie bei Google nach dem Begriff „Employer Value Proposition", erhalten Sie ernüchternde Antworten und viele Schaubilder, die in der Regel EVP als eine Kombination generischer Faktoren darstellen.

Die gängigste Definition von EVP stammt aus 2006. In seiner Studie „Unternehmenskritische Nachwuchskräfte gewinnen und Leistungsträger binden" definierte das Corporate Leadership Council eine EVP als „Gesamtheit der Merkmale, die der Arbeitsmarkt und die Mitarbeiter als Nutzen betrachten, den die Anstellung in einem Unternehmen mit sich bringt." Illustriert wurde diese Definition durch fünf Kategorien, die in einer EVP enthalten sein sollten:

- Chancen
- Arbeit
- Menschen
- Unternehmen
- Vergütung

Als Beispiele für konkrete Themen innerhalb dieser Kategorien werden Arbeitgebereigenschaften genannt, die rationale Benefits eines Arbeitgebers darstellen und längst als Hygienefaktoren gelten dürfen. Für die Arbeitgebermarkenbildung keine wirksame Grundlage, wie wir wissen (vergleiche Kapitel 4.4.1).

Die Studie des Councils wurde von den Fortune-500-Unternehmen in aller Welt viel beachtet, und die dort geäußerte Auffassung zu den Inhalten einer EVP auch von vielen DAX-30-Unternehmen als Grundlage zur Definition der eigenen Arbeitgeberpositionierung gemacht. Neben der inhaltlichen Fokussierung der Arbeitgebermarke auf zeitgeistige Präferenzmuster der Zielgruppen liegt hierin ein weiterer konkreter Grund, warum das Employer Branding vieler Konzerne bislang fehlgeschlagen ist, ja sogar fehlschlagen musste und kein profilstarkes, differenzierendes Bild des Arbeitgebers erzeugen konnte.

▶ **BEISPIEL**

Wie Sie sich mit Ihrer EVP den Weg zur Arbeitgebermarke verbauen

Situation

Ein weltweit operierender Finanzdienstleister definierte als Endpunkt seiner Employer-Branding-Strategieentwicklung eine Employer Value Proposition. In der Ausgabe 3/2011 der Zeitschrift Personalwirtschaft wurde diese im „Fachteil Employer Branding" veröffentlicht. Sie lautete: „Ihre Aufgabe: Mit herausragender Kompetenz Zukunft gestalten. Die unserer Kunden. (...) Und natürlich Ihre eigene. Ihre Chance: Im Umfeld von Exzellenz vorausdenken und wachsen. Erleben Sie die außergewöhnliche Vielfalt individueller Fähigkeiten, herausfordernder Aufgaben und was es bedeutet, in einem ambitionierten und wertschätzenden Arbeitsumfeld immer einen Schritt voraus zu sein."

Bewertung
Nach dem oben beschriebenen landläufigen Verständnis der Inhalte einer EVP hat das Unternehmen alles richtig gemacht — es hat eine Liste rationaler Arbeitgeberbenefits in eine lange Liste gesetzt: Fachliches Wachstum, Vielfalt, herausfordernde Aufgaben, Wertschätzung. Und natürlich darf der Bezug zum Kunden nicht fehlen. Urteilen Sie selbst: Was davon erwarten Talente heutzutage ohnehin von einem guten Arbeitgeber, was davon gilt längst als selbstverständlich, ist also ein Hygienefaktor?
Mögliche Lösung
Eine gute Arbeitgeberpositionierung — ob Sie sie nun EVP nennen oder nicht — ist emotional geschrieben. Sie besteht aus kulturprägenden und identitätsstiftenden Themen, die in ihrer Kombination dem Arbeitgeber ein Profil geben, das nicht austauschbar ist, sondern ihn möglichst gut von anderen differenziert.

Interessant ist, dass die englische Originalfassung der Studie des Corporate Leadership Councils von „Employment Value Proposition" spricht, die deutsche Übersetzung aber stattdessen den Begriff „Arbeitgeberattraktivität" verwendet. Haben die deutschen Autoren da schon einen Schritt weiter gedacht? Wollten sie den Begriff der EVP damit bewusst im Gesamtthema Arbeitgeberattraktivität verorten und von der Arbeitgebermarkenbildung unterscheiden?

Wenn dem so war, hat es sich nicht durchgesetzt. Im gängigen Verständnis, das sich in Theorie und Praxis durchgesetzt hat, sollen die Inhalte einer EVP ein Unternehmen als attraktiven Arbeitgeber positionieren und ihn differenzieren. Damit nimmt die EVP eine markenbildende Rolle ein und ist mit der Arbeitgeberpositionierung funktional gleichzusetzen.

Unterscheidet Euch von anderen, indem Ihr sagt, was alle sagen

„Unterscheidet Euch von anderen, indem Ihr sagt, was alle sagen",— so ließe sich die Paradoxie, zu der den Unternehmen allzu oft in der Literatur und von Beratern geraten wird, am besten beschreiben.

Die meisten in Deutschland erschienenen Employer-Branding-Fachbücher nutzen den Begriff der EVP und messen ihr die Rolle einer Arbeitgeberpositionierung bei. Trotzdem greifen sie auf die einst vom Corporate Leadership Council ins Leben gerufenen inhaltlichen Definitionen zurück.

So übersetzt Prof. Dr. Armin Trost den Begriff der EVP in seinem 2010 erschienenen Buch „Employer Branding: Arbeitgeber positionieren und präsentieren" mit Employee Value Proposition und definiert sie als „Kern der Arbeitgebermarke“ sowie „Arbeitgeberversprechen an den potenziellen Bewerber und Mitarbeiter.“ Er gibt der EVP die gleiche Bedeutung, welche die USP (Unique Selling Proposition) im Produktmarketing hat und misst ihr genauso die Funktion eines „Alleinstellungsmerkmals“ bei.

Durch den Transfer des EVP-Begriffs in eine markenbildende Funktion entsteht in Kombination mit der vom Corporate Leadership Counsil geprägten Vorstellungen von den EVP-Inhalten eine Paradoxie, die für die Employer Branding betreibenden Unternehmen brandgefährlich ist. Denn so verstanden und angewendet, kann eine EVP nicht den Anforderungen der Markenbildung gerecht werden und ist keine geeignete Grundlage, um aus Arbeitgebern eine Marke zu machen.

Mitunter findet sich in der Fachliteratur die Empfehlung, „mehrere EVP“ zu definieren. Es gibt Unternehmen, auch DAX-Konzerne, die diesem Rat gefolgt sind. Und über zehn verschiedene EVP formuliert haben — quasi für jede Zielgruppe eine. So wird der Begriff der EVP auf die Ebene der zielgruppenspezifischen Botschaften gerückt, wo er nicht hingehört — und damit weg von der Ebene der Arbeitgeberpositionierung, die für alle Zielgruppen gültig sein muss, damit ein übergreifendes Arbeitgebermarkenbild überhaupt erst entstehen kann. (Siehe Abbildung 44 „Kommunikationspyramide“ in Schritt 11 „Kommunikationskonzept“.)

An diesem leichtfertigen Umgang mit zentralen Begrifflichkeiten lässt sich erkennen, wie wenig die Employer-Branding-Fachdebatte markenfachlich fundiert ist — eine der wesentlichen Ursachen dafür, dass Employer Branding noch in den Kinderschuhen steckt. Deshalb verwenden wir in diesem Buch den im Markenwesen etablierten und unmissverständlichen Begriff der Positionierung, konkret der Arbeitgeberpositionierung.

4.7.2 Inhalte der Arbeitgeberpositionierung

In Kapitel 4.4.1 haben Sie den Unterschied zwischen einerseits Hygienefaktoren und andereseits Identifikationsfaktoren sowie Differentiatoren kennengelernt — den beiden Erfolgsfaktoren der Arbeitgebermarkenbildung. Arbeitgebermarken entstehen nur, wenn sie sich über emotionale Benefits des Arbeitgebers positionieren, wie diverse Studien, vor allem aber die Praxis, zeigen. Im Kern bilden sich die Inhalte einer Arbeitgeberpositionierung über …

- Werte
- Ziele

- Identität
- Kultur

Eine gute Arbeitgeberpositionierung beantwortet diese Leitfragen:

- Werte: Wofür stehe ich als Arbeitgeber?
- Ziele: Wo will ich hin?
- Identität: Was macht mich besonders?
- Kultur: Wer passt zu mir — und wer nicht?

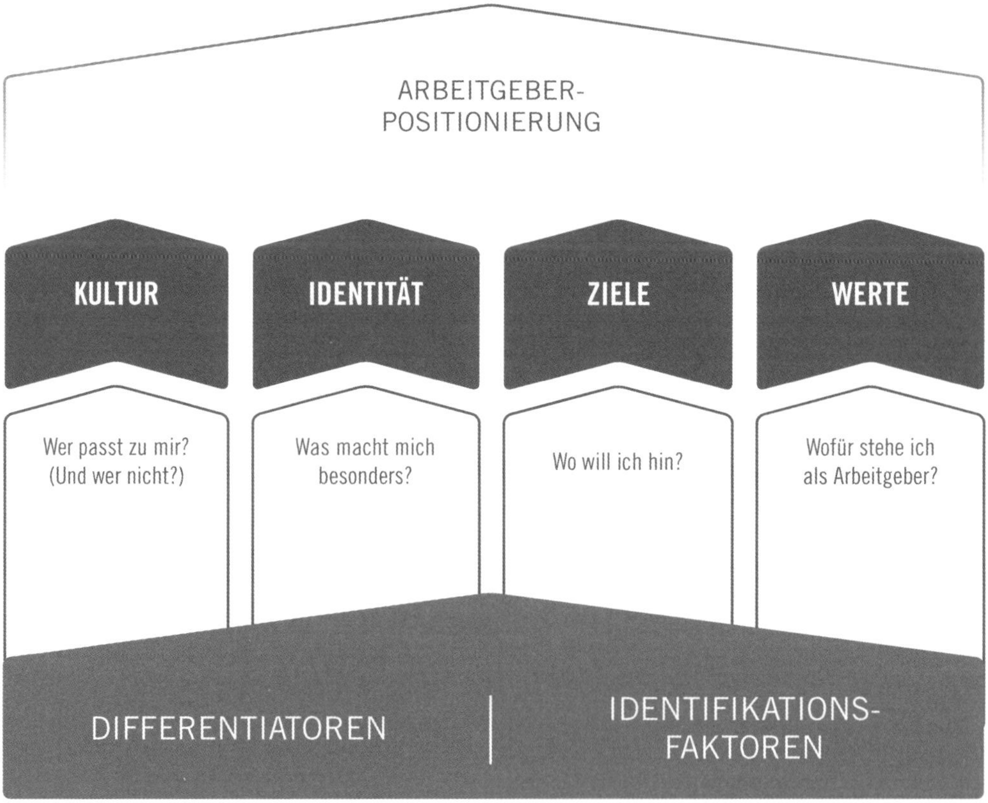

Abb. 4.25: Die Leitfragen der Arbeitgeberpositionierung

4.7.3 Funktionen und Bausteine der Arbeitgeberpositionierung

Eine Arbeitgeberpositionierung hat mehrere Funktionen:

- Identifikationsfunktion für Mitarbeiter und Führungskräfte
- Differenzierungsfunktion in den Arbeitsmärkten
- Orientierungsfunktion (kulturell) für Bewerber
- Richtungsfunktion für die Organisationsentwicklung

In einer einzigen Positionierungsaussage lassen sich diese Funktionen nur schwer vereinen und erfüllen. Das müssen Sie auch gar nicht versuchen, denn eine Arbeitgeberpositionierung kann mehrere Bausteine haben. Im Grunde kann jedes Unternehmen eine ganz individuelle Kombination von Elementen in seiner Arbeitgeberpositionierung anlegen und auch eine ganz individuelle Darstellungsart dafür wählen — hauptsache, sie erfüllt die oben genannten Funktionen.

In der Praxis hat sich bewährt, eine Arbeitgeberpositionierung aus drei Bausteinen zu bilden:

- Employer Brand Positioning Statement
- Unique Employment Proposition
- Cultural Fit

Employer Brand Positioning Statement

Das Employer Brand Positioning Statement beantwortet die Frage: Wer sind wir und wofür stehen wir als Arbeitgeber? Es umfasst alle Profilthemen des Arbeitgebers, die in der Positionierungsstrategie als relevant ausgewählt wurden und kombiniert sie zu einer prägnanten, emotional formulierten Aussage, die auch das Spannungsfeld zwischen Status quo und gewünschter Zukunft des Arbeitgebers aufzeigt. Das Employer Brand Positioning Statement hat daher vor allem Identifikationsfunktion für Mitarbeiter und Führungskräfte und Richtungsfunktion für die Organisationsentwicklung.

Unique Employment Proposition (UEP)

Die UEP beantwortet die Frage: Was macht den Arbeitgeber besonders oder sogar einzigartig? Sie ist das Pendant der Unique Selling Proposition aus dem Produktmarketing und greift daher ausschließlich die Profilthemen der Arbeitgeberpositionierung auf, die den Arbeitgeber in den Bewerbermärkten am meisten differenzieren. Die UEP ist der Brückenschlag in die externe Arbeitgeberkommunikation und fungiert auch als Creative Brief der die Strategie werblich umsetzenden Agentur (siehe Schritt 12). Sie hat daher vor allem Differenzierungsfunktion in den Arbeitsmärkten.

Cultural Fit

Der Cultural Fit ist das Pendant zum „Professional Fit". Er beantwortet die Frage: Wer passt kulturell und persönlich am besten in unser Unternehmen? Oder, etwas ausführlicher ausgedrückt: Welcher „Typus Mitarbeiter" bringt nicht nur professionell und fachlich, sondern auch persönlich und kulturell die richtigen Voraussetzungen mit, um in Ihrem Unternehmen auf lange Sicht persönlich erfüllt und dauerhaft produktiv zu sein? Mit dem Cultural Fit definieren und aktivieren Sie die sogenannte Filterwirkung der Arbeitgebermarke, um die Passung zwischen der Organisation und den Menschen, die in ihr arbeiten, auf kultureller und persönlicher Ebene zu erhöhen. Das senkt die Recruitingkosten und hat positive Effekte auf Mitarbeiterbindung, Performance und Kultur.

Wenn Sie mit diesen drei Bausteinen arbeiten, können Sie eine sinnvolle Arbeitsteilung etablieren. Die Gesamtheit der positionierungsrelevanten Aspekte, die im Employer Brand Positioning Statement enthalten sind, werden in der Arbeitgeberkommunikation zum Thema, sind gleichsam Richtschnur für die Organisationsentwicklung und Grundlage der weiteren Identitätsbildung, also der Kultur- und Werteentwicklung. Der Cultural Fit zielt darauf, die Bewerberpassung im Recruiting zu erhöhen und auch nach innen klar zu machen, wer zum Zukunftskurs des Unternehmens passt und wer nicht. Er drückt sich in Kompetenzmodellen und Beurteilungssystemen aus und definiert zum Beispiel spezifische Anforderungen an das Verhalten der Führungskräfte. Die UEP hingegen richtet sich ausschließlich nach außen und spitzt die Arbeitgeberpositionierung auf den differenzierendsten Aspekt zu — sie kommt im Kreativkonzept und im Personalmarketing zum Tragen. Eine Übersicht mit exemplarischen Anwendungsfeldern der drei Positionierungsbausteine finden Sie in der nächsten Abbildung.

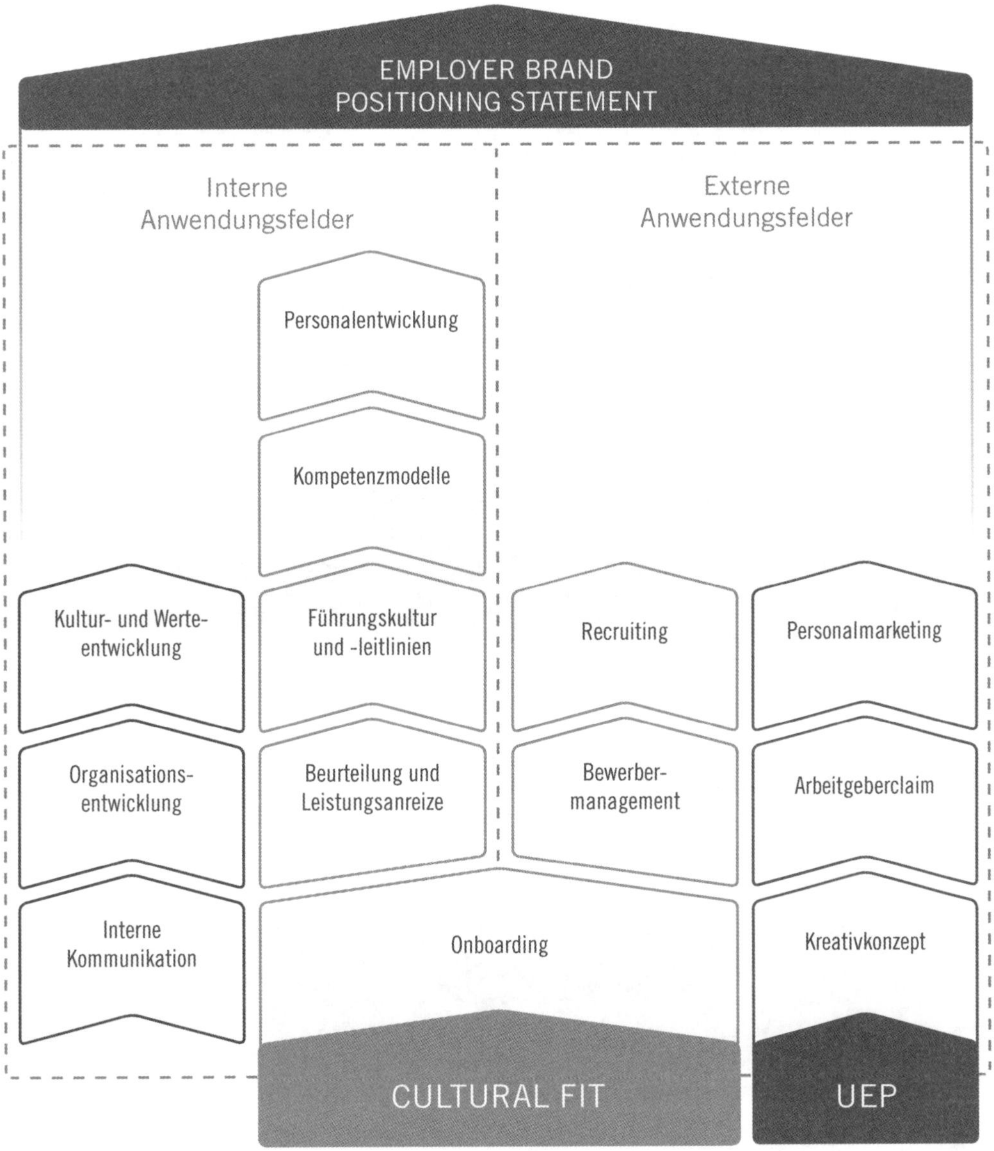

Abb. 4.26: Exemplarische Anwendungsgebiete der Arbeitgeberpositionierung

4.7.4 Musterbeispiel: Die Arbeitgeberpositionierung der FUTURA AG

Wie ist die FUTURA weiter vorgegangen? Nach der positiven Validierung der positionierungstauglichen Profilthemen anhand von veranschaulichenden Kurzbeschreibungen hat das Projektteam die Positionierungsthemen anhand ihrer Anker-, Treiber- und Differenziatorwirkung erneut überprüft. Dabei zeigte sich noch einmal sehr deutlich, dass das Profilfeld D („Zum Macher gezwungen sein“) das Herzstück der Arbeitgeberpositionierung sein muss: Es ist sowohl hochgradig akzeptiert und identitätsprägend als auch in seiner bei der FUTURA besonderen Ausprägung stark differenzierend.

Wie in der nächsten Abbildung zu sehen ist, wurde das Profilthema B („Ideen müssen Treppen steigen“) im Differenzierungspotenzial noch höher bewertet. In der Diskussion mit Projektteam und Berater über die weitere Zuspitzung der Positionierung für die externe Arbeitsmarktkommunikation traf der Steuerungsausschuss jedoch die sinnvolle Entscheidung, auch die UEP aus Profilfeld D zu bilden — es differenziert ebenfalls stark, verfügt aber im Vergleich zu Profilfeld B über eine sehr viel größere Ankerqualität, also Identfikationswirkung, als das Thema B.

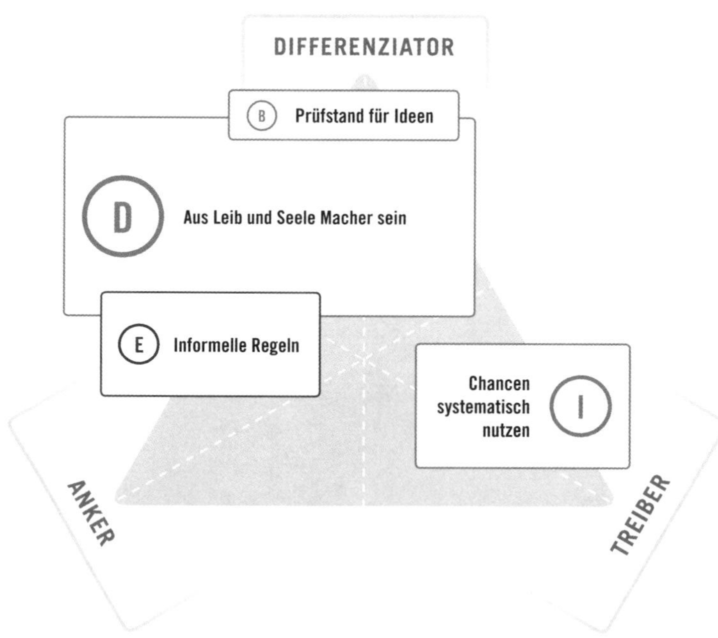

Abb. 4.27: FUTURA AG – Qualitätsdreieck der Arbeitgeberpositionierung

Auf dieser Grundlage formulierte der externe Berater die Bausteine der Arbeitgeberpositionierung.

Employer Brand Positioning Statement

Informelle Regeln, Prüfstand für Ideen:
Das ist Freiheit, die zum Machen zwingt.
Wer sich darin zu bewegen weiß
und nicht immer gerade Wege braucht,
trifft hier auf unbegrenzte Möglichkeiten
und nutzt das Potenzial der Zukunft.

Unique Employment Proposition

Freiheit, die zum Machen zwingt.
Für Menschen, die sich selber steuern.

Cultural Fit: Zu FUTURA passt, wer ...

... ein Freund der kleinen Schritte ist
... Ideen immer wieder hinterfragt
... auch ohne Kompass navigiert
... sich selber korrigieren kann
... die Ziele aller über seine stellt
... sich auch intuitiv bewegt
... Klarheit herstellt, wo sie fehlt
... Entwicklungen zu deuten weiß
... in Szenarien denkt

Unique Employment Proposition

> Freiheit, die zum Machen zwingt.
Für Menschen, die sich selber steuern.

Employer Brand Positioning Statement

> Informelle Regeln, Prüfstand für Ideen:
Das ist Freiheit, die zum Machen zwingt.
Wer sich darin zu bewegen weiß
und nicht immer gerade Wege braucht,
trifft hier auf unbegrenzte Möglichkeiten
und nutzt das Potenzial der Zukunft.

Cultural fit

> Zu FUTURA passt, wer …
… ein Freund der kleinen Schritte ist
… Ideen immer wieder hinterfragt
… auch ohne Kompass navigiert
… sich selber korrigieren kann
… die Ziele aller über seine stellt
… sich auch intuitiv bewegt
… Klarheit herstellt, wo sie fehlt
… Entwicklungen zu deuten weiß
… in Szenarien denkt

© DEBA GmbH, 2012

Abb. 4.28: FUTURA AG – Arbeitgeberpositionierung

4.7.5 Zweite Validierung – Ja oder Nein?

Natürlich wäre es ideal, nicht nur die Auswahl der Profilthemen, sondern auch die Ergebnisse der Arbeitgeberpositionierung erneut mit Mitarbeitern zu validieren, bevor Sie sie veröffentlichen. In der Praxis wird das kaum gemacht. Weil die Gefahr der Übersättigung besteht, doch meistens aus Budgetgründen.

Sehr bewährt hat sich die Validierung der Arbeitgeberpositionierung bei internationalen Projekten, in denen die Belegschaften in anderen Ländern nicht an den qualitativen Validierungsgruppen nach der Positionierungsstrategie teilgenommen haben oder eine solche erste Validierung aus Ressourcengründen gar nicht stattfand. Das ist bei international oder global aufgestellten Firmen sogar eher die Regel, weil es den Budgetrahmen sprengen würde, Validierungsgruppen in allen oder den wichtigsten Kernländern aufzusetzen.

Wie in Kapitel 4.6.3 schon beschrieben, ist eine Onlinebefragung der beste Weg, international zu validieren. Lassen Sie die verschiedenen Elemente der Arbeitgeberpositionierung separat bewerten, damit Sie ein differenziertes Bild erhalten. Dass Ihr Employer Brand Positioning Statement vielleicht in Deutschland und China gut ankommt, aber nicht in den USA, Indien und Mexiko, hilft Ihnen nur bedingt weiter. Viel nützlicher ist eine differenzierte Abfrage, anhand der Sie beispielsweise erkennen, welcher Teil der Positionierung keine Akzeptanz findet.

▶ **BEISPIEL**

Differenzierte Bewertungen ermöglichen differenzierte Lösungen

Situation

Ein in Deutschland und Frankreich tätiges Handelsunternehmen validiert seine Positionierung mittels einer Onlinebefragung, in der das Employer Brand Positioning Statement im Gesamtbild bewertet werden sollte. Ergebnis: Die Positionierung wurde in Frankreich nur durchschnittlich bis schlecht bewertet.

Bewertung

Das Unternehmen kann nur mutmaßen, woran die Ablehnung der französischen Mitarbeiter liegt. Es steht jetzt vor der Wahl, die Arbeitgeberpositionierung trotzdem zu verwenden oder grundlegend zu ändern — jedoch ohne gesicherte Grundlage, welche Formulierung in Frankreich mehr Akzeptanz finden würden.

Mögliche Lösung

Hätte das Unternehmen die einzelnen Zeilen des Statements separat bewerten lassen, wäre festgestellt worden, dass die Mitarbeiter in Frankreich eine spezielle Zeile sehr schlecht bewerten, weil dieser Aspekt in der dortigen Kultur

schlicht nicht vorhanden ist, aber allen anderen Aspekten zustimmen. Das Unternehmen hätte die kritisierte Zeile anpassen, die anderen Aspekte der Positionierung aber unverändert lassen können.

Um an differenzierte Ergebnisse zu kommen, validieren Sie diese Aspekte:

- Jede einzelne Zeile des Employer Brand Positioning Statements,
- die Unique Employment Proposition als Ganzes,
- jeden einzelnen Aspekt des Cultural Fits.

Die Bewertung sollte anhand der aktuellen Glaubwürdigkeit sowie der Zukunftstauglichkeit erfolgen:

- Glaubwürdigkeit: Wie stark wird der einzelne Aspekt in dem jeweiligen Land gespürt und gelebt?
- Zukunftstauglichkeit: Wird der einzelne Aspekt in der Zukunft wichtiger oder weniger wichtig für das Unternehmen sein?

In Kapitel 4.6.1 wurde bereits auf die Bedeutung einer guten inhaltlichen Adaption der zu validierenden Inhalte in andere Kulturräume hingewiesen. Das ist in dieser Phase des Prozesses, bei der Validierung der Bausteine der finalen Arbeitgeberpositionierung, ganz besonders wichtig. Um den Geist, der hinter den Zeilen Ihres Positioning Statements oder in der UEP steckt, und die richtige Bedeutung der Cultural-Fit-Aspekte auch so zu transferieren, dass auch Mitarbeiter in China oder Brasilien spüren, was gemeint ist, bedarf es keiner Übersetzung, sondern einer kreativen Adaption.

4.8 Schritt 11: Kommunikationskonzept – Ihre Arbeitgebermarke zielgruppengerecht kommunizieren

Von Regina Esslinger

Sie haben die Arbeitgeberpositionierung erarbeitet. Sie kennen die Aspekte und Profilthemen, die Sie als Arbeitgeber besonders machen, und Sie wissen, was Ihre Mitarbeiter persönlich auszeichnet und besonders macht.

Doch wie kommunizieren Sie diese Profilthemen am Arbeitsmarkt, sodass am Ende in den Köpfen der Menschen ein Vorstellungsbild über Sie als Arbeitgeber und Ihrer besonderen Unternehmenskultur entsteht, das ihrer Markenidentität entspricht? Denn erst wenn es Ihnen gelingt, dass das Arbeitgeberimage am Markt mit Ihrer Arbeitgebermarkenpersönlichkeit übereinstimmt, haben Sie die Voraussetzungen dafür geschaffen, messbare Erfolge zu erzielen. Hier kommt das Kommunikationskonzept ins Spiel. Drei Grundprinzipien sollten Sie bei seiner Entwicklung beachten:

Keep it simple

Vermeiden Sie eine Überforderung Ihrer Zuhörer. Halten Sie es einfach: Mehr als drei bis vier Botschaften werden sich die wenigsten Menschen merken können. Berücksichtigen Sie dies bei der Strukturierung Ihrer Information und bauen Sie alle weiteren Informationen und Themen auf diesen Botschaften auf.

Variantenreiche Wiederholung

Menschen lernen am besten durch Wiederholung: Wiederholen Sie Ihre Botschaften, aber vermeiden Sie Monotonie. Variieren Sie das Gesagte rund um das gleiche Thema und nutzen Sie verschiedene Medien, um die gleichen Inhalte zu transportieren: Mit Bildern, mit Filmen, mit Musik, in Texten. Auch wenn Sie selbst denken, dass Sie immer wieder das Gleiche sagen, erst die stete Wiederholung der Botschaften führt dazu, dass der Zuhörer Ihre Themen bewusst wahrnimmt.

Konsistentes Erleben

Sorgen Sie für Erlebnisse rund um Ihre Botschaften. Erst dadurch kann der Zuhörer das Gehörte mit seinen eigenen Erfahrungen verbinden und verstehen. So sorgen Sie dafür, dass er die Botschaften verinnerlichen und selbstständig fortführen kann. Achten Sie darauf, dass alle eingesetzten Medien in ihrem Aufbau, ihren Inhalten und ihren Bildern auf der Kommunikationsstrategie basieren.

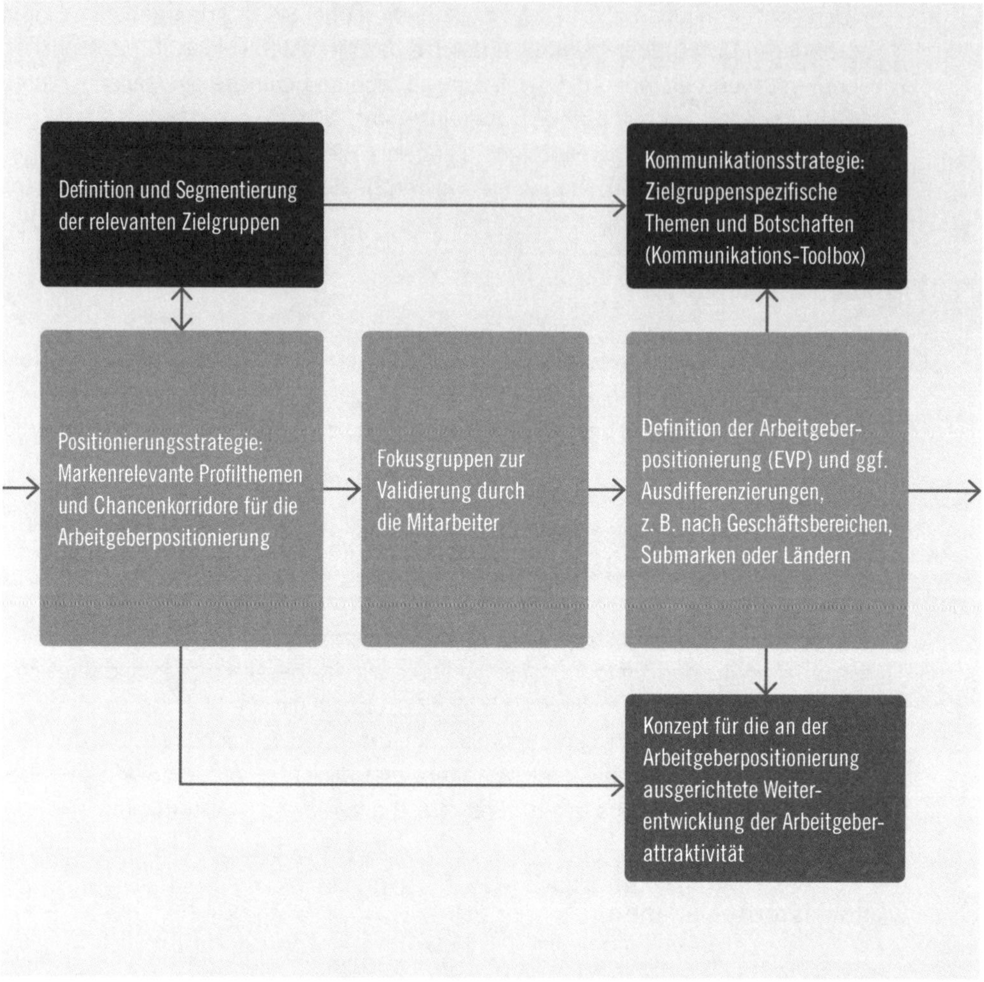

Abb. 4.29: In der Übersicht der Schritt 11 – Zielgruppensegmentierung und Kommunikationskonzept

4.8.1 Kommunikationspyramide: Die drei Ebenen der Arbeitgeberkommunikation

Häufig planen Unternehmen ihre Arbeitgeberkommunikation in Bezug auf Maßnahmen und Botschaften erstaunlicherweise völlig losgelöst von ihrer Arbeitgebermarkenstrategie. Diese Unternehmen entwickeln Kernbotschaften für Zielgruppen, die sich ausschließlich an den Präferenzen der Zielgruppen orientieren, ohne dass diesen Kernbotschaften eine einheitliche Markenstrategie zugrunde liegt. Mit dem Effekt, dass am Markt eine Vielzahl von Themen und Botschaften zu einem Unternehmen kursieren, die in keinem kontextualen Zusammenhang stehen. So bildet sich in den Köpfen der Zielgruppen ein fragmentarisches Bild vom Unternehmen, das nicht dazu geeignet ist, Ihrer Arbeitgebermarkenwahrnehmung als Ganzes zu dienen.

▶ **BEISPIEL**

Kernbotschaften und kein Ende in Sicht

Situation

Ein deutsches Unternehmen der Metallindustrie mit international bekannter Produktmarke hat in einem sehr detaillierten und fundierten Prozess seine Zielgruppen segmentiert und analysiert. In Mitarbeiterworkshops wurden die Zielgruppen zu Themen und Aufgabengebieten befragt. Daraus entstanden 13 Kernbotschaften, die sich, objektiv betrachtet, für die Kommunikation mit potenziellen Kandidaten im deutschen Markt eigneten. Bei der Entwicklung des Kreativkonzepts und den begleitenden Materialien für die Zielgruppen zeigte sich bereits die Schwierigkeit, die vielen Themen und Botschaften in ein einheitliches Bild mit passender Grundaussage zu fügen. Durch die zunehmende Globalisierung stand die Personalmarketingabteilung vor der Herausforderung, ihre Botschaften zu internationalisieren und unter Umständen weitere Kernbotschaften zu entwickeln. Die Anzahl der Themen wuchs, die Kommunikation war richtungslos.

Bewertung

Die Kenntnis der Zielgruppen und deren Präferenzen ist wichtig, um die entsprechenden Themen mit den richtigen Maßnahmen über die passenden Kanäle zu kommunizieren. Dennoch sollte man sich darüber bewusst sein, dass Kommunikation nicht selektiv geschieht. Auch Mitglieder der Generation Y lesen Kommunikationsmaterialien, die sich an Ingenieure aus der Generation X richten. Oder Ehepartner informieren sich auf der Webseite über die Angebote des zukünftigen Arbeitgebers und nehmen entscheidenden Einfluss auf die Entscheidung des Partners zur Arbeitgeberwahl. Kommunikation erfolgt nicht immer nur zielgruppenorientiert, sondern auch für die Gesamtheit aller potenziellen Mitarbeiter, sowohl national als auch international. Eine zu große Vielfalt an Themen und Botschaften, die in verschiedene Richtungen weisen, können kein einheitliches Bild schaffen.

Lösung

Das Unternehmen war sich dessen bewusst. Um die vielen Einzelbotschaften zu bündeln, startete es ein Projekt zur Entwicklung einer globalen Arbeitgeberpositionierung. In einem zweiten Schritt fächerte es dann die Botschaften, angepasst an die gemeinsame Positionierungsbasis, entlang der entsprechenden Zielgruppen auf.

Um die Menge der Informationen und die Art der Botschaften für die Arbeitgebermarkenkommunikation zu hierarchisieren, bietet sich als schematische Darstellung die Kommunikationspyramide an:

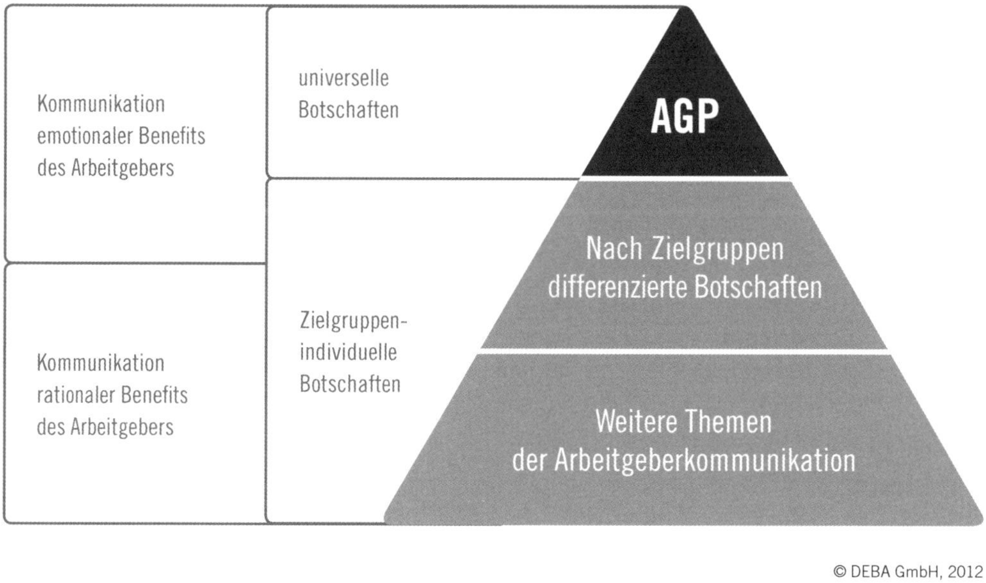

Abb. 4.30: Kommunikationspyramide – Ebenen der Arbeitgeberkommunikation

Die Sortierung und Priorisierung Ihrer Arbeitgeberthemen anhand dieser dreistufigen Pyramide hat sich in der Praxis sehr bewährt. Sie ermöglicht Ihnen ein systematisches und pragmatisches Management der Inhalte Ihrer Arbeitgeberkommunikation.

Erste Ebene: Kernbotschaften der Arbeitgeberpositionierung

An der Spitze der Pyramide stehen die Kernbotschaften der Arbeitgeberpositionierung. In allen Medien und Maßnahmen, die Sie in Ihrem Employer Branding einsetzen, setzen Sie inhaltlich hier oben an und fächern dann nach unten auf. Das ist ganz wichtig: Es sollte keinen Flyer, keinen Twitter-Account, kein Gespräch, keinen Kontakt mit dem Bewerber geben, der nicht auch in irgendeiner Form die Arbeitgeberpositionierung widerspiegelt.

Die Inhalte der ersten Ebene finden zum Beispiel Anwendung auf der Startseite ihrer Karrierewebseite, in Personalimageanzeigen oder auf dem Messedisplay. Headlines, Slogans, Eingangs- und Imagetexte müssen unbedingt die Inhalte Ihrer Arbeitgeberpositionierung transportieren.

Somit stellen Sie sicher, dass überhaupt erst ein Arbeitgebermarkenbild entstehen kann.

Zweite Ebene: Zielgruppenspezifische Botschaften

Auf der zweiten Ebene werden die Profilthemen um zielgruppenorientierte Botschaften ergänzt. Diese finden zum Beispiel Anwendung auf Unterseiten der Karrierewebseite, in Flyern für Karrieremessen oder in Stellenanzeigen. Dafür werden in einem ersten Schritt die Zielgruppen unternehmensindividuell segmentiert. In einem zweiten Schritt werden dann die Kernbotschaften der Arbeitgeberpositionierung zielgruppengerecht und präferenzorientiert aufbereitet und um weitere Aspekte ergänzt.

Dritte Ebene: Weitere Themen des Arbeitgebers

Die dritte Ebene der Kommunikationspyramide dient der vertiefenden Information. Sie kommt zum Tragen, wenn potenzielle Mitarbeiter sich schon intensiver mit dem Unternehmen auseinandergesetzt haben. Hier ist Raum für ergänzende unternehmensspezifische Themen, länderspezifische Besonderheiten und weitere allgemeine Themen der Arbeitgeberqualität, die nicht in der Arbeitgeberpositionierung berücksichtigt wurden. Hier kommen auch alle Ihre rationalen Benefits zum Tragen – Karrierepfade, Weiterentwicklungsmöglichkeiten, Work-Life-Balance und dergleichen. Alle Themen, die Sie für die Entwicklung Ihrer Arbeitgeberpositionierung (Schritt 10) weggelassen haben, weil sie eher Hygienefaktoren statt emotionale Identifikationsfaktoren und Differenziatoren darstellen, kommen in der operativen

Kommunikation selbstverständlich trotzdem zum Einsatz: An der richtigen Stelle, richtig priorisiert. Die Themen der dritten Ebene finden etwa in den Unterseiten Ihrer Karrierewebseite, in längeren Broschüren oder in Bewerberinterviews Anwendung.

In diesem Abschnitt haben Sie zunächst die Grundprinzipien für Ihr Kommunikationskonzept kennengelernt und sich mit dem systematischen Aufbau der Ebenen Ihrer Arbeitgeberkommunikation und deren Anwendung in verschiedenen Maßnahmen vertraut gemacht. Da Ihre Arbeitgeberpositionierung in dieser Stufe des Employer Branding bereits entwickelt ist, beschäftigt sich der folgende Abschnitt vor allem mit der zweiten und dritten Ebene der Kommunikationspyramide und der Frage, wie diese ausgestaltet werden können. Dabei kommen die folgenden Kernpunkte zum Tragen:

- Segmentierung von Zielgruppen
- Entwicklung von zielgruppenspezifischen Botschaften
- Zielgruppen-Themen-Matrix

4.8.2 Segmentierung von Zielgruppen

Fragt man Personalabteilungen nach Ihren Zielgruppen, bekommt man häufig diese Strukturierung genannt: Absolventen, Schüler, Berufserfahrene. Oder sie gliedert sich nach Geschäftsbereichen oder der Branche: Medizintechnik, Elektrotechnik und Maschinenbau. Im Gegensatz zu dieser sehr vereinfachten Einteilung der Zielgruppen gibt es Unternehmen, die bis zu 300 und mehr verschiedene Funktionsgruppen benennen können, mit denen sie kommunizieren möchten. Mit einer zielgruppengerechten, profilscharfen Kommunikation werden sich die Unternehmen in beiden Fällen schwer tun.

Für die Planung der Kommunikation und die Entwicklung von zielgruppenspezifischen Botschaften ist es zunächst wichtig, dass Sie eine kluge, unternehmensindividuelle Segmentierung Ihrer Zielgruppen vornehmen. Erster Schritt dorthin ist eine Analyse der tatsächlichen und zukünftigen Bedarfe im Unternehmen. Oft treten hier schon die ersten Diskrepanzen auf zwischen der „gefühlten" Zielgruppe und der Unternehmensrealität. Folgende Punkte sollten in der quantitativen und qualitativen Analyse mit berücksichtigt werden:

- Anzahl der realisierten Einstellungen (zum Beispiel nach Berufserfahrung und Alter oder nach Funktionen und Stellen usw.)
- Demografische Aspekte der Belegschaft (Alter, Geschlecht, Herkunft usw.)

- Zukünftiger Bedarf im Unternehmen (Erfahrungsgrad und relevante Ausbildungen)
- Kenntnisse über Mangelqualifikationen: Zum Beispiel Schlüssel- und Engpassfunktionen
- Primäre Tätigkeits- und Aufgabenbereiche in Verbindung mit Persönlichkeitstypen und Eigenschaften
- Grad der Durchlässigkeit zwischen Geschäftsbereichen (unternehmensinterne Wechsel)

Im Idealfall beziehen Sie in Ihre Analyse folgende Instrumente mit ein:

- Studien zu Zielgruppenpräferenzen
- Milieustudien
- Stellenplan und ausgeschriebene Funktionen
- Workshops mit Mitarbeitern und Personalreferenten

Bei der Durchführung der Zielgruppensegmentierung ist es wichtig, die Erkenntnisse aus den einzelnen Studien und Untersuchungen zusammenzuführen und im individuellen Unternehmenskontext zu bewerten. Eine eindimensionale Betrachtung einer Zielgruppe greift zu kurz. Allzu oft wird beim Lesen verschiedener Zielgruppenstudien außer Acht gelassen, dass die Zielgruppe (zum Beispiel Ingenieure oder Generation Y) in sich selten homogen ist. Nicht nur aufgrund ihrer unterschiedlichen Lebensphasen, Herkunft und Geschlecht, sondern auch aufgrund ihrer Persönlichkeit (siehe Schritt 5).

Es gibt Menschen, deren Stärken vor allem in der Entwicklung neuer Ideen liegen und als Pioniere vorangehen: Menschen, die alleine Visionen entwickeln, mutig voranschreiten, keine Marktstudien und Analysen benötigen — nicht auf Trends schauen, sondern Trends setzen und die Märkte von morgen entwickeln. Ein bekanntes Beispiel für solch eine Persönlichkeit ist Steve Jobs, Gründer und bis zu seinem Tod kreativer Motor von Apple.

Ebenso gibt es Menschen, die eine ausgeprägt prozessorientierte Vorgehens- und Denkweise haben. Menschen, die gerne Strukturen aufbauen und darin arbeiten, die Dinge auch im Detail betrachten und analysieren, Prozessabläufe optimieren und somit für Produkt- und Qualitätsverbesserung sorgen oder Fertigungsabläufe optimieren. Beide Typen Mensch können derselben primären Zielgruppe mit gleicher Ausbildung angehören. Ihre Interessensgebiete hinsichtlich Aufgabenstellung und Themengebiet sind jedoch grundsätzlich anders gelagert.

BEISPIEL

Viele Geschäftsbereiche, noch mehr Funktionen

Situation

Ein internationaler Konzern im Bereich Sicherheitstechnik bietet Lösungen für mehr als 15 Branchen, das Unternehmen selbst gliedert sich in acht relativ eigenständig verwaltete Geschäftsbereiche mit mehr als 25 Funktionsgruppen. Ein Überblick über die gesuchten Zielgruppen und Profile in Zusammenhang mit den Bedarfen bestand für das zentrale Personalmarketing nicht. Das zentrale Personalmarketing sah sich vor der Herausforderung, einerseits die individuellen Wünsche der Geschäftsbereiche zu berücksichtigen und andererseits relativ ähnlich gelagerte Aufgabenbereiche in einen engen Zielarbeitsmarkt zu kommunizieren.

Bewertung

Aus dieser Situation ergaben sich gleich mehrere Problemfelder:

- Für den externen Bewerber war es — ohne Wissen über die organisatorische Gestaltung des Unternehmens — schwer zu verstehen, warum ähnliche Aufgaben mit gleichem Qualifikationsprofil immer wieder neu ausgeschrieben wurden.
- Unternehmensintern war die Durchlässigkeit von geeigneten Kandidaten zwischen den Geschäftsbereichen kaum gegeben. Es gab keine gemeinsam genutzten Bewerberpools.
- Das zentrale Personalmarketing musste immer wieder Einzelmaßnahmen zur Suche von geeigneten Kandidaten starten und konnte keine Synergieeffekte im Budgeteinsatz nutzen.
- Der Budget- und Mitteleinsatz in der Kommunikation folgte kurzfristigen Bedarfsanmeldungen, es wurde keine langfristige Kommunikation mit geeigneten Zielgruppen aufgesetzt

Lösung

Die Vielzahl der Aufgaben- und Tätigkeitsprofile wurde geschäftsbereichsunabhängig zunächst in Zielgruppen mit ähnlichem Aufgaben- und Qualifikationsprofil geclustert. Im nächste Schritt wurden in den Zielgruppen unterschiedliche Erfahrungsgrade berücksichtigt. In einem dritten Schritt wurden zwei unterschiedliche Persönlichkeitstypen definiert. Der eine Persönlichkeitstyp — eher sicherheitsorientiert — ist für den Fortbestand und den eigentlichen Geschäftszweck wichtig, der andere Persönlichkeitstyp — eher veränderungsorientiert — ist für einzelne Funktionen in den Zielgruppen und die zukünftige Geschäftausrichtung unternehmenskritisch. Das Unternehmen verfügt heute über eine klare Vorstellung ihrer Zielgruppen und kann mit den entsprechenden Themen und Maßnahmen kommunizieren.

Die Segmentierung von Zielgruppen in Cluster erlaubt Ihnen, die Vielfalt der Funktionen und Aufgabengebiete im Unternehmen zusammenzufassen, denn die Art der Tätigkeit und der damit verbundenen Merkmale der handelnden Personen sind relativ ähnlich. Je Unternehmen sollten drei bis vier primäre Zielgruppensegmente definiert werden, unter Umständen auch mehr. Diese Segmente spiegeln häufig auch die Art und den Geschäftszweck des Unternehmens wider. In der folgenden Abbildung ist eine mögliche Zielgruppensegmentierung dargestellt:

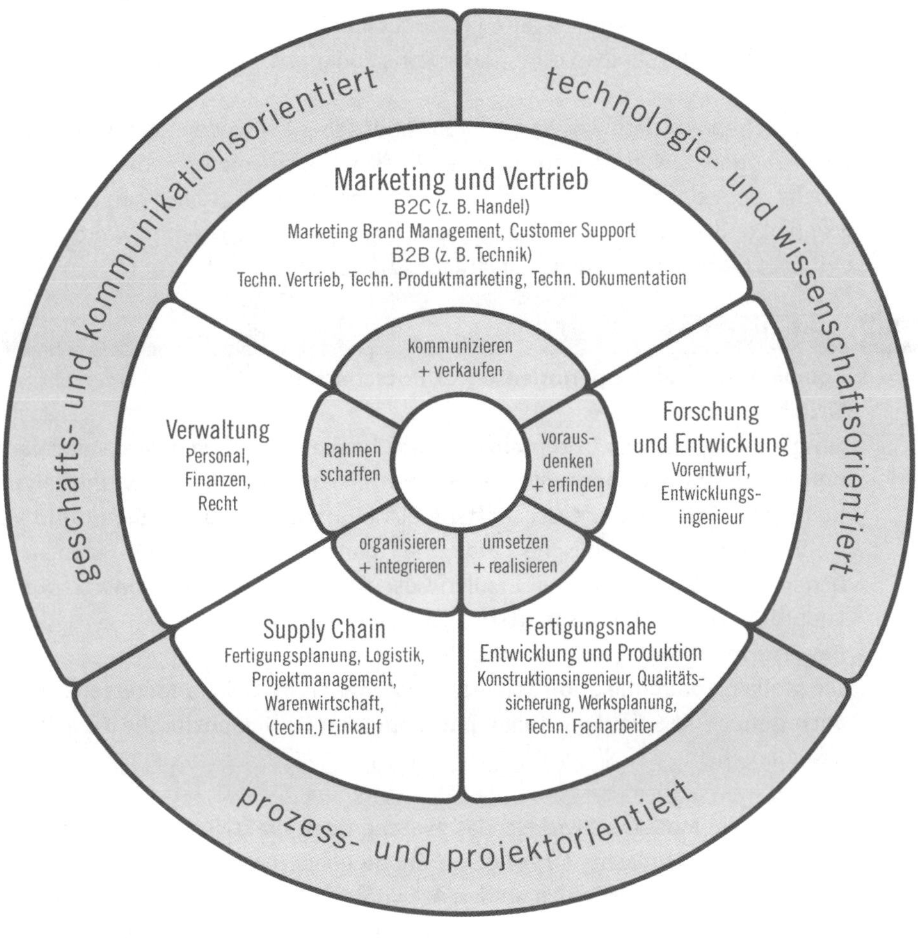

Abb. 4.31: Beispiel für eine Zielgruppensegmentierung

4.8.3 Entwicklung von zielgruppenspezifischen Botschaften

Die Segmentierung und Clusterung von Zielgruppen entsprechend ihrer Merkmale, Präferenzen und Interessensgebiete erlaubt es Ihnen, Botschaften zu entwickeln, die sich sowohl aus der Arbeitgeberpositionierung ableiten als auch direkt den Bedürfnissen der Zielgruppen entspringen.

Basis der zu entwickelnden Botschaften sind die Profilthemen aus der Arbeitgeberpositionierung. Ergänzend kommen die Aspekte und Profilthemen hinzu, die nicht in der Positionierungsstrategie berücksichtigt wurden (siehe Schritt 8), die aber für das Unternehmen oder für einzelne Funktionen von Bedeutung sind.

Somit fließen auf der zweiten Kommunikationsebene – in den die Positionierung flankierenden, zielgruppenspezifischen Botschaften – ergänzende Aspekte des Arbeitgebers ein. Relevante Themen, die sich aus den Anforderungen an die Zielgruppen und aus dem Geschäftszweck des Unternehmens ergeben, werden dabei ebenfalls berücksichtigt und ins richtige Licht gerückt.

▶ **BEISPIEL**

Kombination zielgruppenorientierter Botschaften

Situation

Ein global agierendes Unternehmen der Chemieindustrie mit drei verschiedenen Geschäftsbereichen will weltweit unter einem einheitlichen Bild als Arbeitgeber auftreten. Alle Geschäftsbereiche entwickeln, produzieren und vertreiben Güter der chemischen Industrie, manche im Bereich B2B, manche im Bereich B2C. Die Zielgruppen in allen Geschäftsbereichen sind ähnlich, nur die Endprodukte der drei Geschäftsbereiche sind unterschiedlich.

Bewertung

Die globale Kommunikation soll möglichst einheitlich sein, andererseits jedoch auch genügend Spielraum für Anpassungen an länderspezifische Eigenheiten erlauben.

Lösung

Es wurde ein Modell entwickelt, das zwischen den drei Geschäftsbereichen keinen Unterschied macht. Auf oberster Ebene gliederten sich die Zielgruppen in drei Hauptsegmente, die sich an den Aktivitätsebenen und den hauptsächlichen Handlungs- und Denkmodellen der Zielgruppen orientierten (vgl. Abb. 45):

- Technologie- und wissenschaftsorientiert
- Prozess- und projektorientiert
- Kommunikations- und geschäftsorientiert

Für diese drei Hauptsegmente wurden drei aktivitätsorientierte Botschaften entwickelt. In Ergänzung zu diesem eher ganzheitlichen Ansatz wurde dann der Erfahrungsgrad der Zielgruppen berücksichtigt und zwei erfahrungsorientierte Kernbotschaften entwickelt:

- Berufseinsteiger
- Berufserfahrene

Die aktivitätsorientierten Botschaften lassen sich mit den erfahrungsorientierten Botschaften beliebig kombinieren. In einem weiteren Schritt wurden dann vertiefte Themen und Aspekte für die Unterzielgruppen entwickelt, die länderspezifisch angepasst werden konnten.

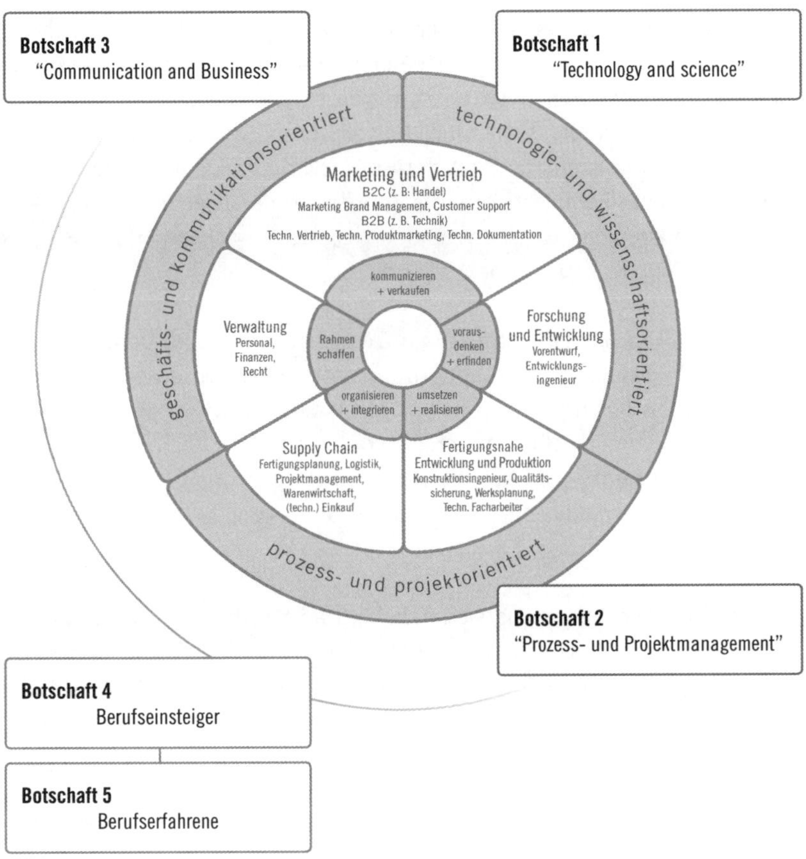

Abb. 4.32: Beispiel für die Entwicklung zielgruppenspezifischer Botschaften auf Basis der Zielgruppensegmentierung

4.8.4 Zielgruppen-Themen-Matrix: Baukasten für alle weiteren Themen des Arbeitgebers

Ihre Kernbotschaften aus der Arbeitgeberpositionierung sind kommuniziert, Ihre Zielgruppe kennt nun ebenfalls für Sie relevante Aspekte und Profilthemen Ihrer Unternehmenskultur, das Interesse ist geweckt. Dies ist der Zeitpunkt, an dem sich der potenzielle Bewerber intensiver mit der zur Verfügung gestellten Information auseinandersetzen wird und nun auch ergänzende Informationen zum Unternehmen sucht. Dies wird er vornehmlich auf Unterseiten der Karrierewebseite, in Broschüren, Fachartikeln, Fachblogs, in persönlichen Gesprächen (auch in Bewerbungsgesprächen) und über verschiedene andere Kanäle tun (siehe Schritt 15).

All die rationalen Benefits und harten Fakten Ihrer Arbeitgeberqualität finden hier ihren Raum. Die Entwicklung einer Zielgruppen-Themen-Matrix hat sich in der Praxis als sinnvolles Arbeitsinstrument für die operative Durchführung der Kommunikation auf der dritten Kommunikationsebene bewährt. Die Zielgruppen-Themen-Matrix ist eine systematische Aufstellung aller ergänzenden Themen, die das Bild als Arbeitgeber komplettieren. Die Zuordnung der Themen und ihre Priorisierung sollte sich auch hier wieder nach den Zielgruppen richten und im Kontext zu den Profilthemen der Arbeitgeberpositionierung stehen.

Für Agenturen dient die Matrix als strukturierte Ideensammlung, die Schwerpunkte der Kommunikation hervorhebt, Informationen zum Unternehmen und den anzusprechenden Zielgruppen liefert und somit die Umsetzung der kreativen Leitidee in operative Kommunikationsmaterialien unterstützt. Im Recruiting und Personalmarketing dient sie für die beteiligten Personen als Informationsquelle und Leitfaden für die Gesprächsführung zum Beispiel im Interview, bei Unternehmenspräsentationen und beim Briefing für Dienstleister.

Häufig hat der Personalbereich schon einen Überblick über alle Arbeitgeberthemen, zum Beispiel bereichsspezifische Themen. Die Gesamtheit der Inhalte für die Zielgruppen-Themen-Matrix lässt sich dann zum Beispiel in Mitarbeiterworkshops erarbeiten. Hier erfahren Sie am meisten über laufende Projekte und können Geschichten und wertvolles Insiderwissen sammeln. Achten Sie bei der Zusammenstellung der Workshops darauf, dass diese die Zielgruppen repräsentieren. Die Leitfragen für die Mitarbeiterworkshops können zum Beispiel an den Profilfeldern aus der Positionierungsstrategie orientiert werden (siehe Schritt 8). Schon die Trüffelgruppen (siehe Schritt 7) können übrigens dazu genutzt werden, um weitere Themen zu sammeln.

Sie können in der Zielgruppen-Themen-Matrix auch alle Ebenen der Kommunikationspyramide abbilden. Gehen Sie in der Segmentierung der Zielgruppen und der Botschaften bitte ganz individuell vor.

So wie das Unternehmen, dessen Beispiel in der nachfolgenden Abbildung gezeigt wird. Der Arbeitgeber hat seine Zielgruppen in sieben Cluster segmentiert. Da in dem Unternehmen stark in Experten- und Generalistenkarrieren unterschieden wird, wurden auch diese beiden Entwicklungsstränge in der Zielgruppen-Themen-Matrix berücksichtigt. Die zentrale Botschaft für alle Zielgruppen entspringt natürlich aus der Arbeitgeberpositionierung, konkret aus Ihrem Employer Brand Positioning. Sie steht in der Mitte der Matrix, was – dreidimensional gedacht und „von oben" geschaut – der Spitze der Kommunikationspyramide entspricht. Auf der zweiten Ebene folgen unterschiedliche zielgruppenübergreifende Botschaften für Menschen, die eine Expertenkarriere oder eine Generalistenkarriere, also eine Karriere mit Führungsverantwortung, anstreben. Auf der dritten Ebene wurden die Themensets definiert, die für die verschiedenen Zielgruppencluster jeweils am wichtigsten sind, und zudem unterschieden nach den Entwicklungssträngen. So entstand ein inhaltliches „Baukastensystem" als Arbeitshilfe für die Personalabteilungen in den Ländern und für die ausführenden Agenturen. So konnte die Konsistenz der Botschaften für die Arbeitgebermarkenbildung sichergestellt werden.

Das Kommunikationskonzept ist ein wichtiger Teil des strategischen Fundaments Ihrer Arbeitgebermarke. Es sorgt dafür, dass Sie die Vielfalt Ihrer Arbeitgeberthemen in der Kommunikation berücksichtigen und zielgruppendifferenziert, also zielgerichtet und passgenau kommunizieren – und trotzdem ein übergreifendes Vorstellungsbild des Arbeitgebers auf der Basis Ihrer Arbeitgeberpositionierung zu vermitteln.

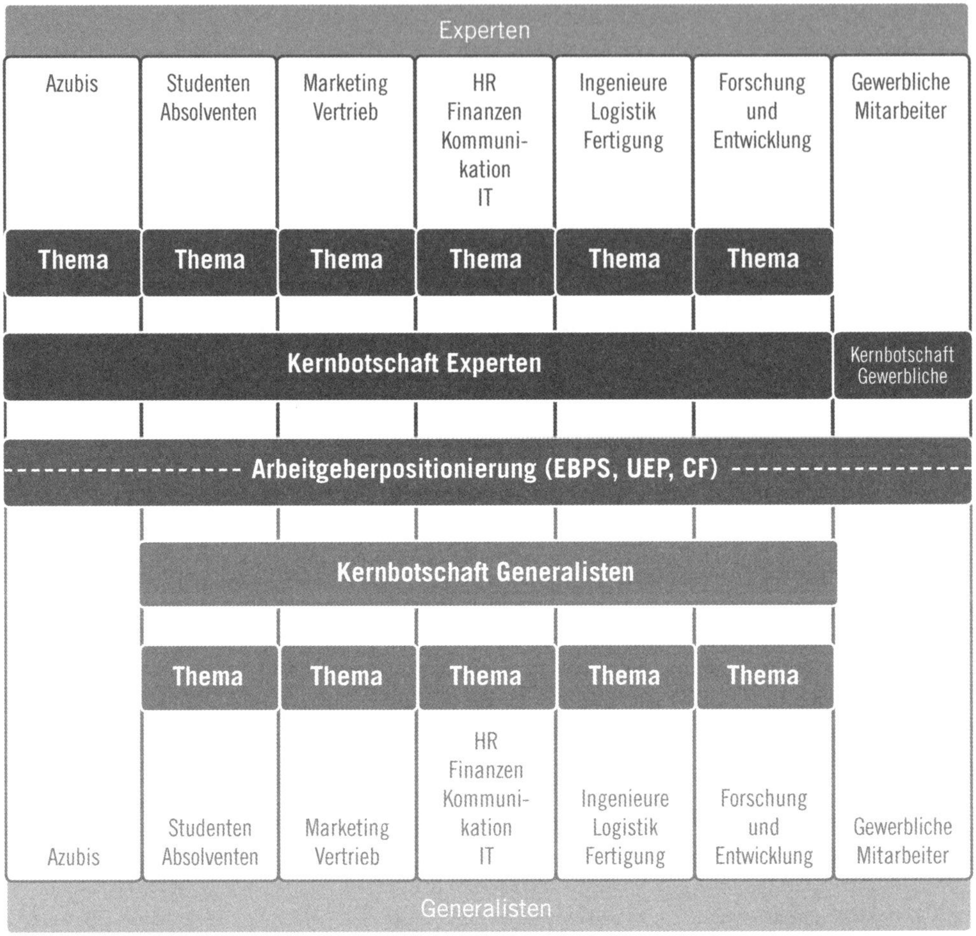

Abb. 4.33: Beispiel für eine individuelle Zielgruppen-Themen-Matrix

4.9 Interview: Employer-Branding-Analyse und Strategieentwicklung (TÜV SÜD)

Unternehmen	TÜV SÜD
Branche	Technische Dienstleistungen
Mitarbeiter	17.000
Standorte	über 600 weltweit
Projektstart	Juli 2011

Kerstin Minderlein

Kerstin Minderlein, Referentin Konzernpersonalmarketing, im Interview mit Wolf Reiner Kriegler.

Sie haben für TÜV SÜD eine Arbeitgeberpositionierung entwickelt. Was war die für Sie als Projektleiterin spannendste Erfahrung in diesem Prozess?

Im Mittelpunkt des Prozesses stand die Formulierung der EVP. Dafür mussten die Merkmale und Identität von TÜV SÜD als Arbeitgeber in einem Satz vereint und auf den Punkt gebracht werden.

Aufgrund der sehr unterschiedlichen Geschäftsbereiche und stark diversifizierten Aufgaben bei TÜV SÜD war ich von Anfang an auf diese zentrale Aussage sehr gespannt.

Die Vielzahl von Antworten und Meinungen von Mitarbeitern und dem Management auf das „Herzstück" unserer zukünftigen Arbeitgebermarkenstrategie zu verdichten, war eine aufregende und spannende Aufgabe.

Wie positioniert sich TÜV SÜD als Arbeitgeber? Und, vor allem, wie differenzieren Sie sich von anderen Unternehmen?

TÜV SÜD hat als technischer Prüfdienstleister die Aufgabe, Sicherheit und Wirtschaftlichkeit mit Blick auf den optimalen Nutzen für unsere Kunden in Einklang zu bringen. Unsere Mitarbeiter arbeiten aus Überzeugung für Sicherheit, Zuverlässigkeit und Qualität und fühlen sich ihren Aufgaben und ihren Kunden verpflichtet.

Zudem haben vor allem unsere technischen Mitarbeiter eine hohe Entscheidungskompetenz: Sie treffen täglich Entscheidungen, die Auswirkungen auf die Sicherheit von vielen Menschen haben. Das hört sich alles vielleicht ein bisschen pathetisch an, aber genau diese Mission wurde uns in den Mitarbeiterworkshops als Antreiber und Motivation für die Arbeit bei TÜV SÜD bestätigt.

Dieses Selbstverständnis und diese Kultur werden natürlich durch unsere Entstehungsgeschichte geprägt: Gegründet 1866 als erster Dampfkesselrevisionsverein bestand unser Unternehmenszweck darin, „Mensch, Umwelt und Sachgüter vor den nachteiligen Auswirkungen der Technik zu bewahren". Dieser Zweck zieht sich wie ein roter Faden durch die gesamte Entwicklung unseres Unternehmens vom badischen Dampfkesselrevisionsverein bis zum internationalen Dienstleistungskonzern.

Diese grundlegende Zielsetzung auf innovative und zukunftsorientierte Technologien zu übertragen, ist eine große Herausforderung. Dafür brauchen wir entscheidungsstarke Experten, die lösungsorientiert und vernetzt denken und handeln können. Das haben wir in unserem Employer Brand Positioning Statement auf den Punkt gebracht. Es lautet:

TÜV SÜD:

Wer über Sicherheit entscheidet, spürt Tragweite, die viel verlangt. Wir geben unser Bestes aus Prinzip und begegnen Trends mit Lösungen.

Plaudern Sie doch mal aus dem Nähkästchen: Was waren die größten Herausforderungen in der Strategieentwicklung?

Schwierig war es, die Balance zwischen „Ist" und „Soll" zu finden. Unsere Arbeitgeberpositionierung sollte glaubwürdig und für unsere Mitarbeiter nachvollziehbar sein. Und sie sollte auch zukunftsgerichtet sein und mit der Unternehmensstrategie in Einklang gebracht werden.

Die große Herausforderung war es, eine Positionierung zu formulieren, in der sich sowohl unsere jetzigen Mitarbeiter wiederfinden als auch die Anforderungen an neue Mitarbeiter — vor allem vor dem Hintergrund der weiteren Internationalisierung von TÜV SÜD — berücksichtigt werden.

Wie sind Sie in der Analyse vorgegangen?

Wir wollten — gemeinsam mit dem externen Partner — die Arbeitgeberpositionierung von innen heraus entwickeln. Glaubwürdigkeit und Identität sollten im Vordergrund stehen — und nicht einfach die am Arbeitsmarkt herrschenden Präferenzen durch Floskeln bedient werden.

Zuerst wurden alle möglicherweise relevanten Unterlagen und Dokumente gesichtet, beispielsweise bestehende Führungsleitlinien, Ergebnisse der Mitarbeiterbefragung, die Unternehmensstrategie oder Studien zur Arbeitgeberattraktivität. Zentrales und wichtigstes Element waren aber die Mitarbeiterworkshops und Managementinterviews. Wir veranstalteten fünf Workshops mit Mitarbeitern aus verschiedenen Bereichen und Funktionsstufen sowie unterschiedlicher Betriebszugehörigkeit. Zusätzlich wurden Interviews mit ausgewählten Stakeholdern geführt.

Wie sind Sie auf die Mitarbeiter und Entscheider zugegangen? War es leicht oder schwierig, sie zur Mitwirkung zu gewinnen?

Viele Mitarbeiter und vor allem Entscheider mussten erst einmal für das Thema sensibilisiert werden. Den Begriff Employer Branding kannten fast alle, aber was genau dahinter steckt und warum wir im ersten Schritt eine Positionierung von TÜV SÜD als Grundlage unserer Arbeitgebermarkenstrategie erarbeiten wollten, mussten wir oft erklären. Gerade weil das Endprodukt der Positionierung noch keine „schillernde" Recruitingkampagne ist, sondern die Basis oder den Kern aller Personalmarketingmaßnahmen bildet, war das Projektziel für manche Entscheider nicht greifbar und vorstellbar.

Was uns aber bestärkt hat, waren die vielen positiven Rückmeldungen von Mitarbeitern, die an den Workshops teilgenommen haben. Viele waren stolz darauf, an dem Projekt mitarbeiten zu dürfen und ihre Meinung einbringen zu können.

Die Qualität der Arbeitgeberpositionierung lebt davon, sich zu fokussieren und vieles andere wegzulassen. War es für Sie, die anderen Projektbeteiligten und die Entscheider im Steuerungsausschuss schwierig, sich auf wenige zentrale Positionierungsthemen zu einigen?

Die Fokussierung wurde durch das schrittweise Vorgehen erleichtert. Nach der Auswertung der Workshops und Interviews hatten wir acht mögliche Profilfelder definiert. Durch die Vorstellung der Profilfelder in verschieden Gremien konnten wir relativ schnell drei bis vier Favoriten identifizieren. Schwierig war es, die richtige Formulierung zu finden, mit der die Mehrheit der Projektbeteiligten und Entscheider zufrieden war. Letztendlich besteht unsere Arbeitgeberpositionierung aus drei zentralen Aspekten, wobei wir die anderen Profilfelder sehr gut als Sekundärbotschaften für bestimmte Zielgruppen oder Aufgaben verwenden können.

Wie haben die Mitarbeiter auf die Positionierung reagiert? Haben Sie eine Validierung durchgeführt?

Das Echo der Mitarbeiter war sehr positiv. Nach der Analysephase hatten wir uns entschlossen, die Positionierung nicht nur in Deutschland, sondern auch weltweit zu validieren. Wir wollten überprüfen, ob die in Deutschland erarbeitete Positionierung auch international gültig ist und das Potenzial für eine globale Arbeitgeberpositionierung hat. In einer weltweiten Onlinefragebogen-Aktion haben zufällig ausgewählte Mitarbeiter in Europa, Asien, Amerika und Afrika unsere Positionierung grundsätzlich bestätigt.

Zusätzlich haben wir ein Onlineforum für unsere Stakeholder angeboten. Geschäftsführer, Marketingleiter und unsere internationalen HR-Kollegen hatten so die Möglichkeit, sich auf einer gemeinsamen Onlineplattform auszutauschen und ihr Feedback zur Positionierung zu geben.

Gab es auch Kontroversen über die Ergebnisse der Positionierungsstrategie? Wie sind Sie damit umgegangen?

Natürlich gab es auch Kritik. Nicht jeder konnte unseren Ansatz nachvollziehen, die Positionierung „von innen heraus" zu entwickeln. Stattdessen sollte auf die Bedürfnisse und Wünsche von potenziellen Bewerbern eingegangen werden. Kritisch wurden auch einige Formulierungen gesehen.

Durch die Validierungsrunde und das Onlineforum haben wir natürlich viele Personen zu Projektbeteiligten gemacht und mit kritischem Feedback gerechnet.

Wir haben uns mit dieser Kritik sehr intensiv auseinandergesetzt. Dabei mussten wir abwägen, welche Anregungen wir umsetzen können, ohne den eigentlichen „roten Faden“ zu verlieren.

Trotzdem ist es wichtig, dass die Arbeitgeberpositionierung von allen Beteiligten verstanden, akzeptiert und unterstützt wird. So hat uns beispielsweise die Diskussion im Onlineforum geholfen, einen Aspekt unserer Positionierung noch einmal zu überarbeiten und verständlicher zu formulieren.

Wenn Sie noch einmal von vorne anfangen könnten, was würden Sie anders machen?

Bei uns ist das Projekt zuerst mit dem Fokus auf Deutschland gestartet. Der Auftrag zur Entwicklung einer internationalen Positionierung kam erst im Laufe des Prozesses, sodass wir uns für den Weg einer internationalen Validierung entschlossen haben. Um die internationale Akzeptanz und Glaubwürdigkeit zu erhöhen, wäre es natürlich sinnvoll, von Anfang an internationale Workshops und Interviews durchzuführen. Das ist aber auch von Budget und Zeitplan abhängig!

Was sind die für Sie wertvollsten „Lessons learned“? Was möchten Sie den Lesern, die eine Analyse aufsetzen und eine Strategie entwickeln wollen, am meisten mit auf den Weg geben?

Suchen Sie sich rechtzeitig Verbündete und Fürsprecher für das Thema im Unternehmen. Erklären Sie die Notwendigkeit einer authentischen Arbeitgeberpositionierung als Basis aller Personalmarketingmaßnahmen. Seien Sie nicht enttäuscht, wenn in der Analysephase keine vollkommen neuen Aspekte definiert werden. Unsere Positionierung beruht auf den Grundwerten des Unternehmensziels — ein durchaus stimmiges Ergebnis. Die Analysephase war trotzdem sehr wichtig, um diese Ausrichtung zu erkennen, bestätigt zu bekommen und in einer EVP auf den Punkt zu bringen.

Haben Sie Mut, Optimismus und Ausdauer, um die die kleinen und großen Hindernisse zu überstehen und das Projekt zu einem guten Abschluss zu bringen.

4.10 Interview: Employer-Branding-Analyse und Strategieentwicklung (Schweizerische Bundesbahnen)

Unternehmen	Schweizerische Bundesbahnen
Branche	Öffentlicher Verkehr
Mitarbeiter	28.500
Standorte	über 200
Projektstart	2010

Stephanie Escher

Stephanie Escher, Leiterin eines konzernweiten Kulturprogramms, vormals Leiterin des Kompetenzcenters Personalmarketing, im Interview mit Wolf Reiner Kriegler.

Die SBB haben mehr als 28.000 Mitarbeitende quer über die Schweiz verteilt. Wie war es da möglich, eine übergreifende Arbeitgeberpositionierung zu entwickeln, die die Zustimmung der Belegschaft findet?

Ja, das war in der Tat eine Herausforderung, vor der ich auch ordentlich Respekt hatte. Natürlich gibt es bei der SBB „Subkulturen", das ist auch richtig so. Dennoch haben wir es geschafft, einen gemeinsamen Nenner zu finden, der für alle diese Subkulturen passt und zutrifft.

Gefunden haben wir diesen Nenner dank dem aktiven Einbezug unserer Mitarbeitenden.

Bei so einer komplexen Organisation: Wie lange mussten Sie intern Überzeugungsarbeit leisten, um den Employer-Branding-Zug ins Rollen zu bekommen?

Ehrlich gesagt, nicht sehr lange. Es war eigentlich allen Entscheidungsträgern klar, dass wir auf dem Arbeitsmarkt noch nicht als der attraktive und wertvolle Arbeitgeber wahrgenommen werden, die wir sind. Diese einheitliche Sicht der Dinge hat sehr geholfen. Dass unser HR-Leiter so stark hinter dem Projekt stand, hat auch das Seinige beigetragen.

Was war überhaupt der Auslöser, Employer Branding zu betreiben? Welche Beweggründe waren letztlich die ausschlaggebenden?

Wir haben seit 2008 eine HR-Strategie. Eine von acht Stoßrichtungen dieser Strategie ist das Thema Arbeitgeberattraktivität. Das Thema war in dem Sinne also schon gesetzt. Als wir dann, basierend auf der HR-Strategie, eine Personalmarketingstrategie erarbeitet haben, war es klar, dass das Thema Employer Branding ein wesentliches Puzzlestück sein muss. Dies, wie vorhin schon gesagt, weil wir den Eindruck hatten, dass wir auf dem externen Arbeitsmarkt noch nicht als der attraktive Arbeitgeber wahrgenommen wurden, der wir sind und uns teilweise noch das Beamtenimage anlastete.

Mit welchen Gremien haben Sie gearbeitet?

Wir hatten ein kleines agiles Projektteam, bestehend aus Personalmarketing und Markenführung. Rundherum haben wir ein breites Stakeholdermanagement gemacht mit der HR-Beratung, mit Marketing und Kommunikation, mit Linienvorgesetzten und Mitarbeitenden. Dann war natürlich das gesamte HR-Leitungsgremium involviert. Diese Mischung von kleinem Projektteam und breitem Sounding hat sich sehr bewährt.

Zuerst wollten Sie die „Trüffelgruppen" mit den Mitarbeitenden und andere Prozessschritte ohne externe Begleitung machen. Später haben Sie dann doch einen Berater eingeschaltet. Was ist passiert?

Letztendlich war es weniger die Frage, ob es Sinn macht, sich beim Trüffeln begleiten zu lassen, als eher die Frage der Kontinuität im gesamten Prozess. Dass unser externer Partner Psychologen im Team hatte, die die Workshops in einer sehr vertrauensvollen Art mit viel Fingerspitzengefühl führen konnten, war sehr wertvoll.

Was raten Sie anderen Unternehmen, die in einer solchen Situation sind und vielleicht das Geld für einen externen Berater gar nicht haben?

Dann würde ich mindestens ein sehr gutes Briefing für die Gespräche machen und ein bis zwei Workshops begleiten lassen, diese mitverfolgen und dann erst selber Workshops führen. Tendenziell wäre dann hier das Motto: „Lieber weniger Workshops, dafür gute."

Als es dann richtig losging, wie viele Menschen in der SBB haben Sie insgesamt eingebunden, und wie haben diese das Projekt aufgenommen?

Insgesamt haben wir über 100 Menschen in das Projekt eingebunden. Das ist für mich nach wie vor der größte Erfolgsfaktor dieses Projekts. Wir haben Mitarbeitende in Gruppengespräche eingebunden und zweimal in die Validierung einbezogen. Das hat sich sehr bewährt.

Die qualitative Analyse mit den Mitarbeitern hat viel Spannendes über Ihre Unternehmenskultur zutage gefördert. Auch viel Kritisches, zum Beispiel „gefühlte Ziel- und Planlosigkeit" oder „Wir arbeiten in einem Umzugsunternehmen", weil ständig umstrukturiert wurde. Wie haben die Entscheider darauf reagiert?

Die Aussagen wurden mit viel Neugier und Interesse aufgenommen. Insbesondere die kritischen Punkte sind in andere Projekte eingeflossen.

Sie haben aus Gründen der Glaubwürdigkeit ganz bewusst solche kritischen Aspekte in die Positionierung mit aufgenommen, sogar die „häufigen Veränderungen". Gab es da nicht Widerstand?

Natürlich mussten wir anfangs erklären, wieso eine Arbeitgeberpositionierung nicht nur das Beste vom Himmel versprechen kann. Als wir dann aber erläutern konnten, wie wichtig das Erwartungsmanagement zum Beispiel im Bereich der Personalgewinnung ist, wurde das sehr gut aufgenommen und verstanden. Man kann als Arbeitgeber nicht ungestraft etwas versprechen, was man nicht halten kann. Gleichzeitig zieht man die falschen Menschen zum Unternehmen, wenn man gewisse schwierige Themen nicht äußert. Und die richtigen, die diese schwierigen Punkte als Herausforderung ansehen würden, erreicht man dann nicht. Es geht ja nicht darum, die Anzahl der Bewerbungen exponentiell zu vergrößern, sondern die richtigen Menschen für das Unternehmen anzusprechen.

Anderen Employer-Branding-Projektteams weht da vielleicht mehr Gegenwind von oben ins Gesicht. Nicht alle verstehen das als „Effektivität der Ehrlichkeit“. Zu welchem Vorgehen raten Sie dann?

Das Stakeholdermanagement ist für mich das A und O. Bereits bevor Ergebnisse vorliegen, muss genau erklärt werden, was mit so einem Projekt eben auch passieren kann, dass auch schwierige Themen aufpoppen können. Wenn man das erst kommuniziert, wenn konkrete Ergebnisse da sind, dann ist das zu spät. Grundsätzlich erläutere ich das Thema immer so, dass ich hier einen großen Unterschied sehe zwischen „normaler“ Werbung und Branding. Wenn ich als Chips-Hersteller verspreche, dass meine Chips die knackigsten der Welt sind und das ist dann nicht so, dann ist das für den Käufer nicht so tragisch — sein Involvement zum Kauf der Chips war nicht so hoch (ob er sie dann nochmal kauft, ist eine andere Frage). Wenn ich aber für ein Unternehmen arbeiten will und dieses Unternehmen „verschweigt“ mir relevante Themen oder verspricht mir Sachen, die es dann nicht halten kann, dann haben beide Seiten Glück, wenn man sich in der Probezeit trennt. Sonst hat man einen Mitarbeiter, der jahrelang Dienst nach Vorschrift macht.

Das Employer Brand Positioning Statement Ihrer Arbeitgeberpositionierung lautet: „Wir packen richtig an. Gerade weil unsere Arbeit allen nützt. Was wir meistern, ist komplex. Deshalb ist unser ganzes Können täglich gefragt. Wir erleben viel Veränderung. Das fordert uns immer wieder neu heraus. Was uns stark macht, ist Zusammenhalt. Denn so bewegen wir am meisten.“ – Ging es nicht kürzer?

Darin sind schon sehr viele Themen verdichtet. Das wäre vielleicht schon kürzer gegangen, aber dann wäre uns zu viel Substanz verloren gegangen.

Wenn Sie das Ergebnis betrachten: Würden Sie sagen, der Prozess hat sich gelohnt, und was hat sich dadurch zum Besseren verändert?

Absolut. Wir haben auf dem Arbeitsmarkt und auch im Unternehmen als Arbeitgeber ein Gesicht erhalten, das sich sehen lassen kann.

Wie haben Ihre Mitarbeitenden auf die Positionierung reagiert? Mehr Wirklichkeit oder mehr Anspruch?

Wir hatten effektiv keine negativen Reaktionen aus Mitarbeitendenkreisen. Was ein gutes Zeichen ist, weil wir, dies entspricht auch einem unserer Führungsgrundsätze, eine sehr konstruktiv-kritische Belegschaft haben. Wir haben ja auch die ganze Visualisierung mit eigenen Mitarbeitenden gemacht. Es haben sich in kürzester Zeit viele Mitarbeitende gemeldet, die bereit gewesen wären, sich für die

SBB zu exponieren. Das ist für mich auch ein Zeichen, dass sie hinter der Positionierung stehen können. Apropos erhalte ich heute noch Anrufe und E-Mails von Mitarbeitenden, die sich gerne zur Verfügung stellen würden.

Jetzt sind zwei Jahre vergangen. Woran merken Sie, dass die Arbeitgeberpositionierung immer noch passt und tatsächlich gelebt wird?

Wir konnten sämtliche HR-Prozesse von der Gewinnung bis zum Austritt entlang der Arbeitgeberpositionierung gestalten. Und durch die gute Verknüpfung mit der Unternehmensmarke hat die Arbeitgebermarke erst recht ein langes Haltbarkeitsdatum.

Gab es einen Moment in dem Prozess, an dem Sie als Projektleiterin glaubten, dass er scheitern würde? Wo sind Ihnen die größten Widerstände begegnet?

Nun, das waren nicht Widerstände, aber ein sehr schwerer Entscheid. Nachdem wir die Arbeitgeberpositionierung erarbeitet haben, wollten alle Stakeholder endlich etwas *sehen*. Beim ersten Agenturpitch, den wir durchgeführt haben, konnte allerdings keine der Agenturen überzeugen. In diesem Moment entscheiden zu müssen, dass wir keine dieser Agenturen auswählen und eine Projektverzögerung einfahren, war sehr schwierig. Die Entscheidung hat sich dann zum Glück als richtig herausgestellt.

Es heißt manchmal, die Schweiz würde im Thema Employer Branding einige Jahre hinter Deutschland herhinken. Wie ist Ihre Einschätzung des Employer Branding made in Switzerland?

Ich kann den Vergleich Deutschland-Schweiz schlecht ziehen, habe aber den Eindruck, dass der Leidensdruck der Unternehmen in der Schweiz wohl noch zu wenig hoch ist. Anders kann ich mir nicht erklären, weshalb erst so wenige Unternehmen sich an dieses Thema gewagt habt.

In Deutschland wurde Employer Branding lange als besseres Personalmarketing missverstanden. Erleben Sie das in der Schweiz auch?

Ich erlebe vor allem, dass es ein extrem unterschiedliches Begriffsverständnis gibt. Sowohl was Personalmarketing angeht als auch Employer Branding.

Dass ausgerechnet die SBB sich einem so professionellen Prozess stellen, hätten sicher nicht alle Landsleute erwartet. Welche Reaktionen erleben Sie, wenn Sie Ihr Fallbeispiel anderen Schweizer Unternehmen auf Konferenzen oder in Seminaren präsentieren?

Eigentlich kommt mir fast nur positives Echo entgegen. Viele sagen, dass sie die SBB in den letzten Jahren als viel moderner und frischer wahrnehmen. Was mich natürlich sehr freut.

Was war Ihr schönster Moment in dem Prozess?

Es gab viele schöne Momente. Generell war es wahnsinnig spannend, durch den Einbezug der Mitarbeitenden das eigene Unternehmen mit den Augen anderer Menschen zu sehen. Zwei Momente sind mir besonders in Erinnerung geblieben.

Der erste war im zweiten Validierungsworkshop, als wir die Aussage der Arbeitgeberpositionierung validiert haben und ein Mitarbeiter plötzlich sagte: „Diese Positionierung ist ein Riesenkompliment für unsere Mitarbeitenden." Der zweite sehr schöne Moment war, als ich das erste Mal an unserem neuen Messestand gestanden bin. Früher hatte ich mich manchmal fast ein bisschen für unseren Stand geschämt und plötzlich stand ich an diesem phantastischen Stand und Standbetreuende von namhaften Schweizer Unternehmen kamen zu mir und sagten, wir hätten den schönsten Stand der ganzen Messe. Dass dieser Stand nicht nur schön ist, sondern super zu unserer Positionierung passt, versteht sich von selber.

Wenn Sie noch einmal von vorne anfangen könnten, was würden Sie auf jeden Fall anders machen?

Ich würde von Anfang an ein größeres Gewicht auf die interne Implementierung der Arbeitgeberpositionierung legen.

4.11 Interview: Wirkung von Arbeitgebermarkenbildung in Transformationsprozessen (Vattenfall Group)

Unternehmen	Vattenfall Group
Branche	Energie
Mitarbeiter	ca. 35.000
Standorte	in 7 Ländern Europas

Felicitas von Kyaw

Sandra Rottstädt

Felicitas von Kyaw, Corporate Vice President Organisational Development & Change Group HR, und Sandra Rottstädt, Expert Regional Employer Branding Germany, im Interview mit Wolf Reiner Kriegler.

Vattenfall ist ein schwedisches Staatsunternehmen. Die Unternehmensgruppe ist durch viele Zukäufe in europäischen Ländern entstanden. Ende der Neunziger haben Sie die Hamburger HEW und die Berliner Bewag übernommen. 2009 haben Sie die niederländische Nuon gekauft. Im Rahmen Ihres Employer-Branding-Prozesses haben Sie nach einem gemeinsamen Identitätskern gesucht. Ist das überhaupt realistisch, wenn ein Unternehmen so anorganisch wächst?

Ja, es ist uns gelungen, einen gemeinsamen und relevanten Identitätskern im Konzern zu identifizieren. Uns war es dabei besonders wichtig, eine Identität zu definieren, die von Mitarbeitern aller Länder getragen wird. Sie sollte vor allem glaubwürdig, authentisch und relevant sein. Die Notwendigkeit einer gemeinsamen, gruppenweiten Positionierung hat durch unsere europaweite Reorganisation zu Beginn 2011 einen weiteren Bedeutungsschub erhalten.

Um eine Arbeitgeberpositionierung zu definieren, haben Sie europaweit mit Mitarbeitern und Managern gesprochen. Was haben Sie gefunden? Hat sich im Laufe der Jahre seit der Übernahme der einzelnen Firmen durch Vattenfall eine verbindende kulturelle Basis eingestellt oder dominieren immer noch die Unterschiede?

Unterschiede wird es immer geben — sie bedeuten auch, dass wir voneinander lernen können. Sie geben uns die Chance, unsere Arbeitsweisen zu hinterfragen und gemeinsam an der besten Lösung zu arbeiten. Unsere Positionierung unterstützt diesen Prozess des Zusammenwachsens zu „One Vattenfall", auch weil sie mit Mitarbeitern verschiedener Länder, Ebenen und Geschäftsfelder erarbeitet wurde. Sie zeigt, dass es bereits viele Gemeinsamkeiten gibt. Unsere Mitarbeiter haben das Gefühl, dass ihre Fähigkeiten und Fertigkeiten in ihrem Job gut zum Einsatz kommen und sie somit „das Beste" aus sich herausholen können. Dafür haben sie auch den nötigen Entscheidungsfreiraum durch Vorgesetzte. Sie ergreifen dabei die Chance, „einen Schritt weiter zu gehen". Das heißt, sie sind motiviert, auch Aufgaben zu übernehmen, die über ihren normalen Verantwortungsbereich hinausgehen.

Die aktuellen Ergebnisse 2012 unserer jährlichen Mitarbeiterbefragung haben diese Positionierung klar bestätigt. Der zentrale Aspekt — der „Glaube an die Leistungsfähigkeit eines jeden Einzelnen" — hat über 80 Prozent Zustimmung erhalten. Darüber sind wir sehr glücklich.

Immer mehr Unternehmen erkennen: Employer Branding ist in erster Linie ein Prozess der Kultur- und Identitätsentwicklung. Hat das Projekt bei Vattenfall bereits eine Besinnung auf die Gemeinsamkeit stiftenden Themen und Merkmale in Gang gesetzt?

Durch die vielen Gespräche und Diskussionen haben viele Kolleginnen und Kollegen gemerkt, dass es mehr Gemeinsamkeiten gibt, als sie vielleicht vermutet hätten. Neben unseren Kernwerten, die Grundlage unseres gemeinsamen Handelns sind und die zu Beginn 2011 eingeführt wurden, hat das Projekt einen ersten wichtigen Beitrag zur Kulturentwicklung geleistet.

Dieser Prozess wird im Rahmen der internen Einführung und externen Umsetzung jedoch erst richtig Fahrt aufnehmen können.

2011 hat die schwedische Konzernleitung unter dem neuen CEO Øystein Løseth eine umfassende Reorganisation in Gang gesetzt. Manche sagen, es blieb kein Stein auf dem anderen. Das hat auch den Employer-Branding-Prozess beeinflusst. Mussten Sie von vorne anfangen?

Nein, das war zum Glück nicht nötig. Unser Executive Management war davon überzeugt, dass die Arbeitgeberpositionierung den Veränderungsprozess positiv unterstützt und eine tragende Säule darstellt. Es wurde im Rahmen unserer Reorganisation auch ein neues Markenpositionierungskonzept für die Corporate Brand Vattenfall eingeführt, in die wir das Employer Branding gut integrieren konnten – auch dies hat unserem Unterfangen weitere Schubkraft verliehen.

Viele Unternehmen sind in einer ähnlichen Situation, Veränderungen sind an der Tagesordnung. Die Zunft der „Changemanager" hat Hochkonjunktur. Kann Arbeitgebermarkenbildung in solchen Transformationsprozessen eine stabilisierende, integrative Rolle spielen?

Wir sind der festen Überzeugung, dass die Arbeitgebermarkenbildung gerade in Veränderungsprozessen stabilisierend wirkt, da sie den Fokus auf Gemeinsamkeiten und Stärken legt. Der Entwicklungsprozess an sich ist bereits das Wertvolle, da er Blick und Bewusstsein auf Verbindendes und Entstehendes lenkt. Dabei erhalten solch grundlegende Themen die vollumfängliche Aufmerksamkeit erst (wieder), wenn die „akute Phase" des Changes abklingt.

Aktuell stehen wir nun am Anfang der Implementierung – sowohl intern als auch in der Kommunikation in den Arbeitsmarkt. Somit liegt das volle Integrationspotenzial noch vor uns, dies insbesondere in Richtung unserer Mitarbeiter in seiner angestrebten Breitenwirkung.

Wie schafft man es, das Thema Employer Branding in Zeiten intensiver Veränderungen in der Aufmerksamkeit des Topmanagements zu halten? Oder ist das eine Illusion? Zu welchen Erwartungshaltungen raten Sie den Lesern?

Employer Branding ist seit den ersten Anfängen immer wieder im Topmanagement diskutiert worden. Somit haben wir über Jahre ein entsprechendes Bewusstsein schaffen können. Sicher braucht es ein gewisses Maß an Durchhaltevermögen, Enthusiasmus und Überzeugungskraft – gerade in Zeiten des Wandels, in denen die unmittelbare und volle Aufmerksamkeit zunächst auf dem Management ebendieses liegt.

Wie geht es weiter mit Ihrem Employer Branding? Was wollen Sie mit Arbeitgebermarkenbildung in Zukunft erreichen?

Wir haben neue HR-Instrumente, wie zum Beispiel eine Leitlinie zur Personalauswahl, eine interne Broschüre zur Arbeitgeberpositionierung oder eine Online-Willkommensplattform für neue Mitarbeiter eingeführt. Zudem werden wir unsere Positionierung auch in weitere HR-Prozesse und Instrumente integrieren. Damit soll die Positionierung für Mitarbeiter in jeder Phase des Mitarbeiter-Lebenszyklus erlebbar und spürbar sein. Unsere Mitarbeiter sollen als „Botschafter" der „lebende" Beweis unserer Kultur sein. In unserer jährlichen Mitarbeiterbefragung werden wir prüfen, wo wir mit unserer Positionierung stehen und inwieweit sie im Unternehmen gelebte Realität bleibt. Darüber hinaus wollen wir als Arbeitgeber auch für die Talente außerhalb Vattenfalls attraktiv und relevant sein. Auch dies gilt es, mit entsprechenden Maßnahmen zu begleiten.

Wenn Sie noch einmal von vorne anfangen könnten, was würden Sie anders machen?

Vor dem Hintergrund unserer Rahmenbedingungen würden wir es sicher genauso wieder machen. Employer Branding ist kein „Quick-win-Projekt", erst recht nicht in Zeiten des Wandels. Es ist eine die Unternehmenskultur mitprägende und daher langfristig angelegte Aufgabe. Somit ist es auch kein „Stand-alone-Ansatz", sondern muss sich mit anderen Changemaßnahmen und Organisationsentwicklungskonzepten sinnvoll zusammenfügen und ergänzen.

Um das Thema von Beginn an auf stabile Füße zu stellen, empfehlen wir, sich die Unterstützung des Topmanagements frühzeitig zu sichern. Darüber hinaus sollten weitere interne Stakeholder, wie zum Beispiel der Bereich Corporate Communications und Corporate Brand Management, von Anfang an eng eingebunden werden.

5 Die Arbeitgebermarke in der Organisation verankern

Als das Thema Employer Branding 2006 seinen Siegeszug in Deutschland begann, etwa zwei Jahre später auch in Österreich und der Schweiz, da wurde der Begriff zumeist noch synonym für Personalmarketing verwendet und auf die Rekrutierung von Mitarbeitern reduziert. Dass das Wörtchen Branding eigentlich dafür steht, eine Marke aufzubauen, die diesen Namen auch verdient, daran hat damals so gut wie niemand gedacht. Die Akteure in Unternehmen und Agenturen hielten es anscheinend schon für markenbildend, wenn ihr Arbeitgeberauftritt einheitlicher und kreativer daherkam.

Als in der Weltwirtschaftskrise 2008 und 2009 ganze Belegschaften in Kurzarbeit geschickt wurden, wirkte sich dieses einseitige Begriffsverständnis sofort aus: Warum sollen wir in Employer Branding investieren, wenn wir niemanden mehr einstellen, so fragten sich viele. Während das Thema also zurückgefahren wurde, blieben viele von ihren Geschäftsführern zum Stillstand verdammten Employer-Branding-Verantwortlichen aber an dem Thema dran und bildeten sich fort. Zeit genug hatten sie. Wie immer rückten auch in dieser Krise andere Themen in den Blickpunkt: Arbeitsmotivation, Leistungsbereitschaft, Identifikation, Loyalität und die Bindung der Leistungsträger — die bei schlechten Erfahrungen mit dem eigenen Arbeitgeber im Umgang mit Krisen häufig zu den ersten gehören, die zu anderen Unternehmen, gar zur Konkurrenz abwandern, sobald der Motor der Konjunktur wieder anspringt.

Wirtschaftskrisen: Geburtshelfer des internen Employer Branding

Krisen sind wunderbare Gelegenheiten, um den bindenden und verbindenden Wert der internen Markenbildung zu erkennen. Dass Employer Branding, sofern strategisch fundiert und richtig betrieben, enorme interne Effekte hat, die genau in diese Kerbe schlagen — Steigerung der Identifikation und infolgedessen der Bindung und Leistungsbereitschaft der Mitarbeiter — war in der Theorie zumindest seit 2008 bekannt, aber nur von einigen wenigen Vorreitern schon in der Praxis getestet. Das sollte sich ändern, als die Weltwirtschaftskrise für beendet erklärt wurde, aber alle ahnten, dass die nächste Krise schnell kommen würde. 2010 und 2011 haben viele Unternehmen unabhängig von ihrem Rekrutierungsdruck in Employer Branding investiert und plötzlich verschoben sich die Gewichte in den auftragsklärenden Gesprächen: Nicht wenige Unternehmen stellten die internen Effekte der Arbeitgebermarkenbildung plötzlich in den Fokus ihrer Employer-Branding-Bestrebungen.

Die Veröffentlichung eines ersten Modells für das interne Employer Branding in der Schweizer Fachzeitschrift HR-Today im April 2008 blieb weitgehend unbemerkt. Erst 2010 entstand in Deutschland eine etwas ausgewogenere Betrachtung von Employer Branding in der Fachdebatte.

So überschrieb das Personalmagazin eine ganze Artikelstrecke plötzlich mit dem Begriff „Internes Employer Branding".

Arbeitgebermarken wachsen von innen nach außen

Arbeitgebermarken brauchen Substanz. Deshalb wachsen sie von innen nach außen. Folgerichtig beginnt die Umsetzung einer Employer-Branding-Strategie bei den eigenen Führungskräften und Mitarbeitern und pflanzt sich dann, parallel zur externen Arbeitgeberkommunikation, im Rahmen des sogenannten internen Employer Branding in der Organisation fort.

In der Phase der Implementierung vermitteln Sie der Organisation, warum das Unternehmen sich als Arbeitgeber gerade so und nicht anders positionieren will, was der Nutzen für alle Beteiligten ist und welcher Beitrag von jedem Einzelnen erwartet wird. Dabei gilt für den Einzelnen nicht immer, was für das Unternehmen stimmt: The Employer Brand is your friend. Je konkreter die Mitarbeiter die Arbeitgebermarke erleben können, je mehr sie spüren, was sich durch die Positionierung des Arbeitgebers für sie verändert und verbessert, desto intensiver werden sie sich mit ihr anfreunden — oder auch erkennen, dass sich der Arbeitgeber in eine Richtung bewegt, die nicht die ihre ist. Was ein ebenso positiver Effekt ist, denn es ist für beide, Organisation und Mensch, bedeutungsvoll, das klar zu erkennen und zu bekennen.

Als Pendant zur kontinuierlichen Kommunikation der Arbeitgebermarke in den Arbeitsmärkten — externes Employer Branding — gilt das interne Employer Branding. Im Januar 2008 entwarf die Deutsche Employer Branding Akademie in Berlin erstmals ein Modell für die interne Arbeitgebermarkenbildung, das vier Handlungsfelder unterscheidet:

- Führung
- Personalmanagement
- Interne Kommunikation
- Gestaltung der Arbeitswelt

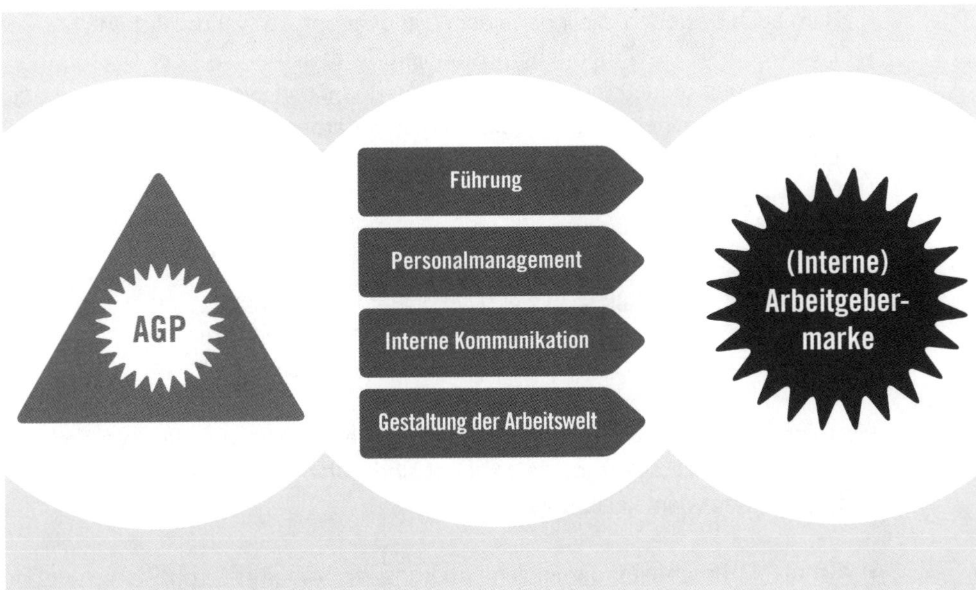

Abb. 5.1: Die vier Handlungsfelder des internen Employer Branding

Wenn Sie diese Handlungsfelder im Sinne der Arbeitgeberpositionierung weiter ausgestalten, sorgen Sie dafür, dass die Arbeitgebermarke auch dauerhaft und nachhaltig in der Organisation verankert wird. Genau wie ein Bewerber an allen Kontaktpunkten mit einem Arbeitgeber, soll ein Mitarbeiter möglichst häufig und homogen in der Organisation und ihrer Unternehmenskultur spüren, dass die Inhalte der Arbeitgebermarke gelebt und ernst genommen werden.

Wann immer unternehmensstrategische Grundlagen in der Organisation eingeführt werden, zum Beispiel Unternehmenswerte, steht ein Wunsch ganz oben: Dass Mitarbeiter und Führungskräfte die Werte mitleben und vorleben, sich also „wertekonform" verhalten — und das am besten sofort.

Heute weiß man: Das ist völlig unrealistisch. Wer will, dass normative Elemente der Unternehmensführung wie eine Arbeitgeberpositionierung tatsächlich Haltung und Verhalten seiner Leute prägen, der sollte eine grundlegende Regel beachten:

- Mit reiner Information und Bekanntgabe sorgen Sie dafür, dass die Mitarbeiter die Arbeitgeberpositionierung „kennen" und „verstehen", was damit gemeint ist.

- Durch Dialog und Reflexion erreichen Sie, dass sie nicht nur „verstehen", sondern auch beginnen, die Inhalte der Positionierung zu „verinnerlichen".
- Erst wenn Sie die Arbeitgeberpositionierung dauerhaft in Ihrer Organisation merklich und unmerklich erlebbar machen und damit „verglaubwürdigen" und prägnanter machen, erreichen Sie, dass die Mitarbeiter sie in ihr Verhalten integrieren und „mitleben" sowie „vorleben".

Oder, um es mit Konfuzius zu sagen …

„Sage es mir, und ich werde es vergessen.
Zeige es mir, und ich werde es vielleicht behalten.
Lass es mich erleben, und ich werde es können."

Die folgende Abbildung beschreibt diese Ziele der organisationalen Verankerung und zeigt die Prozessphasen, die geeignet sind, dahin zu kommen. Dieser Teil des Handbuchs trägt dem Rechnung:

- Schritt 12 beschreibt die Implementierung der Arbeitgeberpositionierung im Unternehmen — damit Führungskräfte und Mitarbeiter „verstehen" und teilweise „verinnerlichen".
- Schritt 13 beschreibt, wie Sie die Arbeitgebermarke dauerhaft in der Organisation verankern, damit die Menschen sie nicht nur „verinnerlichen", sondern auch „mitleben" und „vorleben".

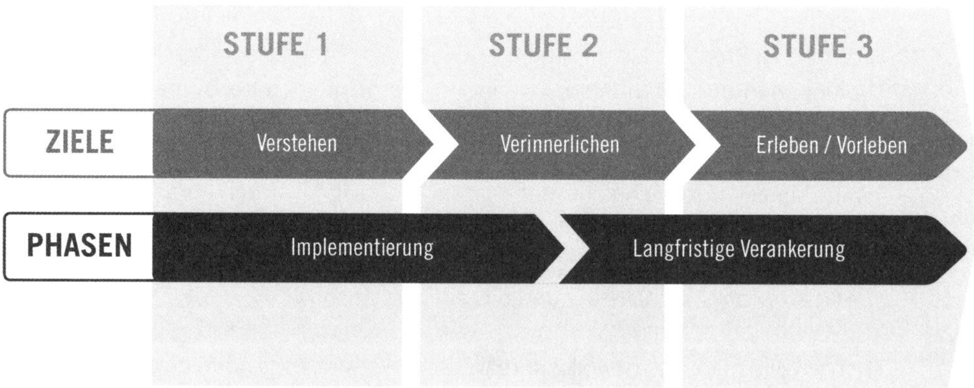

Abb. 5.2: Ziele und Phasen des internen Employer Branding

5.1 Schritt 12: Implementierung der Arbeitgeberpositionierung im Unternehmen

Die Implementierung Ihrer Arbeitgeberpositionierung hat verschiedene Handlungsfelder:

- HR-Geschäftsprozesse: Wie spiegeln sich die Werte und Botschaften der Arbeitgebermarke in den Prozessen des Talent Managements, des Recruitings und anderer wider?
- Einführung bei Mitarbeitern und Führungskräften: Wie führen Sie die Arbeitgeberpositionierung intern so ein, dass sie nicht einfach nur verkündet, sondern gezielt mit Sinn und Gefühlen aufgeladen wird?
- Schulung der im Bewerberkontakt stehenden Kollegen: Wie sorgen Sie dafür, dass der Bewerberkontakt durch die damit betrauten Kollegen konsistent auf die Arbeitgebermarke einzahlt?
- Employer Brand Guidelines: Brauchen Sie eine Art Anwendungsleitfaden für den Umgang mit der Arbeitgebermarke und wie können Sie diesen gestalten?

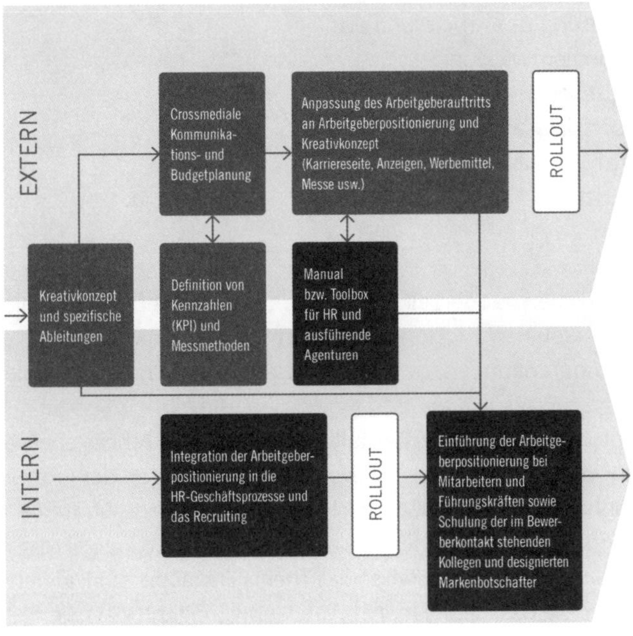

Abb. 5.3: In der Übersicht der Schritt 12 – Implementierung der Arbeitgebermarke

5.1.1 Implementierung der Arbeitgeberpositionierung in die HR-Geschäftsprozesse

Verfügt Ihr Unternehmen über vordefinierte Strukturen und Prozesse, um Mitarbeiter zu finden, anzuwerben, einzuarbeiten und intern zu begleiten? Dann klopfen Sie diese Prozessgruppen darauf ab, inwiefern sie dem Bild, das Sie als Arbeitgeber künftig vermitteln wollen, entsprechen. Prozesse, die dafür in Frage kommen, sind ...

Extern ausgerichtete Prozessgruppen (Beispiele)

- Personalmarketing
- Bewerberauswahl
- Einstellung

Intern ausgerichtete Prozessgruppen (Beispiele)

- Onboarding
- Beurteilung
- Gestaltung des Arbeitsumfelds
- Personalentwicklung
- Vergütung und Incentivierung
- Personaleinsatz
- Nachfolgeplanung
- Austritte
- Berichtswesen

Im Wesentlichen handelt es sich um Prozesse des Recruitings, Talent Managements und der Personalentwicklung. Jedes Unternehmen hat hier seine eigenen Definitionen und Abgrenzungen, deshalb schauen Sie sich an, was für Sie passt.

Die Verprobung der Prozessgestaltung anhand der Arbeitgeberpositionierung kann nicht nur dazu führen, dass Sie eventuell Anpassungen der Prozessabläufe oder der Prozessinhalte vornehmen. Je nach Employer-Branding-Strategie wird vielleicht ein ganzer Prozessschritt überflüssig oder sollte komplett umgekrempelt werden. Wenn Sie als Arbeitgeber beispielsweise das Thema Freiräume stark in den Vordergrund stellen, können Sie das auch dadurch „verglaubwürdigen", dass Sie mehr Wahlfreiheit bei Fortbildungen, Quereinstiege bei Traineeprogrammen oder Wechsel zwischen Ausbildungsgängen zulassen und das Formularwesen für die Beantragung von Urlaub, Weiterbildung sowie das Berichts- und Protokollwesen generell kräftig ausdünnen.

BEISPIEL

Wann selbst Dienstreisen Ausdruck von Arbeitgebermarke werden

Situation

Ein europaweit führendes Sanitärtechnikunternehmen wollte seine Mitarbeiter zu mehr Austausch in der internationalen Projektarbeit stimulieren. Eines seiner Arbeitgebermarken-Profilfelder lautete: „Wissen grenzenlos teilen und erweitern."

Bewertung

Kaum wurde das im Unternehmen bekannt, merkten die Mitarbeiter an, dass das ein frommer Wunsch sei, aber von den aktuellen, sehr bürokratischen Prozessen eher behindert werde. Es gab eine Glaubwürdigkeitslücke. Das Unternehmen hatte jedoch viele Möglichkeiten, seine Prozesslandschaft so anzupassen, dass tatsächlich mehr Austausch erfolgt.

Mögliche Lösung

Das Unternehmen vereinfachte die ehemals eher komplizierten Antragswege für Dienstreisen zu anderen Geschäftsstellen und verkürzte die Zeit von Antragseingang bis zum Bescheid von ehemals 21 auf vier Tage. Während vorher ein Vorgesetzter kommentarlos einen Reiseantrag ablehnen konnte, muss er heute im Falle einer Ablehnung diese detailliert begründen. Die vielleicht wichtigste Neuerung: Jeder Mitarbeiter bekam einen Skype-Firmenaccount. Es gab internationale Skype-Meetings und für jedes Projekt einen eigenen Chatroom im Intranet, in dem Kollegen aus anderen Ländern Projektergebnisse kommentieren und Ideen liefern konnten.

5.1.2 Einführung der Arbeitgeberpositionierung bei Führungskräften und Mitarbeitern

Um die Arbeitgeberpositionierung in der Organisation bekannt zu machen, setzen Sie bei Führungskräften und Mitarbeitern an – und zwar bevor Sie das externe Employer Branding starten. Es ist ein Gebot der Wertschätzung, dass Sie erst Ihre Mitarbeiter informieren, bevor diese per Zufall über neue Stellenanzeigen oder die frisch überholte Karriereseite stolpern. Dabei sollten Sie die Employer-Branding-Strategie nicht einfach nur verkünden. Vielmehr braucht es ein eigenständiges Einführungskonzept, um nicht nur „verstanden" zu werden, sondern auch einen ersten Schritt dahin zu machen, dass Ihre Mitarbeiter „verinnerlichen", was die Arbeitgeberpositionierung für die Organisation im Gesamten und jeden Einzelnen bedeutet. Nicht alle haben an ihrer Entstehung mitgewirkt und viele werden konkret hinterfragen, was das Unternehmen künftig für sich als Arbeitgeber in Anspruch nimmt und von Bewerbern wie auch Mitarbeitern erwartet.

Wenn es um unternehmensstrategische Grundlagen geht, versagt die interne Kommunikation seit drei Jahrzehnten

Setzen Sie dabei vor allem auf Dialog. Das schafft sowohl Klarheit als auch Vertrauen und lässt alle Mitarbeiter spüren, was die Arbeitgebermarke für sie verändert und verbessert — und das sehr viel effektiver, als wenn Sie auf die reine mediale Kommunikation oder große Events mit Entertainment setzen. Die Einführung einer Arbeitgebermarke in der Belegschaft braucht intensiven Dialog und Raum für Reflexion, wenn sie gelingen soll.

Widerstehen Sie der Versuchung, hier auf eine interne Kampagne zu setzen. Schicke Poster an den Wänden, aber auch Paukenschlag-Events mit Showeffekt haben sich noch nie dafür geeignet, in einem Unternehmen Themen zu verankern, die normative Wirkung und Konsequenzen für den Einzelnen haben — und die auch nicht allen gefallen werden.

Vermeiden Sie den Fehler, den die Unternehmen seit über 30 Jahren in der internen Kommunikation von Unternehmenswerten, Visionen, Leitbildern und Marken machen: Newsletter des Managements, Berichte in der Mitarbeiterzeitung, hehre Ansprachen und Großgruppenveranstaltungen mit Udo Jürgens als Überraschungsgast. Dahinter steckt die irrige und auch sehr bequeme Annahme, dass die Mitarbeiter die, zum Beispiel, neuen Unternehmenswerte schon verinnerlichen, gar in ihr Verhalten integrieren werden, wenn man sie nur gut informiert, ihnen eine edle „Wertefibel“ in die Hand drückt und die berühmten kleinen „Wertekärtchen“ in die Brieftasche steckt.

Frei nach dem Motto: „Wir haben es Euch doch gesagt, nun verhalten Euch mal so!“ Sie merken schon, das funktioniert nicht. Und ist einer der Gründe, warum so viele Werte und Leitlinien zwar auf der Webseite stehen, aber nicht gelebt werden.

Sicher, wer will auf Udo Jürgens schon verzichten? Doch bitte, widerstehen Sie! Denn der beste Weg zur internen Bekanntgabe von unternehmensstrategischen Grundlagen wie einer Arbeitgeberpositionierung ist der direkte Dialog. Das macht weniger Spaß als eine bühnenreife Inszenierung, ist jedoch viel effektiver, für die Beteiligten erfüllender und vor allem nachhaltig wirkungsvoll. Schließlich verfolgen Sie diese Ziele mit Ihrem Einführungskonzept ...

- Vertrautheit der Organisation mit der Arbeitgeberpositionierung
- Schaffung von Akzeptanz für evtl. notwendige Veränderungen
- Klarheit über die Rolle der Arbeitgebermarke im Alltag
- Klare Erwartungshaltungen bei Führungskräften und Mitarbeitern

- Klares Commitment bei allen Beteiligten
- Bessere Voraussetzungen für die Umsetzung des Employer Brandings

Generell gilt: Fingerspitzengefühl kann beim internen Rollout des Employer Branding gar nicht groß genug geschrieben werden. Vor allem, weil es nicht um die Vorstellung einer neuen Image- oder Recruitingkampagne geht, sondern auch um einen Bewusstseins- und Verhaltenswandel sowie eventuell faktische Veränderungen im Unternehmen.

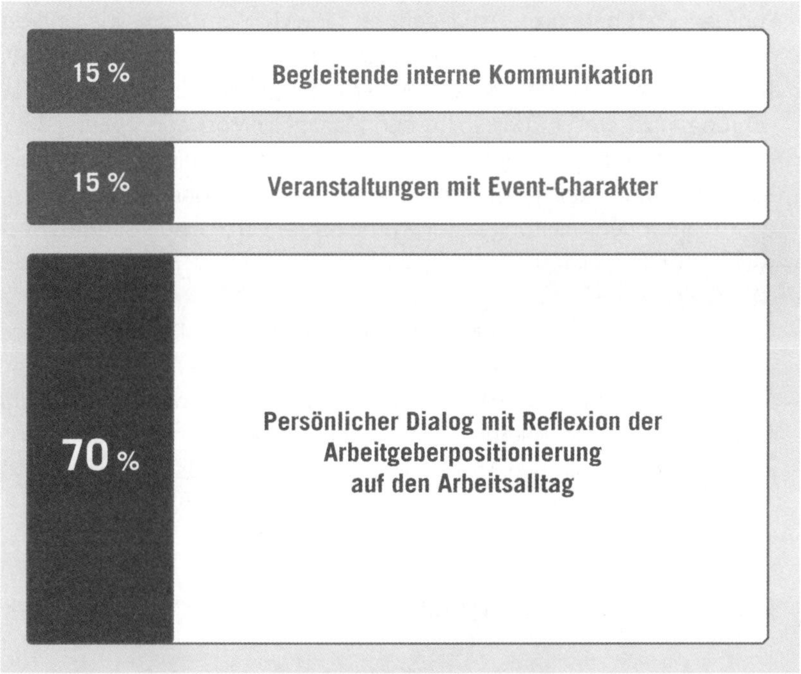

© DEBA GmbH, 2012

Abb. 5.4: Gewichtung der Einführungsmaßnahmen

Klare Signale: Die Markeneinführung startet in der Chefetage

Wie gut eine Employer-Branding-Strategie wirksam wird, hängt entscheidend von Haltung und Verhalten der Führungskräfte ab. Sie sind die ersten und wichtigsten Botschafter der Arbeitgebermarke. Widersprüchliche Signale aus der Chefetage können das Employer Branding nach innen und nach außen empfindlich stören.

Ein wesentliches Ziel der Einführungsphase ist daher, dafür zu sorgen, dass nicht nur die Vorstände und Geschäftsführer, sondern vor allem das untere und mittlere Management sich selbst als Protagonisten der Arbeitgebermarke verstehen. Als solche sollten sie mit einer Stimme sprechen und ein gemeinsames Verständnis der Arbeitgebermarke haben – auch ein Verständnis ihrer Führungsrolle im Sinne der Arbeitgeberpositionierung.

Veranstalten Sie im Rahmen einer klassischen Top-down-Kaskade Workshops mit den Führungskräften. Gehen Sie ins reflektive Sparring und diskutieren Sie, was die verschiedenen Elemente der Arbeitgeberpositionierung für das Verhalten einer Führungskraft bedeutet. Dabei geht es gar nicht nur darum, wie ein Vorgesetzter die Arbeitgebermarke stimmig repräsentiert. Sondern auch, welche neuen Erwartungshaltungen die Mitarbeiter aus der Arbeitgeberpositionierung heraus an ihre Führungskraft stellen. Das sollte den Managern Motivation genug sein, sich mit dem Thema zu beschäftigen. Schließlich dient die Arbeitgeberpositionierung den Mitarbeitern auch als Richtschnur für die Beurteilung der Vorgesetzten. So mancher Team- oder Ableitungsleiter wurde schon ganz schön überrascht durch das, was da auf ihn zukam.

Eine externe Moderation macht für die Trainings Sinn. Die meisten Unternehmen schulen ihre Teamleiter, damit sie bei der Einführung der Arbeitgebermarke an der Basis die zentrale Rolle einnehmen und gemeinsam mit ihren Teams darüber reflektieren, was die Positionierung für sie bedeutet und was das Team vom Teamleiter erwartet. Stellen Sie den Teamleitern einen in Trainings geschulten Kollegen aus der Personalabteilung zur Seite – sie werden es Ihnen danken.

Begleitende interne Kommunikation

Mit Medien der internen Kommunikation können Sie den Prozess der Einführung sehr gut begleitend unterstützen. Im Pflichtprogramm stehen selbstverständlich die klassischen Instrumente: Intranet, Mitarbeiterzeitung, Newsletter und andere Medien, die Sie eventuell schon nutzen.

Machen Sie davon Gebrauch: Ob mit Interviews mit Workshopteilnehmern in der Mitarbeiterzeitung, einem Smartphone-Fotowettbewerb für die besten Motivideen rund um die Profilthemen und auf andere Art und Weise. Wie immer bringt es am meisten, wenn Sie dabei nicht einfach sachlich berichten, sondern die Implementierung mit Dialog und Aktion lebendig begleiten.

Andere Formate und Instrumente zur kommunikativen Begleitung der Einführung sind zum Beispiel ...

- Diskussionsforen oder Chatrooms im Intranet
- Einrichtung eines Feedbackkanals
- Schulungsmaterialien für Train-the-Trainer-Konzepte
- FAQ-Listen für Mitarbeiter und Führungskräfte
- Filmische Dokumentation der Workshops
- Für alle einsehbare digitale Themenspeicher für Ideen, die während der Einführung entstehen
- Townhall-Meetings des Vorstands
- Sprechstunden der Geschäftsführung (im Onlinechat, beim Frühstück oder im Büro)
- „Tage der offenen Tür“ in den Büros der Manager

Fundgrube für Testimonials, Geschichten und Ideen

Wenn Sie einen reflexionsreichen Dialog mit Ihren Leuten führen, entstehen ganz häufig Anekdoten und Geschichten, Denkanstöße und konstruktive Impulse, die eine wahre Fundgrube darstellen, um weitere Inhalte zu generieren — auch für die Kommunikation in den Arbeitsmärkten. Nutzen Sie die Energie, die in den Workshops entsteht und fragen Sie Mitarbeiter, die von ihren Erlebnissen mit den Profilthemen der Arbeitgebermarke berichten, ob Sie ihre Geschichten aufschreiben und verwerten dürfen.

Die Einführungsphase gibt Ihnen die Möglichkeit, Kollegen zu identifizieren, die gute Testimonialgeber sein könnten. Entwickeln Sie mit ihnen zusammen kurze Erlebnisberichte, die Sie — geschrieben oder filmisch — zum Beispiel auf Ihrer Karriereseite, in Broschüren oder Media-Sharing-Kanälen wie YouTube verwenden können.

Stichwort „Mitarbeiter als Markenbotschafter“: Sie werden spüren, welche Mitarbeiter sich sehr gerne auch öffentlich für den Arbeitgeber engagieren würden. Bieten Sie diesen Kollegen an, eine aktive Rolle im Employer Branding zu spielen: Als Kommentator von Einträgen auf Ihrer Facebook-Seite, in digitalen Sprechstunden für Bewerber, Experte auf Absolventenmessen, Referent an Hochschulen, Pate für Bewerber-Schnuppertage oder als Mentor für neu eingestellte Mitarbeiter.

5.1.3 Schulung der im Bewerberkontakt stehenden Mitarbeiter

Die Menschen, die im direkten Bewerberkontakt stehen, sollten die Inhalte der Arbeitgebermarke ganz besonders gut verinnerlichen, denn sie sind ihre ersten Repräsentanten. Das betrifft nicht nur Kollegen aus der Personalabteilung: Ob der Experte aus der Fachabteilung, der neu eingestellte Trainee oder das Mitglied der Geschäftsführung — wer immer an Hochschulen im Namen des Arbeitgebers einen Vortrag hält, auf Rekrutierungsveranstaltungen und Messen potenziellen Bewerbern Rede und Antwort steht oder an Bewerbungsgesprächen teilnimmt, gehört dazu.

Sprechen Sie mit diesen Menschen besonders intensiv darüber, was die Arbeitgebermarke den aktiven Bewerbern und solchen, die sich vielleicht in Zukunft bewerben könnten, vermitteln soll. Üben Sie miteinander, wie jeder Einzelne zu einem konsistenten und überzeugenden Bild des Arbeitgebers beitragen kann. Installieren Sie nach der ersten Einführung regelmäßige Erfahrungsaustauschrunden, denn ein lebendiges, lernendes System des Austauschs ist immer effektiver als umfangreiche Regeln.

5.1.4 Employer-Branding-Arbeitshilfen

Guideline. Manual. Umsetzungsrichtlinie. Toolbox. Es gibt viele Begriffe, mit denen die Dokumentation operativer Vorgaben und Anleitungen für Fachabteilungen und ausführende Dienstleister bezeichnet werden. Im Kern handelt es sich um Arbeitshilfen, die im Sinne einer Gebrauchsanweisung vor allem dafür sorgen sollen, dass alle, die in der Umsetzung des Employer Branding eine Rolle spielen, im Sinne des Gesamtbilds agieren und für ein konsistentes Erscheinungsbild der Arbeitgebermarke sorgen.

Die Frage ist: Brauchen Sie das? Sie sind immer gut beraten, wenn Sie sich an einen Grundsatz halten: So wenig Komplexität wie möglich und so viel wie nötig — und das auch nur dort, wo es dringlich geboten ist. Umsetzungsrichtlinien kennt man vor allem aus dem operativen Marketing: In Corporate Design Manuals oder sogenannten Styleguides werden konkrete Gestaltungsvorgaben für die umsetzenden Agenturen gemacht. Das ist immer dann nützlich, wenn Sie dezentral agieren und mehrere Abteilungen, Niederlassungen und Dienstleister an der konsistenten Umsetzung eines Markenauftritts mitwirken. Wenn Sie ein kleines oder mittleres Unternehmen vertreten, dessen Personalabteilung mit einer einzigen Agentur in der Umsetzung des Personalmarketings arbeitet, dann brauchen Sie solche Richtlinien eher nicht.

Hilfestellung für Recruiter, Headhunter und Agenturen

Was in jedem Fall Sinn macht, ist eine Arbeitshilfe für die Mitarbeiter im Personalbereich und im Bewerberkontakt. Das schließt auch Personalberater mit ein, die in Ihrem Auftrag gezielt potenzielle Kandidaten ansprechen. Wie bereits im Kapitel 5.1.3 geschildert, sind sie ein Schlüssel für die Vermittlung von Identität und Werten, für die der Arbeitgeber steht und auf denen die Arbeitgebermarke gründet. Es lohnt sich, diesen Kollegen eine ausführliche inhaltliche Begründung der Arbeitgeberpositionierung, ihrer Ziele und Entstehungsgeschichte an die Hand zu geben, außerdem Tipps im Umgang mit der Vermittlung der Arbeitgebermarke. Auch FAQ-Listen mit den häufigsten Fragen und den besten Antworten gehören in eine solche Arbeitshilfe.

Ein besonderer Schwerpunkt sollte die Beschreibung des Cultural Fit und seiner Bedeutung für Kandidatensuche und Bewerberselektion sein. Wenn Ihre Recruiter und Headhunter nicht verstehen, wer kulturell zu Ihnen als Arbeitgeber am besten passt, können sie nicht dazu beitragen, die Bewerberpassung zu steigern und dadurch Zeit und Geld zu sparen.

Digitale Toolbox und Plattformen für Erfahrungsaustausch

Nur wenige Unternehmen produzieren solche „Guidelines“ noch als Druckversion. Die meisten verteilen sie digital, zum Beispiel als PDF-Broschüre. Das spart Kosten und ist effektiv, weil sehr flexibel. Sie werden sehen, dass Sie und die beteiligten Kollegen sowie Dienstleister schon nach den ersten Monaten der operativen Umsetzung Ideen für Verbesserungen und Ergänzungen haben. In einem PDF können Sie das schnell integrieren, in einer gedruckten Broschüre nicht.

Bei größeren, vor allem internationalen Unternehmen, kann erwogen werden, nicht nur die Gestaltungsrichtlinien und Arbeitshilfen, sondern auch Templates für Stellenanzeigen, Druckdaten für Bilder, international verbindliche Textbausteine sowie Ideen oder Produktionsdaten für Ambientmedien oder Give-aways in einem eigenen Bereich online zur Verfügung zu stellen. Eine solche digitale Toolbox ist sehr nützlich, wenn Ihr Employer Branding viele dezentrale Anwender hat. Es spart allen Beteiligten nicht nur Zeit, sondern ermöglicht auch eine bessere Kontrolle der Umsetzungskonsistenz.

Sollten Sie eine solche Onlineplattform einrichten, dann planen Sie von vornherein eine weitere, vielleicht viel wichtigere Funktion ein: Die des Erfahrungsaustauschs. Wenn die Prozessbeteiligten aus den Standorten oder Ländern ein gemeinsames Onlineforum für Fragen, gegenseitige Tipps und Erlebnisberichte haben, führt das der Erfahrung nach zu sehr viel besseren Ergebnissen in der Umsetzung als durch strikte Reglementierungen. Das gilt übrigens noch viel mehr für den persönlichen Austausch – bei einem jährlichen Treffen der regionalen Employer Brand Manager, via Skype-Meetings oder durch Telefonkonferenzen.

Wenn Sie eine Arbeitshilfe produzieren, die nicht nur Umsetzungsrichtlinien enthält, sondern auch den Geist der Arbeitgebermarke transportieren soll, dann erweitern Sie ruhig die Zielgruppen. Auch alle anderen Mitarbeiter und Führungskräfte werden es Ihnen danken, einen gut lesbaren Einblick in die Welt der eigenen Arbeitgebermarke zu erhalten. Und dieser Einblick muss sich inhaltlich nur partiell unterscheiden von den Darstellungen, die Sie ohnehin auch extern an Bewerber kommunizieren würden. Sie könnten also eine universelle Employer-Branding-Dokumentation entwerfen, die mehrere Fliegen mit einer Klappe schlägt – indem Sie sie zielgruppendifferenziert strukturieren und auch verteilen. Gerade im digitalen PDF-Format können Sie Einzelteile flexibel entkoppeln und separat versenden. Ein Energieunternehmen hat das mustergültig exerziert. Die Employer-Branding-Dokumentation des Unternehmens beinhaltete diese entkoppelbaren Teile:

- Teil 1: Imagebildende Darstellung der Positionierungsthemen des Arbeitgebers, dient der emotionalen Aufladung der Arbeitgebermarke gegenüber allen internen und externen Zielgruppen.
- Teil 2: Gibt Mitarbeitern und Führungskräften vertiefenden Einblick in die Hintergründe der Arbeitgebermarkenbildung, ihrer Ziele und den Nutzen für alle.
- Teil 3: Konkrete Arbeitsanleitung für die operative Umsetzung des Employer Branding, richtet sich an Recruiter und umsetzende Agenturen.

	Teil 1: Imagebildung	Teil 2: Interne Vertiefung	Teil 3: Arbeitshilfe
Funktion	Dieser Teil dient der Imagebildung. Er soll die Arbeitgebermarke für Bewerber und Mitarbeiter anfassbar und erlebbar machen. Aus dem PDF entkoppelt, kann dieser Teil als digitale Imagebroschüre der Arbeitgebermarke eingesetzt werden.	Dieser Teil ermöglicht den Menschen in der Organisation den "Blick hinter die Kulissen". Er beschreibt Entstehungsgeschichte und Hintergründe des Employer Brandings, um den Grad der Akzeptanz zu erhöhen.	Dieser Teil gibt allen, die operativ am Employer Branding mitarbeiten, Klarheit über Schnittstellen, Verantwortlichkeiten und interne Kommunikationswege. Hier finden sich alle Informationen, die ergänzt oder häufig verändert werden. Dieser Teil kann den Anwendern regelmäßig als Update neu zugestellt werden.
Zielgruppen	> Bewerber > Potenzielle Bewerber > Mitarbeiter > Führungskräfte > Agenturen und Personal beratungen	> Mitarbeiter > Führungskräfte > Agenturen und Personal-beratungen	> Personalabteilungen > Kollegen im Bewerberkontakt > Agenturen und Personal-beratungen
Inhalt	> Inhalte der Arbeitgeberpositionierung > Imagetexte zu den Profilthemen > Anforderungen an Mitarbeiter > Mitarbeitergeschichten und Testimonials > Hintergrundinformationen zum Unternehmen > Die wichtigsten Hygienethemen > Ansprechpartner für Bewerber > Illustrationen: Motive des Kreativkonzepts	> Beweggründe für Employer Branding > Ziele des Employer Brandings > Nutzen für Mitarbeiter und Organisation > Making of: Entstehungsgeschichte > Was bedeutet die Arbeitgeberpositionierung? > Wie gehen wir damit konkret um? > Ansprechpartner und Unterstützung	> Rollen und Verantwortlichkeiten > Informations- und Entscheidungswege > Schnittstellen in der operativen Umsetzung > Routinen des Erfahrungsaustauschs > Mustervorgaben für Anzeigen > Mustervorgaben für Messeauftritte > Abbildung von Werbemedien > Ansprechpartner und Kontaktadressen > Bestellformulare für Werbemedien
Anwendung	> Interne Kommunikation > Digitale Bewerberbroschüre > Messepräsentation > Information für Talent und Alumni Pools	> Interne Kommunikation	> Fachbezogene interne Kommunikation

Abb. 5.5: Muster für eine universelle einsetzbare Employer-Branding-Dokumentation

5.2 Schritt 13: Die Arbeitgebermarke dauerhaft in der Organisation verankern

Aus der Employer-Branding-Strategie resultiert fast immer Handlungsbedarf für die Weiterentwicklung der eigenen Organisation. Glaubwürdige Arbeitgebermarken wachsen ja, wie schon erwähnt, von innen nach außen.

Die Vereinbarkeit von Familie und Beruf, Mitarbeiterbeteiligung, Vertrauensarbeitszeit — es gibt eine Vielzahl von Ansätzen, mit denen immer mehr Arbeitgeber die Qualität ihrer Angebote zu verbessern wissen. Kein Zweifel, Maßnahmen dieser Art sind wichtig und sinnvoll. Letztlich begegnen sie den in breiter Front steigenden Anforderungen im Bewerbermarkt. Dank des allgemeinen Aufrüstens wird sich die Arbeitgeberqualität im Laufe der Zeit auf höherem Niveau einpendeln — und wieder nivellieren. Doch was hebt einen guten, soliden Arbeitgeber heraus als eine unverwechselbare und attraktive Arbeitgebermarke? Wie verbessert und fokussiert ein Unternehmen seine spezifische Arbeitgeberqualität, aber auch seine personalpolitischen Strukturen, Prozesse und Instrumente zielgerichtet so, dass alle Maßnahmen seine ganz individuelle Positionierung als Arbeitgeber stützen?

Die Antwort gibt das interne Employer Branding. Als Orientierungs- und Werterahmen für das personalrelevante Handeln des Unternehmens fungiert dabei Ihre Arbeitgeberpositionierung. Damit muss kein Mehraufwand verbunden sein. Die meisten Maßnahmen fallen ja ohnehin an. Es geht also nur zum Teil um das Was, fast immer jedoch um das Wie.

Damit Sie auch innerhalb des Unternehmens das erreichen, was Employer Branding im Kern bezwecken soll — Arbeitgebermarke werden —, nutzt internes Employer Branding das gesamte Instrumentarium der Personal- und Organisationsentwicklung sowie der internen Kommunikation, um die Arbeitgeberpositionierung intern mit Leben zu füllen. Das interne Employer Branding ...

- richtet die Organisation kontinuierlich an der Positionierung des Arbeitgebers aus.
- definiert Kletter- und Haltegriffe, die die Arbeitgeberpositionierung intern stärken und weiter „verglaubwürdigen".
- nutzt die Arbeitgeberpositionierung als Orientierungsmarke und roter Faden für die organisationale Entwicklung.

- dient als Richtschnur für die Weiterentwicklung der Arbeitgeberqualität, sodass diese nicht nur wahllos (und teuer) besser wird, sondern auch auf die Arbeitgebermarke einzahlt.
- macht die Arbeitgebermarke nach und nach zu einem fundamentalen „Kulturgut" Ihres Unternehmens.

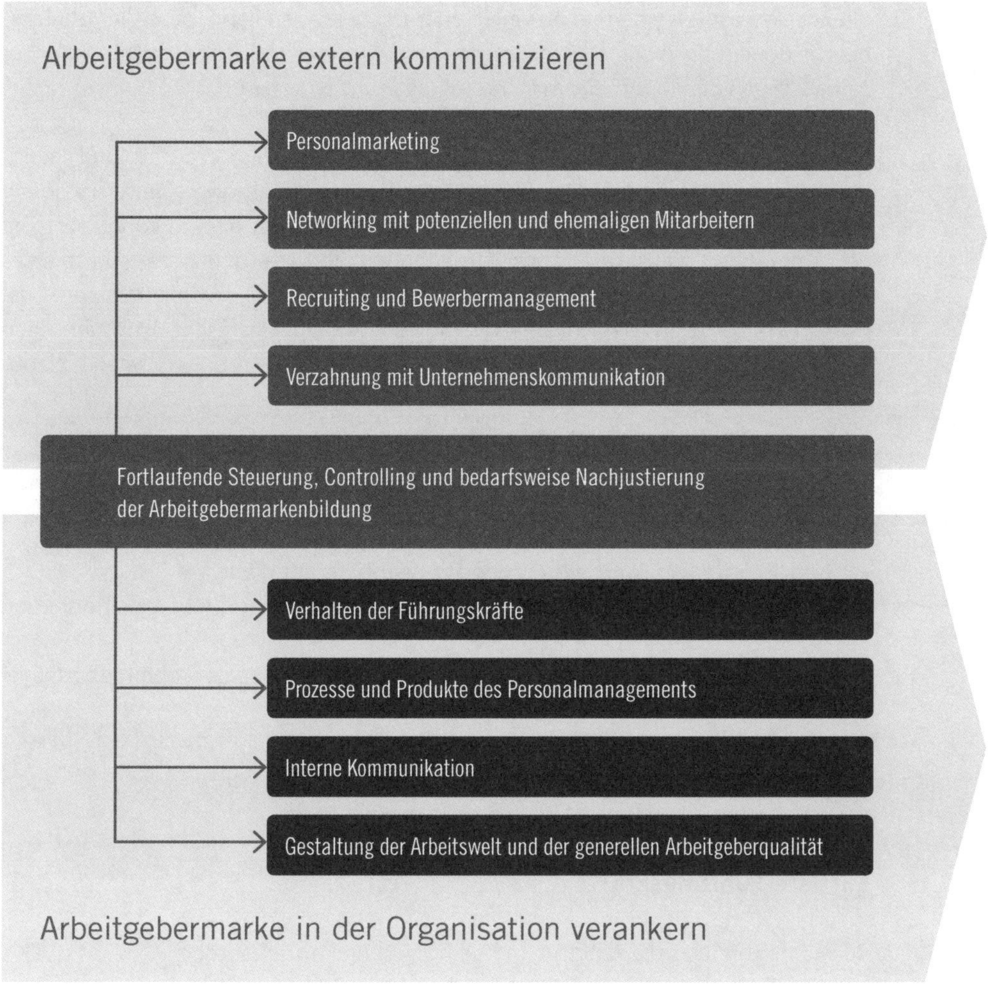

© DEBA GmbH, 2012

Abb. 5.6: In der Übersicht der Schritt 13 – Internes Employer Branding

5.2.1 Führungskräfte – Kronzeugen der Arbeitgebermarke

Dem Verhalten der Führungskräfte kommt in der internen Verankerung und „Verglaubwürdigung“ der Arbeitgebermarke entscheidende Bedeutung zu. Es ist wichtig, dass das Management der oberen und mittleren Ebenen konform zu den Werten und Botschaften der Arbeitgebermarke agiert. Deutlich mehr Bedeutung kommt jedoch dem Verhalten der unteren Führungsebenen zu: Es ist immer der direkte Vorgesetzte, der am allermeisten dazu beitragen kann, dass die Arbeitgeberpositionierung nicht nur verstanden und verinnerlicht, sondern im Laufe der Zeit auch von den Mitarbeitern in ihr Verhalten integriert wird.

Marken, die gelebt werden — das ist das ganz große Ziel des Corporate und Employer Branding. Es steht und fällt mit den Teamleitern und Abteilungsleitern in Ihrem Unternehmen. Diese Erkenntnis hat sich durchgesetzt: Der direkte Vorgesetzte ist der wichtigste Einflussfaktor auf Zufriedenheit und Leistungsbereitschaft eines Mitarbeiters — und der häufigste Kündigungsgrund, wie viele Studien zeigen. Deshalb ergeben sich aus dem internen Employer Branding spezifische Anforderungen an die verschiedenen Managementebenen. Wenn Sie Ihre Arbeitgebermarke glaubwürdig in der Organisation verankern wollen, sollten ...

Geschäftsführer

- nichts tun, was die Arbeitgeberpositionierung konterkariert
- klarmachen, dass Sie voll und ganz hinter der Arbeitgeberpositionierung stehen
- darauf achten, dass das mittlere Management im Sinne der Arbeitgebermarke führt
- sich von Führungskräften trennen, die nicht willens oder fähig sind, ihren Führungsstil anhand der Arbeitgeberpositionierung auszurichten

Mittlere Führungskräfte

- nichts tun, was die Arbeitgeberpositionierung konterkariert
- gezielt als Fürsprecher der Arbeitgebermarke auftreten
- darauf achten, dass das untere Management im Sinne der Arbeitgebermarke führt
- Mitarbeitern als Ansprechpartner zur Verfügung stehen, wenn das nicht der Fall ist

Untere Führungskräfte

- spürbar im Sinne der Arbeitgebermarke führen
- das Verhalten ihrer Mitarbeiter auch vor dem Hintergrund der Arbeitgeberpositionierung, vor allem des Cultural Fits, beurteilen
- dem Employer Brand Management Feedback und Impulse geben, welche Erwartungshaltungen die Mitarbeiter an die Arbeitgebermarke haben und wie sie weiter „verglaubwürdigt“ werden kann

Werte und Identität des Arbeitgebers, die in der Arbeitgeberpositionierung niedergelegt sind, spiegeln sich nicht nur im persönlichen Verhalten der Führungskräfte wider, sondern auch in der gesamten Führungskultur des Unternehmens. Überprüfen Sie, ob die Ausgestaltung der nachfolgenden exemplarischen führungsbezogenen Instrumente und Prozesse in Ihrem Unternehmen die Glaubwürdigkeit Ihrer Arbeitgebermarke eher stützen oder schwächen:

- Führungsleitlinien
- Feedbackkultur
- Mitarbeitergespräche
- Leistungsbeurteilung
- Konfliktmanagement
- Führungskräfteentwicklung
- Traineeprogramme

Sorgen Sie im ersten Schritt dafür, dass etwaige Widersprüche aufgelöst werden. Und überlegen Sie danach, wie Sie diese Aktionsfelder so ausgestalten können, dass sie die Arbeitgebermarkenbildung aktiv fördern.

Führungskräfte als Employer-Brand-Champions

Arbeitgebermarke lebt vom Mitmachen. Zwar kommt den unteren Führungsebenen eine Schlüsselfunktion im internen Employer Branding zu, aber auch die mittleren und oberen Ebenen können der Arbeitgebermarke wertvolle Dienste erweisen. Bitten Sie Führungskräfte dieser Ebenen, als sogenannte Employer-Brand-Champions zu fungieren. Sprechen Sie gezielt Manager an, die ohnehin bereits sehr konform mit der Arbeitgebermarke agieren, diese als Vorbild personifizieren und erlebbar machen können.

Die Rolle der Employer-Brand-Champions kann sehr individuell gestaltet werden und muss sich natürlich in einem angemessenen Zeiteinsatz ausführen lassen. Klassische Aufgaben sind ...

- Teilnahme an internen Veranstaltungen zur Arbeitgebermarke
- Regelmäßige „Sprechstunden" für alle Mitarbeiter des eigenen Bereichs oder Standorts — im Chat, am Telefon oder persönlich
- Vertrauensperson für Beschwerden und Kritik
- Mentor oder Pate für neu eingestellte Führungskräfte

5.2.2 Personalmanagement – Spiegelfläche Ihrer Positionierung

Wie schon beim Thema Führung, stellt sich auch im Personalmanagement generell die Frage, wie personalpolitische Prozesse, Instrumente und Produkte die Arbeitgeberpositionierung ausdrücken, fördern und in der Unternehmenskultur besser verankern können. Beispielhafte Aktionsfelder des Personalmanagements, mit denen Sie das erreichen können, sind

- Personalentwicklung: Weiterbildung, Karrierepfade und Ausbildungswege
- Entgelt- und Beteiligungsmodelle, Incentives, Sozial- und Nebenleistungen
- Personalpolitik im Hinblick auf Familie und Beruf, Lebensbalance, Lebenszyklen (Elternteilzeit, Homeoffice, Sabbatical), Fairness (Gleichstellung, Diversity, Age Management)
- Kompetenzmodelle und Kompetenzmanagement
- Performance Management
- Integrations- und Onboardingprogramme
- Ideen- und Wissensmanagement
- Interner Stellenmarkt
- Outplacement-Prozesse

▶ **BEISPIEL**

Wie ein Technikhersteller seine Positionierung intern verankerte

Situation

Ein führender Technikhersteller schrieb in seinem Employer Brand Positioning Statement: „Unsere Stärke gründet auf Besonnenheit. Bei uns ist auf ein Wort Verlass. Hier hat jede Stimme ein Gewicht. Wir nehmen uns die Zeit für Tiefe. Klar und konzentriert." Den Beteiligten war bewusst, dass das Statement zwar die Unternehmenskultur widerspiegelt, das Unternehmen die positionierten Aspekte aber noch nicht aktiv fördert, damit sie sich weiter ausprägen können.

Bewertung
Eine sehr profilstarke Arbeitgeberpositionierung und ein klares Bekenntnis zu Grundhaltungen und Arbeitsweisen. Je profilierter und fokussierter eine Arbeitgeberpositionierung ist, desto stärker richtet sie die Aufmerksamkeit der Belegschaft auf die positionierten Profilthemen. Sie werden fortan viel kritischer hinterfragt, sodass die Organisation in ihren Strukturen, Prozessen und Instrumenten nachsteuern muss, um die Akzeptanz der Mitarbeiter für die Positionierung nicht zu gefährden.

Mögliche Lösung
Diese Arbeitgeberpositionierung ist eine Fundgrube für das interne Employer Branding. Beispielsweise kann für das Personalmanagement abgeleitet werden: Abschaffung von Beschlussprotokollen und Reduzierung von Kontrollinstanzen („Bei uns ist auf ein Wort Verlass"). Entwicklungs- und Karrierepfade werden langfristig und transparent geplant („Klar und konzentriert"). Wichtige Entscheidungen werden im Team abgewogen, die Führungskraft entscheidet nicht isoliert („Hier hat jede Stimme ein Gewicht"). Die Kompetenzmodelle werden um Resultanten der Positionierung ergänzt („Besonnenheit, Konzentration, Sinn für Tiefe") und um andere Eigenschaften gekürzt.

5.2.3 Interne Kommunikation – Die Verankerung flankieren

Ein weites Feld: Interne Kommunikation kennt viele Formen und wird in fast allen Unternehmen intensiv genutzt. Klären wir zunächst den Begriff, denn das ist nötig. Wenn von interner Kommunikation die Rede ist, wird in der Regel die rein mediale interne Kommunikation gemeint, also der Transport von Botschaften durch Medien wie Zeitschriften, Newsletter oder das Intranet. So wird seit Jahrzehnten mit den eigenen Mitarbeitern kommuniziert: Die eingleisige Vermittlung von Botschaften, meistens ohne direkte Antwortmöglichkeit.

Kommunikation ist immer dann am besten, wenn sie zweigleisig geführt wird: Wenn Botschaften zu Themen werden, die eine Hin- und Rückfahrkarte haben — also wenn Sender und Empfänger auf Augenhöhe sind und interagieren können. Das umfasst vor allem Formen der persönlichen, dialogorientierten Kommunikation, die dank der neuen Medientechnologien immer leichter zu führen und damit immer effektiver wird: Auch im Intranet können Sie Treffpunkte einrichten, in dem direkte Gespräche geführt werden, per Skype Begegnungen und Meetings organisieren oder firmeninterne Blogs nutzen.

Die sicherlich effektivste und machtvollste Form der internen Kommunikation vollzieht sich informell. Das ist der Flurfunk, die crossfunktionale Kommunikation zwischen Bereichen, betrifft die Meetingkultur und sogar die Raumgestaltung: Ermöglichen Ihre Firmengebäude den Austausch zwischen Mitarbeitern und schafft auch abseits der Konferenzräume Möglichkeiten für Gespräche in entspannter Atmosphäre? Offene Coffee Corners in den Fluren, Sofaecken und Konfliktinseln wirken Wunder – sie stimulieren den spontanen und informellen Austausch. Das ist die wichtigste Kommunikationsform in jedem Unternehmen.

Setzen Sie auf Ambientmedien mit Sympathie und Witz

Wenn Sie Ihre Arbeitgeberpositionierung in der internen Kommunikation weiter entfalten wollen, konzentrieren Sie sich auf die eher informellen Wege und setzen Sie parallel auf zwar formale, aber weniger klassische Kommunikationsformen: Nutzen Sie Wände, Türen, Decken, Bürogeräte, Maschinen, Parkplätze, Sitzbänke oder die Fassade, um Ihre Arbeitgebermarke mit sympathieschaffenden, humorvollen Motiven zu begleiten. Solche eher ungewöhnlichen Trägermedien werden in der Werbesprache Ambientmedien genannt – Medien, die zum Umgebungsambiente gehören. Bekleben Sie zum Beispiel die Spiegel in den Toiletten, nutzen Sie das Öffnen und Schließen von Fahrstuhltüren für ein dynamisches Motiv oder versehen Sie die Stufen Ihrer Treppen mit einer Botschaft, die nach oben führt.

Ganz wichtig dabei: Nutzen Sie solche Ambientmedien und Raumgestaltung nicht, um bedeutungsschwangere Botschaften loszuwerden oder zum Nachdenken anzuregen. Das geht nach hinten los. Wenn Sie den Gapelstapler, das Kopiergerät oder den Wasserspender für Ihre Botschaften zweckentfremden, dann sollten Sie das auf humorvolle und pointierte Art machen und einen Bezug zu dem Objekt herstellen. Denn mit diesen Kommunikationsformen können Sie hervorragend Sympathie schaffen für die Themen Ihrer Arbeitgebermarke und die daraus eventuell resultierenden Konsequenzen.

Wenn Sie eine Agentur für die interne Kommunikation Ihrer Arbeitgebermarke suchen, achten Sie also darauf, dass diese kreative und intelligente Referenzen für Ambientmedien im Köcher hat – Sie brauchen hierfür einen Dienstleister mit großem Einfallsreichtum, denn jede langweilige oder missverständliche oder zu ernst gemeinte Aktion im Firmengebäude oder dem Gelände wird von den Mitarbeitern schnell als Störfaktor gesehen denn als gelungene Inspiration. Die Firma Orthomol gilt als Vorbild für den Einsatz von Ambientmedien in der internen Kommunikation. Das Fallbeispiel finden Sie am Ende des Praxishandbuchs sowie in Form eines Interviews am Ende dieses Kapitels.

Mediale Kommunikation erzeugt keine Veränderungsbereitschaft

Die Bereitschaft, neue Perspektiven einzunehmen und die eigene Haltung sowie das Verhalten zu verändern, wecken Sie in den Menschen selbst mit solchen intelligenten Werbeformen immer noch nicht. Hier hilft Ihnen — wie schon bei der Einführung der Arbeitgeberpositionierung — vor allem der Dialog und Medien, Plattformen, Routinen und Räume, die ihn fördern. Häufig können aus der Arbeitgeberpositionierung etwa Rückschlüsse auf Meetingkultur oder Kommunikationsroutinen innerhalb von Abteilungen und zwischen Bereichen gezogen werden.

Hier eine Übersicht über Medien, Wege und Plattformen der internen Kommunikation mit hohem, mittlerem und eher geringem Einfluss auf die Veränderungsbereitschaft.

Hoher Einfluss auf Veränderungsbereitschaft

- Informelle Kommunikationswege
- Kommunikationskultur zwischen Teams und Abteilungen bzw. Bereichen
- Dialogräume wie Kaffeeküchen, Sofainseln usw.
- Regelmäßige Austauschplattformen: Frühstücke, Monatsmeetings usw.
- Workshops und Schulungen
- Meetingkultur: Spielregeln, Abläufe, Nachbereitung
- Formeln und Rituale, zum Beispiel der Begrüßung, des Abschieds
- Interne Meinungsmärkte und Austauschmöglichkeiten
- Feedbackkanäle der Mitarbeiter

Mittlerer Einfluss auf Veränderungsbereitschaft

- Indoor-Raumgestaltung: Flure, Wände, Türen, Lobby, Büroobjekte, Maschinen, Betriebsrestaurant usw.
- Outdoor-Raumgestaltung: Parkplatz, Fassade, Firmenwagen, Sitzbänke, Grünanlagen usw.
- Arbeitsplatzgestaltung: Bildschirmschoner, Kalender, Give-aways usw.
- Betriebsfeste: Weihnachtsfeier, Jubiläen usw.
- Betriebsversammlungen
- Unternehmensinterne soziale Medien
- Mitarbeiterbindungskanäle wie interne Facebook-Seite usw.

Geringer Einfluss auf Veränderungsbereitschaft

- Intranet
- Mitarbeiterzeitung
- Newsletter und Broschüren
- Aushänge
- Infoscreens
- Beileger zu Gehaltsabrechnungen

5.2.4 Gestaltung der Arbeitswelt – Beweis der Arbeitgebermarke

Wie kann sich die Positionierung im Arbeitsalltag niederschlagen? Wie kann sie sich in der Aufbauorganisation widerspiegeln und mit entsprechenden Maßnahmen hinterlegt werden? Das sind die Schlüsselfragen, wenn Sie die

Gestaltung der Arbeitswelt — also Verteilung, Organisation und Strukturierung der Arbeit — darauf prüfen, ob sie eher in Übereinstimmung oder eher im Widerspruch zur Positionierung steht.

Beispielhafte Anwendungsfelder für das interne Employer Branding in der Gestaltung der Arbeitswelt sind

- Themen der Arbeitsautonomie und Eigenverantwortlichkeit
- Arbeitszeitmodelle (Vertrauensarbeitszeit, Zeitwertkonten usw.)
- Aufbauorganisation (Hierarchien, Bereichsstruktur, Kompetenzzuschnitt usw.)
- Teamorganisation
- Kontroll- und Berichtsroutinen
- Social Media Policies

Arbeitgeber, die sich stark über Themen wie Freiräume oder Vertrauen positionieren, sind unbedingt angehalten, die oben genannten Anwendungsfelder in den Blick zu nehmen: Enge Führung der Mitarbeiter, komplexe Hierarchien, viele Dokumentationspflichten und gewissenhafte Kontrolle der Arbeitszeiten würden eine solche Arbeitgeberpositionierung mit Sicherheit konterkarieren.

Machen Sie der Unternehmensspitze frühzeitig klar, dass die Entscheidung für eine Arbeitgeberpositionierung solche tiefgreifende Konsequenzen haben kann, wenn sie nicht als hohler Werbespruch von den Mitarbeitern abgetan werden, sondern sie mitnehmen soll.

5.2.5 Internes Employer Branding garantiert Social-Media-Erfolg

Ein eigenes Kapitel sei dem zwar indirekten und erst auf mittlere bis lange Sicht spürbaren, aber extrem wirkungsvollen Zusammenhang zwischen dem internen Employer Branding und dem Erfolg der Arbeitgeberkommunikation im Social Web gewidmet. Denn Arbeitgeber, die ihre Arbeitgebermarke nicht nur – wie in diesem Praxishandbuch beschrieben – von innen heraus entwickeln, also auf identitätsbasiertes Employer Branding setzen, sondern auch mit Maßnahmen des internen Employer Branding in der Organisation verankern, können dem Kontrollverlust im Social Web gelassen entgegensehen – haben sie doch Mitarbeiter, die ohne Zutun der HR-Abteilung oder Empfehlungsprämien für sie dort sprechen, einstehen und sie empfehlen.

Wer Employer Branding nach innen betreibt, wird auch für die eigenen Mitarbeiter eine spürbar glaubwürdige Arbeitgebermarke, mit der sie sich identifizieren, die ihnen Orientierung stiftet und Zugehörigkeit prägt.

Eine Arbeitgeberpositionierung, die von innen heraus entwickelt und nach innen verankert wurde, ist daher immer das wirkungsvollste Instrument eines jeden Arbeitgebers. Ob für den Aufbau einer Arbeitgebermarke, in Veränderungsprozessen oder – und hier schließt sich der Kreis – für die beste Präsenz im Social Web.

Denn wenn Mitarbeiter die Werte ihres Arbeitgebers teilen, sich mit seiner Positionierung identifizieren und diese auch intern so erleben, sind sie intrinsisch motiviert. Solche Mitarbeiter positionieren den Arbeitgeber in ihrer persönlichen Social-Media-Nutzung automatisch im Social Web.

Sie sind die besten „Botschafter“ des Arbeitgebers. Sie sprechen gut über ihn und stehen auch aktiv für ihn ein, wenn es darauf ankommt; in Social Networks, Microblogs oder berufsspezifischen Fachforen. Und das Beste: Das tun sie dann nicht nur, wenn sie vor dem Laptop sitzen oder ins iPhone tippen, sondern auch im ganz normalen, mattscheibenfreien Leben, das immer der wichtigste Schauplatz für Empfehlungen, Fürsprache und Mund-zu-Mund-Propaganda jeglicher Art bleiben wird.

5.2.6 Musterbeispiel: Internes Employer Branding der FUTURA AG

In der nachfolgenden Abbildung sehen Sie, was die FUTURA gemacht hat, um ihre Arbeitgeberpositionierung in der Organisation weiter zu „verglaubwürdigen“, auf Dauer zu verankern und die Arbeitgebermarke damit zu einem lebendigen, Veränderungen treibenden Teil der Unternehmenskultur und Arbeitswelt zu machen. Zur Erinnerung hier noch einmal das Employer Brand Positioning Statement der FUTURA:

Informelle Regeln, Prüfstand für Ideen:

Das ist Freiheit, die zum Machen zwingt.
Wer sich darin zu bewegen weiß
und nicht immer gerade Wege braucht,
trifft hier auf unbegrenzte Möglichkeiten
und nutzt das Potenzial der Zukunft.

Die abgebildeten Maßnahmen wurden im Steuerungsausschuss der FUTURA diskutiert, um sie der Geschäftsleitung zu präsentieren. Danach soll entschieden werden, welche Maßnahmen davon in jedem Fall umgesetzt werden und was davon sofort, mittelfristig oder eher langfristig.

	Führung	Personal-management	Interne Kommunikation	Gestaltung der Arbeitswelt
Freiheit, die zum Machen zwingt	Fehler, die aus Entscheidungen und Eigeninitiative resultieren, werden konstruktiv besprochen, aber nie sanktioniert.	Die Präsenzpflicht wird einem Tag pro Woche für alle Mitarbeiter aufgehoben.	Abschaffung der Protokollierung von Meetings.	Die Hierarchieebene der Teamleiter wurde abgeschafft. Die Mitarbeiter organisieren sich selber und wenden sich, wenn notwendig, direkt an die Abteilungsleiter.
Das Potenzial der Zukunft nutzen	Trend-Award für Abteilungsleiter und deren Teams.	...	Einrichtung des „Eagle's nest" im Intranet: Forum für Diskussionen über Trends und ihre Implikationen.	„Eagle Day": Jeden Monat kann sich jeder Mitarbeiter einen Tag frei nehmen, um neue Trends aufzuspüren. Wer etwas findet, stellt es im „Eagle's nest" zur Diskussion.
Informelle Regeln	...	Neue Mitarbeiter bekommen in der Einarbeitungszeit sog. „Whistleblowers" an die Seite gestellt, die sie mit den vielen ungeschriebenen Gesetzen vertraut machen.	Einrichtung zusätzlicher Treffpunkte und „Konflikt-Separées" in den Firmengebäuden	...
Nicht immer gerade Wege brauchen	...	Langfristige Entwicklungs- und Karriereplanung wurde abgeschafft. Stattdessen entscheiden Mitarbeiter und Vorgesetzter intuitiv über den jeweils nächsten Schritt.	Raumgestaltung mit pointierten Texten, die um Ecken, von Wand zu Decke oder anderweitig quer laufen	...
Prüfstand für Ideen	Patenschaften für Ideen: Wer eine Idee umsetzen will, muss mind. drei Abteilungs- oder Bereichsleiter davon überzeugen und als „Ideen-Pate" gewinnen.	...	Speaker's Corner: Entwicklungs-Teams müssen ihre Fortschritte regelmäßig vorstellen und sich dem Votum der Kollegen stellen.	...

© DEBA GmbH, 2012

Abb. 5.7: Musterbeispiel FUTURA AG – Interne Employer-Branding-Maßnahmen

5.3 Interview: Verankerung der Arbeitgebermarke in der Organisation (Orthomol)

Unternehmen	Orthomol
Branche	Gesundheitswesen/Pharma
Mitarbeiter	450
Standorte	Zentrale in Langenfeld
Projektstart	2007

Eva-Maria Jungmann

Eva-Maria Jungmann, Personal Managerin, im Interview mit Wolf Reiner Kriegler.

Das Personalmagazin hat in der Ausgabe 10/2009 einen Artikel über das interne Employer Branding von Orthomol veröffentlicht. Unter der Überschrift „Mitarbeiter als Markenbotschafter“ schreibt das Magazin: „Orthomol setzt stark auf internes Employer Branding – mit dem Erfolg, dass die Mitarbeiter das positive Arbeitgeberimage auch nach außen tragen.“ Wie haben Sie das geschafft?

Orthomol gibt es nun seit 20 Jahren. Wir haben schon immer sehr viel dafür getan, dass der Mensch bei uns im Vordergrund steht. Genauso viel haben wir darin investiert, dass der familiäre Charakter bei uns erhalten bleibt. Nur Mitarbeiter, die sich bei ihrer täglichen Arbeit rundum wohlfühlen, sorgen dafür, dass diese Botschaften auch nach draußen getragen werden. Sie machen nicht nur Werbung für unsere Produkte, sondern auch für den Arbeitgeber Orthomol, denn sie sind stolz darauf, bei uns arbeiten zu dürfen und fühlen sich dem Unternehmen sehr verbunden.

Interes Employer Branding zielt auf die Verankerung der Arbeitgeberpositionierung in der Organisation, zum Beispiel im Personalmanagement, im Führungsverhalten, der Organisationsentwicklung oder der Gestaltung der Arbeitswelt. Welche Maßnahmen haben Sie bei Orthomol konkret ergriffen?

Gerade beim Onboarding von neuen Mitarbeitern haben wir sehr darauf geachtet, dass die neuen Kollegen gleich von Beginn an wissen, wofür unsere Arbeitgebermarke steht und was unsere Unternehmenskultur ausmacht. Es muss spürbar und erlebbar sein, dass der Mensch im Vordergrund steht und dass wir als „Orthomolisten" für Tatendrang, Überzeugung und Gelassenheit stehen. Wir statten unsere Mitarbeiter zur Begrüßung am ersten Arbeitstag mit einem Dauerkalender aus, der mit kleinen Kärtchen bestückt ist, auf denen sich unsere Leitlinien, unsere Markenwerte sowie die Definition des „Orthomolisten" wiederfinden. Aber es sind nicht nur die kleinen Geschenke, mit denen man dies ausdrücken kann. Gleichwohl der wertschätzende Umgang miteinander, die offene Kommunikation und auch unser Mitarbeiterpatenprogramm tragen ebenso dazu bei.

Auch in der internen Kommunikation der Arbeitgebermarke gelten Sie als Benchmark. Sie haben als Leitidee für das interne Employer Branding den Begriff der „Orthomolisten" geprägt? In welchem Zusammenhang steht das zu Ihrer Arbeitgeberpositionierung, die, auf den Punkt gebracht, „Arbeiten in einer Gemeinschaft von Überzeugungstätern" lautet?

Unsere Markenwerte wie Tatendrang, Gelassenheit, Zuversicht werden zusätzlich gespeist von unserem Markenkern, der Überzeugung. Nach diesen Werten richten wir unser Handeln und unseren Umgang miteinander aus. Ebenso erfahren unsere Mitarbeiter eine große Wertschätzung, die jedem einzelnen zugute kommt und die uns prägt. Wir behaupten, dass wir eine Gemeinschaft von Überzeugungstätern sind, wobei der Begriff „Täter" in diesem Zusammenhang positiv gedeutet werden muss.

Fast schon legendär sind die originellen Wege, die Sie gewählt haben, um das Motto der „Orthomolisten" im Unternehmen zu verbreiten: In Konferenzräumen, auf Kopiergeräten und Gabelstaplern. Wie haben Ihre Mitarbeiter darauf reagiert?

Teilweise beim Lesen der Sprüche kopfnickend als Bestätigung, teilweise auch schmunzelnd, weil die Sprüche sehr treffend sind an den Stellen, an denen sie angebracht wurden. So steht zum Beispiel auf einem Schild, welches über dem Fotokopierer hängt, „Orthomol ist das Original" oder auf einem anderen, welches am Eingang eines Konferenzraums hängt, „Orthomol ist einzutreten – auch für seine Meinung".

Viele sind der Meinung, Employer Branding sei nur etwas für die akademischen Zielgruppen. Orthomol hat sich auch konsequent an gewerbliche Mitarbeiter in Produktion und Logistik gewendet. Wie gut funktioniert Employer Branding, speziell nach innen, für diese Zielgruppen nun wirklich?

Ich glaube, wer behauptet, Employer Branding sei nur etwas für akademische Zielgruppen, befindet sich auf dem Holzweg. Employer Branding soll jeden einzelnen Mitarbeiter ansprechen, es muss lediglich so verständlich sein, dass es für jeden einzelnen Mitarbeiter nachvollziehbar ist. Ich denke, Employer Branding muss auch etwas zum Anfassen sein, wie zum Beispiel unsere Mitarbeitergeschenke in Form von T-Shirts, Tassen oder Visitenkartenetuis. Nur dann kann es so gut wie bei uns funktionieren.

Wie haben Ihre Führungskräfte auf die Arbeitgeberpositionierung reagiert? Wie haben sie davon erfahren und leben die Manager auch wirklich vor, was Sie als Arbeitgeber für sich in Anspruch nehmen?

Wir haben in mehreren hausinternen Workshops, an denen Führungskräfte wie auch sehr viele Mitarbeiter freiwillig teilgenommen haben, unsere Unternehmens-, Produkt- und Mitarbeiterleitlinien geprägt. Somit waren auch die Führungskräfte von Anfang an mit im Boot und konnten als Vermittler fungieren. Die Führungskräfte nehmen in diesem Thema eine sehr wichtige Rolle ein, denn sie sind jeden Tag ein wichtiges Bindeglied zwischen der Unternehmensführung und den Mitarbeitern.

Sie haben 2012 an „Deutschlands Arbeitgebermarken", dem Prüfverfahren für die Qualität und Authentizität von Arbeitgebermarken, teilgenommen. Dort haben Sie einen herausragenden Wert beim Akzeptanzgrad und Identifikationsgrad Ihrer Mitarbeiter erreicht. Wie erklären Sie sich, dass sich Arbeitgebermarkenbildung, richtig gemacht, so stark auf die Identifikation der Mitarbeiter auswirkt?

Die Botschaften des Arbeitgebers müssen allen Mitarbeitern bekannt sein und auch von ihnen verstanden werden. Aber erst dann, wenn sie richtig angenommen und akzeptiert sind, werden diese vollständig in den Köpfen der Mitarbeiter verankert. Man kann es daran erkennen, dass sich die Mitarbeiter entsprechend diesen Richtlinien oder auch Werten verhalten. Daraus erwachsen Identifikation mit dem Arbeitgeber und Stolz.

Welche weiteren Effekte haben Sie im Unternehmen verzeichnet, seitdem Sie Employer Branding betreiben? Gibt es Auswirkungen auf die Fluktuation, den Krankenstand oder die Produktivität?

Wir konnten durch gezielte Auswertungen eindeutig feststellen, dass die Zahl der Initiativbewerbungen zugenommen hat und wir dadurch passendere Mitarbeiter gefunden haben. Die Fluktuationsrate ist nach Einführung des Employer Branding gesunken, wir konnten sogar einen Rückgang der Krankheitstage verzeichnen. Was gibt's Schöneres für den Personalbereich?

Was sind Ihre wichtigsten Lerneffekte im internen Employer Branding? Was würden Sie den Lesern dringend raten?

Binden Sie Ihre Mitarbeiter direkt von Anfang an bei der Definition Ihrer Arbeitgebermarke, aber auch Ihrer Unternehmens-, Produkt- sowie Mitarbeiterleitlinien mit ein. Lassen Sie sie in die Unternehmenskultur „eintauchen". Alle Mitarbeiter, auch die ganz neuen, müssen spüren, dass die Kultur wirklich geliebt und gelebt wird.

Wenn Sie noch einmal von vorne anfangen müssten, was würden Sie anders machen?

Ich glaube, wir würden es wieder genauso machen wie zu Anfang. Wir hatten einen starken und kompetenten Berater an unserer Seite und das Ergebnis des aktuellen Wettbewerbs „Deutschlands Arbeitgebermarken" hat uns ebenso gezeigt, dass wir vieles richtig gemacht haben. Wir haben das Siegel „Authentischer Arbeitgeber 2012" erhalten und sind darauf sehr stolz. Dennoch dürfen wir uns nicht auf den Lorbeeren ausruhen. Auch wenn wir bei diesem Wettbewerb gut abgeschnitten haben, gibt es noch ein paar Handlungsempfehlungen und Stellschrauben, an denen wir drehen können, um unseren Arbeitgeberauftritt — nach innen wie nach außen — weiterhin zu optimieren.

5.4 Interview: Verankerung der Arbeitgebermarke in der Organisation (Gira)

Unternehmen	Gira Giersiepen GmbH & Co. KG
Branche	Elektroinstallationstechnik, Gebäudesystemtechnik
Mitarbeiter	1.000
Standorte	Radevormwald, Vertretungen in 38 Ländern
Projektstart	2009

Martin Brochhaus

Martin Brochhaus, Leiter Personal und Prokurist, im Interview mit Wolf Reiner Kriegler.

„Ein Arbeitgeber, der gefordert werden will und seinen Mitarbeitern jederzeit zur Seite steht. Dessen Begeisterung für Extremes Verbindlichkeit besonders wichtig macht. Der das Vertrauen in seine Mitarbeiter als Grundlage für Pionierleistung versteht." – So lautet die Arbeitgeberpositionierung, die Gira 2010 verabschiedet hat. Das klingt nicht nach einem Arbeitgeber wie alle anderen. Wie haben Ihre Mitarbeiter reagiert, als sie davon gehört haben?

Wir haben viele positive Rückmeldungen erhalten. Aber auch hier und da ein wenig Verwunderung.

Wie haben die Menschen bei Gira von der Arbeitgeberpositionierung erfahren? Gab es einen systematischen Prozess zur Einführung der Positionierung im Unternehmen?

Eine umfassende, konzentrierte Aktion gab es bei uns nicht, weil dies in einer Zeit geschehen wäre, in der wir bereits viele sehr grundlegende Themen zu den Mitarbeitern kommunizieren mussten.

Während der Erarbeitung der Arbeitgeberpositionierung und auch nach dem Abschluss des Projekts haben wir mit mehreren Beiträgen in unserer Mitarbeiterzeitschrift informiert. Dann wurde das Thema noch sehr prominent auf einer Betriebsversammlung vorgestellt. Schließlich haben alle Mitarbeiter unsere Broschüre erhalten, mit der wir uns als Arbeitgeber vorstellen.

Wie wirkt sich Ihr Employer Branding auf das Verhalten der Führungskräfte aus? Wie spürt ein Mitarbeiter bei Gira zum Beispiel, dass seine Führungskraft ihm „jederzeit zur Seite steht" und „von ihm gefordert werden will"?

Gerade die Aussage, dass wir unseren Mitarbeitern jederzeit zur Seite stehen, wird sehr stark von unserem Gesellschaftergeschäftsführer getragen. Es gehört zu seinem Selbstverständnis, Mitarbeitern zu helfen, die in Notsituationen geraten sind. Es gibt viele Fälle, in denen dies schnell und unkompliziert geschehen ist. Er ist darin natürlich auch ein Vorbild für alle Führungskräfte unseres Unternehmens.

Zudem investieren wir sehr gerne in die Weiterentwicklung unserer Mitarbeiter. Uns ist es dabei wichtig, dass die Mitarbeiter sich über ihre Wünsche und Ziele selbst klar werden und diese gegenüber ihren Führungskräften aktiv äußern, vertreten und verfolgen. Dann unterstützen wir häufig auch außergewöhnliche Anliegen.

Gab es Führungskräfte, die sich damit nicht identifizieren konnten? Wie sind Sie mit Widerständen umgegangen?

Bislang ist mir nicht zu Ohren gekommen, dass sich eine Führungskraft mit unserer Arbeitgeberpositionierung nicht identifizieren kann. Widerstände hat es zumindest keine gegeben. Nicht jeder wird mit seinem Verhalten die Positionierung gleich gut im Alltag repräsentieren. Aus einer Mitarbeiterbefragung wissen wir aber, dass wir aus deren Sicht unsere Positionierungen bereits zu 75 Prozent erfüllen.

Sie positionieren sich auch über das Thema „Begeisterung für Extremes". Das ist mutig und besonders. In der Strategieentwicklung wurde über diese Formulierung viel diskutiert, auch kontrovers. Haben sich diese Diskussionen auch nach der Einführung der Arbeitgeberpositionierung im Unternehmen an der Basis fortgesetzt?

Immer wenn wir die Positionierungen vorgestellt haben, wurden die erste und die dritte Aussage sofort verstanden und sie erhielten meist eine hohe Zustimmung. Die Positionierung über unsere Begeisterung für Extremes sorgt dagegen fast immer für Fragen und auch Diskussionen. Das war uns aber auch klar und ein wenig gewollt.

Von Anfang an haben Sie sehr viel Wert auf die interne Arbeitgebermarkenbildung gelegt. Warum? Welche Effekte erhoffen Sie sich von internem Employer Branding?

Für uns ist es sehr wichtig, uns über tatsächlich vorhandene Stärken zu positionieren. Allein aus diesem Grund ist es wichtig, die Positionierung möglichst immer prägnanter spürbar werden zu lassen. Dabei spielt das interne Employer Branding eine wichtige Rolle.

Wir sind davon überzeugt, dass wir mit unserer Positionierung genau für die Charaktere interessant und attraktiv sind, die wir gerne bei uns beschäftigen wollen: Menschen, die Veränderungen bejahen, Überdurchschnittliches leisten wollen und unternehmerisch handeln. Je mehr und eindeutiger diese Menschen darin bestätigt werden, in unserem Unternehmen am richtigen Platz zu sein, desto mehr werden sie ihre Fähigkeiten und Stärken bei uns einbringen.

Ein wichtiger Teil des internen Employer Branding ist die Implementierung der Arbeitgeberpositionierung im Personalmanagement und der gesamten Gestaltung der Arbeitswelt. Welche Schritte hat Gira in dieser Hinsicht unternommen?

Hierzu möchte ich drei Beispiele anführen: Alle Mitarbeiter können für sie kostenlos an einem sehr umfassenden Angebot zur Gesundheitsförderung teilnehmen. Es umfasst einen professionellen Fitnessbereich, Ballsportaktivitäten, Ernährungsberatung, Gesundheitschecks und auch ärztliche Beratung. Ein zweites Beispiel ist eine psychologische Hotline und Erstbetreuung, die allen Mitarbeitern kostenlos zur Verfügung steht. Dies sind zwei Beispiele, mit denen wir die Aussage unterstreichen, dass wir unseren Mitarbeitern jederzeit zur Seite stehen.

Das dritte Beispiel stammt aus dem Bereich der Produktentwicklung. In einem für unser Unternehmen ausgesprochen wichtigen Produktentwicklungsprojekt haben wir einer Projektgruppe von ca. zehn Mitarbeitern sehr große Freiheiten eingeräumt. Sie hatten ein Jahr Zeit, sich sehr offen und kreativ mit allen grundlegenden Fragestellungen in diesem Projekt auseinanderzusetzen und dabei ganz neue Wege zu gehen. Diese Mitarbeiter und ihr Umfeld haben dabei sehr deutlich gespürt, dass wir das Vertrauen in unsere Mitarbeiter als Grundlage für Pionierleistungen verstehen.

Es gab in verschiedenen Workshops auch Ideen, die noch nicht umgesetzt werden konnten. Welche davon war Ihr Favorit?

Ein sehr interessanter Gedanke war eine Art Verbindlichkeitsbarometer, mit dem unternehmensweit einfach und transparent erkennbar ist, wie verbindlich wir sind und welche Fortschritte wir dabei machen.

Viele Geschäftsführer freuen sich über mutige und attraktiv klingende Positionierungsaussagen. Sie erschrecken aber schnell, wenn sie merken, dass ein starkes Arbeitgeberprofil organisationale Konsequenzen hat, auch Veränderungen in Strukturen, Prozessen oder Führungsverhalten nach sich zieht. Wie ist Ihre Geschäftsführung, speziell der Inhaber, Herr Giersiepen, damit umgegangen?

Bislang gibt es diese Probleme bei uns nicht und ich erwarte sie auch nicht. Da wir uns überwiegend über bereits vorhandene Stärken positionieren und uns nur in einem Punkt in der Sollperspektive bewegen, sind keine tiefgreifenden Veränderungen erforderlich, um den Positionierungen immer weiter zu entsprechen.

Darüber hinaus sind unsere Entscheidungen zur Positionierung sehr belastbar. Wir haben sie sehr gründlich erarbeitet, lange diskutiert, auch mit der Geschäftsführung, und dann entschieden.

Eine Ihrer Mitarbeiterinnen hat eine Diplomarbeit über das interne Employer Branding bei Gira geschrieben. Was kam heraus?

Es wird deutlich, dass wir einiges richtig gemacht haben, vor allem, was das Bestreben nach einer authentischen Positionierung angeht. Sie zeigt aber auch auf, dass wir auf vielen Feldern noch deutlich mehr tun können und sollten. Ein Aspekt ist dabei die weitere Verankerung bei den Führungskräften.

Es ist in der Regel ungleich schwerer, eine Arbeitgebermarke in der Organisation erfolgreich zu verankern, als sie in den Arbeitsmärkten zu kommunizieren. Haben Sie auch diese Erfahrung gemacht?

In unserem Employer-Branding-Projekt haben wir viele Elemente eines bereits weit fortgeschrittenen Veränderungsprozesses im Bereich der Unternehmenskultur und der Führung des Unternehmens aufgegriffen. Häufig ist es ja eher umgekehrt, dass Änderungen in diesen Bereichen von einem Employer-Branding-Projekt ausgehen.

Grundsätzlich ist es bei dieser Thematik aus meiner Sicht entscheidend, wie nah die propagierte Arbeitgeberpositionierung an der Realität ausgerichtet ist. Eine stark in der Sollperspektive formulierte Positionierung bedarf natürlich großer und schwieriger Veränderungen, um ihr in der Praxis zu entsprechen.

Stichwort Lerneffekte: Was würden Sie anderen Unternehmen raten, die systematisch internes Employer Branding betreiben wollen?

Es braucht eine sehr belastbare Entscheidung, die auch Gegenwind aushält. Das erfordert einen soliden Meinungsbildungsprozess in der Unternehmensspitze. Außerdem halte ich es für wichtig, zumindest im Kreise der Führungskräfte gründlich darüber zu informieren, aus welchem Grund dieses Thema für das Unternehmen wichtig ist und Aufmerksamkeit braucht. Ich glaube, dass bei vielen Führungskräften die Situation auf dem Arbeitsmarkt und deren Konsequenzen für das Unternehmen noch nicht angekommen sind.

Zumindest zu Beginn sind Projekte sinnvoll, die von zentraler Seite schnell und konsequent umgesetzt werden können und deutlich machen, dass die Positionierungen vom Unternehmen ernst genommen werden.

Letztlich muss sich die Positionierung als Arbeitgeber aber im täglichen Handeln der Führungskräfte widerspiegeln. Hier erleben die Mitarbeiter Tag für Tag, ob das Unternehmen mit seinen Aussagen über sich als Arbeitgeber Wort hält oder nicht.

Wenn Sie noch einmal von vorne anfangen müssten, was würden Sie anders machen?

Als wir das Employer-Branding-Projekt starteten, befanden wir uns in einer Phase, in der zeitgleich viele größere Veränderungsprojekte bearbeitet wurden. Wenn es möglich wäre, würde ich das zeitlich entzerren, um dem Thema Employer Branding mit allen Facetten noch mehr Aufmerksamkeit zukommen lassen zu können.

6 Die Arbeitgebermarke extern kommunizieren

Die Verschiebung der Gewichte zwischen dem internen und dem externen Employer Branding hat auch dazu geführt, dass im Personalmarketing immer häufiger Marke gemeint ist, wenn von Branding gesprochen wird. Das ist begrüßenswert, führte es doch in vielen Unternehmen zu einer erheblichen Professionalisierung der Arbeitgeberaufritte und ihres Personalmarketings.

Auch der Eintritt klassischer Werbeagenturen in den Markt für Employer-Branding-Dienstleistungen hat zu dieser Entwicklung beigetragen. Die alteingesessenen Personalmarketingagenturen, die seit Jahr und Tag die Stellenanzeigen für die Unternehmen schalteten, dafür auch nicht sonderlich kreativ sein mussten und früher allenfalls kleinere Werbekonzepte für spezielle Zielgruppen aufsetzen mussten, wurden dadurch unsanft wachgerüttelt. Mit dem Siegeszug des Employer Branding haben die Unternehmen verstärkt in Kategorien von Kampagnen gedacht – es ging um Imageaufbau genauso wie um Stellenbesetzungen und am besten um beides in einem.

Das war der Trend: Wer mit Employer Branding mehr erreichen wollte als nur mit Personalmarketing, der musste in Kampagnen denken. Und wer in Kampagnen denkt, der braucht ein Kreativkonzept. Dieser neue Anspruch stellte die Personalmarketingagenturen vor eine Herausforderung. Denn kreativ sein musste ihre Arbeit bislang nicht unbedingt. Wer sich vor ein paar Jahren die Arbeitgeberauftritte der Unternehmen angeschaut hat, hat das sicherlich bemerkt. Kein Wunder, dass der neue Anspruch in den Unternehmen, kombiniert mit den größeren Budgets, die sie dafür brauchten, und mit der naturbedingten Schwäche der etablierten Anbieter dafür sorgte, dass die klassischen Werbe- und Marketingagenturen auf den Plan traten und ihre Leistungen offerierten. Sie brachten deutlich mehr Erfahrung mit Werbung und Marketingkommunikation mit, als es in der Personalmarketingszene bisher üblich war. Und kreatives Personal, das im Stahlbad des Product Branding gelernt hatte und mit ganz anderen Wassern gewaschen war.

Der neue Anspruch und die Auseinandersetzung mit den Werbe- und Marketingagenturen führten zwangsläufig zu einer Professionalisierung des Personalmarketings – und auch der Budgets. Plötzlich investierten die Unternehmen in Fotoshootings für ihre Employer-Branding-Kampagnen, die mehrere Zehntausend Euro kosten durften, in einem Fall waren es sogar 80.000 Euro. Das hatte es zuvor nicht gegeben.

Der höhere Anspruch an das Personalmarketing entstand natürlich nicht aus purer Lust am Besseren. Im Zuge von Fachkräftemangel und demografischem Wandel war eine Professionalisierung der Personalwerbung ganz zwangsläufig geboten.

Sehr gut lässt sich der Fortschritt daran erkennen, dass die meisten größeren Arbeitgeber heutzutage konsistent auftreten, in ihrer visuellen und textlichen Kommunikation professionell erscheinen und mit dem Zahn der Zeit gegangen sind: Durch die Integration von Social Media oder den Einsatz moderner Marketinginstrumente wie viraler Kommunikation. Auch die Zahl der Wettbewerbsausschreibungen von Kampagnen, im Fachjargon „Pitch" genannt, hat stark zugenommen: Die Unternehmen lassen sich von verschiedenen Agenturen Kreativkonzepte präsentieren und entscheiden sich erst dann für ihren Agenturdienstleister. Kaum ein Pitch mehr, zu dem nicht auch klassische Werbe- oder bekannte Netzwerkagenturen geladen werden — die in den meisten Fällen aufgrund ihrer kreativen Überlegenheit gegen die Personalmarketinganbieter auch gewinnen.

Trotz aller Fortschritte sind es gerade die mittelständischen und kleinen Arbeitgeber, die sich im weiten Feld des externen Employer Branding naturgemäß noch etwas schwerer tun als die großen Unternehmen. Doch auch diese haben immer noch Nachholbedarf. So gibt es auch unter den großen Unternehmen nur wenige, die ihre Arbeitgeberkommunikation crossmedial und dramaturgisch planen — paradox, denn dadurch können sie nicht nur die Wirkung steigern, sondern auch Budget einsparen.

In diesem Teil des Praxishandbuchs geht es also darum, wie Sie Ihre Arbeitgebermarke in den externen Arbeitsmärkten effektiv kommunizieren und entfalten können. Sie erfahren ...

- wie Sie den richtigen Agenturpartner finden und Ihre Positionierung als Arbeitgeber in einem Kreativkonzept umsetzen (Schritt 14)
- wie Sie Ihre Medien und Maßnahmen dramaturgisch planen (Schritt 15)
- wie Sie Ihren Arbeitgeberauftritt im inhaltlichen und visuellen Erscheinungsbild konsistent gestalten (Schritt 16)
- wie Sie effektiv kommunizieren (Schritt 17)

Außerdem widmet sich dieser Teil des Praxishandbuchs der Frage, wie Sie Employer Branding in den sozialen Medien und Netzwerken gestalten können und wann das überhaupt für Sie sinnvoll ist.

6.1 Schritt 14: Strategie werblich umsetzen – Agenturpartner finden und Kreativkonzept entwickeln

von Christine Voelk

Der erste große Meilenstein ist geschafft. Sie halten Ihre Arbeitgeberpositionierung in den Händen. Sie kennen Ihre Zielgruppen, haben Ihre Botschaften und Themen festgelegt und intern implementiert. Was nun? Einige Vorbereitungen sind noch zu treffen, bevor Sie mit Ihrer Kommunikation beginnen können. Machen Sie sich startklar für Ihren Auftritt in der Öffentlichkeit als ein profilstarker Arbeitgeber.

Und so geht es im Überblick — zu jedem der Projektbausteine finden Sie auf den folgenden Seiten eine kurze Erläuterung.

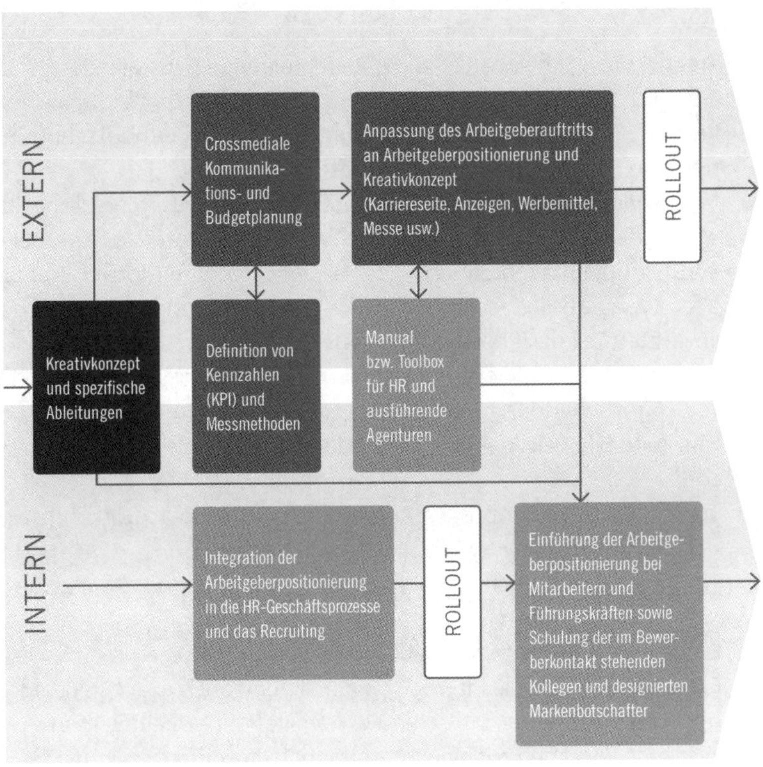

Abb. 6.1: In der Übersicht der Schritt 14 – Agenturwahl und Kreativkonzept

6.1.1 Kreativkonzept – Definition und Verwendung

Zunächst brauchen Sie ein Kreativkonzept. Damit übersetzen Sie Ihre Arbeitgeberpositionierung in die Kommunikation und legen alle Grundlagen für die werbliche Umsetzung fest — es bildet damit die kreative Basis Ihrer internen und externen Maßnahmen. Ein konsequent umgesetztes Kreativkonzept stellt die Wiedererkennung einer Kommunikationsbotschaft, in diesem Fall Ihrer Arbeitgeberpositionierung, in allen Maßnahmen sicher und lässt in den Köpfen der Zielgruppe ein konkretes Bild von Ihrem Unternehmen als Arbeitgeber entstehen.

Möchten Sie ein international funktionierendes Kreativkonzept entwickeln, berücksichtigen Sie unbedingt die kulturellen Besonderheiten der Länder, um eine gute Akzeptanz sicherzustellen. Im besten Fall wird das Kreativkonzept nach Ländern ausdifferenziert und auf Basis der übergreifend gültigen Arbeitgeberpositionierung jeweils ein eigenständiges länderspezifisches Kreativkonzept umgesetzt und individuell angepasst.

Ein Kreativkonzept beinhaltet in der Regel folgende Bausteine:

- Kreative Leitidee, also die visuelle Umsetzung der Kernbotschaft Ihrer Positionierung (Unique Employment Proposition)
- Motivserie, eventuell bereits abgestimmt auf unterschiedliche Zielgruppensegmente (zum Beispiel Azubis, Absolventen, Professionals oder auch nach Berufsgruppen segmentiert) oder allgemeingültige Motive. Eventuell können auch typografische Motive entwickelt werden (siehe Fallbeispiel der sd&m AG im letzten Teil des Praxishandbuchs).
- Designvorgaben — Meist aus dem Corporate Design entnommen oder abgeleitet: Logoverwendung, Hausfarben, Hausschriften u. a.
- Farb- und Bildwelten — Grafische oder fotografische Vorgaben für weitere Motive
- Tonalität — Welche optische Anmutung, welche Sprachwirkung soll verwendet und welche Imagewirkung damit erzielt werden?
- Wording — Wie sprechen Sie mit Ihren Zielgruppen (per Du, per Sie, locker, nah oder eher distanziert)?
- Eventuell ein Arbeitgeberclaim
- Eventuell kann für die interne Kommunikation auch eine eigenständige, andere optische Umsetzung bzw. kreative Klammer entwickelt werden.
- Eventuell Vorgaben für eine internationale Ausdifferenzierung der Länder

Alle diese Vorgaben sollten Sie konsequent in Ihren internen und externen Personalmarketing-Maßnahmen berücksichtigen, damit ein stringenter Eindruck von Ihnen als Arbeitgeber entstehen kann.

6.1.2 Vorgehen: Die Entwicklung eines Kreativkonzepts planen, terminieren und budgetieren

Um ein Kreativkonzept zu entwickeln, gibt es verschiedene Optionen. In den meisten Fällen können Sie drei Vorgehensweisen unterscheiden. Sie alle führen zum Ziel, mit mehr oder weniger Geld- und Zeiteinsatz. Fragen Sie sich und die dafür relevanten Kollegen zunächst, welches Vorgehen für Ihre Ausgangssituation am besten passt und entscheiden Sie sich dann für ein Vorgehensmodell.

Modell 1: Direktbeauftragung einer Agentur

Sie, Ihre Unternehmenskommunikation oder die Marketingabteilung haben direkt eine Agentur im Blick — vielleicht Ihre Hausagentur —, die den Auftrag ohne Wettbewerbsausschreibung bekommen soll. Oder Sie diskutieren mögliche Agenturpartner und entscheiden sich direkt für eine davon. Achtung bei der vorschnellen Entscheidung für eine im Unternehmen bereits bekannte Agentur: Prüfen Sie anhand der für das Employer Branding relevanten Anforderungskriterien, ob diese auch wirklich passt (siehe Agenturscreening).

Modell 2: Beauftragung nach Agenturscreening

Sie laden zwei, drei Agenturen nach Ihren Kriterien zu einem persönlichen Kennenlernen ein, unter denen Sie, eventuell gemeinsam mit Ihrer Kommunikationsabteilung, eine auswählen. Auch hier natürlich gemäß den besonderen Anforderungen, die Employer Branding an die Kreation richtet.

Modell 3: Entscheidung nach Agenturpitch

Sie veranstalten einen Agenturpitch. Das heißt: Sie lassen einige Agenturen in einer Wettbewerbspräsentation gegeneinander antreten und entscheiden sich dann, welcher Anbieter den Auftrag bekommt. Für einen Agenturpitch machen Sie zuerst ein Agenturscreening, um eine Longlist der Agenturen zu erstellen, die Sie sich näher ansehen möchten.

Anhand Ihrer Auswahlkriterien reduzieren Sie die Anzahl der möglichen Anbieter (Shortlist) auf beispielsweise drei Agenturen, die Sie in einen Pitch einladen möchten. Außerdem bestimmen Sie ein oder zwei Agenturen, die Sie als „Nachrücker" in der Hinterhand haben, falls eine der ausgewählten Agenturen nach dem Briefinggespräch abspringt. Das ist durchaus möglich, falls der Pitch für eine Agentur nicht rentabel oder zeitlich nicht machbar ist.

Folgende Zeiträume können Sie als Faustformeln für Ihre Planung nutzen:

- Agenturscreening: Planen Sie für Agenturscreening und Agenturauswahl zwei bis vier Wochen ein, je nachdem, welches der drei Szenarien Sie wählen.
- Agenturbriefing: Hierzu benötigen Sie ein bis zwei Wochen, da Sie intern etliche Informationen zusammentragen werden und auf die Mitarbeit der Kommunikationsabteilung — oder eben umgekehrt — angewiesen sind.
- Vom Briefing zur Pitchpräsentation: Geben Sie den ausgewählten Agenturen oder der Agentur mindestens vier Wochen Zeit, um ein Kreativkonzept zu entwickeln und die Präsentation bzw. Pitchpräsentation vorzubereiten. Bei engerem Zeitkorridor müssen Sie mit geringerer Qualität rechnen. Legen Sie den Zeitpunkt der Präsentation frühzeitig fest, und zwar in Absprache mit Ihrem Entscheidergremium, das meistens aus Mitgliedern des Projektteams, des Steuerungsausschusses und der Kommunikationsabteilung besteht.
- Entscheidung: Wenn Sie pitchen lassen, fällt die Entscheidung für die Siegeragentur üblicherweise innerhalb von ein bis zwei Wochen nach der Pitchpräsentation.

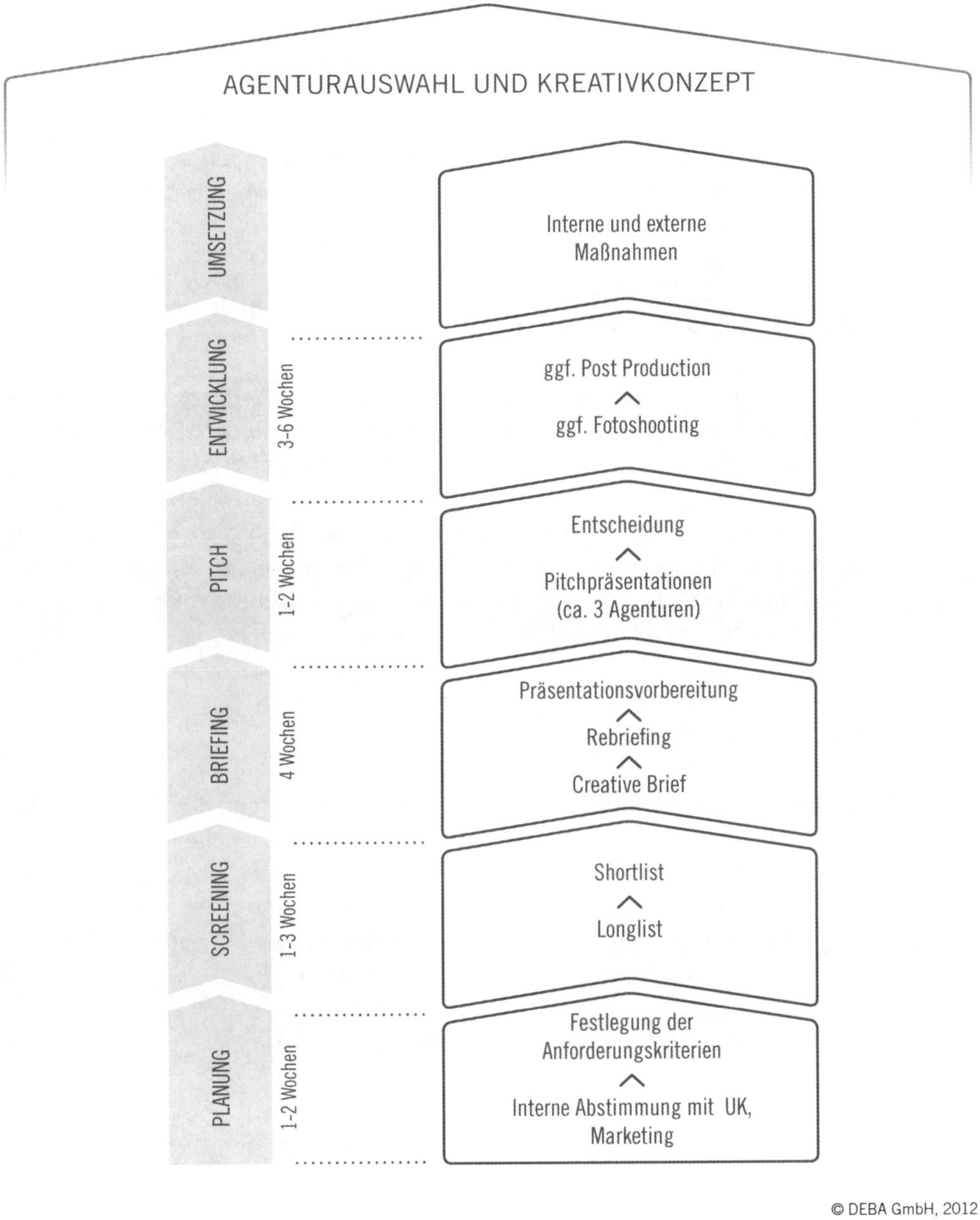

Abb. 6.2: Von der Planung bis zur Umsetzung – Prozessmodell Agenturauswahl und Kreativkonzept

6.1.3 Agenturscreening: Die passende Agentur finden

Für die Entwicklung eines Kreativkonzepts brauchen Sie den passenden Partner — aber welchen? Die Agenturlandschaft ist groß und vor allem unübersichtlich. Überlegen Sie zunächst, welche Art von Agentur Sie brauchen und womit Sie diese beauftragen möchten. Die folgende Typologie der Agenturen soll verdeutlichen, welche Wahlmöglichkeiten Sie haben. Je nach Anforderung passt der eine Agenturtyp besser zu Ihnen als der andere.

Die preisgekrönte Networkagentur

In dieser Spezies finden sich oftmals große internationale Netzwerke, die bereits mit internationalen Kreativauszeichnungen überhäuft wurden. Sie zeichnen sich durch Know-how auf vielen Gebieten aus, haben ein gutes Verständnis von Marke, Branding aller Art, deren Übersetzung in die Kommunikation und besitzen sehr viel kreatives Potenzial. Sie fühlen sich auf dem internationalen Parkett so richtig wohl und spielen gerne mit großen Etats. Bestens geeignet auch für internationale Adaptionen und kulturelle Ausdifferenzierungen einer Arbeitgeberpositionierung. Ihr Fokus sind Kreation und internationale Kampagnensteuerung.

Die ideenreiche Kreativagentur

Oft kleine oder mittelgroße Agenturen mit kreativem Potenzial in Corporate oder Product Branding, jedoch eher wenig Erfahrung im Employer Branding oder Personalmarketing. Meist besitzen sie ein gutes Verständnis für Marke und deren Übersetzung in die Kommunikation, haben jedoch selten Verbindung zu internationalen Netzwerken. Ihr Fokus ist die Kreation und Umsetzung auf nationaler Ebene.

Die versierte Personalmarketingagentur

Eine ganz andere Art findet sich in dieser Gruppe. Von der kleinen Agentur bis hin zum internationalem Netzwerk sind hier alle Größen vertreten. Dieser Typ zeichnet sich durch solides Handwerk und viel Erfahrung im Personalmarketing aus. Meist fehlt es an Know-how im Thema Marke und das Personal ist selten so kreativ geschult wie bei den klassischen Werbeagenturen. Aber sie verfügen häufig über bessere Einkaufskonditionen bei Stellenmärkten und Jobbörsen sowie wesentlich mehr Kompetenz in der Mediaplanung in den Arbeitsmärkten. Ihr Fokus ist die operative Umsetzung von Personalmarketingmaßnahmen bis ins Detail. Auch in dieser Gruppe gibt es Spreu und Weizen: Sie erkennen das daran, ob die Agentur verstanden hat, dass es zwischen Employer Branding und Personalmarketing einen signifikanten Unterschied gibt und Ihnen auch erklären kann, worin er besteht und wie er sich in der eigenen Arbeit äußern würde.

Die sachkundige Spezialagentur

Die eher kleinen bis mittelgroßen Spezialagenturen findet man in unterschiedlichsten Ausprägungen wie Online, PR, Bewegtbild, Social Media, Live-Kommunikation oder anderen Gebieten. Hier sind sie die Besten ihres Fachs. Sie glänzen weniger durch Markenexpertise oder Employer-Branding-Erfahrung und den Blick für das große Ganze, aber auf ihrem Gebiet sind sie echte Experten. Ihr Fokus sind Spezialanwendungen, die ins Gesamtbild eingepasst werden müssen.

Die flexible Kleinstagentur

Die wohl größte Gruppe in der Runde. Hier finden sich Einzelkämpfer oder auch kleine Agenturen. Sie sind sehr operativ geprägt, weniger konzeptionell und nicht strategisch, sie haben kaum Markenexpertise und oft wenig Personalmarketingerfahrung. Sie adaptieren Kreativkonzepte auf Einzelmaßnahmen und sind besonders gut für kleine Projekte einsetzbar, denn sie sind schnell und günstig. Ihr Fokus liegt auf grafischen Arbeiten aller Art.

Ganz so einfach ist es natürlich nicht, es gibt jede Menge Mischformen und auch Agenturen, die in keiner Weise einzuordnen sind. Definieren Sie Ihre individuellen Anforderungskriterien und planen Sie auch das Preisniveau der Agentur als ein Kriterium mit ein. Welches Budget haben Sie insgesamt zur Verfügung und welche Agentur können und wollen Sie sich leisten?

Fragen Sie auch bei Ihrer Unternehmenskommunikation, im Marketing und, sofern vorhanden, Markenmanagement nach, welche Agenturen bereits für Ihr Unternehmen arbeiten und prüfen Sie, ob sie diese in Betracht ziehen wollen oder sogar müssen.

BEISPIEL

Wie Sie Agenturen an der richtigen Stelle einsetzen

Situation

Sie haben bereits eine Personalmarketingagentur, welche die operative Umsetzung Ihrer Personalmarketingmaßnahmen nach innen und außen übernimmt. Nun suchen Sie eine Agentur, die Ihnen ein neues Kreativkonzept anhand Ihrer Arbeitgeberpositionierung entwickeln kann.

Bewertung

Ein klassischer Fall. Ihre Anforderungskriterien sind klar: Kreativität und Markenkompetenz. Prüfen Sie kritisch, ob Ihre Personalmarketingagentur diesen Anforderungen gewachsen ist. Um ein reines Kreativkonzept zu entwickeln, brauchen Sie keine Agentur mit Personalmarketingerfahrung.

Mögliche Lösung

Vergeben Sie Kreativarbeit möglichst immer an eine markenerfahrene Agentur mit Erfahrung und sehr guten Referenzen in der Kreativkonzeption. Viele Unternehmen nutzen beispielsweise verschiedene Agenturpartner für Kreation und operative Umsetzung: Kaufen Sie die Nutzungsrechte an dem Kreativkonzept und lassen Sie es von Ihrer angestammten Personalmarketingagentur umsetzen. Achten Sie auf eine gute Übergabe zwischen der Kreativagentur und Ihrer Personalmarketingagentur. Ein Kurz-Manual kann hierbei sehr hilfreich sein, auch für weitere Umsetzungen.

6.1.4 Creative Brief: Die Agentur in die richtige Richtung schicken

Folgende Informationen sollte ein Agenturbriefing für die Entwicklung eines Kreativkonzepts auf Basis einer Arbeitgeberpositionierung enthalten. Diese Checkliste ist auf einen Agenturpitch ausgelegt. Wenn Sie bereits Ihre Agentur haben, lassen Sie einfach nicht dazu passende Punkte aus.

Die Checkliste im Überblick:

- Organisatorische Angaben
- Basisinformationen zum Unternehmen
- Informationen zum Präsentationsumfang
- Informationen zu den Zielgruppen
- Informationen zur Arbeitgeberpositionierung
- Grafische Vorgaben für die Kreation

Organisatorische Angaben

Neben Datum, Ort, Zeit gehören auch ein Ansprechpartner für Nachfragen sowie das Präsentationshonorar in ein Briefing. Das Angebot eines Präsentationshonorars ist immer eine wichtige Geste und ein Zeichen der Wertschätzung. Viele Agenturen lehnen eine Pitch-Teilnahme ohne Präsentationshonorar ab, da sie darin unseriöses Verhalten des Kunden sehen. Machen Sie auch eine Angabe zu dem Budgetrahmen, der für die Umsetzung des Kreativkonzepts zur Verfügung steht. Und: Welches Budget steht der Agentur über das Kreativkonzept hinaus in Aussicht, um die Rentabilität für sich prüfen zu können? Dies kann darüber entscheiden, ob eine Agentur sich tatsächlich an einem Pitch beteiligt oder nicht. Noch entscheidender ist aber die Auswirkung auf die Art der Kreation. Wenn Sie beispielsweise keinen Etat für ein Fotoshooting haben, dann muss die Agentur das von vornherein in ihre Konzeption einplanen. Wenn Sie nur einen kleinen Jahresetat bereitstellen können, dann ist das auch für die Suche nach der richtigen Idee wichtig: Denn das Kreativkonzept muss auch bei geringerer Kontaktdichte mit den Zielgruppen funktionieren und sollte auch mit nur einem Motiv auskommen können, also keinen Seriencharakter haben müssen, um zu wirken.

Geben Sie, wenn möglich, auch einen Zeitplan vor: Bis wann brauchen Sie eine Zusage der Agenturen zum Pitch? Bis wann wird die Siegeragentur voraussichtlich bekanntgegeben? Und wann ist die Entwicklung erster Maßnahmen geplant? Denn auch eine zu hohe Auslastung der Agentur kann ein Grund sein, sich nicht zu beteiligen.

Basisinformationen zum Unternehmen

Geben Sie den Agenturen einen Überblick über die Ausgangssituation, ein Kurzportrait Ihres Unternehmens, Ihre Marktsituation und natürlich Informationen über Sie als Arbeitgeber samt Mitarbeiterzahlen, Ziele Ihres Employer Branding und eventuelle Besonderheiten Ihrer Branche. Wenn Sie Auszeichnungen und Zertifizierungen haben, nennen Sie sie.

Informationen zum Präsentationsumfang

In welchen Anwendungsformen sollen die Agenturen ihr Kreativkonzept präsentieren? Je exakter Sie hier briefen, desto leichter haben Sie es später, die Präsentationen zu vergleichen. Geben Sie festgelegte, aber auch frei wählbare Teilaufgaben vor, um den Agenturen die Möglichkeit zu geben, Ihre Kreativität auch zeigen zu können. Um die kreative Grundidee zu vergleichen, sind universelle Imagemotive und Stellenanzeigen gut geeignet. Um die Flexibilität des Kreativkonzepts zu testen, fordern Sie Anwendungen im Ambientbereich ab, Ableitungen für Messestände, Onlinewerbung und Beispiele für den Transfer des Konzepts auf die Karriereseite — an diesen Beispielen erkennen Sie, ob die präsentierte Idee nur auf einer ganzseitigen Imageanzeige funktioniert oder auch im Kleinen wirkt. Das ist extrem wichtig: Denn gute Kreativkonzepte arbeiten mit Ideen, die auf einem Bierdeckel genauso gut funktionieren wie auf einem Riesenposter an der Fassade der örtlichen Hochschule. Kuzum: Lassen Sie sich demonstrieren, dass die kreative Idee auch 360 Grad funktioniert.

Aber bleiben Sie fair. Lassen Sie nicht alles bis in jede einzelne Maßnahme und bis ins Detail ausarbeiten, denn auch mit wenigen Adaptionen auf Einzelmaßnahmen können Sie die Qualität des Kreativkonzepts beurteilen. Alle Agenturen im Pitch gehen prinzipiell sehr stark in Vorleistung und arbeiten eventuell für den Papierkorb. Das Präsentationshonorar ist da nur ein Tropfen auf den heißen Stein. Und vergessen Sie nicht ein Angebot für das Kreativkonzept und die Übertragung der gewünschten Nutzungsrechte sowie ein Angebot für die bereits feststehenden Kommunikationsmaßnahmen einzuholen, damit Sie Ihr Budget besser planen und auch hier einen weiteren Vergleichspunkt ansetzen können.

Informationen zu den Zielgruppen

Beschreiben Sie Ihre Zielgruppen und deren Segmentierung (siehe Schritt 11) und geben Sie an, ob das Kreativkonzept zielgruppenübergreifend konzipiert werden oder eine bestimmte Zielgruppe besonders fokussieren soll. Auch hier gilt: Je exakter Sie briefen, desto besser ist die Vergleichbarkeit der Konzepte im Pitch. Haben Sie relevante, soziodemografische Besonderheiten oder Charakterisierungen Ihrer Zielgruppen, können Sie auch diese beifügen. Sekundärzielgruppen wie Multiplikatoren, Öffentlichkeit sind in diesem Stadium des Prozesses weniger relevant. In der Regel sollte ein Employer-Branding-Kreativkonzept alle für Sie als Arbeitgeber relevanten Zielgruppen übergreifend ansprechen. Schließlich gilt auch Ihre Arbeitgeberpositionierung für das gesamte Unternehmen. Erst auf der zweiten inhaltlichen Ebene Ihrer Arbeitgeberkommunikation (Kommunikationspyramide) kommen zielgruppenspezifische Botschaften zum Einsatz. Die können Sie insofern berücksichtigen, dass Sie die Agentur bitten, auf Basis des Kreativkonzepts testweise Ableitungen für eine oder zwei Zielgruppen zu präsentieren.

Informationen zur Arbeitgeberpositionierung

Der wichtigste Teil des ganzen Briefings: Worauf sollen die Agenturen arbeiten? Natürlich brauchen sie alle Bausteine Ihrer Arbeitgeberpositionierung. Daraus, vor allem aus der Unique Employment Proposition, soll die kreative Idee entwickelt werden. Es ist hilfreich, im Briefing auch Hintergrundinformationen zu der Arbeitgeberpositionierung mitzugeben, zum Beispiel sogenannte Spiritsätze (siehe Schritt 9), mit denen Sie Ihre Profilthemen als Arbeitgeber veranschaulicht haben. Aber auch der Blick hinter die Kulissen der Profilfelder ist ratsam: Je mehr die Agenturen von den konkreten „Trüffeln" wissen, die in der Employer-Branding-Analyse gefunden wurden, desto besser können Sie sich ein Bild davon machen, was hinter den wenigen Worten einer Arbeitgeberpositionierung steckt.

Sehr effektiv ist auch das Angebot einer Rücksprache mit dem Berater, der Sie eventuell bei der Analyse und Strategieentwicklung begleitet hat. Es geht darum, dass die Agenturen die Geschichten hinter den Worten hören und sich besser in die Themen, die sie im Kreativkonzept pointieren und vermitteln sollen, einfühlen können.

Grafische Vorgaben für die Kreation

Natürlich sollten Sie Ihren Agenturen alle notwendigen Corporate-Design-Vorgaben zur Verfügung stellen, um die Motive gleich im richtigen Erscheinungsbild beurteilen zu können. Aber Vorsicht: Machen Sie nicht in Ihrem Corporate Branding eingesetzte Kampagnenmotive oder andere Bildwelten des Unternehmens zur Vorgabe — damit schränken Sie die kreativen Möglichkeiten der Arbeit massiv ein.

6.1.5 Agenturpitch: Ein gutes Kreativkonzept erkennen

Eine Agenturpräsentation richtig zu bewerten, ist nicht immer einfach und erfordert Konzentration auf das Wesentliche. Geben Sie idealerweise Ihrem Entscheidergremium am Präsentationstag eine Bewertungshilfe an die Hand. So stellen Sie sicher, dass jedes Jurymitglied alle Anforderungen an das Kreativkonzept und die Agentur im Blick hat und die Präsentationen bestmöglich vergleichen kann. Schreiben Sie dazu noch einmal alles Wissenswerte in einem Bewertungsbogen komprimiert zusammen und stellen Sie darin der Jury unter anderem diese Fragen:

- Gleichen Sie das Kreativkonzept mit der Arbeitgeberpositionierung ab: Ist es „on strategy"? Ist die Kernbotschaft der UEP in allen Motiven klar erkennbar?
- Wie gut ist die Strategie in kreative Kommunikation übersetzt?
- Wie gut ist die Kampagne in der Praxis umsetzbar (zum Beispiel Hochschulmarketing, Ambientmedien usw.)?
- Wie gut differenziert das Konzept von anderen Arbeitgebern?
- Wirkt das Konzept glaubwürdig und passt es zu Ihrer Kultur?
- Wie aufwendig ist es, das Konzept zu realisieren (technische Kosten)?
- Hat die kreative Idee das Potenzial für eine Serie, die über mehrere Jahre trägt?
- Wie gut versteht die Agentur Ihre Unternehmenskultur?
- Wie viel kreatives Potenzial trauen Sie der Agentur zu?
- Wie viel Umsetzungsstärke trauen Sie der Agentur zu? (Falls die Agentur Sie auch nach dem Kreativkonzept im Personalmarketing begleiten soll.)
- Stimmt die Chemie? Passt die Agentur bzw. passen die Präsentatoren zu uns?
- Bei internationaler Ausdifferenzierung: Wurde auf die kulturellen Länderspezifika eingegangen?

Der Tag der Pitchpräsentation ist immer ein aufregender Moment im Gesamtprozess des Employer Branding. Das ist der Moment, an dem es im wahrsten Sinne des Wortes um alles geht. Hier entscheidet sich, ob Sie überhaupt die Chance haben, eine glaubwürdige und differenzierende Arbeitgebermarke zu entwickeln.

Der Präsentationstag: Der Tag der Entscheidung

Stellen Sie deshalb zu Beginn des Pitchs noch einmal ganz deutlich klar, was die Aufgabe der Jury ist. Sie suchen ein Kreativkonzept und eine Agentur, die zuallererst wirklich „on positioning" arbeitet, die also Ihre Arbeitgeberpositionierung richtig transportiert. Lassen Sie sich nicht blenden! Es geht nicht darum, eine witzige oder schicke Kampagne zu haben, sondern eine glaubwürdige und profilierende.

Das zweite wichtige Kriterium ist, ob das Kreativkonzept zu Ihnen als Arbeitgeber passt und aufmerksamkeitsstark ist. Machen Sie und Ihre Entscheidergremium sich frei von Ihrem persönlichen Geschmack und Ihrem ästhetischen Empfinden, sondern bewerten Sie die Kreativkonzepte im Sinne Ihrer Arbeitgeberpositionierung und aus den Augen Ihrer Zielgruppen.

Es ist sehr wahrscheinlich, dass Sie nicht eine Kampagne präsentiert bekommen, die bereits hundertprozentig passt. Das ist wirklich selten, oftmals müssen einzelne Motive, Texte oder Themengewichtungen nachjustiert werden. Das ist nicht weiter dramatisch. Entscheiden Sie sich grundsätzlich eher für eine Agentur, der Sie am meisten zutrauen, das passendste Kreativkonzept für Sie zu entwickeln.

Auch wenn Ihnen an einem Kreativkonzept die Bildmotive oder Slogans nicht auf Anhieb zusagen – wenn es „on strategy" ist, hat es mehr Potenzial als ein Konzept, das nur schöne Bilder zu bieten hat. Die Bildanmutung kann man leicht ändern, die Grundidee muss passen und stark sein. Entscheiden Sie sich also immer eher für ein stimmiges Konzept als für eine perfekte Ausführung.

Von der Strategie in die Kreation – Achtung Bruchstelle

Der Übergang von der Strategie in die Kreation ist die größte Bruchstelle im Employer-Branding-Prozess. Sie haben bereits gelesen, wie schwierig es auf der Entscheiderseite sein kann, sich nicht von kreativen Ideen blenden zu lassen, sondern einzig und allein auf die beste Umsetzung der Positionierung zu achten.

Es ist soviel leichter, eine kreative Idee auf Work-Life-Balance und simple Karriereversprechen zu finden als auf sehr spezifische Profilthemen, die der Kreation einen engen inhaltlichen Korridor aufzeigen.

Oftmals wird bei dem Transfer von der Strategie in die Kreation die Positionierungsbotschaft der Arbeitgebermarke verwässert und nicht spitz genug umgesetzt. Im schlimmsten Fall wird sie sogar ignoriert und eine Nebenbotschaft zum Kern erhoben, die nicht genügend differenziert und eventuell generisch kommuniziert. Schon haben Sie Ihre Arbeitgeberpositionierung verloren. Deshalb halten Sie unbedingt an Ihrer Kernbotschaft fest und prüfen Sie kritisch, ob das Kreativkonzept klar „on strategy" ist.

Sie merken, dies ist ein ungemein sensibler Schritt im Employer-Branding-Prozess. Bereiten Sie ihn gut vor, und vor allem auch sich selbst, um an dieser Stelle für die passendste Idee und nicht für die kreativste Idee zu kämpfen. In manchen Unternehmen entpuppt sich das als Drahtseilakt und erfordert diplomatisches Geschick.

Dieser Schritt ist nicht nur eine Bruchstelle auf dem Weg zur Arbeitgebermarke. Die vielen Mitarbeiter und Stakeholder, die Sie in der Analyse und in der Validierung um ihre Meinung gebeten haben, beobachten ganz genau, was Sie daraus machen. So kann auch intern sehr viel zu Bruch gehen, wenn die Arbeitgeberpositionierung in einer verwässerten, inhaltlich schwachen Umsetzung nicht wirklich operativ sichtbar wird.

BEISPIEL

Wie ein Unternehmen dank bewegter Bilder vom Weg abkam

Situation

Eine relativ markante Arbeitgeberpositionierung war entwickelt, in deren Entstehung ein mittelständischer Maschinenbauer mehr als 150 Menschen einbezogen hatte. Am Tag der Agenturpräsentationen zeigten drei Agenturen ihre Ideen für die kreative Umsetzung: Zwei Agenturen legten Konzepte vor, die auf die Positionierung einzahlten, die dritte nicht. Stattdessen zeigte diese einen mit Handkamera gedrehten Film, um ihr Konzept zu illustrieren. Hoch ästhetisch und sehr imagebildend, aber nicht positionierungskonform. Der Personalvorstand und die Kollegen aus dem Marketing zeigten sich begeistert. Die Entscheidung fiel zugunsten dieser Agentur.

Bewertung

Die Agentur hat auf die Macht der bewegten Bilder gesetzt. Der Film zeigte wunderbare Bilder und Landschaften, während Statements eingeblendet wurden, die nur wenig mit den Profilthemen dieses Arbeitgebers zu tun hatten. Der Maschinenbauer bekam dadurch einen Arbeitgeberauftritt, der zwar um Längen professioneller war als der bisherige, aber die Positionierung nicht widerspiegelte und nicht differenzierte.

Mögliche Lösung

Machen Sie den Agenturen klare Vorgaben, was präsentiert werden soll und was nicht. Lassen Sie sich vergleichbare Anwendungen wie Stellenanzeigen präsentieren, um das Kreativkonzept auf seine inhaltlich-strategische Qualität zu prüfen. Machen Sie eine Vorbesprechung mit der Jury, um klarzustellen, worauf es ankommt. Wenn Sie einen externen Partner für die Strategieentwicklung hatten, ziehen Sie ihn am besten am Präsentationstag hinzu. Er wird auf die Umsetzung der Arbeitgeberpositionierung achten und kann intervenieren, falls die Jury das aus den Augen verliert.

6.1.6 Entwicklung und Umsetzung: Ein Kreativkonzept zum Leben erwecken

Bald ist es soweit und Sie können mit Ihrem neuen Auftritt am Arbeitsmarkt richtig Position beziehen und Ihre Arbeitgeberpositionierung auch nach innen zum Leben erwecken. Zu diesem Zeitpunkt sind meist noch kleinere Feinabstimmungen und Nachjustierungen der präsentierten Leitidee in Text und Optik notwendig. Außerdem müssen die Anzahl und die endgültigen Inhalte der Einzelmotive noch festgelegt werden. Wie viele und welche Motive Sie letztendlich entwickeln lassen, hängt von Ihren Zielgruppensegmenten und natürlich auch von Ihrem Budget ab.

Je zielgruppenspezifischer Sie die Motive anlegen können, desto besser. Gehen Sie dabei nach Ihrer Zielgruppen-Themen-Matrix (Schritt 11) vor und lassen Sie von der Agentur das Wording für die unterschiedlichen Zielgruppensegmente (wie beispielsweise Azubis, Absolventen, Professionals oder nach Berufsgruppen) festlegen. Achtung: Auch hier unbedingt darauf achten, dass die Kernbotschaft auch in den weiteren Motiven erkennbar bleibt, von flankierenden Botschaften nicht verwässert wird und die Motive innerhalb der Serie auch nicht an Kreativität und Kraft verlieren.

Je nachdem, wie aufwendig Ihre kreative Leitidee angelegt ist, brauchen Sie ein Fotoshooting, das eventuell einige Wochen an Vorbereitung für die Auswahl der Models oder die Suche geeigneter Locations erfordert. Bei rein typografischen Motiven können Sie viel schneller umsetzen, jedoch sind aufmerksamkeitsstarke typografische Kreativkonzepte sehr selten. Aber es gibt sie und sie können extrem effektiv sein – wie das Beispiel der sd&m AG im Fallstudienteil dieses Handbuchs zeigt. Nach Shooting, Bildauswahl, Bildbearbeitung, eventuell auch der Bildkomposition sowie der Reinzeichnung haben Sie es endlich geschafft: Ihre Grundmotive stehen und Sie können mit der Umsetzung loslegen.

Parallel zur technischen Umsetzung Ihrer Motive können Sie bereits die weiteren Medien und Maßnahmen planen (Schritt 15). So sorgen Sie für ein dramaturgisches Zusammenspiel aller Maßnahmen Ihrer Arbeitgeberkommunikation und setzen Ihr Kommunikationsbudget optimal ein. Lassen Sie Ihre Arbeitgeberpositionierung wie ein Grundrauschen in allen Maßnahmen mitlaufen und nutzen Sie Ihr Kreativkonzept, wo immer es geht. Denn je öfter eine Kommunikationsbotschaft wahrgenommen wird, desto besser verankert sie sich in den Köpfen der Zielgruppe.

Hier ein grober Überblick, auf welche Maßnahmen ein Kreativkonzept angewendet werden kann.

	Extern	Intern
Klassik	> Personalimageanzeigen > Stellenanzeigen > Fachmedien > Karrierefachpresse > Aufsteller, Plakate, Poster, Blow-Ups > Bewerberschriftverkehr > Arbeitgeberimagefilm (TV, Messe usw.) > Recruiting-Videos > Ambientmedien > Sponsoring von öffentlichen Events > Verkehrsmittelwerbung > Außenwerbung, z. B. Großflächen > Werbung in der Region (Indoor/Outdoor) > Streuartikel und Give-aways	> Mitarbeitermagazin > Personalschriftwechsel > Interne Leitlinien und FAQ > Feedbackmedien > Mitarbeiter-Videos > Interner Stellenmarkt > Werbung im Firmengelände (Indoor/Outdoor) > Streuartikel und Give-aways
Digital	> Karriere-Website > Online-Jobbörsen > Virales Marketing > E-Recruiting-Systeme > Bannerwerbung > Bewerber-Newsletter (E-Mail) > Arbeitgeber-Blog > Business Networks (XING, LinkedIn usw.) > Foren und Frage-Antwort-Portale > Media-Sharing (YouTube, Pinterest usw.) > Bewertungsportale > Microblogs (Twitter usw.) > Mobile Devices: Smartphones, Tablets > Recruiting Games > Search Engine Optimization (SEO) > Einsatz von QR-Codes	> Intranet bzw. Extranet > Online-Mitarbeiterbefragung > Mitarbeiterblog > Mitarbeiter-Newsletter (E-Mail) > Online-Feedbackkanäle > Infoscreens

Abb. 6.3: Übersicht möglicher Medien und Maßnahmen der Arbeitgeberkommunikation

	Extern	Intern
Dialog	> Social Networks (Facebook usw.) > Talent Relation Management > Alumni-Programme > Hochschul-Exkursionen > Hochschul-Gastvorträge > Eigene Veranstaltungen > Schnupperpraktika > Bewerberinterviews	> Mitarbeitergespräche > Interne Online-Foren und Chats > Interne Social Networks > Social Networks (Facebook usw.)
Live	> Kongresse und Tagungen > Recruiting-Messen > Web-Konferenzen > Eigene Veranstaltungen > Job-Webcasts, Live-Webcasts	> Mitarbeiterveranstaltungen > Beteiligung an öffentlichen Events
PR	> Pressemitteilungen > Redaktionelle Beiträge > Advertorials > Fachpresse > Karrierepresse > Wirtschaftsfachpresse > Verbandspresse	...

Abb. 6.4: Übersicht möglicher Medien und Maßnahmen der Arbeitgeberkommunikation

Es gibt eine Fülle an Maßnahmen, mit denen man sein Arbeitgeberprofil zum Leben erwecken kann. Jedes Unternehmen muss die für sich und seine Zielgruppe passenden finden. Es muss nicht immer die budgetträchtige Kampagne sein, auch mit kleinen kreativen Dingen kann man große Effekte erzielen.

Jetzt stehen Sie (fast) in den Startlöchern, um als Arbeitgeber Flagge zu zeigen und Position zu beziehen. Sie werden sehen, dass ein gutes, positionierungskonformes Kreativkonzept sehr hilfreich sein kann, damit bald die Passenden zu Ihnen finden und die Richtigen bei Ihnen bleiben.

6.2 Schritt 15: Kommunikationsdramaturgie – Medien und Maßnahmen planen

Wann immer Sie Begriffe wie integrierte Kommunikation, Multichannel-Marketing, Markeninszenierung oder Strategic Planning hören, ist damit eins gemeint: Die systematische, dramaturgische Planung der Kommunikation über alle relevanten Mediengruppen und Kanäle hinweg. Wenn Sie die Wirkung der eingesetzten Kommunikationsmittel steigern und gleichzeitig den Budgeteinsatz optimieren, sprich reduzieren wollen, dann sollten Sie auf eine gute dramaturgische Planung Ihrer Arbeitgeberkommunikation setzen. Die Vorteile sind bestechend:

- Effizientere Zielerreichung, weil die Medien und Maßnahmen in der Ansprache der Zielgruppen synergetisch ineinander greifen
- Mehr Aufmerksamkeit und höherer Wiedererkennungswert, weil Medien und Maßnahmen in ihrer Frequenz und zeitlichen Abfolge dramaturgisch aufeinander abgestimmt sind
- Budgetsynergien und Einsparungen, weil die Kommunikationsziele auch mit weniger Mitteleinsatz besser und eventuell auch schneller erreicht werden
- Planungssicherheit und Verbindlichkeit für die an der Umsetzung beteiligten Kollegen und Agenturen
- Kein Risiko von Schnellschüssen oder Experimenten mehr

Wenn Kommunikation gleichzeitig Markenkommunikation ist, also nicht der Vermittlung eines einzelnen Angebots, Themas oder einer Aktion, sondern dem Aufbau einer Marke dient, lässt sich mit einer dramaturgischen Planung viel gewinnen — schließlich entsteht das Vorstellungsbild, das Sie mit der Markenbildung erzeugen wollen, dann am besten in den Köpfen Ihrer Zielgruppen, wenn alle Aktivitäten ineinander greifen und gut aufeinander abgestimmt sind. Denn nicht jede Maßnahme soll die gleichen Botschaften zur selben Zeit an alle Zielgruppen vermitteln. Im Gegenteil: Das Gesamtbild der Marke entsteht durch das richtige Zusammenwirken der eingesetzten Instrumente in den verschiedenen Kanälen. Dabei wird im Wesentlichen in fünf zentrale Kommunikationsdisziplinen unterschieden:

- Klassik: Maßnahmen der klassischen Werbung im analogen Raum, zum Beispiel Anzeigen, TV, Radio, Plakate, Ambientmedien
- Digital: War früher das auf das Internet begrenzte klassische Onlinemarketing. Umfasst heute alle Maßnahmen im digitalen Raum, zum Beispiel mobile Anwendungen, Games, Banner, aber auch Social Media

- Dialog: Maßnahmen der direkten Ansprache und der Beziehungspflege (hier verschwimmen die Grenzen zwischen dem analogen und dem digitalen Raum), zum Beispiel Direktwerbung, Social Media, Telesales
- Live: War früher das klassische Event- und Veranstaltungsmarketing. Die Disziplin verschreibt sich heute der Inszenierung von Markenerlebnissen, zum Beispiel Erlebniswelten, Messen, Firmenveranstaltungen
- Public Relations: Umfasst Öffentlichkeitsarbeit, Lobbying und Networking mit meinungsbildenden Instanzen

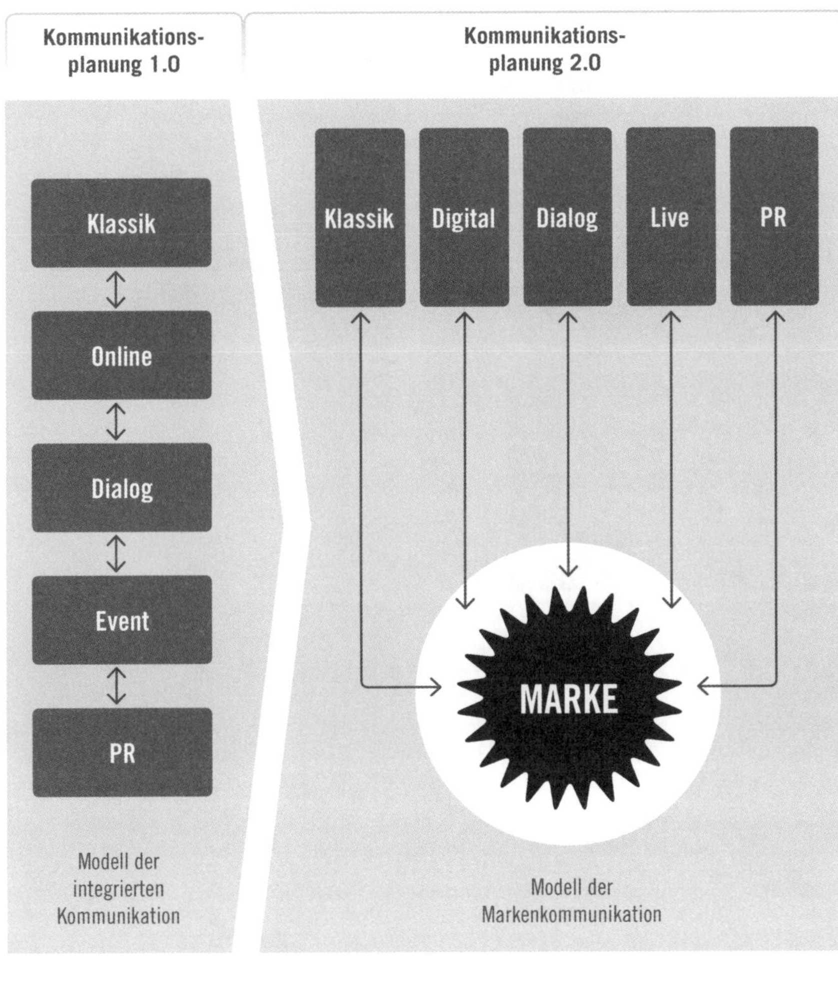

Abb. 6.5: Von integrierter Kommunikation zur Markenkommunikation

In welchem Kanal auch immer — es ist Ihre Markenpositionierung, auf die alle Maßnahmen inhaltlich referenzieren sollen, damit sie auch in die Markenbildung einzahlen. In den neunziger Jahren, als Markenbildung noch nicht gängige Praxis war, wurde viel von integrierter Kommunikation gesprochen. Die Kommunikationsmaßnahmen wurden bereits dramaturgisch aufeinander abgestimmt, aber selten in den Dienst der Markenbildung gestellt. In der Markenkommunikation dient die Marke als Anker und Drehscheibe aller Maßnahmen. Sie ist in inhaltlicher und visueller Hinsicht das Steuerungsinstrument für die operativen Kanäle der Kommunikation.

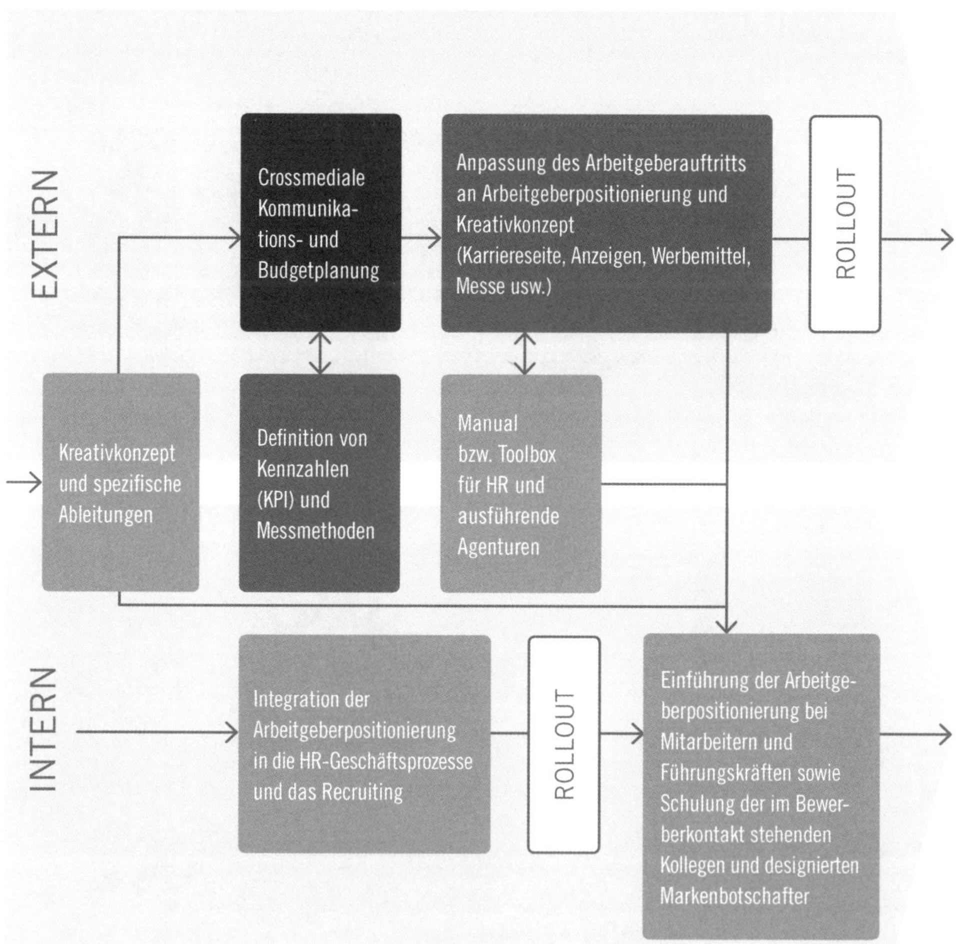

Abb. 6.6: In der Übersicht der Schritt 15 – Kommunikationsdramaturgie

6.2.1 Phasenmodell der Arbeitgeberkommunikation

Je nachdem, in welcher Phase seiner Arbeitgebersuche sich jemand befindet, hat er unterschiedliche Informationsbedürfnisse und Interessenslagen. In jeder Phase des Annäherungsprozesses an zuerst mehrere potenzielle, dann wenige und zuletzt dem präferierten Arbeitgeber können unterschiedliche Instrumente am meisten bewirken. Die Grundregel: Nicht jede Maßnahme taugt in jeder Phase der Arbeitgeberkommunikation. Wenn Sie das in Rechnung stellen, vermeiden Sie Streuverluste, wie sie heute noch im Personalmarketing vieler Unternehmen an der Tagesordnung sind.

Berücksichtigen Sie das in Ihrer Planung — dann führen Sie die Jobsuchenden mit den richtigen Maßnahmen effektiv an Ihr Unternehmen heran. Sie können währenddessen erkennen, ob sie auch wirklich zu Ihnen passen und hinterlassen nebenbei aufgrund Ihres systematisch aufgebauten Angebots an Inhalten und der bedürfnisgerechten Abfolge von Kontaktpunkten einen professionellen Eindruck.

Spannungsbogen aufbauen

Das Ziel ist, einen Spannungsbogen aufzubauen, mit dem Sie Jobsuchende dazu bewegen, Ihr Unternehmen als Arbeitgeber zuerst überhaupt in Betracht zu ziehen, dann sich konkret für Sie zu interessieren und schließlich den direkten Dialog zu suchen.

Das ist wie beim Angeln: Wenn der Fisch angebissen hat, würden Sie ihn mit ruckartigen Bewegungen nur verlieren. Nicht ganz so schön, aber der passendere Vergleich ist das Standortmarketing. Wenn ein Unternehmen einen Standort sucht, bildet es zunächst eine „Longlist“ mit allen Orten, die grundsätzlich in Frage kommen. Wenn Sie sich darauf verlassen würden, dass das Unternehmen schon von selber auf Sie stößt, verpassen Sie die meisten Chancen. Es sei denn, Sie sind bereits weltbekannt und werden ohnehin in Betracht gezogen. Dann können Sie die Hände ruhig in den Schoß legen und darauf warten, dass das Unternehmen anklopft. Andernfalls sind Sie gut beraten, schon früh bei Ihrer Zielgruppe für Bekanntheit und — schwerer, aber besser — Aufmerksamkeit gesorgt zu haben.

Konkret heißt das: Wenn Sie nicht Employer Branding bei BMW, Google oder Porsche machen, suchen Sie aktiv nach Kontaktpunkten mit Ihren Zielgruppen, auch wenn sich diese noch in der sogenannten passiven Suche befinden, sich also zwar hin und wieder umschauen, aber kein akutes Bewerbungsinteresse haben.

Zurück zu unserem Beispiel: Die potenziell in Frage kommenden Standorte schaut sich das Unternehmen genauer an, und aus der Longlist wird eine Shortlist. Jetzt geht es an die vertiefende Informationsbeschaffung und im Anschluss an den direkten Dialog, bis die Wahl getroffen ist.

Es gibt mehrere Möglichkeiten, die Kontaktphasen im Annäherungsprozess zwischen Unternehmen und Jobsuchenden zu unterscheiden. Das hier verwendete Phasenmodell ist pragmatisch und hat sich in der Praxis bewährt. Es arbeitet mit vier Phasen der Arbeitgeberkommunikation:

Phase 1: Erstkontakt mit passiv Suchenden

Im Vordergrund steht die Kontaktaufnahme mit Menschen, die keine kurzfristig akute Bewerbungsabsicht haben. Zum Beispiel Studierende, die noch einige Zeit bis zu ihrem Abschluss brauchen, oder Berufserfahrene, für die nicht jetzt, aber vielleicht in den nächsten Jahren ein Jobwechsel in Frage kommt. Ihr Ziel sollte sein, im Rahmen der Möglichkeiten auch bei diesen sogenannten passiv Suchenden Bekanntheit und Aufmerksamkeit aufzubauen, damit Sie in Erinnerung sind, wenn die Arbeitgebersuche konkret ansteht.

Phase 2: Erstkontakt mit aktiv Suchenden

Wer schon aktiv einen Arbeitgeber für den Berufseinstieg oder den Jobwechsel sucht und in Ihr fachliches wie kulturelles Profil passt, der sollte unbedingt Bekanntschaft mit Ihrer Arbeitgebermarke machen. Ihr Ziel in dieser Phase sollte sein, ein generelles Interesse an Ihrem Unternehmen auszulösen, damit Sie im relevanten Set der möglichen Arbeitgeber bleiben.

Das heißt zum einen, an den Kontaktpunkten präsent zu sein oder solche anzubieten, die in dieser Phase für Ihre Zielgruppen relevant sind. Und zum anderen, in den Medien, die Jobsuchende in dieser Phase nutzen, Flagge zu zeigen und andere Instrumente einzusetzen, die das leisten.

Phase 3: Zweitkontakt

Das erste Interesse ist vorhanden, jetzt wird die Arbeitgebersuche auf jene Kandidaten (womit nicht der Bewerber gemeint ist, sondern — ja, die Zeiten ändern sich — Ihr Unternehmen) eingeschränkt, die besonders viel Interesse geweckt haben. Im Zweitkontakt kommen Instrumente zum Einsatz, die etwas tiefer informieren und dazu animieren, mehr wissen zu wollen. Vor allem Ihre Karriereseite ist das Herzstück Ihrer Arbeitgeberkommunikation in dieser Phase und nach wie vor, laut allen Studien, immer der zweite Schritt auf der Suche nach einem Arbeitgeber.

Ihr Ziel in dieser Phase sollte sein, weiter neugierig zu machen und Dialogabsicht zu wecken — aber nur bei den Menschen, die auch zu Ihnen passen. Gerade im Zweitkontakt werden Sie von einer profilstarken Arbeitgeberpositionierung und einem prägnanten Cultural Fit profitieren (Schritt 10). Denn hier selektieren beide Seiten: Der Suchende prüft, ob Sie als Arbeitgeber zu ihm passen, und Sie sollten das gleiche tun. Wenn die Arbeitgeberpositionierung in dieser Phase der Kommunikation nicht etwa verwässert wird, sondern deutlich macht, wer zu Ihnen passt und wer nicht, dann ist das für alle vorteilhaft: Ihre Personalabteilung spart sich die ressourcenintensive Dialogphase und der Suchende viel Zeit. Setzen Sie daher vor allem im Zweitkontakt auf die Filterwirkung Ihrer Arbeitgebermarke. Wer sich aus diesem Grund an dieser Stelle von Ihnen verabschiedet, der wird Ihnen dankbar sein — und macht eventuell Kollegen oder Kommilitonen auf Sie aufmerksam, von denen er glaubt, dass sie besser in Ihr Unternehmen passen.

Phase 4: Dialog

Die heiße und entscheidende Phase: Können Sie Vertrauen aufbauen, überzeugen und die konkrete Bewerbung auslösen? Denn das sollte Ihr Ziel in dieser Phase sein. Dazu dienen vor allem der persönliche Dialog und Maßnahmen, die ihn ermöglichen und positiv begleiten. Umso wichtiger, dass die Menschen, die Ihr Unternehmen auf Jobmessen, an Hochschulen und in Bewerbungsgesprächen vertreten, ebenso die Arbeitgebermarke repräsentieren wie schon die Medien und Maßnahmen zuvor. Wenn Sie mit Ihrer Arbeitgeberkommunikation bis hierhin stark auf die Arbeitgebermarke eingezahlt haben, dann können Sie spätestens in dieser Kontaktphase sicher sein, dass ein Bewerber vielleicht nicht nur, aber sicher auch wegen Ihrer Arbeitgebermarke und dem, wofür sie steht, zu Ihnen gefunden hat. Es wäre zu schade, wenn der persönliche Kontakt das konterkariert.

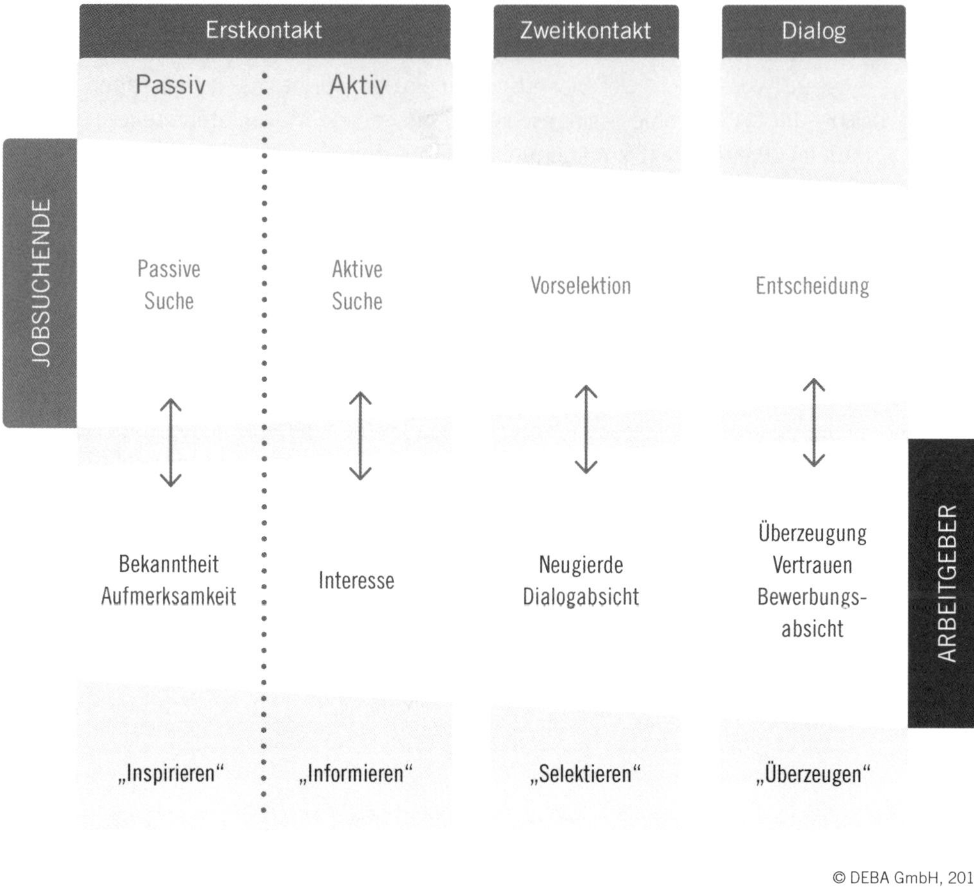

Abb. 6.7: Phasenmodell der Arbeitgeberkommunikation

6.2.2 Parameter der Kommunikationsplanung

Es gibt verschiedene Einflussfaktoren auf die Planung der Kommunikation. Die wichtigsten sind hier genannt:

- Näherungsphasen der Arbeitgebersuche
- Mediennutzungsverhalten der Zielgruppen
- Interne Meilensteine und Termine

- Externe Meilensteine und Termine
- Regionale Gegebenheiten
- Wirkungsweisen der relevanten Instrumente

Bitte erschrecken Sie nicht! Sie müssen nicht immer alle diese Punkte berücksichtigen, und wenn Ihnen die Mittel für einen externen Berater an dieser Stelle fehlen, dann planen Sie mit den Parametern, die Sie kennen und im Griff haben, zum Beispiel regionale Gegebenheiten sowie interne und externe Meilensteine.

Näherungsphasen der Arbeitgebersuche

Stellen Sie die unterschiedlichen Phasen der Jobsuche, wie in Kapitel 6.2.1, beschrieben in Rechnung, wenn Sie die Arbeitgeberkommunikation planen.

Mediennutzungsverhalten der Zielgruppen

Welche unterschiedlichen Medien nutzen Ihre Zielgruppen, um sich fachlich auf dem Laufenden zu halten? Welche Veranstaltungen besuchen sie? Wollen sie eine gedruckte Broschüre über den potenziellen Arbeitgeber bestellen können oder ein PDF per E-Mail bekommen? In welchen Onlineforen unterhalten sie sich, in welchen Verbänden sind sie organisiert? Diese und andere Fragen stellen sich, wenn Sie dem Mediennutzungsverhalten auf die Spur kommen wollen. Sie werden keine Werbeagentur brauchen, um einen Eindruck zu bekommen, welche Zielgruppen für welche Medien affin sind. Sicherlich haben Sie ein gutes Gefühl dafür, welche Zeitschriften ein Ingenieur liest und welche sein Kollege im Vertrieb. Und im Zweifel fragen Sie einfach die Kollegen, die der Zielgruppe angehören.

Eines sollten Sie auf jeden Fall bedenken: Die Nutzung von Medien ist nicht nur zwischen Berufsgruppen verschieden — zwischen den Generationen, also den Altersgruppen, noch viel mehr. Abbildung 21 zeigt einige Beispiele (Schritt 5). Deshalb überlegen Sie, welche Segmentierung der Zielgruppen (siehe Schritt 11) für Ihre Kommunikationsdramaturgie die richtige ist. Gerade beim Thema Social Media gehen die Meinungen auseinander. Die nachfolgende Abbildung zeigt Ihnen die Affinität der verschiedenen Berufsgruppen und Generationen für die Nutzung von sozialen Medien bei der passiven und aktiven Arbeitgebersuche.

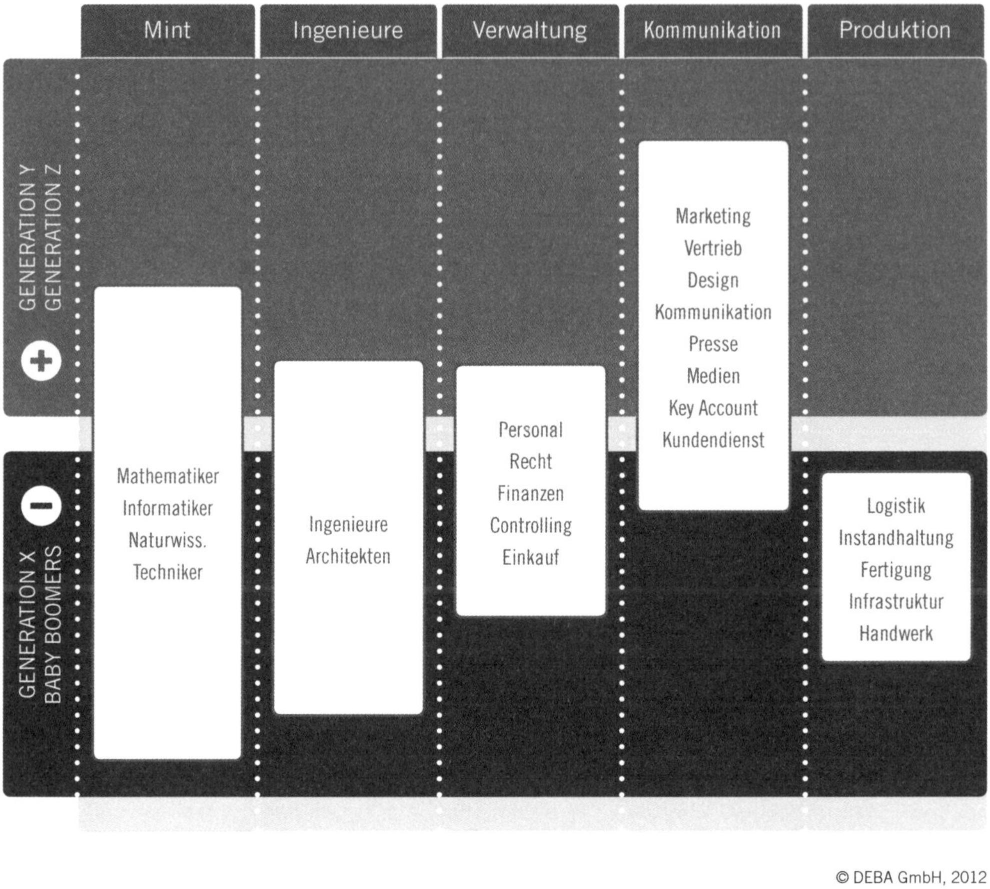

Abb. 6.8: Social-Media-Affinität der Zielgruppen bei der Arbeitgebersuche

Interne Meilensteine und Termine

Feste Veranstaltungstermine im Firmenkalender, der Start von Ausbildungs- oder Traineeprogrammen oder absehbare Zeiträume für Neueinstellungen, zum Beispiel aufgrund von Wachstum, Standorteröffnungen, vermehrten Austritten infolge von Verrentung oder dem Auslaufen von Verträgen – prüfen Sie, ob Sie interne Meilensteine haben, die wichtig sind für Ihre Arbeitgeberkommunikation.

Externe Meilensteine und Termine

Welche anderen wiederkehrenden Ereignisse sind für Ihre Planung wichtig? Das sind Semesterzeiten ebenso wie der Ferienkalender, bei überregionalem Employer Branding nicht nur Ihres Bundeslands. Beziehen Sie Termine für Kongresse und Fachveranstaltungen mit ein, die für Ihre Zielgruppen relevant sind. Das gleiche gilt für Rekrutierungsveranstaltungen der örtlichen Hochschulen oder Jobmessen. Wenn Sie verstärkt oder ausschließlich in der Region rekrutieren, können Sie auch örtliche Veranstaltungen und Festlichkeiten nutzen, um auf sich als Arbeitgeber aufmerksam zu machen. Es sind gerade die externen feststehenden Meilensteine und Termine, die Ihrer Kommunikationsdramaturgie den zeitlichen Rahmen geben. Zeichnen Sie solche Fixpunkte gleich zu Anfang in Ihren Kommunikationsplan ein und machen Sie sie zum Ausgangspunkt der weiteren Planung.

Regionale Gegebenheiten

Neben Veranstaltungen gibt es auch andere regionale Gegebenheiten, die Sie nutzbringend in Ihre Arbeitgeberkommunikation einplanen können. Das betrifft vor allem die regionale Konkurrenzlage. Gerade in wirtschaftsstarken Regionen herrscht ein harter Wettbewerb der örtlichen Arbeitgeber um Fachkräfte. Umso mehr Gewicht bekommen regionale Maßnahmen. Dabei muss es sich nicht immer um gewerbliche und fertigungsnahe Zielgruppen handeln — in städtischen Ballungsgebieten werden auch die ansässigen und heranwachsenden akademischen Gruppen stark umworben. Zum Glück geht es dabei nicht jedem wie Adidas und Puma: Die Firmenzentralen von zwei der größten Sportartikelhersteller der Welt sind nur wenige Steinwürfe voneinander entfernt — dank dessen die Gemeinde Herzogenaurach mit ihren gut 24.000 Einwohnern im März 2011 nur 266 Arbeitslose zählen durfte.

Nicht nur aufgrund von Wettbewerbsdruck sollten Sie regionale Maßnahmen in Betracht ziehen. Auch wenn Sie beispielsweise viele Ausbildungsplätze anbieten, die klassischerweise eher regional besetzt werden, bietet sich regionale Werbung, auch im öffentlichen Raum an, zum Beispiel auf Bussen und Bahnen, an Fassaden, durch Hintergleiswerbung am örtlichen Bahnhof, Werbung an Haltestellen oder Großflächenplakaten entlang der Schulwege.

Wirkungsweisen der relevanten Instrumente

Jedes Medium hat Stärken und Schwächen, alleine schon aufgrund unterschiedlicher Informationsbreiten und -tiefen. Auf Ihrer Karriereseite können Sie alles, aber auch wirklich alles, über sich als Arbeitgeber schreiben, wenn Sie die Informationen gut strukturiert anbieten. In der Personalimageanzeige, dem Onlinebanner oder dem Bierdeckel in der Studentenkneipe haben Sie nur die eine kurze Botschaft, um Aufmerksamkeit zu bekommen und in Erinnerung zu bleiben.

Bestimmte Medien und Maßnahmen eignen sich deshalb in bestimmten Kontaktphasen naturgemäß besser als andere. Manche dienen als reine Informationsträger, andere eher als Sympathieträger. Einige haben hohe Streuverluste, andere arbeiten sehr zielgerichtet. Wenn Ihnen ein Überblick potenziell geeigneter Medien und Maßnahmen fehlt oder Sie deren Wirkungsweise nicht einschätzen können, dann binden Sie einen externen Profi ein oder fragen Ihre Kollegen aus dem Marketing – die sicher generelle Erfahrungswerte und Tipps haben, was wie, wo und wann am besten wirkt.

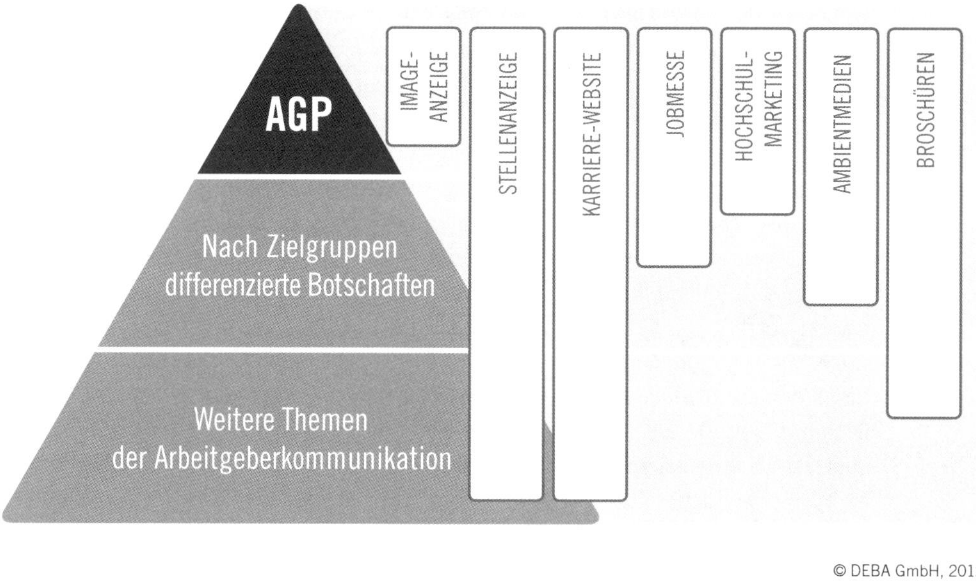

Abb. 6.9: Mediale Informationstiefen (Beispiele)

6.2.3 Musterbeispiel: Die crossmediale Kommunikationsplanung der FUTURA AG

Aufgrund ihrer sehr spezifischen Kompetenzanforderungen setzt die FUTURA im Schwerpunkt auf die Rekrutierung von Hochschulabsolventen der einschlägigen Fachbereiche, um ihnen die benötigten Kompetenzen intern zu vermitteln und weiterzuentwickeln. Deshalb stellt sich die externe Arbeitgeberkommunikation in der Dramaturgie auf Semesterzeiten ein. Die FUTURA setzt dabei auf einen Mix aller Kanäle:

Live-Kommunikation

Kristallisationspunkte der Jahresdramaturgie und damit die zentralen Milestones für die Planung sind zwei zweitägige Events, die FUTURA im Frühjahr in den Bergen und im Herbst an der Küste organisiert. Im Vorfeld dieser Events finden an den verschiedenen Standorten kleinere Rekrutierungsveranstaltungen statt. Sie haben auch die Funktion einer Kandidatenauslese, denn nur die guten Teilnehmer werden persönlich zu den Kristallisationsevents eingeladen. Diese Veranstaltungen werden in allen anderen Kanälen angekündigt, die darauf zeitlich abgestimmt sind.

Klassische Werbung

FUTURA setzt Personalimageanzeigen im Vorfeld der beiden großen Events bundesweit in der Karriere- sowie Fachpresse und rund um die standortbezogenen Veranstaltungen in regionalen Medien ein, um die Teilnahme zu bewerben. Außerdem schaltet FUTURA im Vorfeld der großen Kristallisationsevents Sonderanzeigen in die Stellenmärkte der großen Tageszeitungen sowie Onlinebanner in den Onlinejobbörsen ein. Unabhängig von den Veranstaltungen startet FUTURA jedes Jahr parallel zu den Semesterzeiten zwei Kommunikationswellen im Hochschulmarketing. Dabei konzentriert sich das Unternehmen auf insgesamt sieben Hochschulen, aus deren Fachbereichen der Erfahrung nach die besten Kandidaten für die spezifischen Anforderungen der FUTURA kommen.

Digitale Kommunikation

Weil sich FUTURA vornehmlich an Absolventen oder Young Professionals richtet, initiiert sie zweimal jährlich Kampagnen im Online- und Mobile-Bereich. Das Thema Social Media ist nicht explizit eingeplant, weil Mitarbeiter der FUTURA ohnehin einen Firmenblog betreiben und auch in Fachforen gut vernetzt sind, was sich positiv auf das Arbeitgeberimage in den Communitys auswirkt.

Dialogmarketing

Spezielle Instrumente des Dialogmarketings setzt FUTURA nicht ein, da das Gesamtbild der Aktivitäten durch die vielen Veranstaltungen und die Präsenz der Mitarbeiter in den fachlichen Netzwerken bereits sehr dialogorientiert ist.

Public Relations

Presse- und Öffentlichkeitsarbeit führen im Kontext Employer Branding in Deutschland ein Schattendasein, dabei kann der Budgeteinsatz für eine PR-Agentur schnell mediale Präsenz im drei- bis fünffachem Gegenwert bewirken. Eine unschlagbare Rendite, die sich auch die FUTURA nicht entgehen lassen will und Arbeitgeber-PR unter anderem einsetzt, um Talente von anderen Unternehmen abzuwerben. Außerdem schaltet FUTURA viermal im Jahr sogenannte Advertorials, eine Mischform aus Anzeige und redaktionellem Beitrag, in den Stellenmärkten überregionaler Tageszeitungen.

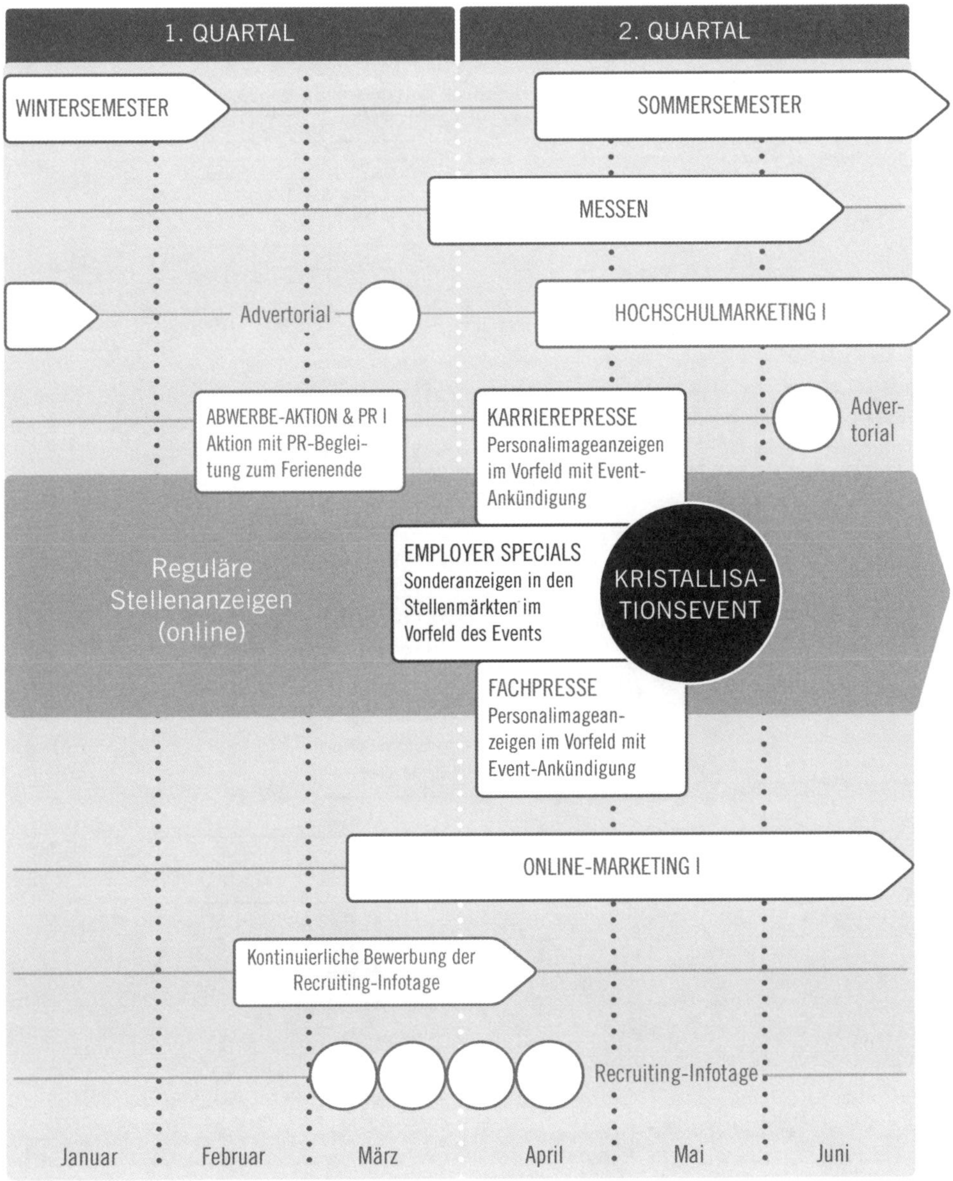

Abb. 6.10: Musterbeispiel FUTURA AG – Kommunikationslandkarte (crossmediale Dramaturgie)

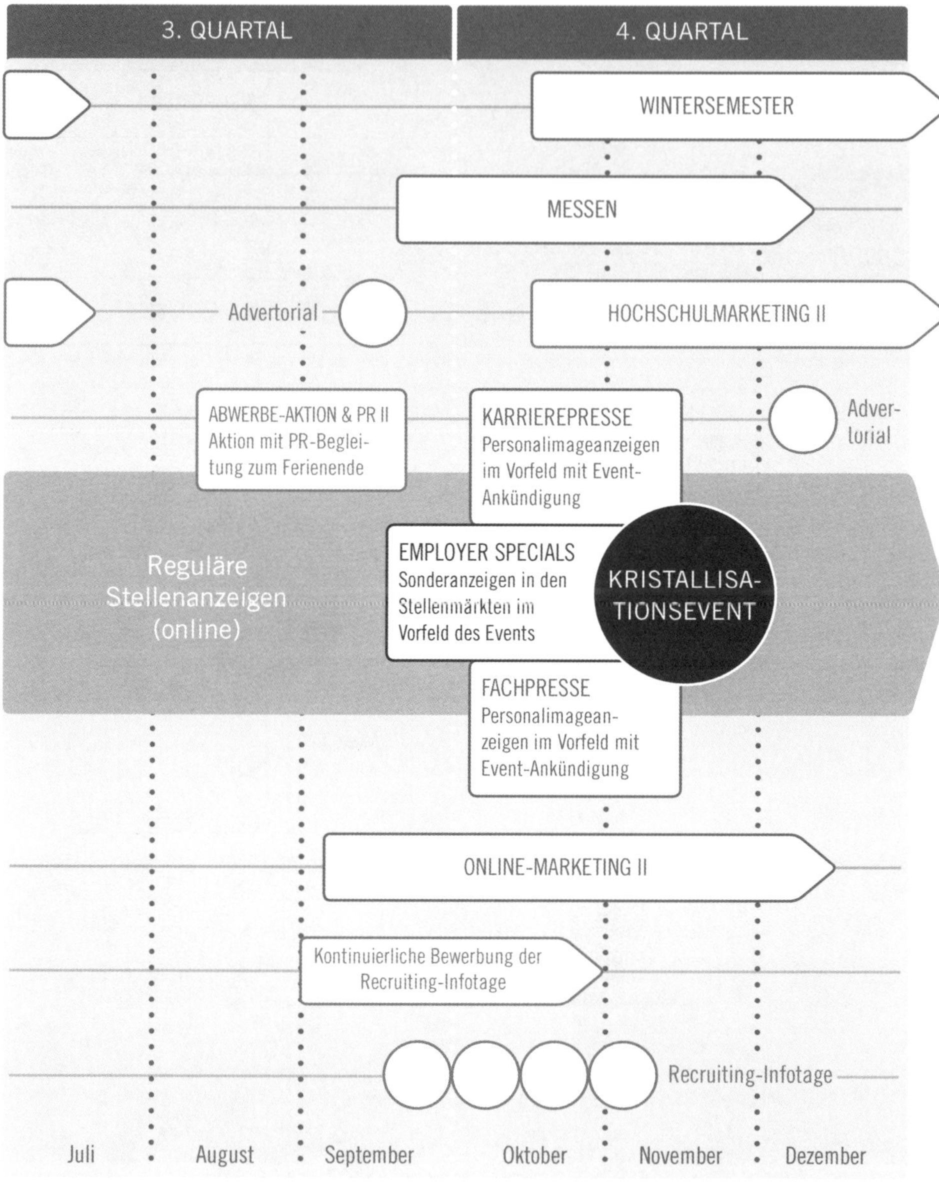

Abb. 6.11: Musterbeispiel FUTURA AG – Kommunikationslandkarte (crossmediale Dramaturgie)

6.3 Schritt 16: Erscheinungsbild – Den Arbeitgeberauftritt konsistent gestalten

Employer Branding lebt nicht nur davon, dass Sie eine gute Strategie entwickelt und Ihre Maßnahmen geplant haben. Es braucht auch einen Arbeitgeberaufritt, der dem Blick von außen ein konsistentes Bild vermittelt und die Kernbotschaft Ihrer Arbeitgebermarke wie ein roter Faden in den verschiedenen Kontaktpunkten zum Vorschein bringt, die ein Interessent oder ein Bewerber während seiner Arbeitgebersuche mit Ihrem Unternehmen hat.

Erst dann kann das Vorstellungsbild Ihrer Arbeitgebermarke, das Sie zuvor definiert haben, also das Arbeitgeberimage, überhaupt entstehen — zumindest in den externen Arbeitsmärkten. Das erscheint auf den ersten Blick vielleicht nicht schwer. Doch schauen Sie einmal in die Stellenmärkte. Selbst viele kleine Unternehmen schaffen es nicht, Stellenanzeigen zu produzieren, die in Slogans, Texten, Bildstilen, Layout und Typographie einheitlich sind. Das kann größeren mittelständischen Unternehmen und Konzernen, die sich von professionellen Agenturen begleiten lassen, nicht passieren, denken Sie sich jetzt? Ein Irrtum. Diese Unternehmen tun sich zwar nicht so schwer mit dem visuellen Erscheinungsbild ihrer Arbeitgebermedien. Doch wann immer die Corporate-Design-Richtlinien, also die Definition von Formen, Farben, Schriften des Markenauftritts, nicht explizit Regelungen für Stellenanzeigen beinhalten oder um diese ergänzt wurden, ist auch hier Wildwuchs keine Seltenheit. Ganz abgesehen von dem inhaltlichen roten Faden, der häufig schon zwischen Karriereseiten und Anzeigen abreißt.

▶ **BEISPIEL**

Profilstark auf der Karriereseite, stumpf in den Stellenanzeigen

Situation

Ein deutscher Dax-Konzern warb auf der Karriereseite mit klaren Ansagen: Menschen, die dort arbeiten, würden in Fachkreisen „höchste Anerkennung genießen" und als „die Besten ihres Fachs" gelten. „Are you ready to take the lead?", fragte der Konzern den Besucher prominent.

Bewertung

Image und Reputation, dieses Versprechen macht der Konzern Bewerbern und Mitarbeitern. Ob sich angehende und erfahrene Ingenieure von solchen elitären Aussagen angesprochen fühlen oder nicht — die Karriereseiten zeugen von einer sehr markanten Arbeitgeberpositionierung. Leider verlor sich diese schon in den Stellenanzeigen, die parallel im Umlauf waren: Internationalität, Innovation und Leistung waren hier die Hauptthemen, ein Bezug zu den Inhalten der Karriereseiten nicht erkennbar.

Mögliche Lösung

Wenn eine profilreiche Arbeitgeberpositionierung vorhanden ist, diese aber nicht konsequent und konsistent in alle Medien eingearbeitet wird, zeugt das von einem suboptimalen oder fehlenden Employer Brand Management. Prüfen Sie alle Arbeitgebermedien, die von verschiedenen Abteilungen, Standorten oder Ländern produziert oder bei Agenturen beauftragt werden, auf inhaltliche und visuelle Konsistenz.

Dieses Kapitel zeigt Ihnen, worauf Sie achten sollten, damit Sie ein konsistentes, prägnantes und botschaftskonformes Erscheinungsbild quer durch die Medien Ihres Arbeitgeberauftritts abgeben.

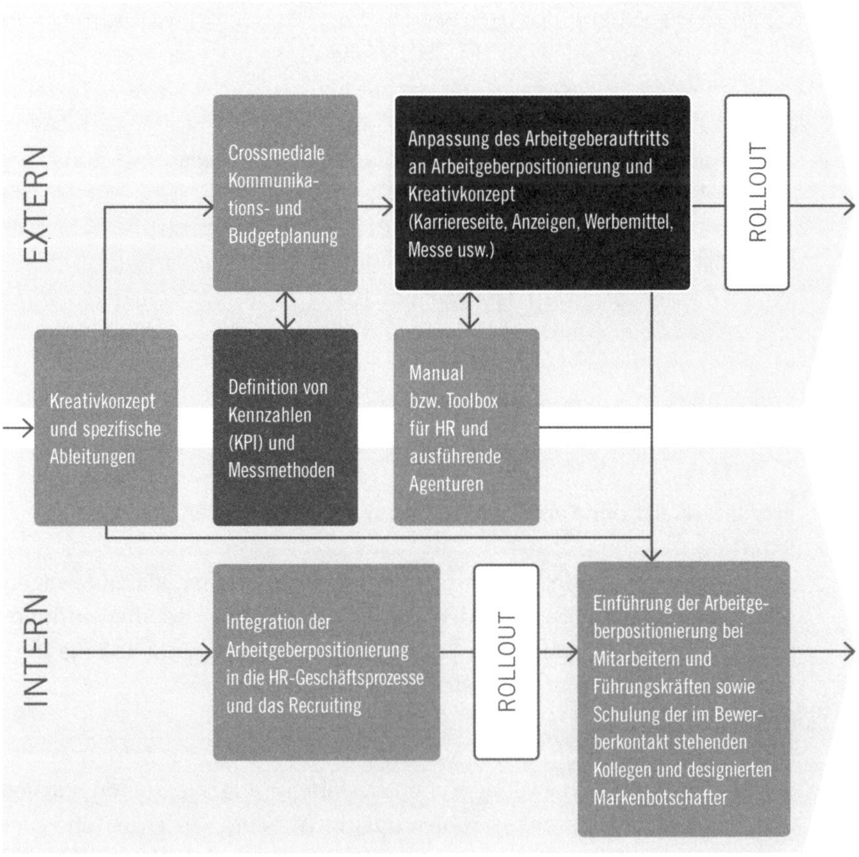

Abb. 6.12: In der Übersicht der Schritt 16 – Erscheinungsbild

6.3.1 Anforderungen der Markenbildung an den Arbeitgeberaufritt

Beachten Sie vier Kriterien, um Ihren Arbeitgeberauftritt auf Einheitlichkeit zu prüfen und dahingehend zu optimieren. Sie beziehen sich sowohl auf die inhaltliche als auch auf die gestalterische Konsistenz. Hier in der Übersicht, nach ihrer Bedeutung für die Arbeitgebermarkenbildung priorisiert ...

- Wahrnehmungsintensität der Botschaft
- Konsistenz der Botschaft
- Gestalterische Konsistenz
- Gestalterische Prägnanz

Wahrnehmungsintensität der Botschaft

Arbeitgebermarkenbildend wird Ihr Arbeitgeberauftritt nur dann sein, wenn die Kernbotschaften Ihrer Arbeitgebermarke, die Sie in Ihrer Positionierung als Arbeitgeber, insbesondere in der Unique Employment Proposition, festgelegt haben, auch deutlich fokussiert zum Vorschein kommen. Sensibilisieren Sie die umsetzenden Agenturen und beteiligten Kollegen immer wieder dafür, wie wichtig das ist, damit Ihre Arbeitgeberkommunikation auch wirklich zur Bildung einer Arbeitgebermarke führt.

Die Durchdringungsqualität, also die Wahrnehmungsintensität Ihrer Arbeitgebermarkenbotschaften steht hier im Mittelpunkt. Damit ist dieses Kriterium das für die Bildung eines positionierungskonformen externen Arbeitgeberimages bedeutsamste.

Sie können erkennen, ob Sie dieses Ziel erreicht haben, indem Sie zum Beispiel Bewerbern oder neu eingestellten Mitarbeitern diese Prüffragen stellen:

- Wissen Sie, wofür unser Unternehmen als Arbeitgeber steht?
- Fällt es Ihnen leicht, sich an die wichtigsten Profileigenschaften des Arbeitgebers zu erinnern?
- Nach allem, was Sie im Bewerbungsprozess gelesen, gehört und erlebt haben: Welche drei charakteristischen Profileigenschaften würden Sie uns als Arbeitgeber zuschreiben?
- Haben Sie während des Bewerbungsprozesses erkannt, was diesen Arbeitgeber von anderen unterscheidet?
- War dieses Bild klar und konsistent vom ersten Kontakt bis heute?

Konsistenz der Botschaft

Welche Botschaft Sie auch immer haben — stellen Sie sicher, dass Sie in allen Medien des Arbeitgeberaufritts auch zum Tragen kommt. Es geht darum, ein widerspruchsfreies Bild von dem Arbeitgeber zu vermitteln. Wer sich auf seiner Arbeitgebersuche Ihrem Unternehmen langsam annähert, sollte einen klaren inhaltlichen Pfad vorfinden und keinen Dschungel. Natürlich werden Sie im Laufe der Annäherung zwischen Jobsuchenden und Arbeitgeber nicht nur eine, sondern viele Botschaften senden, die Sie in Ihrem Kommunikationskonzept festgelegt haben (siehe Schritt 11). Ein roter Faden sollte dabei immer erkennbar sein, ebenso eine Logik in der Dramaturgie der Inhalte (siehe Schritt 15).

Gestalterische Konsistenz

Arbeitgeberauftritte, die nicht gestalterisch konsistent sind, zeichnen sich dadurch aus, das sich Bildwelten, Bildstile, die Tonalität der Sprache oder andere Elemente unterscheiden. Daran zeigt sich, dass das Thema Marke in diesem Unternehmen generell noch Nachholbedarf hat. Wenn keine Gestaltungsvorgaben (Corporate Design) für die Unternehmensmarke existieren, fehlen solche Vorgaben auch für das Employer Branding. Erinnern wir uns: Die Arbeitgebermarke ist ein Teil Ihrer Unternehmensmarke und soll als solcher auch wahrgenommen werden. Zwar können Sie auf der Ebene von Kreation und Werbung auf eigene Konzepte zurückgreifen, jedoch muss Ihre Employer-Branding-Kampagne und jede Stellenanzeige im Rahmen Ihres Corporate Designs gestaltet werden.

Wenn Corporate-Design-Vorgaben nicht vorhanden sind, leiten Sie sie aus den zentralen Medien Ihres Unternehmensauftritts ab. Denn keiner hindert sie, zumindest das Employer Branding einheitlich zu gestalten. Motivieren Sie Ihre Agentur, eine Designableitung zu formulieren und auf alle Medien des Arbeitgeberauftritts anzuwenden.

Das gestalterische Erscheinungsbild eines Markenauftritts wird durch verschiedene Elemente geprägt. Das sind sowohl visuelle als auch sprachliche. Denn auch die Wortwahl und die sprachliche Tonalität beeinflussen das Image, das bei dem Betrachter entsteht.

Die zentralen Gestaltungsebenen sind …

- Bildklima: Welcher Bildstil wird verwendet? Wie werden die Bilder dargestellt? Beispiel: Eher weich und warm, oder kühl und konturreich? Vermeiden Sie, dass in einigen Medien professionell erstellte Bilder zum Einsatz kommen, in anderen Bilder „Marke Eigenbau".
- Farbklima: Welche Farbgebung wird verwendet (primär, sekundär, hell, freundlich, dunkel, gediegen usw.)? Wie wird mit Farbe umgegangen (zurückhaltend, intensiv usw.)?
- Sprache/Tonalität: Welcher Sprachstil passt am besten zu der Marke (zum Beispiel jugendlich, technoid, steril, umgangssprachlich, usw.)?
- Komposition: Wie sind die gestalterischen Elemente (Formen, Schriften, Bilder) angeordnet? Wie ist die Übersichtlichkeit? Wie wird der Blick geführt, gibt es Ankerpunkte?

Immer wieder wird die Frage gestellt, in welchen Fällen Abweichungen von den Gestaltungsrichtlinien erlaubt sind. Grundsätzlich gilt: Wann und wo immer die Unternehmensmarke visuell konsistent geführt wird, gilt das auch für die Arbeitgebermarke. Ausnahmen bestätigen die Regel und sollten auf einer strategischen Ebene diskutiert und offiziell beschlossen werden.

Gestalterische Prägnanz

Konsistenz ist das eine. Sie können auch in schönster Homogenität keinen bleibenden Eindruck hinterlassen. Daher sollte Ihr Arbeitgeberauftritt in seiner Gestaltung auch prägnant sein, um Aufmerksamkeit zu erzeugen und Wiedererkennungswert zu haben. Dafür ist die kreative Qualität entscheidend: Die Originalität der kreativen Idee, die Aussagekraft von Bildern und Slogans. Vermeiden Sie zum Beispiel, soweit möglich, austauschbare Bilder. Vor allem setzen Sie bitte nicht auf die üblichen Bilder der bunt gemischten lachenden Menschen in Anzügen, Kostüm und Arbeitskleidung sowie verschiedenen Arbeitsituationen. Solche sogenannten Stock-Bilder, die Sie gegen geringe Gebühren bei Fotoagenturen aus dem Internet laden können, sind nach wie vor das beliebteste Bildmotiv in Arbeitgeberauftritten — und der Tod jeglicher Originalität im Erscheinungsbild. Wenn Sie aus Budgetgründen auf Stock-Material angewiesen sind, wählen Sie prägnante Motive, die zu den Botschaften passen, die Sie senden wollen. Je besser das Kreativkonzept, desto höher die gestalterische Prägnanz. Doch eines sollten Sie immer im Blick behalten: In der Arbeitgebermarkenbildung ist die Botschaft der König, nicht die kreative Idee. Denn ein Markenbild entsteht immer über Inhalte, nie alleine durch originäre Gestaltung und kreative Kampagnen.

6.3.2 Management des Arbeitgeberauftritts

Ihr Arbeitgeberauftritt ist aus einem Guß? Herzlichen Glückwunsch. Dann sorgen Sie dafür, dass das auch so bleibt. Denn je mehr Menschen mit Ihrem externen Employer Branding befasst sind, und je dezentraler Personalmarketing, Recruiting und Bewerbermanagement organisiert sind, desto größer ist die Gefahr, dass sich Ihr Arbeitgeberauftritt gestalterisch ausfasert und inhaltlich verwässert wird.

Das können Sie vermeiden, indem Sie Regeln für die Umsetzung von Medien und Maßnahmen der Arbeitgeberkommunikation aufsetzen. Zum Beispiel durch eine Arbeitshilfe mit inhaltlichen und grafischen Gestaltungsvorgaben (siehe Schritt 12, Kapitel 5.1.4). Noch effektiver, um ein konsistentes und prägnantes Erscheinungsbild zu erreichen, ist jedoch der regelmäßige Austausch mit allen an der externen Kommunikation der Arbeitgebermarke Beteiligten. Wenn diese nämlich überzeugt und motiviert sind, am Aufbau eines einheitlichen Arbeitgebermarkenbilds mitzuarbeiten, dann vermeiden Sie mehr Wildwuchs, als es komplexe Regelwerke vermögen (siehe Schritt 18).

Internationaler Arbeitgeberauftritt

Sicher, es ist ungleich schwerer, von Asien bis Amerika als Arbeitgeber einen einheitlichen Fußabdruck zu hinterlassen als in einem mittelständischen Betrieb mit einer Handvoll Standorte in Deutschland. Schwierig, aber nicht unmöglich, wie viele Beispiele zeigen. Dabei ist zu beachten, dass Sie in den Arbeitgeberauftritten der Länder nicht nur die zentralen Botschaften Ihrer universellen Arbeitgebermarke senden, sondern auch Raum lassen für landesspezifische Themen und Botschaften.

Ganz besonders Kreativkonzepte sollten auf Ihre internationale Tauglichkeit geprüft werden. Die Erfahrung spricht hier eine klare Sprache: Es ist so gut wie unmöglich, weltweit ein und dasselbe Kreativkonzept einzusetzen – es sei denn, es ist so oberflächlich und generisch, im Klartext: einfach schlecht, dass sich niemand daran stören kann. Prägnante kreative Ideen überwinden jedoch keine kulturellen Grenzen, sofern man sie nicht adaptiert. Es gibt nur wenige Kampagnen großer Markenhersteller, die international einheitlich funktionieren. Meistens werden sie für andere Kulturräume adaptiert. Denn worüber wir in Deutschland schmunzeln, das sorgt in Großbritannien vielleicht für Häme, in Asien eventuell für Ärger.

BEISPIEL

16 Versuche für ein europaweites Kreativkonzept

Situation

Das Projektteam eines weltweit tägigen Konsumgüterherstellers war entschlossen, eine europaweit einheitliche Employer-Branding-Kampagne zu entwickeln. Eine Aufgabe, an der die beauftragte Kreativagentur beinahe gescheitert wäre. Es brauchte 16 verschiedene Versionen, bis eine Kampagne gefunden wurde, auf die sich die Ländervertreter einigen konnten. Schon ein Jahr später zeigte sich, dass die Kampagne nicht mehr von allen Ländern genutzt wurde, später nur noch in Deutschland.

Bewertung

Die Suche nach einem international gleichermaßen tauglichen Employer-Branding-Kreativkonzept, das zudem auch wirklich originell und aufmerksamkeitsstark sein soll, ist wie ein Fünfer im Lotto. Die Entwürfe, die verworfen wurden, hatten alle hohe Qualität, scheiterten aber immer an den kulturellen Eigenarten in einem oder mehreren Ländern. Dass zuletzt eine Kampagne gefunden wurde, der alle zustimmen konnten und die sich das Etikett „kreativ“ tatsächlich auch verdiente, grenzte an ein Wunder. Dass sie nicht überall konsequent eingesetzt wurde, zeigt aber auch, dass sie für viele Länder nur eine Kompromisslösung darstellte: Für ihren Kulturraum zwar akzeptabel, aber nicht wirklich optimal.

Mögliche Lösung

Geben Sie den Ländern die Freiheit, ein eigenes Konzept zu entwickeln. Machen Sie klare Vorgaben, zum Beispiel, indem Sie neben der Arbeitgeberpositionierung auch eine zentrale kreative Leitidee entwickeln, auf die alle Kreativkonzepte einzahlen müssen.

Es ist nicht wichtig, welche Kreativkonzepte die Länder für den Arbeitgebermarkenaufbau nutzen. Wichtig ist allein, dass sie alle auf die gleiche Positionierung einzahlen und die richtige Botschaft vermitteln. Als Brückenschlag für die Entwicklung kreativer Umsetzungen in den Ländern dient sehr gut eine kreative Leitidee, die — eventuell im Sinne eines Arbeitgeberclaims — zentrales Briefingelement für die Agenturen in den Ländern ist. So stellen Sie sicher, dass die Konzepte zwar unterschiedlich aussehen, aber das gleiche vermitteln. In den zuvor genannten zentralen Gestaltungselementen müssen sie ohnehin homogen sein, sofern Ihre Unternehmensmarke in den jeweiligen Ländern auch konsistent geführt wird.

6.4 Schritt 17: Die Arbeitgebermarke extern kommunizieren

Analog zum internen Employer Branding können Sie auch im externen Employer Branding vier zentrale Handlungsfelder unterscheiden:

- Personalmarketing
- Networking
- Recruiting und Bewerbermanagement
- Corporate Reputation

Wie Sie Ihre Kommunikation in den Arbeitsmärkten planen und gestalten, haben Sie bereits in den Schritten 15 und 16 erfahren. In diesem Kapitel lesen Sie deshalb einige ergänzende Informationen und Hintergründe zu den wichtigsten externen Handlungsfeldern der Arbeitgebermarkenbildung.

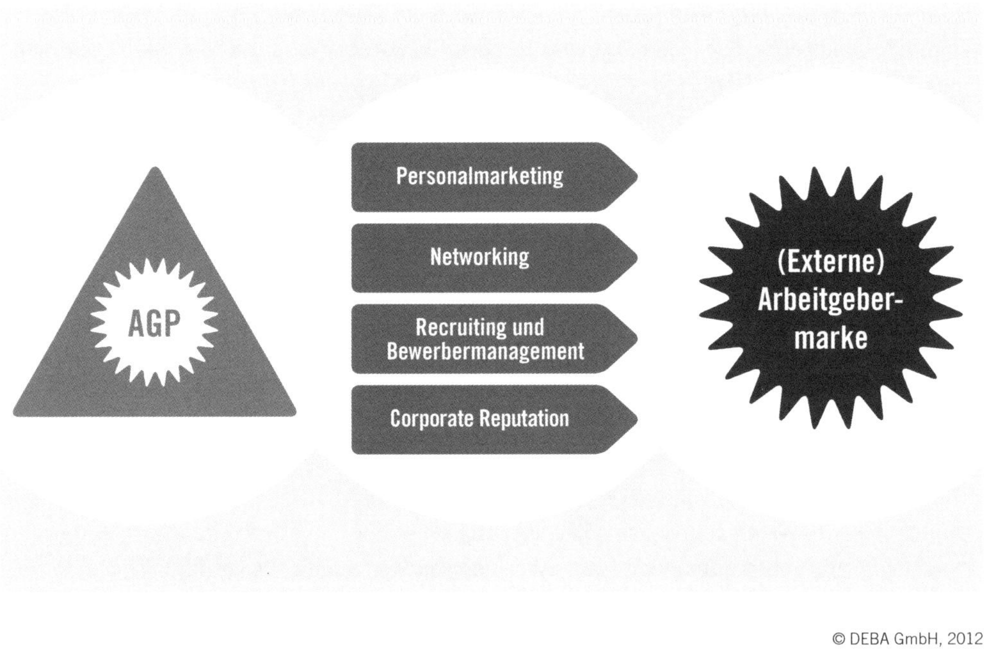

Abb. 6.13: Die vier Handlungsfelder des externen Employer Branding

Aufgrund ihrer besonderen Stellung im externen Employer Branding und ihrer Aktualität werden auch Teilthemen dieser vier Handlungsfelder in eigenen Kapiteln behandelt: Zum einen das Thema Markenbotschafter und wie Sie Ihre Mitarbeiter dazu machen. Zum anderen das Thema Active Sourcing, das einen guten Teil der Zukunft des Recruitings ausmachen wird, wie manche Experten annehmen. Den Beitrag über Active Sourcing hat Kai Deininger beigesteuert. Er war lange Jahre Leiter von Monster D/A/CH, kurzzeitig auch von LinkedIn Deutschland und gilt als führender Experte auf diesem Gebiet.

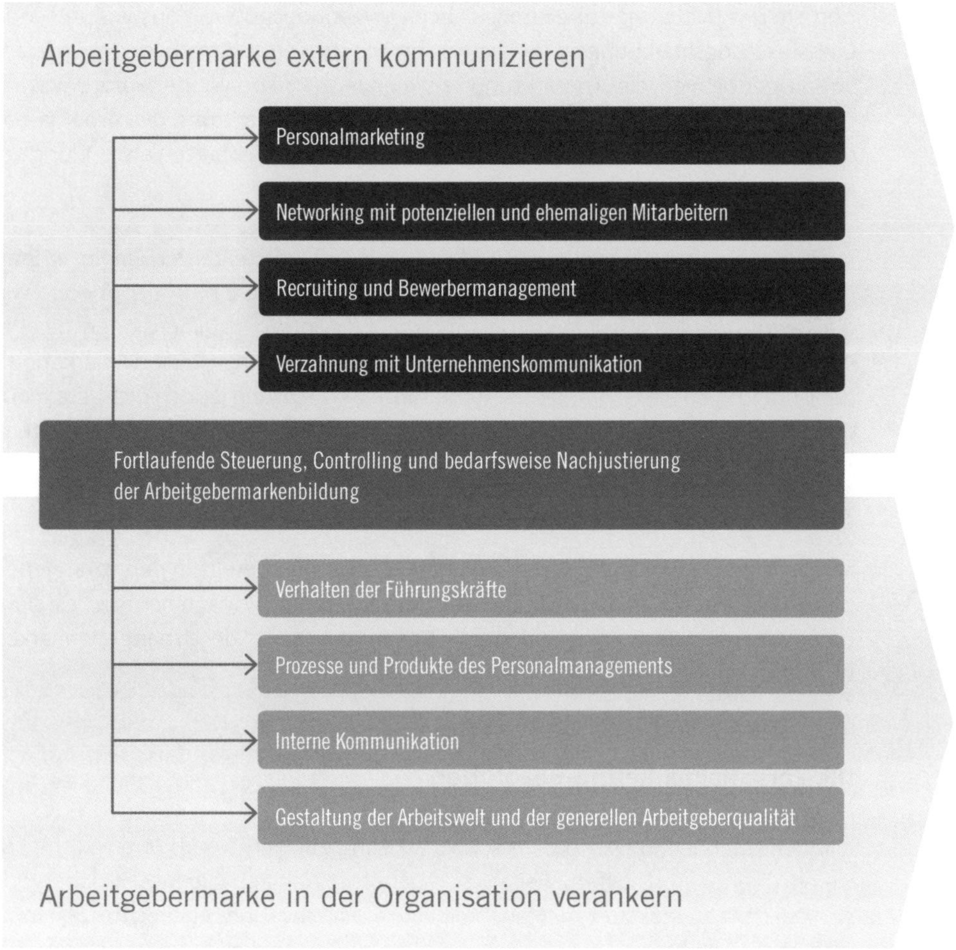

© DEBA GmbH, 2012

Abb. 6.14: In der Übersicht der Schritt 17 – Externe Arbeitgeberkommunikation

6.4.1 Personalmarketing

Heimatgefühle? Die meisten Employer-Branding-Verantwortlichen kommen hierher – aus der Abteilung Personalmarketing. Die später häufig in Employer Branding umbenannt wurde, ungeachtet der neuen Dimension der Aufgabe und der anders gelagerten Kompetenzen, die für das Management von Marke erforderlich sind.

Streng genommen hätte es ohnehin analog zur gängigen Verwendung des Marketingbegriffs von Anfang an Arbeitgebermarketing heißen müssen. So dreht es sich beim Produktmarketing um die Vermarktung eines Produkts, beim Stadtmarketing um das Marketing für einen Ort, beim Investitionsgüter-, Konsumgüter- oder Dienstleistungsmarketing um – Sie wissen schon. Personalmarketing würde also streng genommen die Vermarktung des eigenen „Personals" bedeuten, was natürlich nicht gemeint ist. Vielmehr geht es um die Vermarktung des Arbeitgebers und seiner Angebote. Ein weiteres Beispiel für die unreflektierte Verwendung von Marken- und Marketingbegriffen.

Auch wenn es nur ein Handlungsfeld von vielen ist – im externen Employer Branding nimmt Personalmarketing eine entscheidende Rolle ein. In der Theorie wird der Begriff des Personalmarketings auch auf die internen Dimensionen des Personalmanagements ausgedehnt (vgl. den Wikipedia-Eintrag „Personalmarketing"), der landläufigen Praxis hält diese interessante Betrachtung jedoch nicht stand. Die überwältigende Mehrzahl der Unternehmen meint mit Personalmarketing externe Aktivitäten, sprich die Bearbeitung der Arbeitsmärkte mit Instrumenten des Marketings.

Mögliche Instrumente des Personalmarketings wurden bereits in den vorangehenden Kapiteln genannt. Die Aufgabe des Employer Brand Managements ist es, sie zu orchestrieren (Schritt 15) und systematisch in den Dienst der Arbeitgebermarkenbildung zu stellen.

Die Personalmarketing-Revolution

In den letzten Jahren war das Personalmarketing etlichen Trends unterworfen, die Sie nicht ignorieren sollten, weil sie sich bereits als langlebig erwiesen haben oder sich anschicken, das zu tun. Manche meinen, es habe eine regelrechte „Personalmarketing-Revolution" gegeben. Aus Sicht der Personalmarketingagenturen und Personalabteilungen, die bis vor zehn Jahren eigentlich nicht viel mehr tun mussten als Stellenanzeigen zu schalten, um Ihre Personalbedarfe zu decken, kann man es sicher so bezeichnen. Aus Sicht der klassischen Werbeagenturen und Marketingabteilungen mag eine solche Sicht eher Verwunderung auslösen — haben die meisten Innovationen im Personalmarketing doch schon Jahre zuvor im Produktmarketing Einzug gehalten. Das sind die wesentlichen „Revolutionen" im Personalmarketing der letzten zehn Jahre:

- Die Beziehungsrevolution
- Die Markenrevolution
- Die Reputationsrevolution
- Die Social-Media-Revolution

Eine Beziehungsrevolution fand statt, als die Unternehmen dazu übergingen, die externe Besetzung von Stellen nicht mehr als einen mehr oder weniger mechanischen Akt aus Stellenausschreibung, Bewerbung, Auswahlgespräch und Einstellung zu betrachten, sondern als einen Findungsprozess, der auf Dialog und Überzeugung basierte. Mit dem Wertewandel in der Gesellschaft, der höheren Mobilität der Arbeitssuchenden und Arbeitshabenden und den gestiegenen Ansprüchen der Talente in den Märkten wurde die Beziehungsarbeit mit potenziellen und aktiven Bewerbern ebenso intensiviert wie mit den eigenen Mitarbeitern. Das geflügelte Wort von den „Mitarbeitern als Markenbotschaftern" bekam Hochkonjunktur.

Die Markenrevolution setzte, getrieben vom Blick auf den demografischen Wandel und der Angst vor dem Fachkräftemangel, mit dem Aufkommen des Themas Employer Branding ein. Wer zuvor Stellen ausschrieb, war jetzt nicht nur plötzlich Marketingverantwortlicher, sondern etwas später gleichsam Markenmacher geworden. Eine Revolution, die nicht jedem etablierten Akteur gefiel und die in Fachkreisen Aufruhr verursachte. Was einigen missfiel, weil sie es nicht beherrschten, sahen andere als Chance: Mit dem Thema Arbeitgebermarke besser in die Wahrnehmung des Topmanagements zu gelangen. In der Tat wurde das von vielen Personalabteilungen gut genutzt, um den eigenen Anspruch als „Business Partner" zu demonstrieren und häufiger an die Tische der Vorstände geladen zu werden.

So kam es Zug um Zug zu der Reputationsrevolution, die das Thema Personalmarketing generell erfuhr, was auf die gesamte Personalabteilung abstrahlte. Nicht nur durch das Thema Arbeitgebermarke, sondern insgesamt durch die Verknappung an Fachkräften und das gestiegene Bewusstsein für das sogenannte Humankapital.

In den letzten Jahren war es die Social-Media-Revolution, welche die Fachdebatte im Personalmarketing dominierte und die meisten anderen Themen in den Hintergrund drängte. Sie ging mit einem regelrechten Hype einher, der allerdings auch einen differenziert-kritischen Blick auf den Einsatz von Social Media im Personalmarketing verstellte und zu Investitionen und Anwendungsformen führte, die auf falschen Annahmen basierten und am Ziel vorbeigingen. Beispielsweise erhoffen sich viele Unternehmen durch den Einsatz von Facebook konkrete Einstellungserfolge. Und auch wenn diese vereinzelt gemeldet werden — alle Studien zeigen, dass die Erfolgsquote im Vergleich zu anderen Instrumenten verschwindend gering ist und dass die Anwender soziale Netzwerke ausschließlich privat und nicht für die Jobsuche nutzen wollen. Um solchen teuren Missverständnissen nicht aufzusitzen, hilft wie so häufig ein Blick in das klassische Marketing und über den Atlantik: Dort haben die Marketingexperten längst festgestellt, dass Facebook kein gutes Instrument zur Gewinnung, aber ein sehr gutes zur Bindung von Kunden ist.

Vom Product Branding lernen

Wer stichprobenartig auf das Personalmarketing von 2006 schaut und es mit heute vergleicht, der erkennt sofort Quantensprünge: In der kreativen Qualität, in der technologischen Qualität und in der Planungs- und Vernetzungsqualität. Das Personalmarketing holt in Windeseile auf und verkürzt die Distanz zum klassischen Marketing. Gerade die Übertragung von Methoden des Produktmarketings auf das Personalmarketing hat einen echten Innovationsschub ausgelöst:

- Virale Kommunikation über Sharing-Plattformen wie YouTube, Flickr oder Pinterest ist längst zu einem zentralen Bestandteil von Employer-Branding-Kampagnen geworden.
- Guerilla-Marketing wird bereits vereinzelt im Hochschulmarketing oder rund um Messen und Kongresse eingesetzt.
- Ambientmedien an Hochschulen, örtlichen Lokalitäten wie Bibliotheken oder Studentenkneipen und im Firmengelände gehören zum Standardprogramm jeder Pitchpräsentation für Employer-Branding-Kampagnen.
- Karrierewebseiten sind keine navigierbaren Broschüren mehr, sondern medial vernetzte Andockstationen für Unterhaltungs- und Informationsangebote in den verschiedensten Formaten.
- Multiplikatoren-Marketing wird groß geschrieben, insbesondere in Bezug auf Mitarbeiterempfehlungsprogramme und den Einsatz von Mitarbeitern als „Markenbotschafter“.
- Strategic Planning hat Einzug gehalten (siehe Schritt 15) — Die Personalmarketingaktivitäten werden immer häufiger strategisch geplant, also orchestriert und synergetisch verknüpft.

Mediaplanung: Zielgenau oder breit gestreut?

Eine der wichtigsten Fragen ist, in welchen Medien und mit welchen Maßnahmen Sie Ihre Zielgruppen möglichst direkt und ohne sogenannte Streuverluste erreichen. Wenn ein ingenieursgetriebenes Unternehmen beispielsweise eine Imageanzeige für sich als Arbeitgeber schalten will, in welchem Medium macht das dann mehr Sinn: In einem kostenlosen Studentenmagazin, in einem Karrierebeileger der bundesweiten Wirtschaftszeitung oder in einem Ingenieurs-Fachblatt? Fragen Sie sich, mit welcher Anzeige Sie am meisten Kontakte mit Ihrer Primärzielgruppe — in diesem Fall jobsuchende oder wechselwillige Ingenieure — erzielen, wo am wenigsten.

Verlage und Anzeigenmittler rechnen Ihnen gerne vor, was tausend Kontakte in einem Medium kosten (Tausend-Kontakt-Preis, kurz: TKP), um Sie von seinem guten Kosten-Nutzen-Verhältnis zu überzeugen. Doch das ist extrem relativ, denn der TKP wird auf die Reichweite des Mediums berechnet. Und die ist nicht vergleichbar mit der gedruckten Auflage. Wenn das Studentenmagazin etwa in der Wohngemeinschaft auf dem Küchentisch liegt, lesen vielleicht zwei Leute mehr darin. Das ist die Reichweite.

Letztlich kann Ihnen niemand konkret sagen, wer das Medium liest, in dem Sie Ihre Anzeige geschaltet haben, zumindest bei der Publikumspresse. Die Leserkreise der meisten Zeitungen und Zeitschriften lassen sich immer nur weiträumig einkreisen und beschreiben — in Wahrheit sind sie extrem heterogen. Um in unserem Beispiel zu bleiben: Die Anzeigenschaltung in dem Studentenmagazin kann Sie trotz günstigem TKP teuer zu stehen kommen, weil es an Studierende aus allen Fachbereichen verteilt wird, nicht nur an die Ingenieurswissenschaftler, und weil es keinen ingenieurspezifischen Inhalt hat, der das Interesse Ihrer Zielgruppe weckt.

Die Karrierebeilage zielt da schon genauer: Nämlich auf alle, die gerade einen Job suchen. Wie viele davon Ingenieure sind, bleibt offen. Also haben Sie auch hier mit Streuverlusten in nicht abschätzbarem Umfang zu rechnen. Ein Vorteil wiederum: Kein Arbeitgeber sucht immer nur eine Zielgruppe. Auch unser Beispielunternehmen stellt Marketingprofis, Verwaltungs- und Logistikmitarbeiter oder Juristen ein. Solche zwar nicht akut gesuchten, aber generell sinnvollen Sekundärkontakte zu machen, relativiert die schmerzhaften Streuverluste ein wenig.

Bleibt das Ingenieurs-Fachblatt: Hier erreichen Sie Ihre Kernzielgruppe der Ingenieure ohne Streuverluste. Allerdings sind — im Unterschied zu den Lesern eines Karrierebeilegers — davon nur ein Bruchteil auf Arbeitssuche. Trotzdem: Wenn Sie in Erinnerung bleiben, Ihre Anzeigen in dem Blatt also prägnante Profilbotschaften haben (Schritt 10) und kreativ gemacht sind (Schritt 14), dann haben Sie eine gute Chance, dass alle Leser, die jetzt nicht akut suchen, aber das vielleicht in den nächsten Monaten oder Jahren tun, sich Ihrer erinnern.

6.4.2 Networking

Ein Handlungsfeld, das häufig unterschätzt wird. Hierzu zählen viele Einsatzgebiete – vom Aufbau von Talent und Alumni Pools über den Einsatz von sozialen Netzwerken bis hin zum klassischen Sponsoring von Verbänden, Fachkreisen und anderen Tummelplätzen Ihrer Zielgruppen. Einige Beispiele für Networking-Maßnahmen sind:

- Alumni-Programme
- Eigene Fachverstaltungen
- Empfehlungsprogramme
- Förderung von Fachkreisen, Vereinen, studentischen Organisationen u. a.
- Networking über XING, LinkedIn und in Fachforen
- Networking in sozialen Netzwerken
- Talent Relationship Management
- Sponsoring von Veranstaltungen, Verbänden usw.

Überall, wo sich Ihre Zielgruppen versammeln und organisieren, besteht die Möglichkeit, ins Gespräch zu kommen. Zugang zu bestehenden Netzwerken erhalten, eigene Netzwerke aufbauen oder Treffpunkte für Fachkreise zu organisieren – das sind nach wie vor die besten Möglichkeiten, mit Ihren Zielgruppen in Kontakt zu treten und Sie dauerhaft für Ihr Unternehmen zu interessieren, auch wenn sie vielleicht noch Jahre vor einem Jobeinstieg oder einem Jobwechsel stehen.

Ins Gespräch kommen, in Kontakt treten, Treffpunkte organisieren – Sie merken schon, das funktioniert persönlich und von Mensch zu Mensch am besten. Deshalb sind Networking-Instrumente wie Talent Pools oder Alumni-Programme, die durch pure Informationen, etwa regelmäßige Newsletter des Unternehmens gespeist werden, weniger effektiv als jene Maßnahmen, die auf den direkten persönlichen Kontakt, vor allem von Angesicht zu Angesicht setzen – und das, wie man im Zeitalter der Videotelefonie ja schon anfügen muss – ohne von einem Bildschirm getrennt zu sein.

Unternehmen, die auf eigene Fachveranstaltungen setzen, die von Dritten gefördert wird, und auch anderweitig den persönlichen Austausch zwischen Unternehmen und Zielgruppen suchen, werden mehr erreichen als Unternehmen, die vor allem mediale Kommunikation in ihrem externen Employer Branding einsetzen. Die Kosten-Nutzen-Frage lässt sich nicht pauschal beantworten. Eine gut gemachte Veranstaltung kann schnell mehr kosten als zehn Imageanzeigen. Und was Sie eventuell an Geld einsparen, das investieren Sie in Personalressourcen. Denn Networking braucht Menschen, die es tun. Eine Anzeige ist schnell gemacht und schnell geschaltet. Ein längerer Dialog in Facebook mit einem Jobinteressenten oder jemandem, der sich über den Auswahlprozess beschweren will, braucht die Zeit und die Geduld Ihrer Mitarbeiter. Und die will auch bezahlt werden. Doch letztlich gilt: Die Kontakte, die Sie mittels Networking machen, sind viel passgenauer und im Erlebnis sehr viel intensiver als die, die Sie mit anderen Marketingmaßnahmen erzielen können. Unschlagbare Aufmerksamkeits- und Erinnerungswerte also garantiert.

6.4.3 Testimonials, Empfehlungsprogramme, Markenbotschafter

Eigentlich ein Teil des Kapitels „Networking", aber so sehr in aller Munde und durchaus von Bedeutung, dass es sich lohnt, ein eigenes Kapitel der Frage zu widmen, wie Sie Ihre Mitarbeiter zu den vielbeschworenen „Markenbotschaftern" machen können.

Die klügste Antwort darauf ist sehr kurz: Gar nicht! Denn wann immer Sie Ihre Mitarbeiter zu Botschaftern Ihrer Arbeitgebermarke „machen" müssen, sie also nicht intrinsisch motiviert sind, für Sie als Arbeitgeber öffentlich einzutreten und Sie zu empfehlen, läuft es bereits nicht optimal.

Der Gedanke hinter dem Begriff „Markenbotschafter" ist ganz richtig: Denn wer ist besser dafür geeignet, für den Arbeitgeber zu sprechen als die eigenen Mitarbeiter? Alle Studien zeigen, dass Mitarbeiter immer noch als die glaubwürdigste Informationsquelle über einen Arbeitgeber gelten. Ihre Empfehlungen sind daher Gold wert — zumindest, wenn sie ohne das Zutun der Personalabteilung oder offizielle „Botschafterfunktion" erfolgt. Darum unterscheiden Sie bitte in offizielle „Botschafter" des Arbeitgebers und alle anderen Mitarbeiter, die auch ohne Schulungen und öffentliche Testimoninals gut über und für Sie sprechen.

Markenbotschafter? Der Diplomat ist nicht authentisch

Als das Thema Social Media seinen Einzug hielt in den Personalabteilungen, da wurde auch der Ruf nach dem „Markenbotschafter" immer lauter. Kein Wunder, ermöglichten die sozialen Medien im digitalen Raum ja auch einen viel schnelleren und vordergründig einfacheren wie auch günstigeren Weg, in das Gespräch mit den Zielgruppen zu kommen.

Gerade im Bereich des Social Webs lässt sich gut illustrieren, wo das Problem liegt. Zweifelsohne: Wenn Arbeitgeber virtuelle Gemeinschaften bilden, wenn sie Mittelpunkt von „Freundeskreisen" werden oder „Follower" sammeln, kommen sie den Bewerbern näher als mit der klassischen Personalwerbung. Sie erzeugen emotionale Bindung, Zugehörigkeitsgefühl und — im besten Fall — auch mehr Bewerbungen von passenden Kandidaten. Wer im Social Web feinfühlig und ehrlich agiert und interessante Inhalte statt Werbung anbietet, wird solche Früchte ernten.

Doch das größte Potenzial des Social Web steckt genau da, wo die Unternehmen nicht präsent sind: In den virtuellen Ecken und Nischen, in denen sich Berufseinsteiger oder erfahrene Fachleute treffen, über Arbeitgeber diskutieren, sie loben, beschimpfen und Erfahrungen austauschen.

Eine echte „Wunderwaffe" wird Social Web daher für die Arbeitgeber, deren Mitarbeiter aus innerer Überzeugung dort arbeiten und für ihn aktiv einstehen: Auf Facebook und in Fachforen — wie auch im Tennisclub, auf Familienfesten oder beim Bier mit Freunden. Denn überall dort, wo Menschen und Unternehmen tagtäglich erleben, dass sie die gleichen Werte teilen und kulturell zueinander passen, wachsen die besten Fürsprecher.

Paradox? Wer solche Mitarbeiter hat, der braucht im virtuellen Raum eigentlich gar nichts tun. Über den wird ohnehin viel und gut gesprochen. Wenn das passiert, dann brauchen Sie keine „Botschafter" mehr. Denn Mitarbeiter, die Sie als Testimonialgeber oder mit ganzen Geschichten über den Arbeitgeber (Storytelling) in Ihrem Arbeitgeberauftritt abbilden, werden in den Arbeitsmärkten weniger als authentische Quellen über den Arbeitgeber angesehen als Mitarbeiter, die nicht in offiziellen Veröffentlichungen auftauchen.

Der Markenbotschafter-Begriff wird im Employer Branding zunehmend inflationär benutzt. Auch wenn bereits viele damit Mitarbeiter meinen, die sich aus eigenem Antrieb für ihr Unternehmen engagieren, hilft die kritische Würdigung des Begriffs. Sie schärft das Bewusstsein für den feinen Unterschied zwischen offiziellen Repräsentanten des Arbeitgebers und den Kollegen, die im privaten Kreis und ohne Aufforderung für ihn eintreten.

Der Begriff des Markenbotschafters entspringt der klassischen Werbung und meint mehr oder weniger prominente Gesichter, die sich dafür bezahlen lassen, dass sie für eine Organisation oder ein Unternehmen werben. Berühmte Beispiele für Markenbotschafter sind Heidi Klum und Seal für Volkswagen, Sabine Christiansen für Unicef, Thomas Gottschalk für Haribo oder Franz Beckenbauer für Mercedes-Benz und Postbank.

Das passt: Denn der Begriff des Botschafters kommt aus der Welt der Diplomatie. Ein „Botschafter“ vertritt nicht unbedingt die eigene Meinung. Ein Diplomat ist deshalb nicht per se authentisch. Im Kontext Employer Branding, in dem Glaubwürdigkeit das A und O ist, erscheint deshalb ein Begriff wie „Fürsprecher“ passender.

Offizielle Botschafter oder engagierte Fürsprecher?

Ob nun als „Botschafter“ oder als „Fürsprecher“: Wann und wie auch immer Mitarbeiter bereit sind, sich für Sie als Arbeitgeber einzusetzen, darf Ihnen das willkommen sein. Wenn Sie Mitarbeiter finden, die bereit sind, den Arbeitgeber in Kampagnenmotiven, Broschüren, auf Webseiten oder Messen zu repräsentieren, ist das von großem Wert für Ihr Employer Branding und aller Ehren wert. Das sind die Menschen, die Ihrer Arbeitgebermarke ein Gesicht geben und sie erfahrbarer machen.

Auch Empfehlungsprogramme, die mit Prämien für die erfolgreiche Vermittlung neuer Kollegen arbeiten, sind ein effektives Instrument für Ihr Recruiting. Es gibt Unternehmen, die ihren Einstellungsbedarf zu 80 Prozent alleine über Mitarbeiterempfehlungen decken. Stellen Sie dabei aber sicher, dass der Lockruf des Gelds nicht die wichtigste Motivation für eine solche Empfehlung ist. Der Bewerberpassung würde das nicht gut tun.

Eine wahre Wunderwaffe für Ihr Employer Branding sind jedoch vor allem jene Mitarbeiter, die sich darüber hinaus aus eigenem Antrieb dafür engagieren, dass extern ein gutes Bild des eigenen Arbeitgebers entsteht. Wenn Sie Ihre Arbeitgeberpositionierung, vor allem Ihren Cultural Fit (siehe Schritt 10) bei der Belegschaft gut eingeführt haben, dann können Ihre Fürsprecher auch besser beurteilen, welcher Bekannte oder ehemalige Kollege tatsächlich in Ihr Unternehmen passt.

6.4.4 Recruiting und Bewerbermanagement

Wer sich bei Ihnen bewirbt, der durchläuft verschiedene Kontaktpunkte. Und hat das schon getan, bevor er seine Bewerbung überhaupt auf den Weg gebracht hat (siehe Schritte 15 und 16). Je konsistenter Sie sich im Recruiting verhalten, desto besser wird sich der Bewerber ein Bild von Ihnen machen können und desto besser wird das Bild auch sein.

Recruiting-Mitarbeiter: Erste Gesichter Ihrer Arbeitgebermarke

Die Menschen, die mit den Bewerbern in Kontakt stehen, sollten über Ihre Arbeitgeberpositionierung ganz genau Bescheid wissen. Denn sie verkörpern sie als Erste. Verschaffen Sie sich einen Überblick, wer das bei Ihnen ist, zum Beispiel ...

- Recruiter aus der Personalabteilung
- Hiring Manager der Fachabteilung
- Experten aus der Fachabteilung
- Kollegen im telefonischen Bewerberkontakt
- Standpersonal auf Messen
- Headhunter aus Personalberatungen
- Bloggende Mitarbeiter
- Redaktionsteam Facebook-Seite und Twitter-Account
- Führungskräfte, die Vorträge an Hochschulen halten

Sie alle bilden im Grunde genommen das Recruiting-Team Ihres Unternehmens. Sie alle sind wichtige Repräsentanten Ihrer Arbeitgebermarke. Führen Sie regelmäßige Gespräche mit diesen Stakeholdern. Wie so häufig, ist auch hier der informelle Erfahrungsaustausch, zum Beispiel bei einem gemeinsamen Abendessen, effektiver als ein offizielles Meeting.

Gerade Headhunter sollten wissen, worauf die Arbeitgebermarke fußt und wie Sie sie verkörpern. Der Cultural Fit (Schritt 10) ist im Briefing der Personalberater die entscheidende Größe, um die Passungsqualität der eingereichten Vorschläge sicherzustellen.

Bewerbermanagement und Bewerberschriftverkehr

Das Bewerbermanagement wird häufig außer Acht gelassen, wenn es um Employer Branding geht. Dabei ist es ein essenzieller Teil des Recruitings und bietet sehr intensive Kontaktpunkte mit den Bewerbern, die Sie für die Arbeitgebermarkenbildung hervorragend nutzen können:

- Informationen zum Bewerbungsprozess
- Eingangsbestätigungen
- Einladungsschreiben
- Vorbereitende Telefonate
- Assessment Center
- Onlinetests

- Bewerbungsgespräch
- Zusage- und Absageschreiben

Achten Sie darauf, dass Sie in allen Stufen des Bewerbermanagements, sowohl inhaltlich als auch im Erscheinungsbild, auf Ihre Arbeitgebermarke einzahlen. Behandeln Sie Ihren Bewerberschriftverkehr dabei nicht stiefmütterlich, denn er kann Ihrem Employer Branding gute Dienste leisten, und das quasi ganz umsonst, — oder es empfindlich stören.

BEISPIEL

Schneisen schlagen in den Dschungel des Bewerberschriftverkehrs

Situation

Ein international tätiges Unternehmen mit mehreren Tausend Mitarbeitern arbeitete mit einem E-Recruiting-System, in dem bis zu hundert verschiedene Vorlagen für den Bewerberschriftverkehr hinterlegt waren. Es gab viele Redundanzen und verschiedene Textstile, was immer wieder zu Irritationen bei den Bewerbern und kritischem Feedback führte.

Bewertung

Hier ist im Laufe der Jahre Wildwuchs entstanden. Verschiedene Mitarbeiter aus dem Personalbereich waren für die Erstellung der einzelnen Textvorlagen zuständig. Einige waren individuell formuliert, andere entsprachen den Standardformulierungen des Systems.

Mögliche Lösung

Das Unternehmen brachte alle Vorlagen in eine Übersicht und sortierte sie nach den einzelnen Kontaktstufen im Bewerbungsprozess. Die Anzahl der Vorlagen konnte auf etwa 60 reduziert werden. Sie wurden komplett neu verfasst, sodass ein Bewerber im Laufe des Prozesses sinnvoll abgestufte Informationen erhielt, die inhaltlichen Bezug zu den Profilthemen der Arbeitgebermarke hatten.

6.4.5 Active Sourcing: Die Zukunft des Recruitings

von Kai Deininger

Active Sourcing baut zuerst vor allem auf einer attraktiven Arbeitgebermarke auf, denn via Active Sourcing gehen Recruiter direkt auf potenzielle neue Mitarbeiter zu und versuchen, diese für eine neue Herausforderung zu begeistern und zu gewinnen. (Pro-)Active Sourcing ermöglicht es Unternehmen, anhand von definierten Stellen- und Kompetenzprofilen direkten Einfluss auf den Erfolg der Rekrutierungsaktivitäten zu nehmen, denn nichts ist eindeutiger als das direkte Feedback aus dem Markt. Wenn die Elemente der Arbeitgebermarke und die Faktoren, die für Kandidaten entscheidend sind (Arbeitgeberpositionierung, Reputation, Teamstrukturr usw.), im Einklang mit den Erwartungen des neuen Mitarbeiters liegen, wird auf beiden Seiten eine schnelle Entscheidung für ein zukünftig gemeinsames „Miteinander" getroffen werden können. Der langwierige Bewerbungs- und Profilsichtungsprozess wird erheblich verkürzt.

Wie genau funktioniert Active Sourcing?

Active Sourcing ist eine Kombination aus mehreren Aktivitäten der proaktiven Suche und Nutzung bestimmter Kommunikationskanäle. Der Aktivitäten-Mix im Active Sourcing umfasst ...

- Proaktive Suche in Professional-Networking-Plattformen (XING, LinkedIn)
- Proaktive Suche in Lebenslauf-Datenbanken (Monster, StepStone)
- Proaktive Suche in anderen Karrierediensten (Experteer, Placement24)
- Nutzung von geeigneten Blogs, Communitys und anderer Kanälen für Botschaften, die Recruiting- und Employer-Branding-Maßnahmen unterstützen
- Aufbau und kontinuierliche Pflege eines Talent Pools aus Initiativbewerbern und Bewerbern auf konkrete Stellenausschreibungen (online und print) und idealerweise auch den Mitarbeitern (interne Kandidaten)

Ein Unternehmen, das erfolgreich Active Sourcing als Strategie anwendet, muss bestenfalls keine rubrizierten (print) oder kategorisierten (online) Stellen mehr ausschreiben, sondern nutzt Anzeigen ausschließlich dazu, um ein positives Arbeitgeberimage zu kommunizieren, was ein erhebliches Einsparungspotenzial für das Medienbudget bedeutet — denn es steht bereits mit interessierten und geeigneten Kandidaten in Verbindung.

Active Sourcing erfordert dezidierte Ressourcen, um zum einen eine Talent Pipeline aufzubauen (durch Identifikation und Ansprache von interessanten Profilen) und seinen Talent Pool aktiv zu managen (vor allem die Kommunikation mit den Mitgliedern). Idealerweise werden diese Aktivitäten von Angestellten des Unternehmens erbracht. Eine Outourcing-Alternative existiert durchaus, da aber die Werte eines Unternehmens am besten von den eigenen Mitarbeitern übermittelt werden, sollte zumindest die direkte Kommunikation zwischen Kandidaten und Unternehmen ohne Umwege erfolgen.

Active Sourcing ist vor allem in den letzten fünf Jahren ein sehr aktuelles und relevantes Thema geworden, da zum Beispiel durch die zunehmende Akzeptanz und

Nutzung von Social-Media-Plattformen (vor allem in den Bereichen Professional Networking) eine ganz andere Art von Vernetzung mit der Zielgruppe der Professionals stattgefunden hat.

Aber schon die ersten Lebenslaufdatenbanken (etwa von Monster) haben in Ansätzen seit einigen Jahren Unternehmen in die Lage versetzt, Instrumente und Methoden zu nutzen, die bis dahin meist von Personalberatern und -vermittlern angeboten und eingesetzt worden sind.

Mittlerweile sind aber auch nicht nur Fach- und Führungskräfte via Active Sourcing findbar, Facebook stellt mit mehr als 25 Millionen deutschen Nutzern vor allem für den Bereich „junge Arbeitnehmer jedweder Qualifikation“ heute schon interessante Informationen zur Verfügung. Die Transparenz eines Online Professional Networks wie XING oder LinkedIn ermöglicht auch Einsichten in die jeweiligen Netzwerke eines individuellen Kandidaten — eine neue Perspektive mit viel Potenzial für Rekrutierungserfolge, denn zum ersten Mal bekommt man Einblick in die Kontakte eines Kandidaten und kann so sehr leicht mögliche „Alternativen“ identifizieren und kontaktieren.

Active Sourcing ist vor allem international schon heute hochaktuell:

In Märkten wie Frankreich, der Schweiz, Holland, England und den USA sind mehr als 60 Prozent aller Fach- und Führungskräfte auf einem Professional Network vertreten. In Deutschland hinken wir dem Trend noch etwas hinterher: Von ca. 22 Millionen deutschsprachigen Professionals nutzen knapp unter 25 Prozent XING oder LinkedIn. Dafür sind mehr als 25 Millionen Deutsche Nutzer von Facebook.

Welche Vorteile hat Active Sourcing?

Sie behalten die Kontrolle über das, was kommuniziert wird: Als Unternehmen kann man positiven Einfluss auf Kommunikationsformen nehmen, die es vorher nicht gab. Man kann durchaus moderierend in kritische Diskussionen einwirken und man hat durch die Vernetzung erstmalig auch Einblick darin, wer was über das Unternehmen mit welchen Folgen an wen kommuniziert.

Das vorher eher durch Medienausgaben geprägte Rekrutierungs-Budget bekommt eine größere strategische Tragweite. Durch die eher langfristig und regelmäßig erfolgende Kommunikation haben Unternehmen und ihre Active-Sourcing-Experten ganz andere Möglichkeiten, langfristiger und nachhaltiger mit der Kandidatenzielgruppe in Kontakt zu treten und zu bleiben.

Durch Active Sourcing lassen sich die Früchte der mühevollen Arbeit in Sachen Employer Branding mit allen Facetten weitaus einfacher ernten: Recruiting steht via Active Sourcing im direkten und oftmals nie wirklich abreißenden Dialog mit dem Talent Pool und erhält so immer Feedback aus dem Markt. Active Sourcing ist zudem sowohl schneller als auch kosteneffizienter als traditionelle Instrumente des Recruitings und Personalmarketings. Von daher stellen sich die Unternehmen in den USA, immer mehr aber auch in Deutschland gar nicht mehr die Frage, ob sie Active Sourcing nutzen, sondern nur noch, wann und wie.

6.4.6 Corporate Reputation

Das vierte Handlungsfeld des externen Employer Branding ist eines, das Sie nicht in der Hand haben. Mit Employer Branding beeinflussen Sie auch die allgemeine Reputation des Unternehmens, aber ungleich stärker passiert das andersherum. Die Faustformel: Was Ihre Unternehmensreputation prägt, schlägt auch auf Ihr Image als Arbeitgeber durch, positiv wie negativ. Hier eine Übersicht möglicher Einflussfaktoren:

- Verhalten der Unternehmensspitze: Nähe oder Distanz zu Skandalen, öffentliche Äußerungen, Vorstandsbezüge, Grundhaltungen und Äußerungen zu gesellschafts- und wirtschaftspolitischen Themen u. a.
- Corporate Governance: Ethikregeln, Korruptionsindex, nachhaltige Unternehmensführung, Haltung zum Betriebsrat, Umgang mit der Belegschaft generell, faire Behandlung u. a.
- Corporate Responsibility: Soziales Verhalten, Umweltschutz, Ressourcenschonung, Förderung von Wissenschaft, Kultur, Sozialwesen, Gemeinwesen, Sport
- Investor Relations: Shareholder-Value-Philosophie (Maximierung? Balancierung?), Börsenerfolg u. a.
- Krisenmanagement: Krisenkommunikation, Umgang mit der Belegschaft in Krisenzeiten, Umgang mit Einsparungen, Sanierungsprogrammen u. a.
- Geschäftserfolg: Success Story des Unternehmens, Größe und allgemeine Entwicklung, Zukunftstauglichkeit u. a.
- Produkt-/Dienstleistungsqualität: Erfolg und Zuverlässigkeit der Produkte und Dienstleistungen, Servicequalität, Umgang mit Beschwerden und Reklamationen, Produktionsstandards (sozial, umweltgerecht), Standards der Zulieferer, Innovationsstärke u. a.

Je erfolgreicher Sie dank Arbeitgebermarkenbildung ein eigenständiges Arbeitgeberimage etablieren können, desto unabhängiger und beständiger wird das auch neben dem allgemeinen Unternehmensimage Wirkung entfalten. So hat es die Deutsche Bahn geschafft, trotz ständiger Skandale durch unpünktliche Züge, im

Sommer ausgefallene Klimaanlagen und im Winter aus dem Zug geworfene Kinder ein positives Arbeitgeberimage zu behalten. Darum: Je schneller und besser Sie Arbeitgebermarke werden, desto stabiler wird Ihre Reputation als Arbeitgeber sein.

6.5 Spezial: Social Media Employer Branding

Das Thema Social Media im Employer Branding hat seit etwa 2009 richtig Fahrt aufgenommen. In den Jahren 2010 und 2011 dominierte es die Employer-Branding-Fachdebatte. Viele Unternehmen laborierten und experimentierten mit dem Einsatz sozialer Medien im Personalmarketing, Recruiting, Talent Management oder auch in der internen Kommunikation.

Einige nahmen sich der neuen technologischen Möglichkeiten, die streng genommen gar nicht so neu waren, in den Employer-Branding-Fachkreisen eben nur etwas später eintrafen, mit großer Leidenschaft an. Andere machten mit, weil sich schnell das Gefühl einstellte, es wäre sträflicher Leichtsinn, nicht mitzumachen. So entstand viel operative Hektik, doch nur selten waren die Aktivitäten strategisch fundiert.

Zwei Menschen, die in Deutschland als Pioniere und Vordenker des Einsatzes von Social Media durch Arbeitgeber gelten, plädieren schon seit Jahren dafür, Social Media nur strategisch fundiert und auf Basis klarer, realistischer Ziele einzusetzen: Professor Dr. Martin Grothe, einer der angesehensten Experten für die Social-Media-Analyse, und Robindro Ullah, der durch sein Social-Media-Engagement im Personalmarketing der Bahn AG Pionierleistungen erbracht hat, die heute vielen Social-Media-Experten als Vorbild gelten.

Beide haben sich bereit erklärt, hier ihre wichtigsten Erfahrungswerte und Lerneffekte für einen kritisch hinterfragenden, strategisch fundierten und effektiven Umgang mit sozialen Medien im Employer Branding zu diesem Praxishandbuch beizusteuern. Herzlichen Dank dafür.

Grundlage dieses Social-Media-Spezials ist eine Blaupause für das Social Media Employer Branding, die der Autor im Oktober 2010 gemeinsam mit Professor Grothe in einem Forschungskolloquium entwickelt hat. Sie zeigt erstmals ein konkretes Prozessmodell für den Umgang mit sozialen Medien in der Arbeitgebermarkenbildung aus der kombinierten Expertise von Employer Branding und Social Media. Social Media Employer Branding berührt beide Kompetenzbereiche und sollte sie zielführend vereinen, damit Sie mit Ihren Social Media Aktivitäten tatsächlich einen Beitrag zu Ihrer Arbeitgebermarkenbildung leisten.

Diese Blaupause wird in diesem Buch zum ersten Mal veröffentlicht. Sie führt Sie in Form von Leitfragen durch die Aktionsfelder des modernen Social Media Employer Branding. Nutzen Sie sie als Checkliste für Ihren Status quo in den einzelnen Aktionsfeldern und bestimmen Sie so Ihre nächsten Schritte.

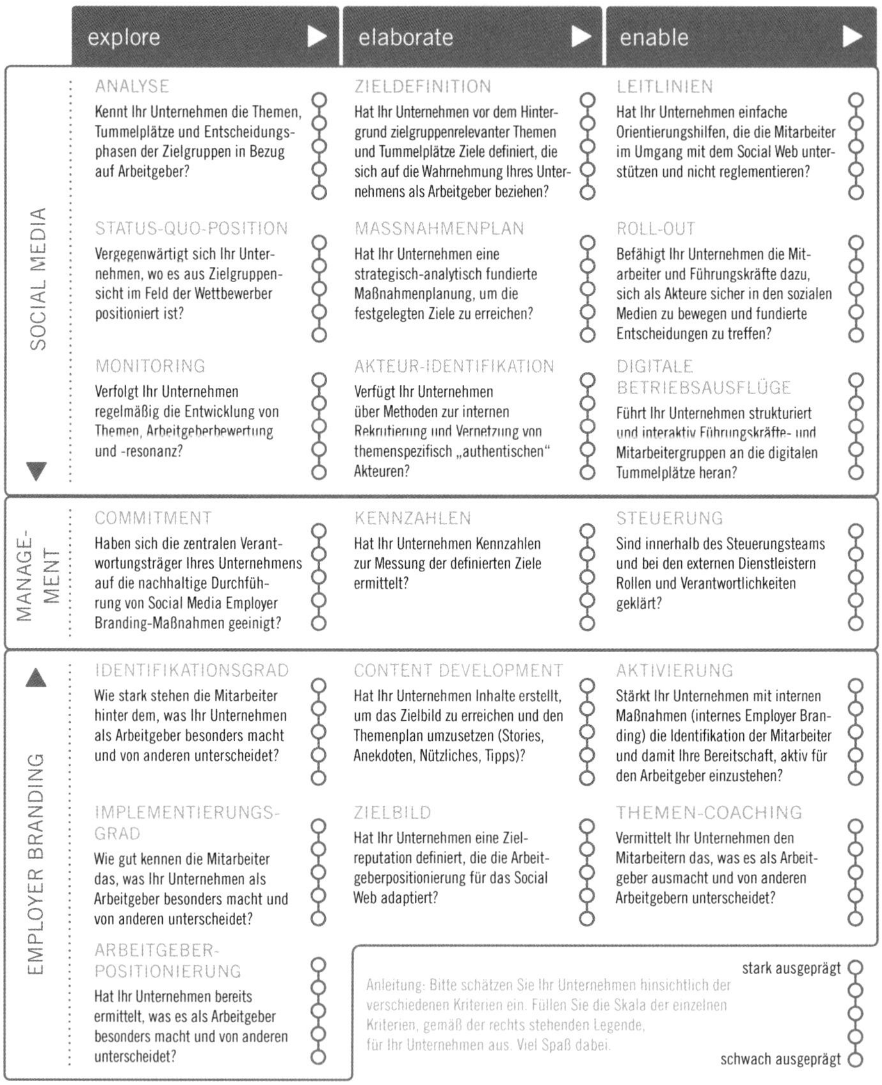

Quelle: DEBA GmbH und complexium GmbH

Abb. 6.15: Blaupause Social Media Employer Branding

Quelle: DEBA GmbH und complexium GmbH

Abb. 6.16: Blaupause Social Media Employer Branding

6.5.1 Social Media Management im Employer Branding

von Prof. Dr. Martin Grothe

Social-Media-Aktivitäten des Personalmarketings spielen sich primär auf zwei Kanälen ab: Facebook und Twitter. Dabei ist Social Media wesentlich vielfältiger, wie die nächste Abbildung zeigt. Die Qualität des Personalmarketings wird aus Mangel an Alternativen meist lediglich an der Anzahl von Fans und Followern gemessen. Doch für eine substanzielle Strategie zum Aufbau einer Arbeitgebermarke reicht kein Twitter-Kurs. So gilt es zunächst, das Social Web als Dialog zu verstehen. Bisher war Unternehmenskommmunikation in erster Linie eine kommunikative Einbahnstraße. Ein erster Schritt in Richtung Dialog ist das Zuhören: Schließlich besteht die Möglichkeit, seinen Zielgruppen per manueller Sichtung oder strukturierter Social-Media-Analyse sehr direkt zuzuhören und diese künftig besser zu erreichen.

Social Media-Kanal	Beschreibung
BLOGS	Blogger gehören häufig zu den Ersten, die Neues aufgreifen und über aktuelle Phänomene berichten. In spezialisierten Personal-Blogs spiegelt sich die Fachdiskussion zum Thema HR wider.
MICROBLOGS	Bei Twitter wird durch Kurznachrichten oft auf News und Blogs verlinkt.
BEWERTUNGS-PORTALE	Mitarbeiter können auf Portalen Arbeitgeber bewerten. Hieran orientieren sich viele Bewerber, um sich einen Überblick jenseits der offiziellen Informationen zu verschaffen.
FOREN	In Foren finden umfangreiche Diskussionen über Arbeitgeber und Karrierethemen statt. Auch auf den großen Frage-Antwort-Portalen fragen Bewerber nach konkreten Tipps.
SOCIAL NETWORKS	Social Networks gewinnen an Bedeutung. Viele Unternehmen haben bereits eigene Gruppen gegründet und Mitarbeiter vernetzen sich.
MEDIA-SHARING	Bei YouTube oder flickr können Nutzer Fotos oder Videos hochladen, ansehen und kommentieren.

Quelle: Prof. Dr. Martin Grothe, complexium GmbH

Abb. 6.17: Übersicht der Social-Media-Kanäle

Seien Sie Gast und nicht Gastgeber

Nachdem die Zielgruppe analysiert ist, können Unternehmen in die Diskussion einsteigen. Das sollte aber nicht nur auf eigenen Informationsseiten geschehen, sondern in den Kanälen, auf denen sich die Zielgruppen aufhalten. Social Web funktioniert immer dort am besten, wo der Arbeitgeber zu Gast und nicht Gastgeber ist.

▶ **BEISPIEL**

Eine Bank möchte mehr Azubis mit Social Media gewinnen

Situation

Eine Bank setzte bei der Werbung um Azubis stark auf Social Media. Sie engagierte sich in diversen sozialen Medien, in denen sie die Zielgruppe vermutete. Es wurden einige Erfolge realisiert, trotzdem stellte sich bei den Verantwortlichen Enttäuschung ein — sie hatten mehr erwartet.

Bewertung

Die bisherigen Aktivitäten waren nicht unternehmensintern konzentriert und systematisch auf die Zielgruppen abgestimmt. Es fehlten fundierte Kenntnisse über die von der Zielgruppe genutzten Kanäle und ihre Themen. Die erzielten Erfolge waren Zufallstreffer.

Mögliche Lösung

Zunächst analysiert die Bank, auf welchen Social-Web-Kanälen Schüler und Azubis, die Interesse an einer kaufmännischen Ausbildung haben, präsent sind. Daraufhin werden die Diskussionsthemen sowie das Bild dieser Bank als Arbeitgeber auf diesen Kanälen erfasst. Schließlich präsentiert sich die Bank als Gast und auch als Gastgeber im Social Web. Als Gastgeber auf eigenen Social-Media-Präsenzen kann die Bank nun die Zielgruppe durch deutlich passgenauere Themen ansprechen. Als Gast kann die Bank auf anderen Kanälen sich authentisch und ehrlich in Diskussion einbringen und Fragen beantworten. Somit kann das Arbeitergeberbild der Marke verbessert und mehr Sichtbarkeit geschaffen werden. Dadurch wird auch das Interesse an unternehmenseigenen Präsenzen geweckt.

Unternehmen sollten diese Chance zum Dialog aktiv nutzen. Wer ihn nur ausgewählten „Botschaftern" überlässt, der riskiert seine Glaubwürdigkeit — denn Diplomaten sind nicht authentisch: Authentizität ist jedoch der Qualitätsanspruch erfolgreicher Arbeitgeberkommunikation.

An diesem Anspruch darf sich das Personalmarketing messen lassen. Um ihn zu erreichen, sollten Kollegen aus den Fachbereichen gewonnen werden, um ihre Erfahrungen, aber auch Erwartungen an Kandidaten im Social Web zu kommunizieren. Damit rückt die interne Verankerung der Arbeitgebermarke in den Mittelpunkt. Ein lediglich aufgesetztes werbliches Statement hält der öffentlichen Diskussion nicht stand und wird durch authentische Beiträge korrigiert. Die gestiegene Vergeltungsmacht der Internetnutzer verursacht einen faktischen Kontrollverlust.

Die Gestaltung und Betreuung der internen Kommunikationsprozesse bedeutet für die allermeisten Personalbereiche einen Entwicklungssprung. Es müssen neuartige Vorgehensmuster aufgebaut und eingeführt werden. Damit stellt die Social-Media-Dialogrevolution keinesfalls nur Anforderungen für das Agieren und Teilnehmen in den öffentlichen Diskussionsbereichen im Social Web. Es fordert die Deutungsmacht der Unternehmen heraus. Eine Teilnahme wird weitergehend gefordert: Die interne Stärkung der Dialogfähigkeit wird zur notwendigen Bedingung, um im Wettbewerb um die Aufmerksamkeit der Zielgruppen nicht zurückzufallen.

BEISPIEL

Ein Unternehmen möchte seine Fanbasis auf Facebook verstehen

Situation

Ein deutscher Konzern hat eine Karriere-Fanpage auf Facebook. In den gängigen Rankings, die nach Anzahl der Fans aufgebaut sind, schneidet das Unternehmen immer wieder weit vorne ab. Trotzdem stellen sich die Verantwortlichen die Frage, ob sie mit dieser Fanpage überhaupt die richtigen Zielgruppen ansprechen und ob sich unter den vielen Fans nicht überwiegend „Streuverluste“ verbergen, also Menschen, die rein zufällig und nicht aus echtem Interesse den „Gefällt mir“-Button gedrückt haben.

Bewertung

Die Anzahl der Fans auf Facebook sagt nur bedingt etwas über den Erfolg dieser Seite aus. Wichtig ist primär die Qualität der Fans, also die Frage, ob sie zu der gewünschten Zielgruppe gehören, zum Beispiel Absolventen und Berufseinsteiger mit einem Informatikstudium.

Mögliche Lösung

Ein guter Ansatz ist die Analyse der Facebook-Fans auf aggregiertem Niveau. Um die Facebook-Fanbasis zu analysieren, können Informationen aus mehreren sozialen Netzwerken, wie beispielsweise XING, zusammengeführt werden. Dadurch können die für den HR-Kontext wichtigen Informationen über den akademischen und den beruflichen Hintergrund der Fanbasis erschlossen werden. Zusätzlich wird durch diese Informationen ersichtlich, ob die Fans aktuelle oder

ehemalige Mitarbeiter des Unternehmens sind, oder ob sie bisher noch keinen Bezug zum Unternehmen hatten. Der Bezug zum Unternehmen ist wichtig, je nachdem ob das Unternehmen neben dem externen Employer Branding auch über internes Employer Branding aktuelle Mitarbeiter ansprechen möchte oder über ein Alumni-Management die ehemaligen Mitarbeiter. Durch diese Analyse kann auch pro Kampagne gemessen werden, welche Fans neu hinzukommen, etwa ob tatsächlich mehr weibliche Ingenieure erreicht werden.

Ihr Fahrplan ins Social Web – In fünf Schritten

Gehen Sie Social-Media-Aktivitäten geplant an. Und planen Sie einfach. Denn sie werden schon diskutiert! Social Media ist längst kein Trend mehr, sondern Fakt. Das Internet ist im Alltag angekommen: Sieben von zehn Deutschen sind online. Das Internet wird aktiv zur Beantwortung von jeglichen Alltagsfragen genutzt. Gleichgesinnte erfahren hierbei große Glaubwürdigkeit. Dies gilt auch für die Berufs- und Arbeitgeberwahl.

Nach einer ersten Phase des „Trial and Error" gehen viele Unternehmen nun zielgerichteter vor. Dadurch fühlen sich andere Unternehmen unter Druck und reagieren mit blindem Aktionismus im Social Web.

Lassen Sie sich davon nicht anstecken. Nehmen Sie sich die Zeit für einen guten Social-Web-Fahrplan. Denn der kann Ihnen viel Mühe und viel Zeit ersparen und Reputationsschäden vermeiden, die vielleicht über Jahre hinweg irreparabel sind. Schließlich kann im Social Web ein durch unsensibles oder schlicht falsches Verhalten entstandener Rufschaden nicht so schnell durch eine schicke Imagekampagne wieder geradegebogen werden.

Ein pragmatischer und effektiver Fahrplan für eine erfolgreiche Reise durch das Social Web ist das sogenannte 5E-Modell, mit dem Sie sicher durch die fünf zentralen Phasen des Social Media Managements navigieren können:

- Explore: Wie Sie der Zielgruppe zuhören und Ihre eigene Position erkennen
- Elaborate: Wie Sie eine Strategie erarbeiten
- Enter: Wie Sie Impulse und Resonanz für den Dialog nutzen
- Establish: Warum Sie nicht nur Gastgeber sein sollten
- Enable: Wen Sie wie mitnehmen sollten

Schauen wir uns die 5E im Einzelnen an …

Explore: Wie Sie der Zielgruppe zuhören und Ihre eigene Position erkennen

Viele Unternehmen fürchten kritische Stimmen im Social Web. Jedoch gibt es diese Kritiker unabhängig davon, ob sich ein Unternehmen im Social Web beteiligt oder nicht. Folglich spricht nichts gegen ein Engagement. Es sei denn, in Ihrem Unternehmen herrschen so katastrophale Zustände, dass jeder ausschließlich Negatives zu berichten hat. Aber dann haben Sie auch drängendere Probleme als das Bild des Unternehmens in den sozialen Medien.

Für die praktische Ausgestaltung einer eigenen Social-Media-Strategie gibt es unübersichtlich viele Optionen an Aktivitäten, Formaten, Themen, Ausdrucksweisen und Kanälen. Statt sich aber ganz auf das eigene Bauchgefühl, kreative Agenturen oder auch nur den — genauso unsicheren — Wettbewerber zu verlassen, gibt es eine bessere Lösung, um die Erwartungen und Wünsche von Zielgruppen möglichst gut zu treffen. Hören Sie ihnen zunächst einmal zu!

Genau eine solche Exploration sollte zu Beginn Ihres Prozesses stehen. Nehmen Sie die Themen, Fragen und Erwartungen auf, die Ihre Zielgruppe im Social Web diskutiert. Der professionelle Weg hierzu ist eine Social-Media-Analyse, die die relevanten Social-Media-Kanäle identifiziert und dann per Inhaltsanalyse auch aus sehr großen Beitragsmengen entsprechende Ableitungen und Ansatzpunkte generiert.

Wenn Ihnen das Budget dazu fehlt, tauchen Sie durch eigene Recherche in dieses Feld ein. Neben der Google-Suche können hier beispielsweise die öffentlichen Tools *Social Mention*, *Alexa* und *Google Insights for Search* hilfreich sein. In systematischen Analysen wird in der Regel schnell deutlich, dass die Plattformen Facebook und Twitter für eine Erschließung von inhaltlichen Diskussionen der Zielgruppen relativ unbedeutend sind.

Das lässt sich sehr schnell erklären: Haben Sie selbst bereits auf einer öffentlichen Facebook-Pinnwand Ihr Gehalt genannt? Oder Fragen zum tatsächlichen Arbeitsumfeld detailliert beantwortet?

Solche Diskussionen sind im Kontext Arbeitgeberwahl extrem wichtig und finden in sogenannten Foren statt, weil diese auch anonyme Beiträge erlauben. Die Anonymität ist dabei kein Makel: Authentischen Aussagen von Unbekannten wird grundsätzlich eine hohe Glaubwürdigkeit beigemessen.

Wem dies noch fremd ist, der kann sich beispielhaft auf dem Portal www.wiwi-treff.de den Diskussionsstrang zum Gehalt von Baumarktleitern anschauen: http://www.wiwi-treff.de/home/lounge/read.php?f=28&i=15827&t=15827.

Wen eine solche Position interessiert und im Internet danach sucht, der stößt auf diese Diskussion. Es sind aber natürlich nicht nur die Baumarktleiter, die das Social Web für ihre Entscheidungen nutzen. Das Social Web bietet insbesondere durch unzählige Foren und Blogbeiträge hilfreiche Einblicke in die Entscheidungsprozesse, Fragen und Erwartungen Ihrer Zielgruppen.

Innovative Social-Media-Analysen filtern mit semantischen Methoden und Computer-Linguistik die Kernthemen und Topquellen auch aus großen Beitragsmengen heraus.

Aus den identifizierten Themen, Fragen und Diskussionen werden Entscheidungsprozesse und Meinungen erschlossen. Zusätzlich können zeitnah Diskussionsbeiträge identifiziert werden, an die Unternehmensvertreter mit eigenen Beiträgen „andocken" können.

Durch systematische Social-Media-Analysen erhalten Sie wertvolle Employer Insights:

- Wo: Topkanäle (Tummelplätze) für die Zielgruppe
- Was: Topthemen und Fragen (d. h. Andockstellen)
- Wie: Eigene Position und genannte Wettbewerber

Als Ergebnis wird das Social Web für die eigene Strategieentwicklung strukturiert und transparent.

Checkliste „Explore":

- Kennen Sie die digitalen Tummelplätze Ihrer Zielgruppen?
- Kennen Sie die wichtigsten Themen und kritischen Fragen Ihrer Zielgruppe?
- Haben Sie den Arbeitgeber-Entscheidungsprozess Ihrer Zielgruppe rekonstruiert?
- Kennen Sie Ihre Position im Wettbewerb, akute Fragen, Lob und Tadel sowie bestehende Mythen?

Elaborate: Wie Sie eine Strategie erarbeiten

Bemerkenswerterweise kommen die Punkte Zielsetzung und Strategieentwicklung bei Social-Media-Aktivitäten erstaunlich selten und noch seltener belastbar vor. Die Accounts sind schnell eingerichtet und man muss ja zunächst Erfahrungen sammeln ...

Aber damit wollen wir uns hier nicht zufrieden geben. Denn auf Basis einer guten Social-Media-Analyse lassen sich sehr konkret sinnvolle Zielsetzungen und Wege zur Zielerreichung ausarbeiten. So geht es doch darum, auf den wichtigsten Tummelplätzen, d. h. in der Wahrnehmung der Zielgruppe, authentische, hilfreiche und positive Eindrücke zum Arbeitgeber einzubringen, um nachhaltig Aufmerksamkeit auf das Unternehmen bzw. seine digitalen Anlaufstellen zu lenken. Folglich müssen Sie drei Teilziele durch Maßnahmen abbilden:

- Tragen Sie regelmäßig etwas Hilfreiches zu den Fragen und Diskussionen Ihrer Zielgruppen auf deren Tummelplätzen bei. Das Posten von Stellenanzeigen ist hiermit grundsätzlich nicht gemeint!
- Binden Sie die erhaltene Aufmerksamkeit von Talenten durch eigene Präsenzen im Social Web. Hiermit ist derzeit insbesondere Facebook gemeint.
- Bestätigen Sie den positiven Eindruck Ihres Unternehmens durch das Bild, das nach außen wahrgenommen wird. Dies bezieht etwa auch die Präsenz Ihrer Mitarbeiter auf Xing mit ein.

Mit diesem Dreiklang können Sie eine Social-Media-Strategie für Employer Branding inhaltlich ausgestalten.

Checkliste „Elaborate“:

- Verfügen Sie über eine Social-Media-Rahmenstrategie für das Gesamtunternehmen?
- Verfügen Sie über eine Social-Media-Strategie für den Personalbereich (inkl. Employer Branding und Recruiting)?
- Haben Sie konkrete Ziele formuliert?
- Kennen Sie die Best Practices?

Aus den Analyseergebnissen und konkreten Zielsetzungen werden Maßnahmen mit Fokus auf bestimmte Entscheidungsprozesse, Andockstellen, Themen und Quellen entwickelt. Es ergeben sich Ableitungen für die eigene Kommunikation, die eigene Webseite und das Auftreten im Social Web.

Enable: Wen Sie wie mitnehmen sollten

Bevor wir an bestimmte Social-Media-Kanäle denken, muss noch einmal der Kern klargestellt werden: „It's about people."

Die Social-Media-Wahrnehmung eines Arbeitgebers lebt von den vielen einzelnen Beiträgen: Seien es Fragen von interessierten Talenten, Antworten von enttäuschten oder begeisterten Bewerbern oder aktuellen Mitarbeitern.

Diese Dialoge lassen sich nicht steuern. Selbst wenn dies möglich wäre, dann würden sich Arbeitgeber damit keinen Gefallen tun: Denn zentral kontrollierte Beiträge und Antworten sind nicht unbedingt authentisch und interessant. Statt also zu versuchen, direkt zu steuern, ist der Ansatz viel Erfolg versprechender, seinen Mitarbeitern Hilfestellungen an die Hand zu geben, die ihnen eine hohe Bewegungssicherheit im Social Web vermitteln.

Denn wenn es gelingt, die Social-Media-Kompetenz der eigenen Organisation weiterzuentwickeln, dann wird damit die Wirkung des Arbeitgebers bestmöglich und authentisch dargestellt.

Daher sollten Sie für Ihr gesamtes Unternehmen Social-Media-Richtlinien aufsetzen, die als Leitplanken und Hilfestellungen formuliert sind. Erfahrungen zeigen, dass diese Richtlinien mit jeder Neuauflage immer komplizierter werden. Folglich tun Sie sich selbst und dem raschen Einstieg einen Gefallen, wenn Sie mit einer klaren ersten Version starten. Eine sehr kompakte Version könnte etwa lauten: „Don't be stupid." Oder, nur ein wenig länger: „Denke nach, bevor du etwas vorschnell im Netz publizierst. Wahre die betriebliche Vertraulichkeit. Leite relevante Fundstücke intern weiter. Also: Don't be stupid."

Über diese Hilfestellungen hinaus, die an jeden Mitarbeiter gerichtet sein sollten, ist es sinnvoll, aktive eigene Maßnahmen besonders vorzubereiten und verschiedene Gruppen gezielt zu trainieren. Hierfür kommen gleich mehrere Gruppen in Betracht:

- Zuallererst die eigenen Führungskräfte, die natürlich auch über eine gute Social-Media-Kompetenz verfügen sollten. Dadurch kann in scheinbar kritischen Situationen viel Hektik vermieden werden.
- Dann gilt es, die Personalabteilung auf die neue Dialogwelt vorzubereiten und zu trainieren. So haben wir nunmehr viel mehr Möglichkeiten, den Kontakt zu geeigneten Kandidaten aufzubauen.

- In vielen Fällen ist es sinnvoll, Vertreter aus den Fachabteilungen zu vernetzen, die als „Botschafter“ fungieren. Eine solche Gruppe ist etwa wichtig, um im Social Web auftauchende Fragen nach Erfahrungen und konkreten Einblicken überhaupt bedienen zu können.

Diese Gruppen können in sogenannten digitalen Betriebsausflügen trainiert werden: Zunächst werden die Grundlagen von Social Media vermittelt. Dann gilt es, aus der Gruppe heraus Einschätzung zu realen Diskussionssträngen oder Fragen im Social Web zu finden und geeignete Maßnahmen zu formulieren. In der Regel zeigt sich hier, dass auch Mitarbeiter, die bisher noch keine hohe Affinität zum Social Web hatten, sehr schnell aktiv werden können.

Checkliste „Enable“:

- Haben Sie allgemeine Social-Media-Guidelines formuliert und im Unternehmen eingebracht (Rollout)?
- Verfügen Sie über spezialisierte Social-Media-Guidelines für den Personalbereich (inkl. Employer Branding und Recruiting)?
- Haben Sie Fach- und Führungskräfte zum Umgang mit Social Media geschult?
- Haben Sie Arbeitgeber-/Markenbotschafter für Social Media ausgewählt und spezifisch trainiert?

Ein aktiver Dialog sollte durch Leitlinien und Schulungen vorbereitet werden. Das Format der „Digitalen Betriebsausflüge“ führt die Mitarbeiter an die neue Aufgabe heran. Bisher war das Aufgabe der Personalabteilung. Dies ist jedoch nicht ausreichend. Es gilt, sämtliche Potenziale zu nutzen. Aber die Beteiligten dürfen auch nicht überfordert werden.

Establish: Warum Sie nicht nur Gastgeber sein sollten

Unternehmen sehen sich zumeist als Gastgeber. Kunden kommen in die Filialen, Bewerber kommen zu Gesprächen, selbst auf Absolventenmessen besuchen die Interessierten den Unternehmensstand. So erstaunt es nicht, dass diese Denkhaltung auch auf das Social Web übertragen wird: Arbeitgeber bauen Fanpages bei Facebook auf und freuen sich auf Besucher, die natürlich auch kommentieren dürfen, sich quasi in das Gästebuch eintragen sollen.

Der Umstand, dass es in Deutschland vielleicht gerade mal ein Dutzend Unternehmen geschafft hat, mehr als 10.000 solcher „Likes“ auf ihren Facebook-Karriere-

Fanpages zu sammeln, steht eigentlich für ein Scheitern dieser Übertragung. Zumal unter diesen Fans meist auch viele aktuelle Mitarbeiter sind. Die eigene Gastgeberschaft ist jedoch nur eine Seite des eigenen Social-Media-Engagements. Die aktuelle Konzentration auf die Gastgeberkanäle Facebook und Twitter lässt sich wohl eher psychologisch als strategisch erklären.

Arbeitgeber müssen lernen, auch einmal Gast zu sein. Unternehmen sollten nicht erwarten, dass die relevanten Recruiting-Zielgruppen die unternehmenseigenen Social-Media-Präsenzen besuchen und mit ihren Beiträgen schmücken. Die Zielgruppen sind bereits auf anderen Social-Media-Kanälen aktiv. Um sie auf die Unternehmenspräsenzen zu locken, bedarf es sicher mehr als dem, was auf vielen Fanpages derzeit geboten wird. Dennoch gibt es einen relativ einfachen Weg, um die eigenen Gastgeber-Präsenzen noch stärker auf die Zielgruppen auszurichten: Hören Sie doch einfach zu, welche Themen diese bereits diskutieren, nehmen Sie dort als Gast teil, wecken Sie durch Ihre Beiträge Interesse und motivieren Sie schlicht hin und wieder den Besuch auf Ihren Seiten.

Folglich müssen Arbeitgeber Prozesse aufsetzen, die solche Exkursionen als Gast auf Zielgruppen-Tummelplätze unterstützen. Darüber hinaus sollten Sie überprüfen, ob Sie die gewünschte Zielgruppe erreichen: So ist für Personalmarketing- und Recruitingzwecke eine Fanbasis relativ sinnlos, die sich aus Social-Media-Beratern, eigenen Mitarbeitern und Personalern anderer Unternehmen zusammensetzt.

Checkliste „Establish“:

- Haben Sie operative Maßnahmen-/Themenpläne für Ihre Profile/Pages auf relevanten Kanälen, zum Beispiel aufFacebook, erstellt (Sie als Gastgeber)?
- Können Sie erkennen, ob Sie die gewünschte Fanbasis binden?
- Haben Sie Prozesse aufgesetzt, durch die Botschafter schnell und passgenau an Zielgruppendiskussionen teilnehmen können (Sie als Gast)?
- Kennen Sie das Erscheinungsbild Ihres Unternehmens/Ihrer Mitarbeiterschaft nach außen, zum Beispiel auf Xing?

Als Grundlage für einen nachhaltigen Social-Media-Dialog ist eine konsistente Infrastruktur notwendig: Auftritte, Strukturen und Prozesse müssen aufgebaut werden.

Enter: Wie Sie Impulse und Resonanz für den Dialog nutzen

Mit den vorstehend beschriebenen Schritten haben Sie ein sicheres Fundament gelegt: Sie kennen sowohl die Themen und Tummelplätze Ihrer Zielgruppen im Social Web als auch die eigene Position. Sie haben eine Strategie entwickelt, um diese Position passgenau auszubauen. Ihre Kollegen haben Leitlinien, wie sie sich im Social Web bewegen, und wissen, was Sie mit aktiven oder reaktiven Beiträgen zu dieser Weiterentwicklung der Arbeitgeberwahrnehmung beitragen können. Die Infrastruktur hierzu ist aufgebaut.

Damit sind Sie bereit, in Dialoge einzusteigen. Auch wenn zu Beginn keine besondere Social-Web-Affinität vorhanden war, kann mit diesen Vorbereitungen der Einstieg in kontinuierliche Dialogprozesse mit der Zielgruppe erfolgen. Um den Überblick zu behalten, setzen immer mehr Unternehmen auf ein kontinuierliches Social Media Monitoring oder -Reporting. Eine solche Unterstützung sollte drei Aufgaben erfüllen:

- Es werden Impulse aufgezeigt, an die eigene Dialogmaßnahmen andocken können. Beispielsweise der Hinweis, dass im Netz eine Diskussion innerhalb Ihrer Zielgruppe zur formalen Gestaltung von Bewerbungsschreiben und Lebenslauf entsteht. Hier können Sie in der Regel direkt mit klärenden Anmerkungen einen wertvollen Beitrag leisten und auf diese Weise ihr Unternehmen freundlich darstellen.
- Je mehr Sie selbst aktiv werden, desto wichtiger wird die Messung der Resonanz. Diese Weiterverzweigungen müssen nicht notwendigerweise direkt im Kontext Ihrer Beiträge auftauchen. Auch losgelöst wird über Sie als Arbeitgeber diskutiert. In der Bewertung dieser Gesamtresonanz spiegelt sich ihr Arbeitgeberbild im Social Web. Es zeigt, auf welche Beiträge ein interessierter Kandidat stößt.
- Immer wichtiger wird auch der Blick auf die Aktivitäten der Wettbewerber im Social Web. Wie sehen Best Practices aus und welche Punkte können für die eigenen Maßnahmen übernommen werden? Erst mit dem Vergleich im Wettbewerb kann auch Ihre jeweilige Position relativ eingeordnet und beurteilt werden.

Folglich sollten Sie in der kontinuierlichen Beobachtung der öffentlichen Social-Media-Kanäle nicht nur Beiträge zu Ihrem Unternehmen zählen (im Endeffekt ist dies sogar eher nebensächlich), sondern die inhaltlichen Entwicklungen aufnehmen und für eigene Maßnahmen nutzen. Damit wird auch deutlich, dass sogenannte Social Media Dashboards, die rein quantitative Darstellungen liefern, für

Employer-Branding-Aktivitäten nicht ausreichend sind. Eine Unterstützung der eigenen Dialoge gelingt durch eine begleitende qualitative Bewertung deutlich besser.

Im Folgenden finden Sie zwei Beispiele, wie Impulse oder Anknüpfungspunkte aus einem Social Media Monitoring praktisch umgesetzt werden können. Im ersten Beispiel zeigen wir, wie ein Unternehmen an eine Diskussion anknüpfen kann:

Autor > Suche Traineeprogramm

Autor > „Hallo, ich habe gerade meinen Bachelor in BWL beendet und suche ein Traineeprogramm im Bereich Marketing. Wer hat einen Tipp?“

Gast > RE: Suche Traineeprogramm
„Ich habe 2 Traineeprogramme abgebrochen weil die Bezahlung schlecht war und die Aufgaben langweilig. Kann ich Dir nicht empfehlen. Bewirb Dich lieber auf Stellen zum Direkteinstieg.“

Gast > RE: RE: Suche Traineeprogramm
„Ich mache gerade ein Traineeprogramm bei der Futura AG und kann nur sagen: super! Ich lerne viel und die Kollegen sind nett. Bewirb Dich doch auch!“

Quelle: Prof. Dr. Martin Grothe, complexium GmbH

Abb. 6.18: Beispiel für Anknüpfung an eine Diskussion

Manche Mitarbeiter bringen sich ohne Anleitung vom Unternehmen in solche Diskussionen ein. Es können aber auch sogenannte Markenbotschafter eingreifen, also vom Unternehmen dazu instruierte Mitarbeiter.

Während die proaktive Ansprache von Personen über Anknüpfungspunkte lediglich eine Option darstellt, sollten Unternehmen unbedingt auf kritische Stimmen eingehen, wie wir im zweiten Beispiel zeigen:

Autor > Überstunden bei Futura AG

Gast > RE: Überstunden bei Futura AG
„... das kann ich nicht bestätigen. Das neue Überstundenmodell macht die Arbeitslage nicht besser. Dafür, dass Du keine freien Wochenenden hast, bekommst Du 10 Tage Urlaub! Wenn Du das gegen 52 Wochenenden im Jahr aufrechnest, ist das ein schlechter Tausch.
Einen Job bei Futura AG kann ich absolut nicht empfehlen!"

Gast > RE: RE: Überstunden bei Futura AG
„Ich arbeite derzeit bei der Abteilung „Tax" bei der Futura. Ich mache schon Überstunden, aber bekomme diese auch bezahlt, was nicht unbedingt branchenüblich ist. Am Wochenende arbeite ich nur sehr selten, daher habe ich auch eine gute Work-Life-Balance."

Quelle: Prof. Dr. Martin Grothe, complexium GmbH

Abb. 6.19: Beispiel für Anknüpfung an eine Diskussion

Checkliste „Enter":

- Setzen Sie ein regelmäßiges Monitoring (oder sogar Alerting) ein, um über die Diskussionen Ihrer Zielgruppen informiert zu bleiben?
- Wissen Sie, wo Ihr Unternehmen diskutiert wird und wo (d. h. auf welchen relevanten Quellen) noch nicht?
- Messen Sie den Erfolg einzelner Maßnahmen durch Kampagnen-Trackings?
- Entsprechen die erreichten Interaktionen quantitativ und qualitativ den Zielsetzungen?

Die eigenständige Aufnahme der Social-Media-Herausforderung ist eine kompakte Managementaufgabe, die nicht mit ein paar Mausklicks zu bewältigen ist, aber systematisch entwickelt werden kann. Social Media wartet nicht.

6.5.2 Aus der Praxis gegriffen – Die Etablierung der Arbeitgebermarke im Social Web und mittels Social Media

von Robindro Ullah

Wenn wir von Social Media im Kontext des Employer Branding sprechen, müssen wir uns zunächst einer alten Technik bemühen, die damals von George Orwell in seinem Roman 1984 eingeführt wurde: dem Doublethink. Der Doublethink verhilft dazu, an zwei Realitäten zeitgleich zu glauben, ohne sich durch die Widersprüchlichkeiten irritieren zu lassen. In dem Roman ist dieser Begriff sehr negativ konnotiert. Der Gesamtzusammenhang ist eher düster dargestellt. Die politischen Dimensionen des Begriffs mögen in Zusammenhang mit Social Media vernachlässigt werden. Nichtsdestotrotz benötigen Sie die grundsätzliche Idee, zwei unterschiedliche Realitäten zu akzeptieren.

Während Sie sich in vielen Medien im öffentlichen bzw. halböffentlichen Raum aufhalten, wandelt sich diese Wahrnehmung im Social Web. Nehmen wir als Beispiel die bekannten Firmenkontaktmessen, so sind Sie dort zwar nicht direkt Gastgeber in Ihren Räumlichkeiten, aber der Bewerber agiert dort ebenfalls nicht, als sei er zu Hause. Er fühlt sich meist als Bewerber, was schlichtweg auch dem Kontext geschuldet ist. Die Umgebung wird von beiden Parteien als öffentlich wahrgenommen. Vergleichen wir dies mit dem Social Web, müssen wir den bisherigen Bewertungsparametern einen hinzufügen: das Gefühlte. Im Social Web befinden Sie sich „gefühlt" im Wohnzimmer der Bewerber. Natürlich sagt Ihnen die Logik, dass das Social Web öffentlicher Raum ist, aber die Wahrnehmung der Beteiligten weicht davon ab. Ein erster Ansatz für den Doublethink. Ihre Strategien und Kommunikationskonzepte müssen auf die Wahrnehmung der Beteiligten abgestimmt sein und nicht auf die Tatsachen. Im Vergleich zu anderen Kanälen verlangt dies daher ein radikales Umdenken, ein Umschauen und ein Neu-Lernen.

Die neue Welt, die wir entdecken, ist dialogbasiert. Sie hat neue Gesetzmäßigkeiten und, was an anderer Stelle falsch war, kann hier richtig sein und umgekehrt. Man kann vieles sagen, meinen und behaupten, was sich allerdings gezeigt hat, ist, dass Kontrolle — wenn man überhaupt davon sprechen kann — durch einen Kontrollverlust erzeugt wird und man sehenden Auges loslässt. Ein weiterer Punkt für den Doublethink. Letzteres ist die Herausforderung, die viele Unternehmen plagt und eben den Unterschied ausmacht zur bisherigen Realität, in der sie sich bewegen.

Anhand des vorstehend eingeführten 5E-Modells („Explore, Elaborate, Enable, Establish, Enter") werde ich Ihnen hier einen möglichen Weg ins Social Web skizzieren und Ihnen Werkzeuge und Tipps an die Hand geben.

Explore: Entdecken Sie Ihr Social-Web-Umfeld

Dass ein Dialog eine komplexe Geschichte ist und nicht nur aus dem Baustein „sich mitteilen" besteht, ist selbst im privaten Umfeld nicht jedem bekannt. So wundert es doch kaum, dass die hohe Kunst des Dialogführens ebenfalls nur wenigen Unternehmen geläufig ist. Auch wir als Unternehmen, die Deutsche Bahn, haben uns in unserem Social Media Employer Branding anfänglich nicht darauf konzentriert, was die Zielgruppe interessiert. Der Inhalt war auf die eigenen Interessen abgestimmt, was sich wiederum direkt in der Leserschaft niederschlug, zum Beispiel in den Followers unseres Arbeitgeber-Twitterkanals. Das Entdecken der Zielgruppen, das Begreifen der Insights ist daher ein wesentlicher Schritt auf dem Weg zur Positionierung im Social Web. Sich hierüber dezidiert Gedanken zu machen, zahlt sich aus.

Blicken wir auf die Anfänge des Social Media Employer Branding der Deutschen Bahn 2008 und 2009 zurück, so kann man sehen, dass ich damals Inhalte nach meiner Fasson gewählt habe. Geschrieben wurde über die wichtigen Themen — die Themen, die mich damals bewegten: Social Media, Twitter, Facebook. Leider waren dies nicht die Themen, die die Zielgruppen interessierten — im Wesentlichen wurde ich von Personalern, Beratern und Journalisten gelesen, aber nicht von Studenten. Erst die Besinnung auf zielgruppenrelevante Beiträge (Postings) brachte die Wende in der Leserschaft und steigende Followerzahlen unseres Twitter-Accounts.

Ein Tipp: Bei vielen löst Social Media eine Art Leidenschaft aus, bei der man sich darauf besinnen sollte, diese mit einem eigenen Account auszuleben. Der Drang, sich über Social Media Employer Branding auszutauschen und zu schreiben, wurde anfangs von mir über die Accounts des Unternehmens kompensiert, was eine entsprechende Leserschaft nach sich zog. Legen Sie sich daher entweder einen persönlichen Account in den jeweiligen Netzwerken an oder gar einen Account mit Pseudonym, mit dem Sie spielen und experimentieren können. Fokussieren Sie sich bei den Unternehmens-Accounts auf Inhalte, die die Zielgruppen interessieren.

Das Entdecken des Social Webs wird viel zu oft als Banalität abgetan. Es gibt insbesondere aus Unternehmenssicht etliche Meilensteine, die man vor dem Start seiner Social-Media-Aktivitäten erreicht haben sollte. Einer dieser Meilensteine ist die detaillierte Beschreibung der Zielgruppen. Wer ist für Sie relevant? Wen wollen Sie erreichen? Wen suchen Sie überhaupt? Dass die gesuchte Zielgruppe nicht zwangsweise diejenigen sein müssen, die Sie auch einstellen wollen, sollten Sie dabei auch beachten. Selbstverständlich — gerade im Kontext Social Media — haben hierbei Multiplikatoren und Meinungsführer eine wichtige Rolle.

Welche Netzwerke sind aus Sicht der Zielgruppen relevant und welche Netzwerke wollen Sie und können Sie bespielen? Fast alle Arbeitgeber beeilen sich derzeit, eine Facebook-Karriereseite aufzubauen. Doch je mehr dies tun, desto einheitlicher werden diese Fanpages. Ergo: Sie müssen mit Ihrem Unternehmen den Unterschied machen können und wollen und sich abheben. Idealerweise können Sie dies bereits in der „realen" Welt. Dann brauchen Sie Ihre Arbeitgebermarke nur noch in das Social Web zu übersetzen.

Elaborate: Einfach mal machen, funktioniert nicht mehr

Nachdem Sie sich über die Entdeckungsphase ein Bild Ihrer Social-Media-Umgebung gemacht haben, geht es in der zweiten Phase darum, eine Strategie auszuarbeiten. Zwei Leitfragen gilt es zu beantworten:

- Welche Netzwerke will ich nutzen und wie will ich diese in eine gesamthafte Social-Media-Strategie einbetten?
- Wie transportiere ich meinen Employer Brand über die Inhalte, die ich auf den verschiedenen Kanälen platziere (in Abhängigkeit von Authentizität und Einfluss des jeweiligen Account-Typen).

Um die Antwort auf die erste Frage zu finden, sollten Sie sich überlegen, wie bereits bestehende Kommunikationskanäle an die neuen Medien angeschlossen werden. Eine typische Herausforderung ist es, die Karriereseite des Unternehmens rechtzeitig den neuen Medien anzupassen. Nur wenige Unternehmen nehmen diese Aufgabe ernst und versprechen im Social-Web-Auftritt eine moderne Welt, die bereits bei Ankunft der Bewerber auf der veralteten Karriereseite bröckelt.

Der zentrale Dreh- und Angelpunkt einer Strategie für das Social Media Employer Branding ist die eigene Karriereseite. Früher oder später wird jeder Bewerber dort vorbeischauen. Unabhängig von der Zielgruppe ist die Befragung von Google mittlerweile Usus, um nähere Informationen über den potenziellen Arbeitgeber zu erhalten. Dies betrifft nicht nur Bewerber, die Sie im World Wide Web auf sich aufmerksam machen, dies gilt ebenso für Bewerber, die Sie auf den klassischen Medien ansprechen.

Eben an dieser Stelle sollte ein Umdenken erfolgen und die Strategie, die Sie ins Social-Media-Zeitalter führen wird, sollte als Basis und Kern die eigene Webseite beinhalten. Die Devise „Einfach mal machen ..." ist längst überholt. Heute erwarten die Bewerber von Ihnen einen funktionierenden gesamthaften Auftritt – und das nicht nur im Social Web. Social Media ist nur einer von vielen Kanälen aus Ihrem Personalmarketingmix. Den für Ihre Zielgruppen geeigneten Mix zu bestimmen, wird Ihre persönliche Herausforderung. Die Karriereseite nicht nur als Kanal zu begreifen, sondern als „Verteilerstation" Ihrer Karriereaktivitäten, ist der erste Schritt zum Umdenken.

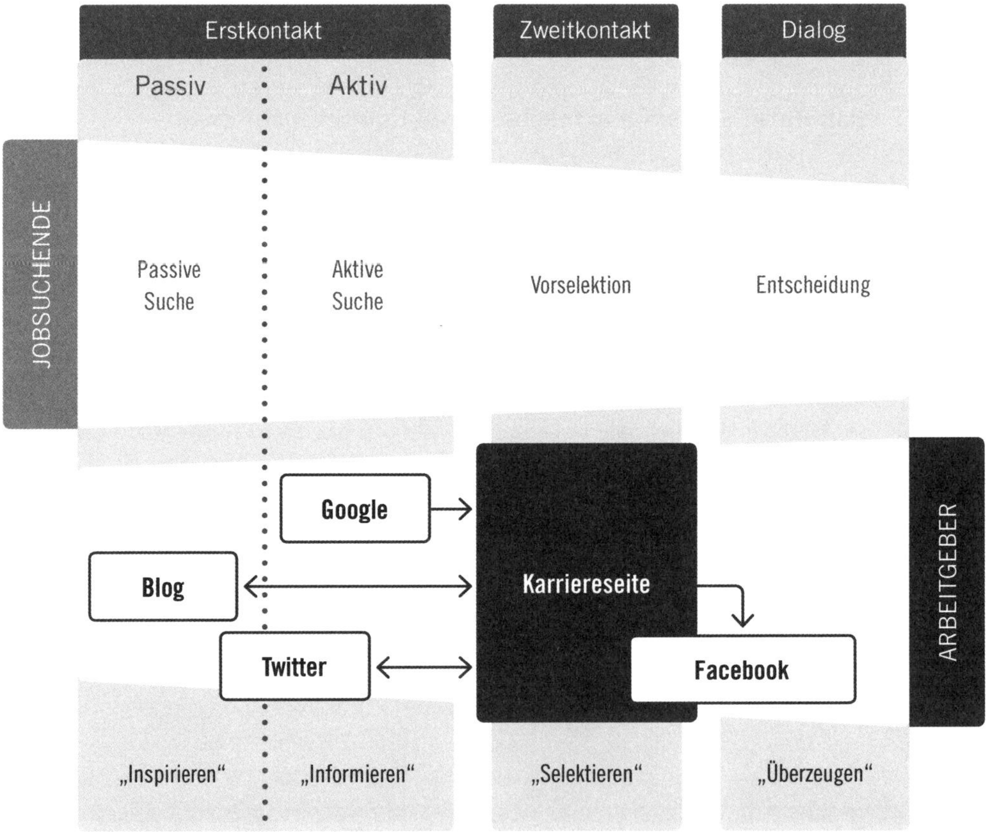

Abb. 6.20: Die Karriereseite als Dreh- und Angelpunkt des Social Media Employer Branding

Gehen wir nun auf den zweiten Punkt ein und nehmen an, Ihre Strategie entspricht den aufgestellten Anforderungen. Dann bleibt nach wie vor die Frage: Auf welche Weise transportiere ich meine Arbeitgebermarke im Social Web?

Das Social Web zeichnet sich durch Dialoge aus. Wir bewegen uns dort in Kanälen, auf denen lediglich eine Kommunikationsform akzeptiert wird: Die Kommunikation auf Augenhöhe. Andere Formen werden geduldet („One-to Many"), wobei man hier nicht mehr von einer Nutzung des Social Webs im eigentlichen Sinne sprechen kann.

Die Kommunikation „One-to-One" ist als Unternehmen ohnehin alles andere als trivial, da es hierfür einer individuellen Ansprache bedarf. Grundsätzlich sollte ein Mix angestrebt werden, denn der Dialog „One-to-One" wird sich nicht immer realisieren lassen. Kommen wir daher zur Account-Typologie, die Sie beim Aufbau Ihrer Social-Media-Kommunikationsstrategie unterstützt. Grob unterscheide ich zwischen drei Account-Typen:

- Der unpersönliche Corporate-Account (Typ I)
- Der persönliche Corporate-Account (Typ II)
- Der persönliche Mitarbeiter-Account (Typ III)

Alle drei Varianten finden Sie im Kontext Social Media. Bei der Frage, welche dieser Accounts am erfolgreichsten sind, lautet die Antwort: „Kommt drauf an." Für alle drei Typen finden Sie hervorragende Beispiele:

- So ist Typ I im Bereich der Zeitungen und Zeitschriften sehr beliebt. Auch im Kontext Employer Branding taucht er zum Beispiel bei der Deutschen Bahn auf.
- Typ II ist der auf offizieller Seite am häufigsten auftretende Fall und lässt sich zum Beispiel bei Otto, Continental und vielen anderen beobachten.
- Typ III sind persönliche Accounts von Mitarbeitern, die sich auch als Mitarbeiter Ihres Unternehmens zu erkennen geben.

In Ihrer Social-Media-Strategie berücksichtigen Sie idealerweise alle drei Account-Typen und schaffen einen ausgewogenen Mix. Eine direkte Handhabe haben Sie über Typ III selbstverständlich nicht, aber man kann Mitarbeiter mit Social-Media-Guidelines und ausdrücklicher Ermutigung („Wir finden gut, dass Ihr auch über uns kommuniziert!") den Rücken stärken.

Enable: Können wir das, was wir uns ausdenken, auch umsetzen?

Bevor Sie auf die Mitarbeiter zugehen, diese ermutigen und unterstützen wollen, gibt es ein paar Hausaufgaben, die das Employer Branding und das Recruiting vorab erledigen sollten. Es ist die Schaffung der Grundlagen im eigenen Personalbereich. Hierzu zählt nicht nur die Ausstattung der Recruiter und der Verantwortlichen mit entsprechendem Equipment (Smartphone, Tablet usw.) sondern explizit auch die Schulung der Beteiligten in den neuen Medien.

Ich habe die Erfahrung gemacht, dass in den seltensten Fällen ein privates Verständnis der neuen Medien ausreicht. Nur weil ein Recruiter einen privaten Facebook-Account hat, macht ihn das noch nicht zum „Recruiter 2.0“. Hierzu gehört das Verständnis von Viralität und wie virale Kommunikation in den verschiedenen Netzwerken funktioniert.

Netzwerke haben hier unterschiedliche Ausprägungen, die sich nach dem jeweiligen Konstrukt des Netzwerks richten. Des Weiteren gibt es meist eine Vielzahl von zusätzlichen Instrumenten, die die Nutzung eines Netzwerks vereinfachen. Die Existenz dieser und deren Funktionalitäten sollten bekannt sein. Aber neben diesem eher technischen Verständnis müssen Recruiter auch in den verschiedenen Sprachen der Netzwerke geschult werden. Etliche haben eigene Abkürzungen, Satzkonstruktionen und dergleichen, die bei Nicht-Beachten durch einen Corporate-Account eher negativ auf die Arbeitgebermarke zurückfallen. Dieses Wissen ist ebenso Bestandteil des nötigen Rüstzeugs wie auch die Anwendung gängiger Sourcing-Instrumente.

Die Themen „Storytelling“ und „Story-Identification“, also das Erzählen und das Aufspüren von interessanten Geschichten wird in diesem Zusammenhang immer häufiger in den einschlägigen Medien genannt. Was soll der Inhalt der Postings sein und wie verknüpfe ich diese mit unserer Arbeitgeberpositionierung? Der Recruiter muss also nicht nur bestens über die Positionierung des Arbeitgebers und seine weiteren Botschaften im Bilde sein, er muss darüber hinaus auch in der Lage sein, diese in Geschichten des Unternehmens auszudrücken. Diese Geschichten in den richtigen Augenblicken zu erkennen, in Bildern einzufangen, sind weitere Anforderungen, die wir an das Jobprofil eines Recruiters der neuen Generation stellen.

Establish: Wie Sie Ihr Redaktionssystem richtig aufsetzen

Neben der Schulung der Mitarbeiter ist es zu empfehlen, das Thema Social Media strukturiert anzugehen. Auch wenn es sich hierbei um ein Medium mit geringer Planbarkeit handelt, so ist es dennoch ratsam, das eigene Handeln soweit wie möglich im Grundgerüst zu planen. Gerade in der Startphase, in der vielen das Senden von Inhalten noch nicht so leicht von der Hand geht, sind Themen-Ankerpunkte eine gute Unterstützung.

Eine Art Redaktionssystem ist tatsächlich zu empfehlen. Vielfach sind die Termine von Events und Messen Monate im Vorfeld bekannt, sodass aufbauend auf diesen Eckpunkten ein komplettes Kommunikationskonzept erarbeitet werden kann. Sie können Vorankündigungen platzieren, live Berichterstattungen posten und abschließend Rückblicke, Fotoalben und ähnliches hochladen. Je nach Zielgruppe sollten unterschiedliche Netzwerke genutzt werden — doch nicht jedes Netzwerk eignet sich für jede Phase in Ihrer Kommunikation.

Mit einem Redaktionsplan haben Sie einen guten Überblick und können so auch koordinieren, wer wann etwas absendet. Wovon Sie Abstand nehmen sollten, ist die Festlegung der Inhalte. Lediglich die Anlässe, die im Minimum bespielt werden sollten, werden durch den Plan bestimmt. Dies heißt selbstverständlich nicht, dass man nicht auch außerhalb des Plans aktiv sein kann. Je stärker Sie Ihren Themen- und Eckpunkteplan auf Langfristigkeit auslegen, desto erfolgreicher wird die Umsetzung des Plans sein. Wenn Sie nun noch einen Schritt tiefer in das Thema eintauchen, werden Sie zudem feststellen, dass auf den einzelnen Netzwerken, die Sie über Ihren Redaktionsplan bespielen, wiederum ein sogenanntes Channeling Sinn macht. Das heißt: Sie etablieren gedanklich verschiedene Channels je Netzwerk. Nehmen wir als Beispiel Twitter, so sollten Sie über den gedanklichen Job-Channel für ein leichtes Grundrauschen auf dem Twitter Account sorgen. Job-Postings sind in der Regel relativ uninteressant für ein dialogbasiertes Medium. Da aber der eine oder andere Job doch ein verstärktes Interesse beim Vorbeilesen auslösen kann, schadet es nicht, ein unauffälliges Job-Grundrauschen zu erzeugen. Weitere Channels, die ich für sinnvoll erachte, sind der Info-Channel und die Live-Berichterstattung. Bislang waren die Postings mit Live-Berichterstattung jene mit dem meisten Zuspruch. Diese Channels sind für Sie lediglich eine gedankliche Hilfestellung bei der Planung der Inhalte je Netzwerk. Dem Leser werden diese nicht in dieser Deutlichkeit transparent. Lediglich der professionelle Eindruck verbleibt beim potenziellen Bewerber.

Kanal	Inhalt	Beispiel 1	Beispiel 2
Standard Channel	Jobtweets und Praktika	*Praktikum am Sonntag im Bereich Personalbetreuung und -entwicklung. Infos unter http://link*	*Job in der Sparte „Ausrüstung“ Nähere Informationen unter http://link*
Info Channel	Event- und Messe-ankündigungen	*Nur noch 3 Wochen bis zum DB Inhouse Event „Careers on Rail“ - DBKarriere wird live berichten - Fallstudien, Vorträge, Trainings*	*Morgen ist es soweit - die HR Alliance Awards werden in München verliehen - DBKarriere ist natürlich vor Ort und berichtet*
Live Reportage	Live Berichterstattungen von Veranstaltungen	*„Nur noch wenige Minuten (10:05) dann kommen meine Kolleginnen an - Studenten kommen um 11:00 - bin auf die Exkursion gespannt“*	*„Wir bereiten gerade ein nettes Event Ende Oktober vor - Stichwort: Debattier-Club, Students vs DB - mal gucken, ob's klappt“*
Tools	QIK (Video) TWITPIC (Foto) HASHTAGS	*http://twitpic.com/link Poker auch auf der DB Exkursion*	*Qik - Innovativstes PM Produkt: Platz 1 by Robindro Ullah http://lqik.ly/link*

Quelle: Robindro Ullah

Abb. 6.21: Beispielhafte Darstellung eines Channelkonzepts

Enter: Mit der Tür ins Haus, ist keine gute Idee

Wenn Sie die Ausführungen von Professor Grothe beherzigen und meine Gedanken aufgreifen, dann sollte der Schritt „Enter“ für Sie kein Stolperstein mehr sein.

Nichtsdestotrotz gibt es nach wie vor unzählige Unternehmen, die sehenden Auges in größere oder kleinere Desaster laufen. Beispiele für ein falsches Verständnis von und die falsche Nutzung der sozialen Medien durch Unternehmen gibt es massenhaft. Angefangen mit Accounts, die angelegt werden und dann verwaisen, über Job-Spam-Accounts, die den Mehrwert des Social Webs nicht für sich erkannt haben, bis hin zu kleineren Shitstorms, die durch unüberlegte Kommunikationsstrategien ausgelöst werden.

„Diese Seite startet in Kürze“, war ein knappes Jahr auf einem Twitter-Account zu lesen, womit er es auch in die Onlinefachpresse schaffte, allerdings nicht im Sinne des Unternehmens, sondern in der Rubrik „Gescheiterte Social Media Launches“.

Im Social Web werden Fehler schnell bestraft. Und lange nicht vergessen. Gerade wenn dort Arbeitgeber kommunizieren, schauen die Nutzer ganz genau und sehr kritisch hin. In Ihrem Social Media Employer Branding Fehler zu machen, bedeutet allzu oft nicht nur, auf Erfolg zu verzichten. Sondern unter Umständen sogar, Ihre Arbeitgebermarke nachhaltig zu schädigen.

Beispiele für den falsch verstandenen Umgang mit den sozialen Medien und noch viel mehr für die Art und Weise, wie sich Arbeitgeber im Social Web bewegen — also dort, wo sie zu Gast sind — können Sie auch heute noch beobachten, obwohl Erfahrungsberichte und Anwendungstipps für das Social Media Employer Branding in ausreichendem Maße kursieren. Daher mein Appell: Vermeiden Sie Schnellschüsse. Planen Sie gründlich. Überlassen Sie Ihre Reputation im Social Web nicht Laien, sondern achten Sie darauf, dass Sie die benötigte Expertise an Board bekommen und im Unternehmen halten. Oder, um es mit den Worten von Professor Martin Grothe zu sagen: „Die Zeit des Experimentierens ist vorbei. Auf Wild-West folgt die Eisenbahn.“

Abschließend möchte ich nochmals den Doublethink bemühen. Viele der Desaster, die ich in meinen nunmehr fünf Jahren des Personalmarketings und des Employer Branding erleben durfte, die Unmut bei den Zielgruppen ausgelöst haben, waren hausgemachte, vorhersehbare Fehler. Sie wurden von Verantwortlichen gesteuert, die die Gesetzmäßigkeiten der analogen Kommunikation auf das Social Web übertragen haben. Zu akzeptieren, dass es ein Medium gibt, in dem andere Regeln gelten, scheint schwer zu sein. Hingegen ist es für die eingefleischten Social-

Media-Apologeten mindestens genauso schwer zu akzeptieren, dass Social Media lediglich einer von vielen Kanälen ist, um Ihre Arbeitgebermarke in den Arbeitsmärkten erfolgreich zu entfalten.

Denken Sie also „doppelt". Seien Sie in beiden Welten unterwegs. Denn auf dem Königsweg zum erfolgreichen Social Media Employer Branding liegt der Entwurf einer Strategie, die beide Welten vereint – mit all ihren Widersprüchlichkeiten.

6.6 Interview: Externes Employer Branding (Techniker Krankenkasse)

Unternehmen	Techniker Krankenkasse
Branche	Öffentliche Krankenkasse
Mitarbeiter	11.800 Festangestellte, davon 450 Auszubildende 10.900 ehrenamtliche Berater
Standorte	230 Geschäftsstellen im Bundesgebiet
Projektstart	2008

Nils Becker

Nils Becker, Projektleiter Employer Branding der Techniker Krankenkasse, zum Thema externes Employer Branding.

„Ganz vorne ist es richtig spannend." Oder auch: „Wir reden Klartext und halten Wort." Die Arbeitgeberpositionierung der Techniker Krankenkasse hat so manchen überrascht. Warum?

Der Überraschungseffekt war durchaus gewünscht und erhofft. Als wir Mitte 2008 begonnen haben, uns mit dem Thema Employer Branding intensiver zu beschäftigen, sahen die Auftritte im Personalmarketing zum großen Teil austauschbar aus. Zahlreiche fröhliche Menschen in mehr oder weniger realistischen Arbeitssituationen waren zentraler Bestandteil der Kommunikationsauftritte. Es war daher ein Anspruch und das Ziel, sich mit einem etwas anderen bzw. differenzierenden Auftritt vom Markt abzuheben, um der Gleichartigkeit zu entfliehen und Aufmerksamkeit zu erzeugen.

Und das immer unter einer Voraussetzung: Dass unsere Arbeitgebermarke authentisch und ehrlich widerspiegelt, was es heißt und wie es ist, bei uns zu arbeiten und welche Haltung jemand mitbringen muss, der hier arbeitet.

Wen haben Sie in Analyse und Strategieentwicklung eingebunden?

Hier haben wir sehr gute Erfahrungen mit einer frühzeitigen Einbindung der Kommunikations- und Marketingabteilung gemacht. Es hat sich nicht um ein „geheimes" Personalprojekt im „Hinterzimmer" gehandelt, sondern um ein Gemeinschaftsprojekt, das durch unternehmensweite Transparenz und Mitarbeitereinbindung gekennzeichnet war. Damit Employer Branding zu einer zentralen Themenplattform in der strategischen Markenführung werden kann, muss es raus aus der Nische und hin zu einem Dreiklang aus HR, Marketing und Kommunikation. Auch der Gedanke der Einbeziehung des Vertriebs zur Ausweitung der Touchpoints zur Kommunikation war uns wichtig. Insgesamt sollte eine intensive Abstimmung erfolgen, um eine von den Mitarbeitern getragene und unternehmensweit akzeptierte Strategie entwickeln zu können. Die Binnenanalyse haben wir deshalb auf eine breite Basis gestellt:

- Einzelinterviews mit Führungskräften aus Personal und Recht
- Gruppendiskussionen mit Führungskräften der ersten Berichtsebene und regionalen Dienststellenleitern
- Gruppendiskussionen mit Professionals
- Gruppendiskussionen mit Young Professionals
- Gruppendiskussionen mit Auszubildenden verschiedener Ausbildungsberufe und Jahrgänge
- Gruppendiskussionen mit externen Fokusgruppen (Schüler, Studenten/Absolventen und Professionals)

Insgesamt haben wir etwa 70 Kollegen in Einzelgesprächen und in Gruppendiskussionen interviewt, um eine identitätsbasierte Entwicklung der Arbeitgebermarke sicherzustellen. Getreu dem Motto: „Employer Branding wächst von innen".

Sie haben ein Kreativkonzept entwickelt, das sehr prägnant und im Vergleich mit dem vorherigen Arbeitgeberauftritt der TK ganz anders ist. Fiel es Vorstand und Mitarbeitern schwer, sich auf den neuen Look einzustellen?

Am Anfang war es sicherlich eine Eingewöhnungsphase, da die neuen Arbeitgeberfarben ungewohnt waren. Das bekannte TK-Blau wurde ergänzt durch weitere Farben, die im Corporate Design der Unternehmens- und Leistungsmarke der TK zwar definiert waren, aber noch nicht in der Kommunikation eingesetzt wurden. Damit haben wir im Unternehmen die Tür in die neue Farbwelt geöffnet. Der Arbeitgeberauftritt profitiert sehr stark von der Farbvielfalt und den Motiven mit den sogenannten Wortmenschen — Silhouetten, die mit unseren Imagetexten gefüllt sind. Sie unterstreichen die Einzigartigkeit und das Differenzierungspotenzial des Arbeitgeberauftritts. Nach der Eingewöhnungszeit haben wir bei den Mitarbeitern und Bewerbermarkt volle Akzeptanz und Begeisterung erreicht. Das sieht man auch daran, dass es immer mehr Tendenzen gibt, die neue Farbwelt auch in die interne Kommunikation zu übertragen.

Welche sind Ihre wichtigsten Lerneffekte in der Entwicklung eines Kreativkonzepts?

Eine gute und belastbare Strategie im Vorfeld der Entwicklung eines Kreativkonzepts ist eine der Grundvoraussetzungen für ein Kreativkonzept. Die Strategie stellt die Eckpfeiler und Rahmenbedingungen für die Kreation dar. Bei der Visualisierung der Strategie im Rahmen des Kreativkonzeptes sollten alle Ideen am Anfang berücksichtigt und auch zugelassen werden. Hierbei sollten die Ideen medienneutral entwickelt werden und interdisziplinäres Denken im Mittelpunkt stehen.

Die Entwicklung des Kreativkonzeptes ist eine der anspruchsvollsten Projektschritte, da hier das Ergebnis erstmalig sichtbar und fassbar wird. Hier werden die Türen für subjektive Geschmacksdiskussionen geöffnet. Deshalb sollte bei der Beurteilung von Kreativkonzepten immer die Strategie als Beurteilungsgrundlage berücksichtigt werden. Auf Grund der unterschiedlichen Meinungen und Beurteilungen ist dieser Schritt sehr spannend und anstrengend.

Worauf sollten die Leser bei der Agenturauswahl achten?

Das ist eine sehr schwierige Frage, da sich die Agenturlandschaft zur Zeit bei den Themen Employer Branding und Personalmarketing neu sortiert und die Bedeutung des Thema nach und nach entdeckt. Es gibt schon lange Personalmarketing-agenturen, die entsprechende Leistungen anbieten. Neuerdings bauen aber auch immer mehr klassische Werbeagenturen und große Netzwerkagenturen ihre Kompetenz auf und gründen eigene Employer Branding Units.

Hier kann ich nur den Tipp geben, sich im Vorfeld der Agenturauswahl genau zu überlegen, welche Leistungen man von der Agentur in Anspruch nehmen möchte. Unter den Agenturen gibt es große Qualitätsunterschiede. Bei der Beurteilung helfen aussagekräftige Referenzen aus dem Bereich Employer Branding und das Verständnis für das Thema Personalmarketing unter Berücksichtigung von Markenkompetenz und Kreativanspruch.

Die vielen Geschäftsstellen der TK sind relativ eigenständig und haben das regionale Recruiting selber verantwortet. Wie haben es die Verantwortlichen vor Ort aufgenommen, dass sie die Employer Branding Vorgaben der Hamburger Zentrale umsetzen sollen?

Die dezentrale Umsetzung einer zentral entwickelten Employer Branding Strategie ist eine der größten Spannungsfelder und Herausforderungen. Am Anfang war es für unsere örtlichen Ausbilder, die bundesweit für die Azubirekrutierung verantwortlich ist, sehr ungewohnt, dass es eine Arbeitgeberpositionierung und daraus resultierende Vorgaben gibt. Hier musste am Anfang Überzeugungsarbeit geleistet werden, die sich aber gelohnt hat.

Das zentrale Personalmarketing übernimmt bei uns eine Ordnungs- und Servicefunktion, um einen markenkonformen Auftritt sicherzustellen. Bei den örtlichen Ausbildern haben wir sehr gute Erfahrung mit der frühzeitigen Einbindung in die Entwicklung von Produkten, Instrumenten und Maßnahmen gemacht. Begriffe wie Praxistauglichkeit, Realisierbarkeit und Nutzen sind in diesem Zusammenhang auch sehr wichtig, um eine Akzeptanz zu erreichen. Dieser Gedanke hat uns in dem Prozess des externen Rollouts begleitet: Akzeptanz und Begeisterung durch Transparenz, Einbindung und das Aufzeugen konkreter Praxisnutzen.

Weiterhin haben wir sehr gute Erfahrungen mit der Einführung von halbjährlichen Treffen und der Einrichtung eines Service-Centers gemacht.

Die Einführung eines konstanten Feedback-Kreislaufes unter der Berücksichtigung von Hinweisen, Wünschen und Empfehlungen der örtlichen Ausbilder war für den Akzeptanzaufbau sehr wichtig und ein weiterer entscheidender Erfolgsfaktor.

Wie gut ist Ihnen das gelungen? Gibt die TK als Arbeitgeber heute tatsächlich ein bundesweit einheitliches Bild ab?

Hier sind wir noch im Aufbau. Zum jetzigen Zeitpunkt setzen wir die Arbeitgebermarke ja nur in der externen Bewerberansprache ein und nicht im Rahmen der internen Kommunikation. Nach draußen haben wir es gut geschafft, dass alle bundesweiten Rekrutierungsveranstaltungen sowie die entsprechenden Rekrutierungsprodukte „auf Marke" sind und wir daher ein bundesweit einheitliches und markenkonformes Bild abgeben können.

Wie stellen Sie sicher, dass das auch so bleibt? Haben Sie eine Systematik für das Employer Brand Management geschaffen?

Auf Grund der Komplexität von Employer Branding bedarf es einen strukturierten Employer Brand Management Prozess. Dies ist notwendig, um den unterschiedlichen Anforderungen der zielgruppenspezifischen Markenführung und -kommunikation gerecht werden zu können.

Am Beispiel des Ausbildungsmarketings haben wir folgende beispielhafte Aktivitäten definiert, die man sich in einem Kreislauf vorstellen kann, der von uns gesteuert wird:

Marktforschung und Analyse

- Marktforschung (insb. potenzielle Mitarbeiter)
- Markt-, Trend- und Wettbewerbsanalysen

Strategie und Richtlinien

- Positionierung der TK als Arbeitgeber
- Markenthemenbasierte Kommunikationsstrategie
- Visuelle und textliche Richtlinien für den Auftritt der TK als Arbeitgeber

Maßnahmenplanung und Umsetzungssteuerung

- Kommunikationsplanung und -umsetzung
- Maßnahmenentwicklung und -distribution
- Agentursteuerung (On- und Offline, Media, Lead)

Training und Sparring

- Information und Schulung der örtlichen Ausbilder

Evaluation und Kontrolle

- Erfolgsmessung

Auf dem Absolventenkongress 2009 haben Sie die neue Arbeitgeberpositionierung und das neue Kreativkonzept erstmals getestet. Wie haben Ihre Zielgruppen reagiert?

Auf dem Absolventenkongress 2009 in Köln haben wir eine sehr einfache und pragmatische Mini-Mafo durchgeführt, in dem wir zahlreiche Gespräche mit den Besuchern zu der Arbeitgeberpositionierung geführt haben. Hier war es uns wichtig, einen direkten und ungefilterten Eindruck von den Besuchern zu bekommen, um daraus Rückschlüsse zu ziehen und die nächsten Schritte ableiten zu können.

Die Reaktionen waren wirklich sehr interessant, inspirierend und aussagekräftig. Wir haben uns im Vorfeld auch gefragt, wie die Besucher auf einen Arbeitgeberauftritt reagieren, in dem nicht die üblichen fröhlichen Menschen zu sehen sind. Die Reaktionen waren durchweg positiv, die „smiley people" hat keiner vermisst. Gerade die ungewöhnliche Darstellung der Botschaften unserer Arbeitgeberpositionierung mit den „Wortmenschen" wurde sehr positiv und einladend bewertet und machte neugierig. Die Silhouetten als Projektionsfläche der Frage „Sind Sie das?" sind auch hinsichtlich des Cultural fits sehr gut beurteilt worden — die Besucher konnten besser erkennen, ob sie zu uns passen oder nicht.

Nach diesen positiven Gesprächen haben wir die Arbeitgeberpositionierung in das Ausbildungsmarketing 2010 eingeführt und ganzheitlich sowie zielgruppenübergreifend in die „Recruiting Experience" implementiert.

Verglichen mit anderen Arbeitgebern setzen Sie auf eher traditionelle als auf hochtechnologische Personalmarketinginstrumente. Müssen Arbeitgeber eigentlich immer alle modernen Möglichkeiten nutzen, um ihre Zielgruppen zu erreichen?

Meiner Meinung nach sollte dies jedes Unternehmen für sich unter der Berücksichtigung der Zielgruppenbedürfnisse und der strategischen Ausrichtung der Unternehmensmarke selbst entscheiden. Zur Zeit setzen wir noch eher auch traditionelle, eher printlastige Instrumente. Um den Online- und Social Media Bereich zu stärken, haben wir zwei neue Mitarbeiter eingestellt.

Gerade im Onlinebereich ist die Entwicklungsgeschwindigkeit bezüglich Rekrutierungskanälen und -formaten extrem gestiegen. Hier heißt es auch für das Personalmarketing, am Puls der Zeit zu sein und frühzeitige Trends im Informations- und Kommunikationsverhalten der Zielgruppen zu erkennen, in das Personalmarketing zu übertragen und das Analogie-Potenzial zu bewerten.

Die Übertragung von Ideen und Impulsen aus dem klassischen Marketing in das Personalmarketing wird meines Erachtens ohnehin einer der zentralen Wettbewerbsvorteile im Kampf um die „First-Mover-Krone" sein. Dadurch wird auch der Marketing-Fokus verstärkt und dem Begriff „Marketing" in „Personalmarketing" mehr Bedeutung und Aufmerksamkeit geschenkt.

Also auch dem Begriff „Marke" in „Arbeitgebermarke"?

Genau. Die Zukunft des Personalmarketings: Mehr Marke bitte!

Bessere Bewerberpassung, gesunkene Recruitingkosten, geringere Fluktuation, mehr Identifikation und Leistungsbereitschaft – es braucht in der Regel drei bis fünf Jahre Zeit, damit die Effekte von Arbeitgebermarkenbildung vollumfänglich spürbar werden. Hand aufs Herz: Können Sie diese oder andere Effekte verzeichnen?

Hier sind wir ehrlicherweise gesagt noch ganz am Anfang. Wir sind dabei, ein Kennzahlensystem zu entwickeln, das uns aussagekräftige Hinweise auf die Wirksamkeit des Employer Brandings gibt. Wir haben natürlich Kennzahlen wie Anzahl der Bewerbungen oder unterschiedliche Online-Auswertungen, die uns einen ersten Eindruck geben können. Unser Ziel ist es, mit Hilfe einer sinnvollen Anzahl von Kennzahlen die entsprechenden Learnings zu erreichen, um dadurch effektivere Steuerung und effizienteren Budgeteinsatz zu gewährleisten. Auf Grund der überschaubaren Anzahl von echten Kennzahlen arbeiten wir auch mit der gefühlten Zufriedenheit unserer Kunden, sprich der bundesweit rekrutierenden örtlichen Ausbilder.

Einige konkrete Effekte haben wir bereits verzeichnet: Der Besetzungsgrad der Ausbildungsplätze ist besser geworden. Aufgrund der guten Bewerberlage konnten wir zusätzliche Ausbildungsplätze schaffen. Dass wir deutlich mehr Initiativbewerbungen von Bewerbern mit außergewöhnlich guten Qualifikationen bekommen, ist ein weiterer auffälliger Effekt. Die Prägnanz des neuen Arbeitgeberauftritts zeigt sich auch darin, dass viele Bewerbungen konkreten Bezug auf die Motive des Kreativkonzepts nehmen, zum Beispiel mit Bemerkungen wie „Ja, ich bin das" oder durch selbstgestaltete „Wortmenschen" und der Integration der Texte und Grafiken aus den Motiven in die Bewerbungsunterlagen.

Aber auch nach innen hat sich etwas getan: Die Arbeitgebermotive genießen enorme Sympathien. Unsere Mitarbeiterinnen und Mitarbeiter identifizieren sich sehr stark mit der Arbeitgebermarke.

Wenn Sie noch einmal von vorne anfangen müssten, was würden Sie anders machen?

Ein wichtiger Aspekt ist die Bedeutung der Unternehmensmarke für den Aufbau einer glaubwürdigen Arbeitgebermarke. Die Arbeitgeberpositionierung sollte im Wertespektrum der Unternehmensmarke erfolgen. Nur so sind Glaubwürdigkeit und Markensynergien möglich. Einen wichtigen Unterschied gibt es aber: Es geht im Employer Branding um die Zukunft von Menschen und nicht um Produkte und Dienstleistungen. Diesen Aspekt würde ich bei einer Wiederholung des Projektes stärker betonen.

7 Die Arbeitgebermarke steuern und messen

Sie haben die strategischen, kommunikativen und kreativen Fundamente für die Bildung Ihrer Arbeitgebermarke gelegt und sie operativ implementiert, also erste Schritte unternommen, um sie in Ihrer Organisation einzuführen, zu verankern und in den Arbeitsmärkten einheitlich und prägnant zu entfalten. Damit sind Sie startklar, um Ihre Arbeitgebermarke bei den für Sie relevanten Zielgruppen nachhaltig zu etablieren und dauerhaft zu pflegen.

In der Phase des Employer Brand Managements geht es genau darum — mittels der systematischen Steuerung aller operativen Aktivitäten des Employer Branding sowie der Messung ihres Erfolgs Ihre Arbeitgebermarke auf Kurs zu halten und immer wirkungsvoller zu machen.

Während die Phase der Analyse und Strategieentwicklung in der Regel vier bis zwölf Monate dauert und die Phase der Implementierung je nach Komplexitätsgrad der Organisation und des Arbeitgeberauftritts nach drei bis zwölf Monaten abgeschlossen ist, hört das Employer Brand Management nie auf.

Eine Arbeitgebermarke braucht Pflege, um zu wachsen

Ein Arbeitgebermarkenbild braucht Jahre, um zu entstehen. Es zu verwässern oder zu verlieren, geht hingegen deutlich schneller. Sie finden viele Beispiele von Unternehmen, die zwischen 2007 und 2009 mit klarem Arbeitgebermarkenbild gestartet sind und dieses heute, Jahre später, beim Blick von außen kaum noch zu erkennen ist. Es gibt viele Arbeitgebermarken, die zugewuchert und ausgefranst sind.

Deren Kernaussagen im Laufe der Zeit wieder von anderen Themen überlagert wurden und deren Auftritt voller Brüche ist. Die Ursachen dafür sind vielfältig, in den meisten Fällen aber diese:

- Veränderungen in den externen und internen Einflussfaktoren werden nicht rechtzeitig in die Arbeitgebermarkenstrategie integriert, die Arbeitgeberpositionierung bleibt statisch und verliert dadurch ihre Legitimationsbasis im Unternehmen.
- Das Fehlen von Verantwortlichen: Keiner ist verantwortlich für die dauerhafte und zentrale Führung der Arbeitgebermarke. Die einzelnen Fachabteilungen kümmern sich um jeweils ihren Teil der Arbeitgebermarkenbildung. Es gibt keinen geregelten Erfahrungsaustausch. So agiert jeder Beteiligte nur in seinem Aktionsradius — Schnittstellen ergeben sich eher zufällig und werden im schlimmsten Fall als Einmischung gesehen.
- Wechselnde Verantwortliche: Ein neu eingestellter Employer Brand Manager, Personal- oder Marketingleiter kennt die Gesetzmäßigkeiten der Arbeitgebermarkenbildung oder die Historie Ihrer Arbeitgebermarke nicht — wenn er von außen kommt, auch nicht das Unternehmen. Er tut sich schwer, die Analyseergebnisse aus der Vergangenheit nachzuvollziehen und glaubt vielleicht noch, dass Employer Branding nur strategischeres Personalmarketing ist. Er hat eigene Vorstellungen und will viele Dinge anders machen.

Das Employer Brand Management und -Controlling hat nicht nur die Aufgabe, die Konsistenz von Inhalten und Erscheinungsbild der Arbeitgebermarke über die Jahre zu sichern. Es soll auch interne und externe Einflussfaktoren beobachten, Veränderungen in ihrer Relevanz für die Arbeitgebermarkenbildung bewerten und frühzeitig in das Employer Branding integrieren. Das kann auf der operativen Ebene geschehen, zum Beispiel in der Anpassung der eingesetzten Instrumente aufgrund von technologischen Entwicklungen oder neuer Zielgruppen, als auch auf der strategischen Ebene, zum Beispiel in der Justierung der Arbeitgeberpositionierung aufgrund von kulturellen Integrationsprozessen nach Übernahmen und Fusionen oder Änderungen in der Unternehmensstrategie.

Gerade wenn ein Unternehmen in dynamischen Umfeldern agiert, nicht organisch wächst oder generell weniger stabil geführt wird, ist es wichtig, dass sämtliche Akteure, die an der operativen Umsetzung des Employer Branding beteiligt sind, in ein systematisches und langfristig angelegtes Management und Controlling der Arbeitgebermarkenbildung eingebunden sind. Halten Sie sich und den internen Stakeholdern immer vor Augen: Ihre Arbeitgebermarke braucht Planungssicherheit und hat eine Lebenserwartung, die über die durchschnittliche Verweildauer des Vorstandsvorsitzenden eines börsennotierten Unternehmens hinaus geht.

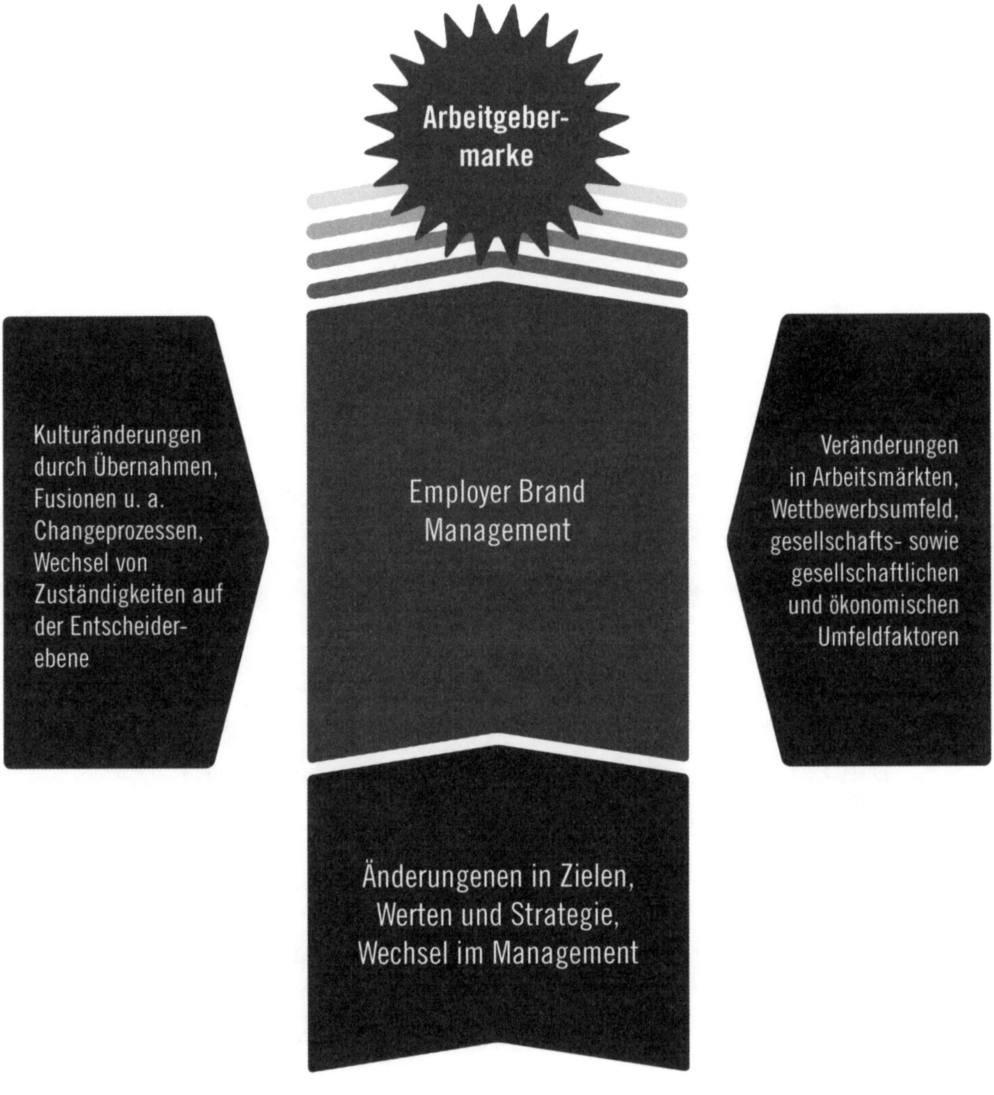

Abb. 7.1: Einflussfaktoren des Employer Brand Managements

7.1 Schritt 18.1: Employer Brand Management und -Controlling

Die Zielerreichung Ihres Employer Branding hängt entscheidend davon ab, dass eine regelmäßige, systematische Verbesserung auf Basis klarer Abläufe und Regeln in der Steuerung, der Bildung und der Führung Ihrer Arbeitgebermarke stattfindet: Employer Brand Management.

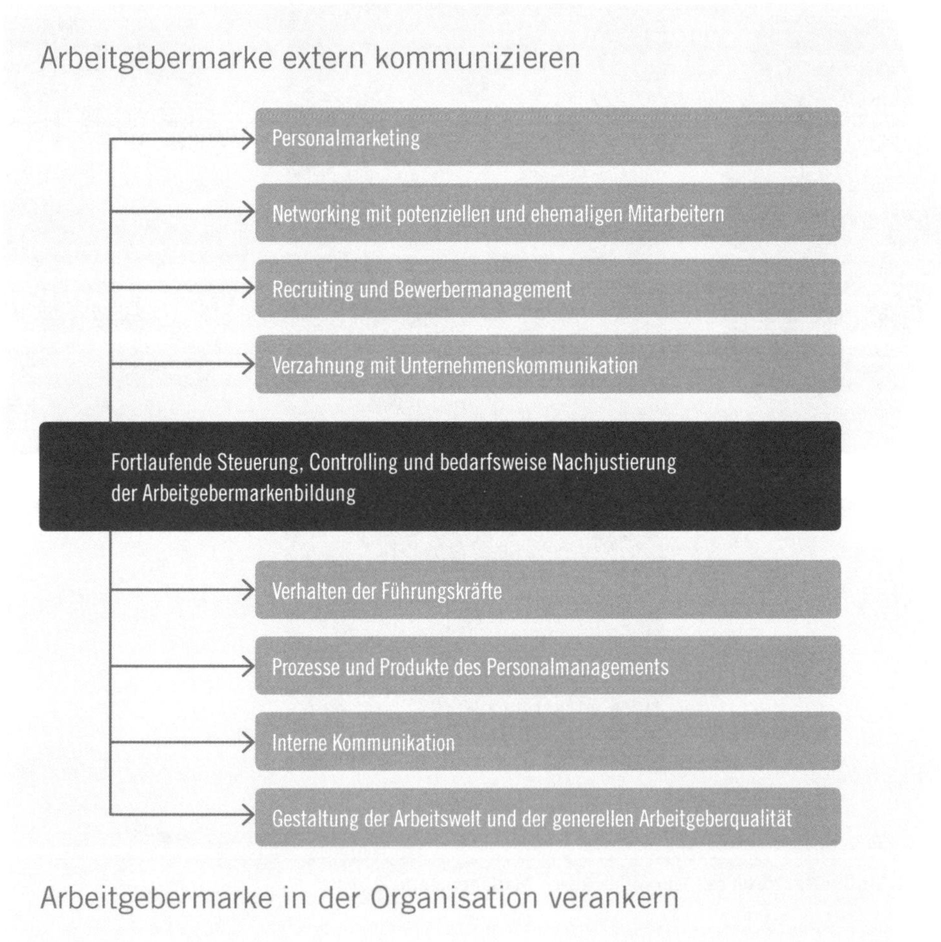

© DEBA GmbH, 2012

Abb. 7.2: In der Übersicht -Schritt 18.1 - Employer Brand Management

Damit ein Employer Brand Management nachhaltig und effektiv sein kann, sollten Sie es weniger auf starren Regeln, sondern einer flexiblen Systematik aufsetzen – und auf der Bereitschaft, voneinander zu lernen sowie die Steuerungssysteme immer wieder zu justieren. Das gilt ganz besonderes für größere und komplexere, insbesondere für internationale Organisationen.

Employer Brand Management dient also der zentralen Steuerung aller internen und externen Employer-Branding-Aktivitäten – mit dem Ziel, den Aufbau der Arbeitgebermarke effizient zu organisieren und sie danach über die Jahre systematisch zu pflegen, auf Kurs zu halten und in den Köpfen der für Sie relevanten Zielgruppen immer prägnanter zu verankern.

Ob das gelingt und ob Sie auch das Richtige richtig verankern, zeigt Ihnen das Employer Brand Controlling. Es dient dazu, auf der Basis klarer, strategischer Ziele den Erfolg Ihrer Employer-Branding-Maßnahmen zu bewerten. Die regelmäßige Erfolgsmessung ermöglicht es dem Employer Brand Management, den Mitteleinsatz für das Employer Branding zu optimieren, positive Wirkungen zu verstärken, Fehlentwicklungen frühzeitig zu erkennen und gegenzusteuern sowie die Employer-Branding-Strategie und das Kommunikationskonzept zu justieren und zu optimieren.

Strategische Ziele werden immer dann erreicht, wenn sie von vornherein realistisch definiert wurden und in operativ praktikable sowie kontrollierbare Teilziele heruntergebrochen sind. Denn der Erfolg von Kennzahlen und ihrer Messung lebt davon, dass realistische Ziele gesteckt werden und dass die Methoden zur Erfolgsmessung praktikabel gehalten werden.

Eine der wichtigsten Voraussetzungen für den Erfolg des Employer Brand Management und -Controlling ist ganz simpel: Dass es jemanden gibt, der diesen Job in Ihrem Unternehmen langfristig ausführt. Wer das sein kann, was er mitbringen soll und was auf ihn in dieser Funktion zukommen wird, das zeigt das nächste Teilkapitel.

7.1.1 Von Beruf: Employer Brand Manager – Ein Profil

Ob für Müsliriegel, Espresso-Maschine oder Turnschuh – für fast jedes Produkt gibt es Brand Manager. Den meisten Unternehmen ist auch ihre Corporate Brand einiges wert. Hingegen steckt das Employer Brand Management vergleichsweise noch in den Kinderschuhen. Und das, obwohl die Anforderungen kontinuierlich steigen. Doch was genau muss ein Employer Brand Manager können? Für wen ist dieser Job gemacht?

So unterschiedlich wie die Employer-Branding-Auffassungen in den Unternehmen, so unterschiedlich sind auch die Erwartungen an die Employer Brand Manager – falls vorhanden. Deren Zuständigkeit erschöpft sich häufig in der Arbeitgeberimagewerbung und im externen Personalmarketing. Nur selten wird Employer Branding als Wertschöpfungsprozess von gesamtstrategischer Tragweite aufgestellt und gesteuert.

Doch nur ein fundierter, umfassender Employer-Branding-Prozess bringt eine nachhaltig attraktive Arbeitgebermarke hervor. Dazu braucht es jemanden, der entlang der gesamten Prozesskette dafür sorgt, dass

- eine Positionierung entwickelt wird, die den Arbeitgeber in den Arbeitsmärkten differenziert, dabei glaubwürdig ist und den strategischen Unternehmenszielen entspricht.
- der Arbeitgeberauftritt gegenüber allen Zielgruppen wirkungsvoll ist und auf Dauer konsistent bleibt.
- die Arbeitgeberpositionierung im organisationalen Leben und in der Unternehmenskultur spürbar wird.
- die Arbeitgebermarke kontinuierlich gesteuert und weiterentwickelt wird.

Employer Brand Management ist ein Job für Generalisten. Und für ausgereifte Persönlichkeiten, die klar und klug vorgehen, analytisch und strukturierend voraus denken. Sie sollten interdisziplinär arbeiten können und sich rasch sowohl in der Personal- als auch in der Branding-Welt zurechtfinden.

Employer Brand Manager sind Moderator und Mobilisierer

Der Employer Brand Manager ist heute vieles in einem. Moderator, Netzwerker, Kommunikator, Diplomat. Und Überzeugungstäter.

Er sollte von seiner Aufgabe vollauf überzeugt sein. Sonst wird er seine Kollegen kaum dafür gewinnen, sich in den Employer-Branding-Prozess einzubringen. Genau das muss ihm jedoch gelingen, denn eine Arbeitgebermarke lässt sich nicht verordnen. Sie wächst vielmehr von innen heraus – sobald die Mitarbeiter ein gemeinsames Verständnis der Arbeitgebermarke entwickeln und sie aus innerer Überzeugung mittragen. Erst dann ist sie glaubwürdig und kann ihre Wirkung entfalten.

Employer Brand Manager sind Netzwerker und Integrationsfigur

Das interne Stakeholdermanagement ist eine kontinuierliche Aufgabe des Employer Brand Managers. In seiner Querschnittsfunktion muss er Mitstreiter finden, sie orientieren und aktiv einbinden: Topmanagement, Unternehmenskommunikation, Marketing, Personalmarketing, Recruiting, Personalentwicklung und etliche andere Funktionen. Deren zuweilen divergierende Vorstellungen gilt es, unter einen Hut zu bekommen. Doch nicht um den Preis des breitest möglichen Konsenses. Das würde die Positionierung verwässern, statt sie konsequent zuzuspitzen.

Da Employer Branding es nicht allen recht machen kann und darf, ist es umso wichtiger, Management und Mitarbeiter „abzuholen und mitzunehmen". Ein Employer Brand Manager muss deswegen in der Lage sein, sich empathisch auf unterschiedliche Anspruchsgruppen einzustellen und ihnen die Bedeutung der Arbeitgeberpositionierung für den betrieblichen Alltag zu vermitteln.

Gleichzeitig muss er fähig sein, jede Entwicklungsphase kritisch zu durchdenken. Sind Unternehmensziele, Personalstrategie, Zielgruppen und umsetzungspraktische Anforderungen berücksichtigt? Wurde das nötige Positionierungskapital herausgearbeitet und verifiziert?

Employer Brand Manager sind Organisationstalent und Impulsgeber

Stets ist dabei die emotionale wie kognitive Kompetenz eines Employer-Brand-Managers gefordert — und sein Organisationsvermögen. Er hat viele Stränge zusammenzuführen und soll dabei effizient bleiben. Auf allen Prozessebenen agiert er als Multiprojekt-Manager. Das beginnt bei der Entwicklung der Arbeitgeberpositionierung und endet noch lange nicht beim Personalmarketing.

„Kreative Flughöhe" ist bei der Formulierung von Inhalten und Botschaften der Arbeitgebermarke gefordert. Bei der Neugestaltung des Arbeitgeberauftritts etwa sollte der Employer Brand Manager mit den Kreativen auf Augenhöhe diskutieren können.

Vernetzendes Denken und planerische Intelligenz sind gefragt, wenn es um die Gesamtdramaturgie geht, die alle Handlungsfelder verknüpft und strategisch ausrichtet. Von der Implementierung bis zur crossmedialen Kommunikation.

Gerade die Kommunikationslandschaft hat sich stark gewandelt und verlangt neue Antworten. So müssen sich Employer Brand Manager heute mit der Eigenlogik von Social Media vertraut machen. Allzu oft werden Facebook und Co. einfach wie verlängerte Werkbänke von Recruiting-Kampagnen behandelt. Aufgabe des Employer Brand Managers ist es dagegen, die Voraussetzungen für ein glaubwürdiges Social-Media-Engagement zu schaffen: eine Onlinestrategie, kontinuierliche Präsenz, kurze Responsezeiten, substanzielle Inhalte, aktiver Dialog.

Employer Brand Manager sind Macher und Markenanwalt

Macherqualitäten braucht der Employer Brand Manager, wenn er die Positionierung zielgruppendifferenziert umsetzt. Dazu steuert er unter anderem intern die entsprechenden Projektteams und extern zuerst die Strategieberater sowie später die Kreativagenturen. So sichert er die Einheitlichkeit und Positionierungswirksamkeit des Arbeitgeberauftritts in allen Kommunikationskanälen.

Damit erfüllt er seine Rolle als Anwalt der Marke, der niemals die Positionierung aus dem Blick verliert. Mit smartem Durchsetzungsvermögen bändigt er die zentrifugalen Kräfte und hält alle Employer-Branding-Maßnahmen auf Kurs. Die Grundlage dafür beschafft er sich durch regelmäßiges Controlling.

Und: Sind Sie das?

Oder: Wer in Ihrem Unternehmen könnte das sein?

Die ideale Employer Brand Managerin oder der ideale Employer Brand Manager ist also ein Multitalent. Ein Tausendsassa, der viele Bälle gleichzeitig jongliert, dabei neue Bälle auffängt und weiterspielt. Wen diese Vorstellung erschreckt oder langweilt, der ist nicht aus dem Holz gemacht, aus dem man Employer Brand Manager schnitzt.

7.1.2 Steuerungssystematik: Personen, Plattformen, Prozesse

Die Etablierung guter Plattformen und Kommunikationsroutinen für alle an der Umsetzung der Arbeitgebermarke Beteiligten, eine gute und wertschätzende Atmosphäre im Steuerungsteam und eine klare Verteilung von Rollen und Verantwortlichkeiten sind für Ihr Employer-Brand-Management erfolgsentscheidend.

Ein lernendes System ist erfolgreicher als Regeln und Vorgaben

Die Erfahrung zeigt, dass die Stimulierung von Erfahrungsaustausch (auch informell) und die persönliche Motivation der Stakeholder für den Erfolg des Employer Brand Managements am wichtigsten sind. Ihr Ziel im Aufbau einer solchen Steuerungssystematik sollte deshalb die Etablierung eines lernenden, flexiblen Systems sein. Das sorgt viel eher dafür, dass alle an einem Strang ziehen als Vorschriften, komplexe Regeln und Kontrollroutinen.

Je nach Größe und Internationalität Ihres Unternehmens benötigt die Steuerung der Arbeitgebermarke gut definierte Verantwortlichkeiten, Strukturen und Prozesse. Je komplexer Ihre Organisation aufgebaut ist, desto stärker sollten Sie diese Grundlagen für Ihr Employer Brand Management schaffen:

Personelle Organisation

- Aufbau eines (internationalen) Kernteams
- Definition von Rollen und Verantwortlichkeiten
- Definition von Entscheidungswegen und Befugnissen
- Ernennung eines (internationalen) Employer Brand Managers
- Eventuell Ernennung von Employer Brand Managern in den Bereichen International: Ernennung von Employer Brand Managern in den Ländern

Koordination und Kommunikation

- Definition von Routinen der übergreifenden Regelkommunikation
- International: Definition von Routinen der Regelkommunikation in den Employer-Branding-Teams der einzelnen Länder

Dialog- und Lernplattformen

- Definition von Plattformen für den persönlichen Erfahrungsaustausch
- Definition von Frequenzen für den persönlichen Erfahrungsaustausch
- Koordination gruppenweiter Aktivitäten (mittels Telefonkonferenzen, Video-Meetings, jährliches Treffen o. ä.)

Clearingstelle

- Definition von Berichtsroutinen
- Definition von Kontrollroutinen

Dokumentation und Guidelines

- Einrichtung einer Onlineplattform für die Dokumentation der Employer-Branding-Maßnahmen
- Erstellung von Guidelines für HR-Abteilungen, Hiring Managers sowie ausführende Agenturen und Personalberater

Trainings und Schulungen

- Angebot von Programmen zur Schulung von neuen Mitarbeitern, die am Recruitingprozess beteiligt sind (aus HR und Fachabteilungen)

7.2 Schritt 18.2: Employer Brand Controlling

Wenn Sie den ganzheitlichen Erfolg Ihrer Arbeitgebermarke messen wollen, dürfen Sie einen Kardinalfehler nicht machen: Ihr Employer-Brand-Controlling einseitig auf Teilbereiche der Arbeitgebermarkenbildung ausrichten, zum Beispiel auf die Senkung der Recruitingkosten, die Steigerung von Bekanntheit oder Image in den Arbeitsmärkten, die Senkung von Fluktuation oder den gestiegenen Identifikationsgrad der Mitarbeiter. Employer Branding wirkt nach innen wie nach außen und beide Dimensionen beeinflussen sich stark. Je häufiger und je besser Sie es schaffen, zwischen dem externen und dem internen Employer Branding positive Wechselwirkung zu erzeugen, desto schneller und effizienter werden Sie zur Arbeitgebermarke und desto effektiver wird diese entlang der gesamten Wertschöpfungseffekte für Ihr Unternehmen Wirkung entfalten.

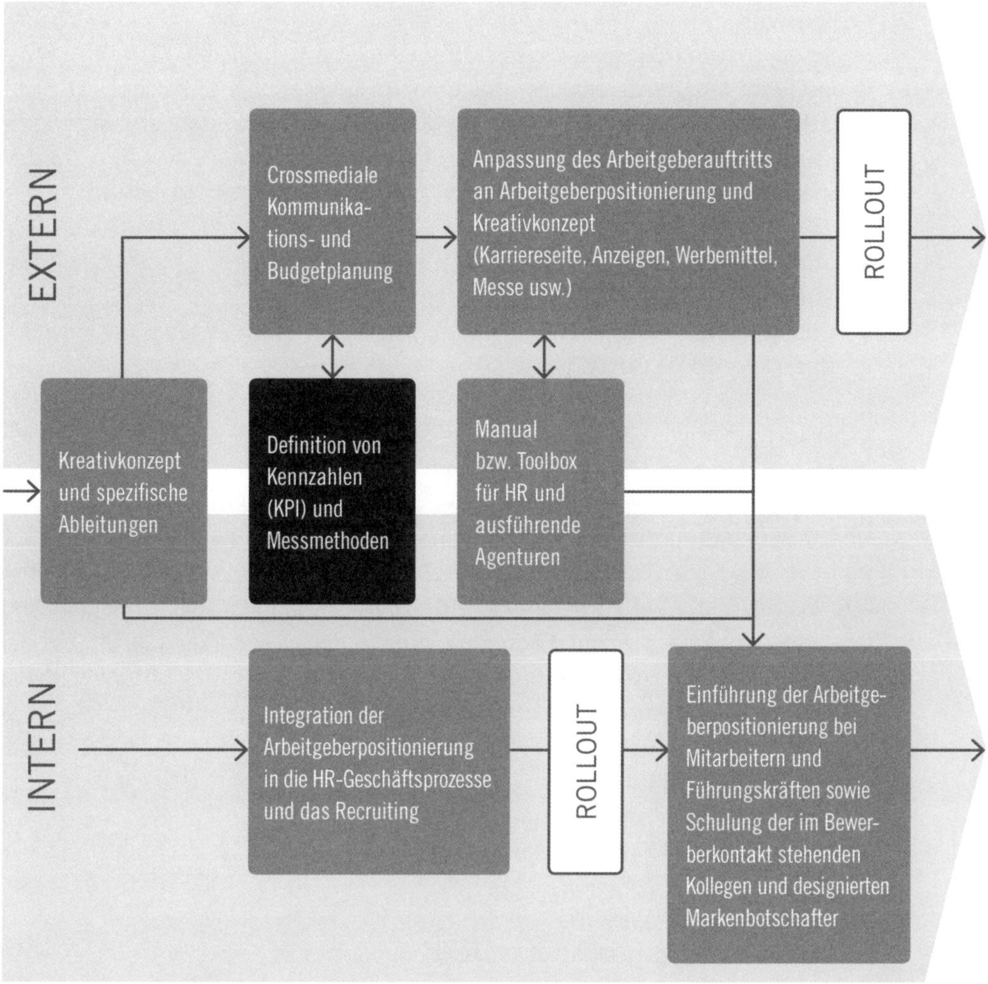

Abb. 7.3: In der Übersicht – Schritt 18.2 – Employer Brand Controlling

7.2.1 Der Faktorenkreis des Arbeitgebermarkenerfolgs

Eine individuelle Erfolgsmessung im Unternehmen zu etablieren, die alle Anwendungs- und Wirkungsfelder der Arbeitgebermarkenbildung einbezieht, ist nicht einfach. Deshalb wird Ihnen zu Anfang dieses Kapitels eine standardisierte Controlling-Systematik vorgestellt, die jedes Unternehmen anwenden kann, um den eigenen Arbeitgebermarkenerfolg in vier Qualitätsdimensionen zu messen:

- Strategisch-externe Qualität
- Strategisch-interne Qualität
- Operativ-interne Qualität
- Operativ-externe Qualität

In diesen Kategorien können Sie verschiedene Erfolgsfaktoren erkennen und messen. Sie sind in dem nachstehenden Faktorenkreis des Arbeitgebermarkenerfolgs abgebildet — der Teil eines wissenschaftlich validierten Prüfverfahrens für die Qualität und Authentizität von Arbeitgebermarken ist, das die Deutsche Employer Branding Akademie 2011 im Rahmen eines Forschungsprojekts mit Persönlichkeiten aus Wissenschaft und Praxis entwickelt hat. Dieses standardisierte Modell kann Ihnen als Vorbild zur eigenen Messung Ihrer Arbeitgebermarkenqualität dienen. Es basiert auf neun Erfolgsfaktoren, die in unterschiedlichen Gewichtungen in die Bewertung der Arbeitgebermarkenqualität einfließen.

Strategisch-externe Qualität:
- Profil- und Differenzierungsgrad (25 Prozent)
- Glaubwürdigkeit (5 Prozent)

Strategisch-interne Qualität:
- Implementierungsqualität (10 Prozent)
- Akzeptanzgrad (10 Prozent)
- Identifikationsgrad (15 Prozent)

Operativ-interne Qualität:
- Intensität des Erlebens (15 Prozent)
- Mitarbeiteraktivierung (5 Prozent)

Operativ-externe Qualität:
- Konsistenz der Botschaft (7,5 Prozent)
- Wahrnehmungsintensität (7,5 Prozent)

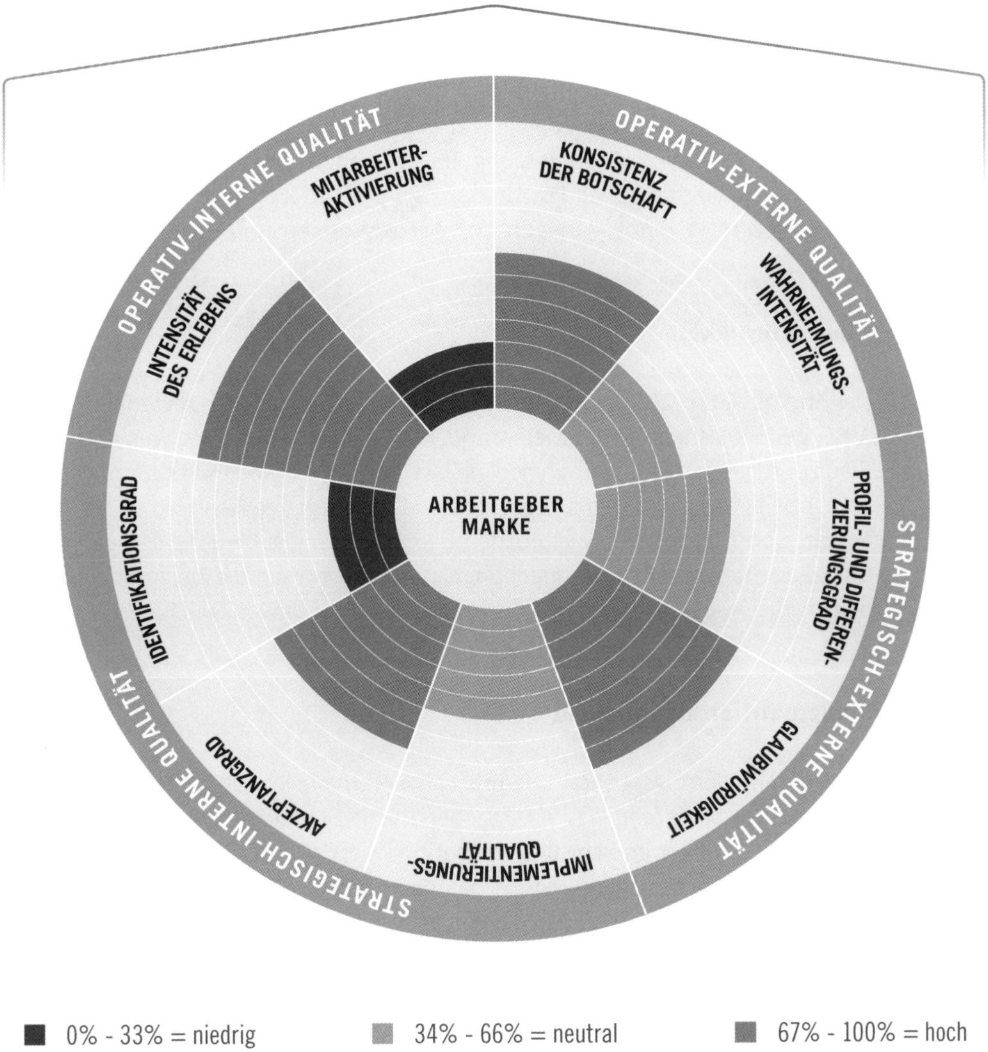

Abb. 7.4: Der Faktorenkreis des Arbeitgebermarkenerfolgs

Profil- und Differenzierungsgrad

Der Profil- und Differenzierungsgrad (PDG) misst, wie profiliert, also wie ausgeprägt und markant, die Arbeitgebermarke eines Unternehmens ist und inwieweit sich das Unternehmen am Arbeitsmarkt mit diesem Profil differenziert. Die Profilschärfe ist dabei eine Voraussetzung zur Differenzierung. Um diese Profilschärfe und den damit einhergehenden Differenzierungsgrad zu messen, befragen Sie am besten New Hires, Hiring Managers und die Zielgruppen der Arbeitsmärkte.

Glaubwürdigkeit

Der Erfolgsfaktor Glaubwürdigkeit hinterfragt, inwieweit der Außenauftritt des Arbeitgebers als glaubwürdig empfunden wird. Hierbei geht es weniger um die Glaubwürdigkeit des Unternehmens selbst, als um die Kommunikation zwischen dem Arbeitsmarkt und dem Unternehmen als Arbeitgeber. Denn ein guter Außenauftritt ist nur dann erfolgversprechend, wenn dieser glaubwürdig und damit auch überzeugend wirkt. Es wird angenommen, dass vor allem die Zielgruppen der Arbeitsmärkte wie auch New Hires diesen Erfolgsfaktor bewerten können.

Implementierungsqualität

Die Implementierungsqualität überprüft, inwiefern die Botschaft des Arbeitgebers bzw. die Positionierung des Arbeitgebers nicht nur den Arbeitsmarkt, sondern auch die Mitarbeiter erreicht und institutionalisiert ist. Wissen die Mitarbeiter, mit welchen Arbeitgebereigenschaften das Unternehmen wirbt und was die Unternehmenskultur besonders macht? Hier werden im Besonderen die Mitarbeiter, aber auch die zuständigen Hiring Manger und New Hires befragt.

Akzeptanzgrad

Der Akzeptanzgrad zeigt, ob die Botschaft des Arbeitgebers nicht nur bekannt und verstanden, sondern auch angenommen und akzeptiert wurde. Sie ist dann gegeben, wenn sich die Mitarbeiter entsprechend der Grundwerte und Richtlinien der Arbeitgebermarke verhalten. Wichtige Befragungsgruppen sind dabei die Mitarbeiter und Hiring Manager.

Identifikationsgrad

Den wichtigsten Erfolgsfaktor der internen strategischen Qualität der Arbeitgebermarke stellt der Identifikationsgrad dar. Denn erst, wenn die Mitarbeiter die Botschaften und Werte und damit auch die zukünftige Ausrichtung des Unternehmens, nicht nur akzeptieren, sondern auch dahinter stehen und bereit sind, diesen Weg mitzugehen und sich dementsprechend mit dem Unternehmen identifizieren, werden sie zu Fürsprechern des Arbeitgebers. Dies zeigt sich auch darin, wie stolz die Mitarbeiter sind, im Unternehmen zu arbeiten, ganz unabhängig von dem Unternehmensimage oder den Produkten. Dementsprechend liegt auch hier der Fokus der Befragung bei der Gruppe der Mitarbeiter.

Intensität des Erlebens

Der Faktor Intensität des Erlebens misst, ob die Arbeitgeberpositionierung im Unternehmen erlebt wird und wie stark diese Erlebnisse gegebenenfalls ausgeprägt sind. Das interne Erleben der Arbeitgebermarke wird also danach gemessen, wie stark alle Bereiche entsprechend des Markenversprechens agieren. Dies betrifft die Führung, die interne Kommunikation sowie die Gestaltung der Arbeitswelt genauso wie die Prozesse und Strukturen des Personalmanagements. Dieser Erfolgsfaktor wird daher von den Mitarbeitern wie auch den New Hires bewertet.

Mitarbeiteraktivierung

Die Mitarbeiteraktivierung misst, inwiefern die Mitarbeiter bereit sind, für ihren Arbeitgeber einzustehen und diesen gegebenenfalls auch bei unberechtigter Kritik zu verteidigen. Sie treten also in eine aktive Rolle bei der Kommunikation über ihren Arbeitgeber. Daher reden sie beispielsweise auch gerne über ihren Arbeitgeber und würden diesen dabei auch weiterempfehlen. Auch hier sind es die Mitarbeiter, die befragt werden.

Konsistenz der Botschaft

Bei dem Faktor Konsistenz der Botschaft wird ermittelt, inwiefern der Außenauftritt als konsistent und damit widerspruchsfrei erlebt wird. Im Gegensatz zu der Glaubwürdigkeit steht hier weniger die Frage im Mittelpunkt, ob die Kommunikation der Botschaft als glaubwürdig und vertrauenswürdig empfunden wird, sondern ob der Inhalt über die einzelnen Kommunikationskanäle des Arbeitsmarkts hinweg als einheitlich wahrgenommen wird. Befragte Zielgruppen sind die New Hires, Hiring Managers und die Zielgruppen der Arbeitsmärkte.

Wahrnehmungsintensität

Bei der Wahrnehmungsintensität wird hinterfragt, ob die an die externen zielgruppengerichtete Positionierung der Arbeitgebermarke deutlich wird. Im Gegensatz zu dem Faktor Profil- und Differenzierungsgrad wird nicht nach dem allgemeinen Erkennen eines Profils und der Unterscheidung zu anderen Arbeitgebern gefragt, sondern wie stark dieses Profil durch die Botschaft herausgestellt wird.

Anwendung der Erfolgsfaktoren in der Praxis

Versuchen Sie am besten gar nicht erst, die Messung all dieser Faktoren in Eigenregie durchzuführen. Vielleicht ist das auch gar nicht nötig. Überlegen Sie, in welchen Bereichen Sie einen besonderen Verbesserungsbedarf spüren oder wo Sie ständig kritisches Feedback erhalten. Die Beschreibung der Erfolgsfaktoren ermöglicht Ihnen eine Selektion der für Ihr Employer Brand Controlling wichtigsten Aktionsfelder.

Es gibt Fälle, in denen das Unternehmen hoch identifizierte Mitarbeiter hat, und die diesen Effekt auch auf ihr Employer Branding zurückführen können, gleichzeitig aber kein konsistentes Bild in den Arbeitsmärkten abgeben oder ihre Arbeitgebermarkenbotschaft extern nur schlecht wahrnehmbar entfaltet haben. Diese Unternehmen sollten ihr Controlling auf den Bereich operativ-extern konzentrieren. Vielleicht ist es bei Ihnen genau andersherum: Ein toller Arbeitgeberauftritt, konsistent und konsequent in seinen Botschaften – die aber intern nicht identifikationsstiftend sind oder nur bedingt akzeptiert werden. Dann fokussieren Sie sich auf den Bereich strategisch-intern.

BEISPIEL

Controlling mit den neun Erfolgsfaktoren

Situation

Ein kommunales Infrastrukturunternehmen mit etwa 4.000 Mitarbeitern ließ die Qualität seines Employer Brandings anhand der vorgenannten neun Erfolgsfaktoren überprüfen. Es erhielt eine leicht unterdurchschnittliche Bewertung, wie in der untenstehenden Abbildung erkennbar ist. Während sein Arbeitgeberauftritt als sehr glaubwürdig wahrgenommen wurde und die Arbeitgeberbotschaften auch auf Akzeptanz in der Belegschaft stießen, wurde die zugrunde liegende Arbeitgeberpositionierung als wenig profilstark und differenzierend bewertet. Das Sorgenkind war der Erfolgsfaktor „Intensität des Erlebens" — mit 30 Prozent ein sehr niedriger Wert.

Bewertung

Das Unternehmen hat eine nur in Ansätzen markante und hauptsächlich generische Arbeitgeberpositionierung entwickelt. Das schlägt sich in den Bewertungen übergreifend nieder — und führt dazu, dass die Inhalte der Arbeitgebermarke zwar akzeptiert werden (generell gilt: je austauschbarer, desto weniger Akzeptanzprobleme), aber nicht intensiv erlebt werden.

Mögliche Lösung

Das Unternehmen hat zwei Möglichkeiten: Es kann innehalten und seine Arbeitgeberpositionierung nachschärfen, um den Arbeitgebermarkenerfolg grundsätzlich zu verbessern, oder die eher profilierenden Aspekte seiner Positionierung gezielt mit Maßnahmen des internen Employer Branding in der Organisation intensiver erlebbar machen, zum Beispiel im Verhalten der Führungskräfte, im Personalmanagement oder durch Fokussierung der Profilthemen in der internen Kommunikation.

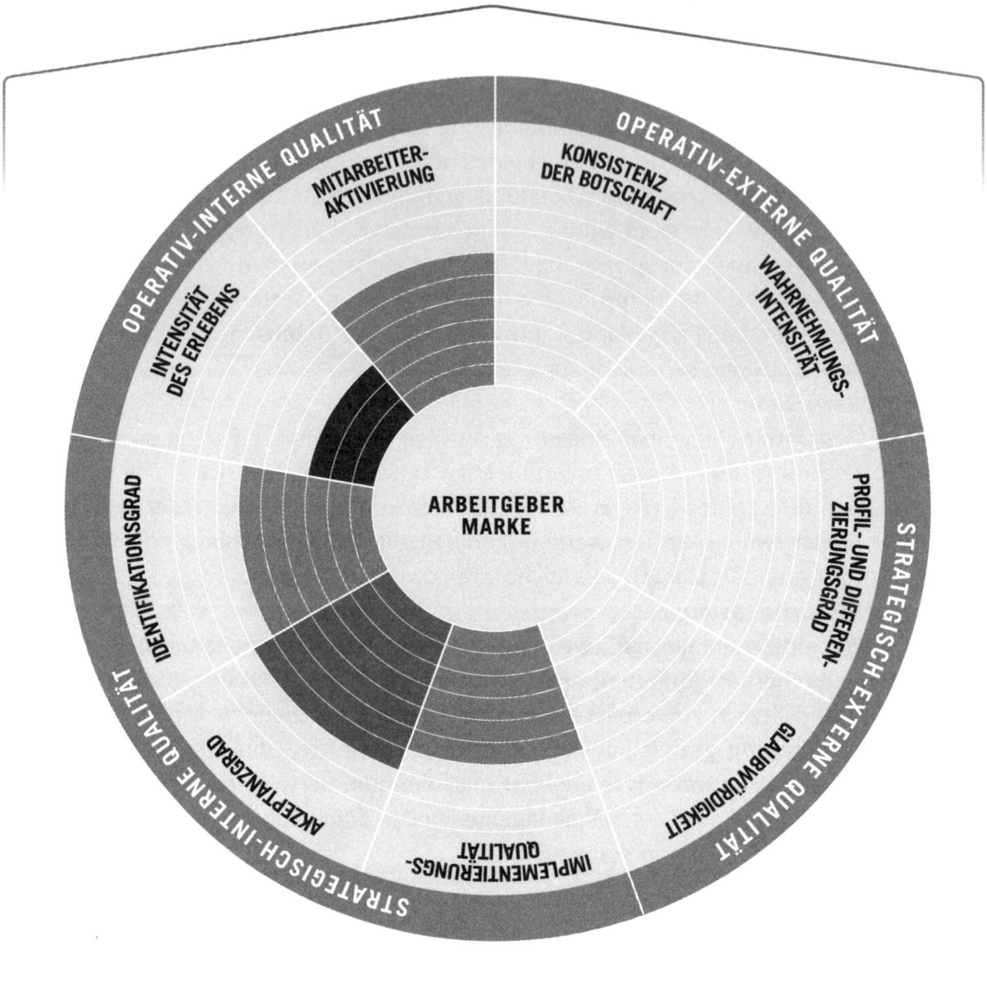

Abb. 7.5: Bewertung der Arbeitgebermarkenqualität eines kommunalen Infrastrukturunternehmens (siehe Beispiel)

7.2.2 Beitrag der Arbeitgebermarke zur Balanced Scorecard

Seit Jahren fragen sich die Unternehmen, ob es eine zentrale, übergreifende Kennzahl gibt, die — analog zu einem übergreifenden strategischen Ziel — zur Messung des Arbeitgebermarkenerfolgs herangezogen werden kann.

Eine schwierige Frage, auf die noch niemand eine Antwort gefunden hat, die Wesen und Wirkungsweisen der Arbeitgebermarke vollständig, also in ihren internen wie auch externen Effekten, gerecht werden konnte.

Viele Unternehmen, gerade die großen Firmen und Konzerne, greifen zu einem Notbehelf, indem sie ihre Platzierung in den einschlägigen Rankings als Key Performance Indicator (KPI) heranziehen. Egal auf welches Ranking Sie sich berufen würden, es greift zu kurz:

Die Arbeitgeberimagerankings wie Great Place to Work oder Top Job messen nicht den Erfolg von Arbeitgebermarkenbildung, sondern die generelle Qualität der Strukturen, Prozesse und Angebote eines Arbeitgebers sowie seiner Kultur. Sie können ein exzellenter Arbeitgeber sein und bei Great Place to Work unter den ersten Zehn landen — und trotzdem eine schlechte Arbeitgebermarke haben. Umgekehrt können Sie eine sehr gute Arbeitgebermarke werden und alle Ihre Ziele hinsichtlich Gewinnung, Bindung, Identifikation und Leistungsbereitschaft von Mitarbeitern realisieren und trotzdem bei Great Place to Work nicht in den Top 100 landen.

Wie Sie Ihre Ziele erreichen, ohne einer der „beliebtesten“ oder „besten“ Arbeitgeber zu sein

Die Erklärung dafür ist einfach: Unternehmen, die in ihre rationale Qualität als Arbeitgeber investieren, müssen das nach Prinzip Gießkanne tun, um auf die vorderen Ränge bei den Rankings zu gelangen und das Gütesiegel zu erhalten. Die Teilnahme an einem Arbeitgeberwettbewerb ist günstig zu haben — der Weg, das Gütesiegel zu verdienen, jedoch eine teure Angelegenheit. Wie in diesem Handbuch mehrfach begründet wurde, werden Sie Arbeitgebermarke nur über emotionale Benefits, also Identifikationsfaktoren und Differentiatoren. Schon eine leicht überdurchschnittliche Arbeitgeberqualität gibt Ihnen eine ausreichend fruchtbare Grundlage, um Ihre Arbeitgebermarke gedeihen zu lassen. So erreichen Sie alle Ihre Attraktivitätsziele als Arbeitgeber, werden aber sicher nicht mehr auf den vorderen Rängen der einschlägigen Rankings auftauchen.

Die Teilnahme an solchen Rankings ist grundsätzlich sinnvoll — aber nicht aus Sicht der Arbeitgebermarkenbildung. Sie sind also gut beraten, Ihre Geschäftsführung davon zu überzeugen, dass Sie den Erfolg Ihres Employer Branding nicht an Ranking-Platzierungen messen können.

Warum die Platzierung in Arbeitgeberimage-Rankings noch weniger rückführbar ist auf die Arbeitgebermarkenbildung, sondern im überwältigenden Ausmaß lediglich das Unternehmens- und Produktimage widerspiegelt, haben Sie bereits in Schritt 5 erfahren. Auch hier gilt: Ein beliebter Arbeitgeber ist nicht automatisch eine gute Arbeitgebermarke — meistens hat er es aufgrund seiner Beliebtheitswerte sogar bewusst unterlassen, eine solche aufzubauen.

Der Employer-Branding-Beitrag zu Ihrer Balanced Scorecard

In vielen Diskussionen mit mittelständischen Unternehmen und einem DAX-Konzern hat sich eine pragmatische Sichtweise ergeben: Wenn Sie übergreifende, zentrale Kennzahlen für den Arbeitgebermarkenerfolg suchen, dann nehmen Sie eine interne und eine externe Erfolgskennzahl:

- Intern: Identifikationsgrad der Mitarbeiter
- Extern: Passungsgrad der Bewerber

Anhand dieser beiden KPI können Sie die Wirkung Ihres Employer Branding immer gut erkennen — vorausgesetzt, Sie filtern Interferenzen heraus und können mit hoher Wahrscheinlichkeit bestimmen, welchen Anteil die Arbeitgebermarke an einer Veränderung in diesen beiden Werten hat, also die Korrelationen feststellen. Das ist beim Passungsgrad der Bewerber einfacher als beim Identifikationsgrad der Mitarbeiter — denn dieser kann auch durch Haltung und Verhalten des Gründers, Inhabers oder Vorstands oder durch andere Einflussgrößen in dem Unternehmen verändert werden. Zum Erkennen von Korrelationen mehr im nächsten Teilkapitel.

Beide KPI haben sich als sinnvolle Beiträge des Employer Branding für die übergreifenden Balanced Scorecards der Unternehmen erwiesen — bei großen Organisationen für die Balanced Scorecards im Bereich Human Resources. Sprechen Sie die Verantwortlichen darauf an und arbeiten Sie gemeinsam an einer Integration der zentralen Ursache-Wirkungs-Prinzipien der Arbeitgebermarkenbildung.

7.2.3 Entwicklung eines individuellen Kennzahlensystems

Mit dem Faktorenkreis des Arbeitgebermarkenerfolgs haben Sie im Kapitel zuvor ein standardisiertes Set an Kennzahlen kennengelernt, mit dem Sie die Qualität Ihrer Arbeitgebermarke gut bestimmen können. Etliche Unternehmen arbeiten daran, ein ganz individuelles Set an Kennzahlen zu entwickeln, um den Erfolg ihrer Employer-Branding-Arbeit zu messen.

Weitere operative Kennzahlen lassen sich finden, indem Sie die neun Erfolgsfaktoren auf der operativen Ebene weiter auffächern. Beispiele für Kennzahlen finden Sie hier (sortiert nach den fünf Wirkungsdimensionen des Employer Branding, siehe Abbildung 10):

Mögliche Kennzahlen im Bereich Mitarbeitergewinnung

- Kosten pro Einstellung (Cost-per-Hire)
- Dauer der Stellenbesetzung (Time-to-Fill)
- Fehlbesetzungsquote
- Bewerberpassung
- Anzahl irrelevante Bewerbungen
- Erfolgsquote von Mitarbeiterempfehlungen
- Kündigungen in der Probezeit
- Wiedereinstellungsquote
- Quote der Ablehnungen des Arbeitsvertrags
- Zufriedenheit der Hiring Manager der Fachbereiche

Mögliche Kennzahlen im Bereich Mitarbeiterbindung

- Höhe der Personalentwicklungskosten
- Erwünschte Fluktuation
- Unerwünschte Fluktuation
- Verweildauer von Leistungsträgern
- Mitarbeiterzufriedenheit

Mögliche Kennzahlen im Bereich Unternehmenskultur

- Effektivität der Kommunikation zwischen Abteilung und Bereichen (crossfunctional)
- Bewertung des Arbeitsklimas
- Vertrauen in die Unternehmensführung
- Integrationsbereitschaft gegenüber neuen Kollegen

- Identifikation mit Zielen und Werten des Unternehmens
- Annahmequote von Übernahmeverträgen nach Trainee- und Azubiprogrammen sowie Praktika
- Krankenstand
- Diebstahlquote
- Umgang mit Waren und Büromaterial

Mögliche Kennzahlen im Bereich Leistung und Ergebnis

- Leistungsmotivation
- Grad der Eigenverantwortung (Organizational Citizenship)
- Qualität der Arbeitsergebnisse
- Produktivität der Teamzusammenarbeit
- Mitarbeiterloyalität
- Return-on-Development (Amortisation der Talentförderung)
- Dauer der Einarbeitung

Mögliche Kennzahlen im Bereich Unternehmensmarke

- Presseberichte über den Arbeitgeber
- Grad der Kundenzufriedenheit
- Social-Web-Reputation des Arbeitgebers

Diese Aufstellung möglicher Kennzahlen ist bereits sehr umfassend, erhebt aber keinen Anspruch auf Vollständigkeit. Viele dieser KPI wurden bereits von Unternehmen in der Praxis angewendet.

Stellen Sie aus dieser Übersicht ein Set der für Sie wichtigsten und am einfachsten zu erhebenden KPI zusammen und ergänzen Sie eventuell um individuelle Bedarfe. Es gibt zwei Schlüssel zum Erfolg Ihres Employer Brand Controllings:

- Reduzieren Sie die Komplexität: Wählen Sie für den Beginn nicht mehr als drei bis fünf Kennzahlen aus.
- Seien Sie pragmatisch: Einigen Sie sich nur auf Kennzahlen, deren Messung Ihnen leicht möglich ist und in denen Sie eine Korrelation zu Ihren Employer-Branding-Maßnahmen herstellen können.

Die Krux mit den Korrelationen: Beobachtung schlägt Statistik

Employer Branding ist ein weiches Thema, es geht um innere Einstellungen und die Passung von Kultur und Werten zwischen Organisationen und Menschen. Vergessen Sie daher den Anspruch, dass Sie alle Kennzahlen und insbesondere deren Korrelationen mit Ihrer Arbeitgebermarkenbildung mit rein quantitativen, statistisch exakt belastbaren Messungen erheben und belegen können. Das mag in eher rational geprägten, stark zahlen- und statistikorientierten Unternehmen ein Problem sein — es wäre aber unrealistisch anzunehmen, dass Sie alle Effekte quantitativ messen und auf die Arbeitgebermarke rückführen können.

Vielfach benötigen Sie qualitative Einschätzungen Ihrer Mitarbeiter und Führungskräfte, um feststellen zu können, in welchem Ausmaß die Veränderungen in einzelnen KPI von Employer Branding ausgelöst wurden. Wenn Sie beispielsweise den Einfluss der Arbeitgebermarke auf das bessere Arbeitsklima in Teams oder den Rückgang der Krankmeldungen messen wollen, dann befragen Sie die Teamleiter nach ihrem Gefühl, inwieweit diese Veränderungen beispielsweise durch die höhere Identifikation mit den Zielen und Werten der Arbeitgebermarke oder dadurch ausgelöst wurden, dass in der letzten Zeit überdurchschnittlich viele Leute eingestellt wurden, die zu der Kultur des Unternehmens und damit zu den Kollegen besser passen — oder gar dadurch, dass einzelne Kollegen, die nie gepasst haben und mit ihrer Stimmungslage das gesamte Team belastet haben, gegangen sind, nachdem sie wussten, in welche Richtung sich der Arbeitgeber weiter entwickeln will.

Teamleiter haben ein gutes Gespür für Zusammenhänge, nutzen Sie das. Auch stichprobenartige Kontrollbefragungen in den Teams können weiterhelfen, etwa um festzustellen, ob die gestiegene Zufriedenheit mit dem direkten Vorgesetzten auf Ihre Anstrengungen im internen Employer Branding hinsichtlich des mehr markengerechten Verhaltens der Führungskräfte zurückzuführen ist.

8 Fallstudien Employer Branding

8.1 Fallstudie sd&m AG

sd&m

A Company of Capgemini

8.1.1 Portrait sd&m AG, München/Deutschland

Das Leitbild von sd&m ist der nachhaltige Kundenerfolg. Mit rund 1.500 Mitarbeitern entwickelt und integriert sd&m maßgeschneiderte IT-Lösungen für unternehmenskritische Prozesse. Neben einer fundierten Entwicklungs-, Architektur- und Beratungskompetenz bietet sd&m all das, was für die Konzeption, Modellierung und Umsetzung integrierter und prozessdurchgängiger Anwendungslandschaften benötigt wird. Langjährige Partnerschaften verbinden sd&m mit seinen Kunden, renommierten Unternehmen aus einem breiten Branchenspektrum. Das Qualifikationsniveau bei sd&m ist hoch. Fast alle Mitarbeiter (97 Prozent) haben einen Hochschulabschluss, rund ein Fünftel ist promoviert. In die Weiterbildung fließen rund fünf Prozent des Umsatzes. Um seinen Mitarbeitern Höchstleistungen zu ermöglichen, schafft sd&m flexible Rahmenbedingungen. Man legt Wert auf einen ebenso offenen wie respektvollen kollegialen Austausch, in dem nicht Status zählt, sondern Substanz.

Anm. d. Autors: Die Marke sd&m wurde Ende 2008 vom Markt genommen und in die Muttergesellschaft Capgemini integriert. Trotzdem gilt sd&m bis heute im deutschsprachigen Raum als Benchmark für eine erfolgreiche Arbeitgebermarkenbildung.

8.1.2 Projekthintergrund: Mehr Einstellungen bei weniger Bewerbungen

Bewerberpassung verbessert, Unternehmenskultur gestärkt, Identifikation gesteigert. sd&m zeigt eindrucksvoll, wie ein profilierter „Cultural Fit" einen Arbeitgeber noch erfolgreicher macht. Das 1.500 Mitarbeiter starke IT-Unternehmen entwickelt Softwarelösungen für teils hochkomplexe Geschäftsprozesse und gilt bei der Anwendung des „Cultural-Fit-Konzepts" als Pionier.

Neben Hochschulabsolventen mit IT-Hintergrund, hervorragenden Fachkenntnissen im Softwareengineering und der Fähigkeit, die Geschäftsprozesse der sd&m-Kunden zu verstehen, sucht sd&m auch berufserfahrene IT-Experten. Doch entsprechend qualifiziertes Personal ist knapp. Dennoch geht sd&m von seinem Anspruchsniveau nicht ab. Denn: Kluge Köpfe sind nicht nur das wichtigste Kapital des Unternehmens, sondern praktisch sein einziges. Den Zufluss von Talent und Know-how zu sichern, ist damit eine Aufgabe von strategischer Tragweite.

Deshalb initiierte sd&m ein umfassendes Employer-Branding-Projekt. Ursprünglich ging es vorrangig darum, das Unternehmenswachstum durch Recruitingerfolge abzusichern. Von Anfang an war klar, dass nur eine authentische Personalwerbung, die dem Wesen des Unternehmens entspricht, die gewünschte nachhaltige Wirkung entfalten kann. Die Neuzugänge sollen sich gut bei sd&m einfügen, sich dort entfalten und sich auf Dauer dem Unternehmen verbunden fühlen.

Im gesamten Prozess bis in die Implementierung und Umsetzung hinein ließ sich sd&m von einem externen Partner begleiten. Zentrales Ergebnis ist eine Arbeitgeberpositionierung, die aus der besonderen, wertegeleiteten Unternehmenskultur erwächst und gleichzeitig die unternehmensstrategischen Ziele flankiert.

Besonderen Wert legte sd&m auf die Definition eines sd&m-spezifischen Cultural Fit, der die Arbeitgeberpositionierung zum kulturellen Filter der Bewerberpassung macht. Erste Erfahrungen zeigen, dass es tatsächlich gelingt, gezielt die persönlich am besten passenden Kandidaten anzuziehen und die ungeeigneten von einer Bewerbung abzuhalten.

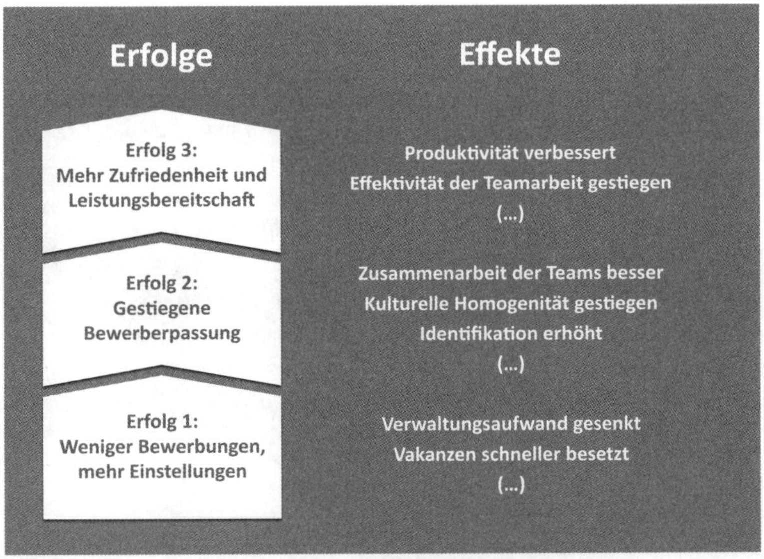

Abb. 8.1: Von Erfolg zu Erfolg. Den Impuls setzte die identitätsbasierte Arbeitgeberpositionierung mit dem Cultural Fit.

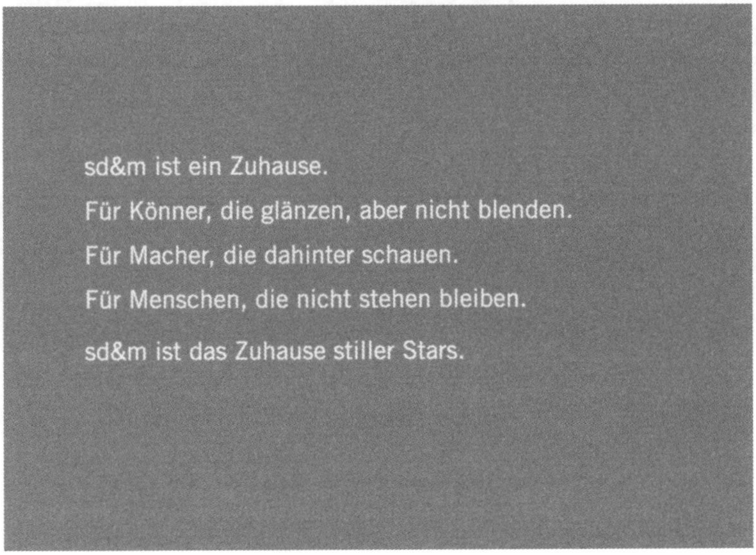

Abb. 8.2: Die Arbeitgeberpositionierung der sd&m AG

Abb. 8.3: Eine Positionierung muss am besten tagtäglich erlebbar sein: „Genius walks silently" – Intelligente Ambientmedien wie dieser Geräuschschluckteppich zahlen auf die Arbeitgebermarke ein.

Was macht man, wenn man eine große Auswahl hat, aber auch eine konkrete Vorstellung, was man will? Richtig: **Suchen**. Und das tun wir heute. Ach, Sie auch? Was für ein Zufall! Beginnen wir doch einfach damit, was – oder besser wen – wir suchen: Es sollte eine Absolventin sein, so viel steht fest. Oder ein Absolvent. Oder jemand mit zwei bis drei Jahren Berufserfahrung. Auf jeden Fall mit einem sehenswerten Abschluss in Informatik. Aber Mathematik, Physik oder Elektrotechnik wäre auch fein. Denken **Sie** jetzt bitte nicht, wir seien unentschlossen. Denn wichtiger als Studienfach und Werdegang sind uns Menschen mit Substanz und Herz. Persönlichkeiten, die im Team mit echten **Kollegen** die IT-Branche rocken wollen. Profis, die ihr Können unter Beweis stellen und doch stets dazulernen wollen – ohne kleinkarierten Dresscode **oder** noch kleinkarierteres Hierarchiedenken. Immer wenn wir solche Persönlichkeiten finden, erzählen wir ihnen, was sie bei sd&m erwartet: Maßstäbe, die sind wie sie – alles andere als gewöhnlich. Zum Beispiel beim „Was" – den Ergebnissen – und auch beim „Wie", also der Art der Zusammenarbeit innerhalb des Teams und mit unseren Kunden. Und wir würden erzählen, dass wir weder Beifall brauchen noch einen roten Teppich haben. Und **Fans?** Na ja – wir nennen sie Kunden. Aber jetzt sagen Sie doch mal: Wen oder was suchen Sie eigentlich?

Interessiert Sie eine Karriere bei sd&m? Unter www.sdm.de/karriere finden Sie alle Informationen für Persönlichkeiten aus den Fachrichtungen

(Wirtschafts-)Informatik

Mathematik

Physik

Elektrotechnik

Substanz? Herzlich? Willkommen!

sd&m
A Company of Capgemini

Abb. 8.4: Das Kreativkonzept, am Beispiel einer Stellenanzeige, setzt bewusst nicht auf People-Fotografie, sondern auf zielgruppengerechtes Storytelling (hier für IT-Professionals).

8.1.3 „Anziehend passgenau“ – Interview mit Julia Andersch, Leiterin Recruiting und Personalmarketing, sd&m

„Klarheit braucht Mut. Den Mut, nicht möglichst viele, sondern nur die Richtigen anzusprechen.“ Julia Andersch

Julia Andersch

Sind Sie risikofreudig, Frau Andersch?

Wie jeder andere lebe ich mit einem gewissen Risiko. Man geht ja immer Risiken ein, wenn man etwas verändert. Und oft noch größere, wenn man es nicht tut. Aber ich habe kein Vergnügen daran, unnötig etwas aufs Spiel zu setzen.

Manche sagen ja, die Zuspitzung in Ihrer Arbeitgeberpositionierung sei riskant.

Vielleicht scheint es so auf den ersten Blick. Bei näherem Hinsehen wird aber klar, dass es auf die Dauer viel riskanter ist, sich diffus zu präsentieren. In der Hoffnung, alle anzusprechen, wird man beliebig, geht in der Masse unter und erreicht am Ende niemanden mehr. Oder schlimmer noch: die Falschen.

Ein Kernelement Ihrer Positionierung ist der Cultural Fit. Sie adressieren sehr klar nur diejenigen, die sich in die sd&m-Kultur einfügen und sie bereichern wollen. Gleichzeitig ist Ihr Einstellungsbedarf sehr hoch. Haben Sie nicht Angst, dass Ihnen die Kandidaten ausgehen?

Nein, die habe ich nicht. Etwaige Zweifel im Unternehmen haben sich auch rasch als unbegründet erwiesen. Aber es stimmt, aufgrund unseres dynamischen Wachstums spielt die Mitabeitergewinnung eine große Rolle. Der IT-Arbeitsmarkt ist in bestimmten Bereichen wie leergefegt. Da sd&m einen sehr guten Ruf hat, erreichen uns jedoch immer noch etwa 12.000 Bewerbungen jährlich — allerdings hat bisher ein hoher Anteil davon unseren Anforderungen nicht entsprochen. Uns geht es darum, die Zahl der nicht passenden Bewerbungen zu reduzieren und stattdessen eine Auswahl passender Kandidaten zu haben, mit der wir alle Vakanzen zügig besetzen können.

Dabei legen wir die Messlatte hoch. Aussichtsreiche Bewerber müssen Top-Informatiker und gute Kommunikatoren sein. Sie müssen in der Lage sein, sich zügig in die betrieblichen Abläufe und das Business der Kunden einzuarbeiten. Außerdem kann sich nicht jeder in ein Team von Hochkarätern einfügen. Uns ist bewusst, dass nicht viele diese Ansprüche erfüllen.

Dennoch ist es uns gelungen, unseren hohen Personalbedarf zu decken und den Anteil der passgenauen Bewerbungen signifikant zu erhöhen. Bei insgesamt sinkendem Bewerbungsaufkommen haben wir mehr effektive Einstellungen. Mit anderen Worten: Unser Recruiting ist effizienter geworden. Den entsprechenden Key Performance Indicator konnten wir um 23 Prozent nach oben treiben — und gleichzeitig unser Wachstum kulturell managen.

Employer Branding als Kulturmanagement?

Wir behalten immer die internen Auswirkungen im Blick und achten darauf, unsere kulturelle Kontinuität zu bewahren. Immerhin haben wir im Jahr 300 bis 400 Einstellungen zu tätigen. Bei 1.500 Mitarbeitern machen die Neuzugänge also rund 20 Prozent der Belegschaft aus.

Die konnten wir sehr gut integrieren. Und intern ist eine ganz neue Dynamik entstanden. Bereits die Strategieentwicklung, in die auch Mitarbeiter und Führungskräfte involviert waren, hat das gemeinsame Selbstverständnis bei sd&m vorangebracht. Das ist auch jetzt spürbar, da die kreative Umsetzung unseres neuen Arbeitgeberauftritts fertig ist. Die taucht an ganz unvermuteten Stellen auf, etwa in privaten, von Mitarbeitern selbst gestalteten Geburtstagseinladungen. Unsere Positionierung wird offenkundig gut angenommen.

Worauf kommt es an, wenn man mit dem Cultural Fit erfolgreich sein will?

Es braucht Klarheit und die braucht manchmal Mut. Den Mut, seine Aussagen zuzuspitzen. Den Mut, nicht möglichst viele, sondern nur die Richtigen anzusprechen. Schon aus diesem Grund wollten wir uns als Arbeitgeber so authentisch wie möglich auf dem Markt positionieren. Deshalb haben wir zuerst unsere Werte und unser Selbstverständnis als Arbeitgeber herausgearbeitet.

Uns geht es nicht einfach nur darum, das „Produkt Arbeitsplatz“ zu verkaufen. Wir lassen uns nicht verlocken von werblichem Überschwang, wecken keine überzogenen Erwartungen. Stattdessen versuchen wir, einen substanziellen Einblick zu geben. Damit erzielen wir gute Resonanzen im IT-Arbeitsmarkt, sehr gute sogar. Den Bewerbern zufolge vermitteln wir ein noch klareres, attraktiveres und glaubwürdigeres Bild von uns als Arbeitgeber. Viele senden uns jetzt zum Beispiel Unterlagen, die sie im Stil unseres neuen Arbeitgeberauftritts gestaltet haben. Viele gehen auf unseren Arbeitgeberclaim ein und ziehen dann eine Verbindung zu sich selbst. Man kann mit Sicherheit sagen: Ohne das richtige Employer-Branding-Konzept — und besonders ohne Cultural Fit — hätten wir das alles nicht bewirkt.

8.1.4 Erfahrungen, Lerneffekte, Tipps

Die schönste Erfahrung im Employer-Branding-Prozess

„Nach dem internen Rollout schrieb uns ein langjähriger Mitarbeiter: ‚Ihr habt genau das in Worte gefasst, was ich hier immer gespürt habe, aber noch nie so ausdrücken konnte.’ Wenn ein so erfahrener Kollege die Glaubwürdigkeit unserer Arbeitgeberpositionierung bestätigt, sind wir stolz, dass wir mit unserem Schritt zum authentischen Arbeitgeber auf dem richtigen Kurs sind.“ Julia Andersch

Die wertvollsten Lerneffekte

Das größte Positionierungskapital liegt oft nicht nur in dem, was der Arbeitgeber bietet, sondern in dem, was er fordert. Im Cultural Fit sind diese Anforderungen offen und ehrlich definiert. Bei sd&m zum Beispiel braucht es wahre Substanz, um mithalten zu können. Der Cultural Fit muss nicht allen und jedem gefallen. Er sollte vielmehr polarisieren, wo immer das sinnvoll ist. Deshalb bietet er Arbeitgebern hervorragende Möglichkeiten, sich im Wettbewerb zu differenzieren und — fast schon nebenbei — die Bewerberpassung zu verbessern.

Die Top-Drei-Tipps aus dem Employer-Branding-Projekt

- Den „kulturellen Filter“ im Recruiting aktivieren. Nur so können die Bewerber einschätzen, ob sie zu einem Arbeitgeber passen oder nicht. Der Erfolg: Mehr Effizienz und Nachhaltigkeit im Recruiting mit allen positiven Auswirkungen auf Performance und Kultur.

- Die Arbeitgebermarke sauber implementieren und auf alle Ebenen herunterbrechen. Von der Implementierung hängt ab, wie sehr sich die Mitarbeiter die Positionierung aneignen und sie in ihrem Arbeitsleben umsetzen.
- Das Employer Branding nie isoliert betrachten, sondern den Wandel der unternehmerischen Rahmenbedingungen im Auge behalten. Nur so lässt sich frühzeitig abschätzen, ob und gegebenenfalls welche Anpassungen der Employer-Branding-Strategie erforderlich sind.

8.1.5 Projektbausteine und -verlauf

Projektzeitraum 2007

- Entwicklung einer Arbeitgeberpositionierung
- Kommunikationsstrategie: Zielgruppendifferenzierte Kernbotschaften
- Umsetzungsdramaturgie für das Employer Branding
- Agenturmanagement und Briefing der Kreativagentur
- Strategische Beratung zur Abstimmung von Corporate

Die Arbeitgeberpositionierung wurde in einem zweistufigen Verfahren entwickelt. In der ersten Stufe wurde auf Grundlage von Analyseergebnissen zunächst ein strategischer Ansatz erarbeitet, der die wesentlichen Inhalte einer strategisch tragfähigen Positionierung eingrenzte und eine stringente Mechanik für die Ableitung der spezifischen Positionierungsstrategie beschrieb. Im zweiten Schritt wurden die normativen Kernelemente der Arbeitgeberpositionierung definiert:

- Employer Brand Positioning Statement
- Unique Employment Proposition
- Cultural Fit
- Employer Brand Promise

Die strategische Positionierung wurde in ein Set zielgruppenspezifischer Botschaften übersetzt. Diese flossen in die gesamtdramaturgische Planung der internen und externen Umsetzungsmaßnahmen ein.

Abb. 8.5: Beispiel für eine Onlinestellenanzeige

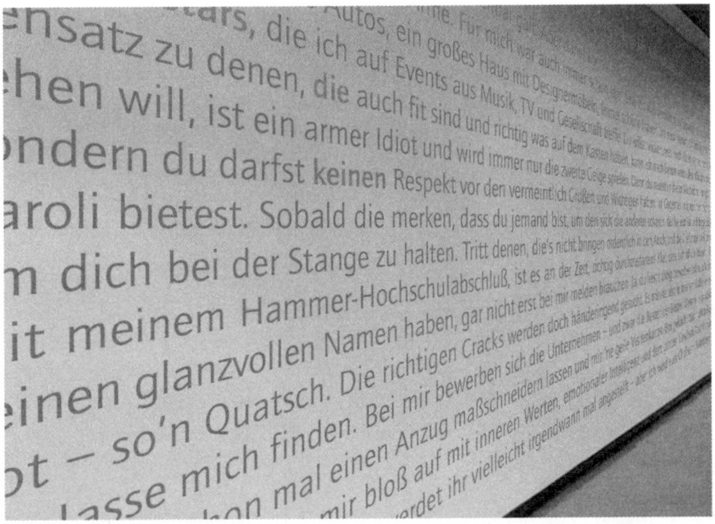

Abb. 8.6: Werbeträger gibt es überall: Indoor-Flächen transportieren die Arbeitgeberpositionierung direkt und originell.

Abb. 8.7: Wurde von den Mitarbeitern gerne getragen: Wenn das Medium zur Botschaft und diese zur Positionierung passt, dann passt einfach alles.

Abb. 8.8: Eine gutes Kreativkonzept kann die Arbeitgebermarke auch auf kleinsten Streuartikeln transportieren.

8.2 Fallstudie Orthomol pharmazeutische Vertriebs GmbH

8.2.1 Portrait Orthomol pharmazeutische Vertriebs GmbH, Langenfeld/Deutschland

Orthomol ist Wegbereiter der orthomolekularen Ernährungsmedizin in Deutschland. Seit über 20 Jahren entwickelt und vertreibt das Unternehmen aus Langenfeld ausgewogen dosierte und für verschiedene Anwendungsgebiete zusammengesetzte Mikronährstoffkombinationen. Diese bestehen u.a. aus Vitaminen, Mineralstoffen bzw. Spurenelementen und sekundären Pflanzenstoffen. Die Premiumprodukte sind für unterschiedliche Erkrankungen und Lebenssituationen vorgesehen und in Apotheken erhältlich. Ihre Entwicklung und Herstellung erfolgt nach dem internationalen Qualitätsstandard ISO 22.000. Innerhalb weniger Jahre wuchs Orthomol zum Marktführer im Bereich der orthomolekularen Ernährungsmedizin heran. Sein Wissensvorsprung hat den Branchenpionier inzwischen zu einem international erfolgreichen Unternehmen gemacht. Heute beschäftigt Orthomol aus Langenfeld bei Düsseldorf etwa 450 Mitarbeiter.

orthomol

Überzeugendes unternehmen

Abb. 8.9: Kein Tippfehler: „Überzeugendes unternehmen" – Der Arbeitgeberclaim von Orthomol

8.2.2 Projekthintergrund: Überzeugung, die ansteckt

Manche der beeindruckendsten Unternehmen sind aus einer visionären Idee entstanden. Orthomol ist ein solches Unternehmen. Bei ihm geht es um die Idee der orthomolekularen Ernährungsmedizin. Mit dem Wissen um deren Potenzial hat Dr. Kristian Glagau ein Unternehmen aufgebaut, das heute über 450 Menschen beschäftigt. Die Philosophie des Firmengründers prägt Orthomol — und seine Attraktivität für einen ganz bestimmten Typus Mensch.

Von einem Zwei-Mann-Unternehmen zum europäischen Vorreiter innerhalb weniger Jahre. Aus einem gesicherten Job ins Risiko einer Unternehmensgründung. Dazu gehört eine gute Portion Überzeugt-Sein und Überzeugungskraft. Bei Orthomol als Familienunternehmen „im Dienst der Gesundheit" kommt noch ein tief verwurzeltes Bewusstsein für soziale Verantwortung hinzu.

Die Mitarbeiter sind — wie die Verwender der Orthomol-Produkte — Überzeugungstäter und bilden eine wachsende Gemeinde von Fürsprechern. Doch wie überträgt man ihre positive Energie in die Recruitingmärkte? Wie verfestigt man sie im organisationalen Erleben? Und wie kann der Arbeitgeber die besonderen Stärken der gewachsenen Unternehmenskultur glaubwürdig in einem Umfeld vermitteln, in dem Begriffe wie Verantwortung und Nachhaltigkeit inflationär und oft gedankenlos verwendet werden?

Die strategische Positionierung von Orthomol als Arbeitgeber ist die Geschichte eines „Hidden Employer Champions“, der sein Klientel genau kennt und auf sich eingeschworen hat …

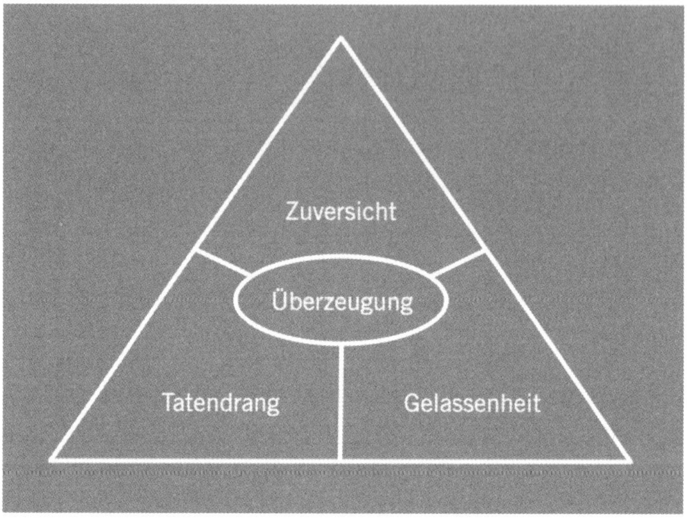

Abb. 8.10: Vier Werte bilden die normative Grundlage der Marke Orthomol. Sie prägen die beiden wichtigsten „Gesichter der Marke“ – Unternehmens- und Arbeitgebermarke.

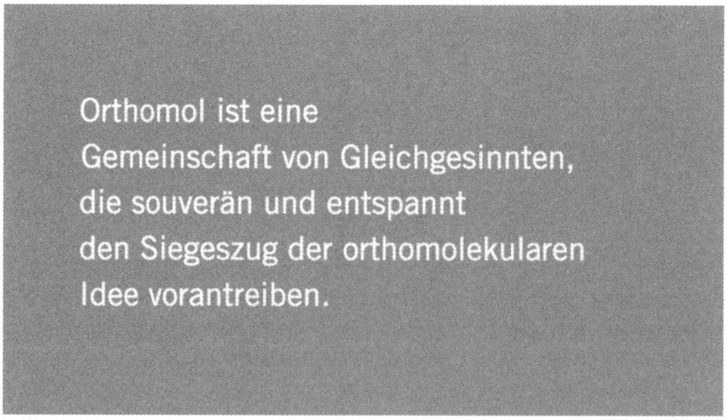

Abb. 8.11: Das Employer Brand Positioning Statement spiegelt wider, wofür der Arbeitgeber steht. Es geht um die integrierende und stilprägende Kraft der gemeinsamen Überzeugung.

Abb. 8.12: Die Umsetzung der Strategie in der Kreation: Ungewöhnliche, treffsichere Personalwerbung setzt immer eine klare, profilstarke Arbeitgeberpositionierung voraus.

8.2.3 „Orthomolist mit Leib und Seele" – Interview mit Gesche Hugger, Geschäftsführerin, Orthomol

Gesche Hugger

„Die Employer-Branding-Strategie war eine Initialzündung für eine Vielzahl konkreter Maßnahmen, die wir seitdem realisiert haben." Gesche Hugger

Sind Sie leicht zu überzeugen, Frau Hugger?

Das kommt darauf an, wovon und wie Sie mich überzeugen wollen. Aber wenn ich von etwas überzeugt bin, stehe ich auch dafür ein. Es wird Ihnen übrigens schwerfallen, bei Orthomol jemanden zu finden, der das nicht tut.

Tatkraft, Zuversicht, Gelassenheit und im Zentrum Überzeugung. Das sind die Pole und Positionierungsinhalte der Marke Orthomol (...) die sind ja auch tief in unserer Kultur verankert. Als wir uns Mitte 2006 erstmalig mit Employer Branding beschäftigten, kam das Thema in Deutschland gerade erst so richtig auf. Allerdings unter dem Vorzeichen reiner Imagekommunikation, was uns keinesfalls gereicht hätte.

Was hatten Sie denn damals vermisst?

Wir fanden schon länger, dass es speziell für ein mittelständisches Familienunternehmen wie Orthomol wichtig ist, als Arbeitgeber eine klare Position zu beziehen. Wichtig war uns allerdings, dass dabei Identität und Unternehmenskultur nicht zu kurz kommen. Deshalb tat es gut, einen Partner gefunden zu haben, der genauso tickt. Es gibt bei uns Gemeinsamkeiten, die das Arbeiten prägen. Dazu gehören die Werte und Überzeugungen, die unser Handeln auch in Zukunft maßgeblich prägen werden.

Bisher war das eine unausgesprochene Kultur. Wir haben sie nachvollziehbarer gemacht — vor allem für unsere neuen Mitarbeiter. Was in unseren Werten und Leitlinien steht, ist kongruent mit dem, was Mitarbeiter hier täglich erfahren.

Im Vorlauf zur Entwicklung der Arbeitgeberpositionierung haben Sie die markenstrategischen Grundlagen für die Unternehmenspositionierung geschaffen. Wie kam es dazu?

Dass Arbeitgeber- und Unternehmensmarke eng zusammengehören, war von Anfang an unstrittig. Ich zitiere da mal unseren Berater: Es gibt immer nur eine Marke im Unternehmen. Nur hatten wir uns bis 2007 stark auf den Produktbereich konzentriert. Vor dem Employer-Branding-Projekt hatten wir entschieden, den eingeführten Slogan „Die Idee für mehr Gesundheit" für das Produktmarketing beizubehalten und gleichzeitig unsere Unternehmenspositionierung zu stärken. Ausdruck dessen ist heute unter anderem der Corporate Claim „Überzeugendes unternehmen".

Es war ein Glücksfall, dass unser externer Partner genuine Markenkompetenz an Bord hatte. So konnten wir gemeinsam die markenstrategischen Grundlagen und die Positionierung unserer Unternehmensmarke ausarbeiten. Darauf baute dann die Entwicklung unserer Arbeitgeberpositionierung auf. Das Ergebnis ist eine konsequente Gesamtstrategie wie aus einem Guss.

Und wird die von Mitarbeitern und Arbeitsmarkt aufgenommen?

Es liegen zwar noch keine Zahlen vor, aber es gibt viele Indikatoren und emotionale Eindrücke, die nicht minder aussagekräftig sind. Einige Bewerber schicken Kinderfotos von sich und nehmen damit Bezug auf den Stil unseres Arbeitgeberauftritts. Sie legen ihre Überzeugungen dar und zeigen sich beeindruckt von der Idee hinter unserem Employer Branding. Sie bestätigen uns, dass sie uns im direkten Kontakt auch so erleben, wie wir uns darstellen. Das verstärkt natürlich die positiven Effekte der Arbeitgebermarke und trägt sie weiter, selbst wenn diese Kandidaten doch nicht eingestellt werden.

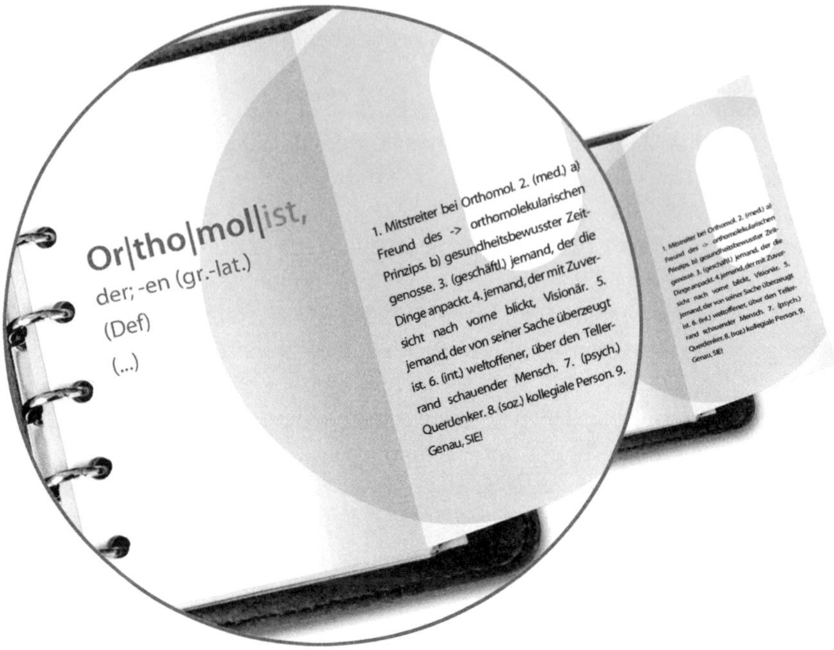

Abb. 8.13: Übersetzung der Arbeitgebermarke nach innen: Geburt der „Orthomolisten"

Bei unseren Mitarbeitern ist es ähnlich. Sie pflegen ihr Selbstverständnis als „Orthomolist", ganz im Sinn des internen Employer Branding. Ein äußeres Anzeichen dafür: Im Produktionsbereich werden die Orthomolisten-T-Shirts aus offenkundiger Freude an der Identifikation getragen.

Von unseren Führungskräften kamen gleichermaßen positive Feedbacks, etwa von den Mitgliedern unseres Strategieteams, das regelmäßig involviert war. Großen Zuspruch über alle Ebenen hinweg ernteten wir, als wir die Marken-/Arbeitgeberpositionierung erstmals intern veröffentlichten.

Abb. 8.14: Ein Klassiker unter den Werbegeschenken, der nur dann gerne getragen wird, wenn die Identifikation mit der Marke stimmt.

Was haben Sie als nächstes vor im Employer Branding?

Die Employer-Branding-Strategie war eine Initialzündung für eine Vielzahl konkreter Maßnahmen, die wir seitdem realisiert haben. Etwa einen neuen Internetauftritt oder einen Leitfaden für neue Mitarbeiter und Führungskräfte. Die Inhalte der Arbeitgeberpositionierung fließen in die Führungskräfteentwicklung mit ein. Jede neue Führungskraft bekommt sechs Monate lang einen Mentor, nicht zuletzt, um auch kulturell schneller bei uns Fuß zu fassen. Wir erzielen so ein hohes Maß an Orientierung und Identifikation. Und das, davon bin ich überzeugt, wird uns noch weit tragen.

8.2.4 Erfahrungen, Lerneffekte, Tipps

Die schönste Erfahrung im Employer-Branding-Prozess?

„Im Grunde war das Employer-Branding-Projekt für mich eine Kette vieler positiver Erfahrungen. Es ist schwierig, eine herauszuheben. Ich würde so gut wie alles wieder so machen." Gesche Hugger

Die wertvollsten Lerneffekte

Bei Leitlinien trennt sich die Spreu vom Weizen. Viele sind realitätsfern oder stereotyp verfasst – sie bleiben folgenlos. Leitlinien brauchen eine markenstrategische Grundlage, in der die gelebte Kultur und die strategischen Ziele eines Unternehmens in Übereinstimmung gebracht und ausgerichtet werden. Erst nachdem die Positionierung von Unternehmen und Arbeitgeber entwickelt worden ist, können positionierungswirksame Leitlinien formuliert werden. Erst dann sind sie gehaltvolle Instrumente der integrierten, strategischen Unternehmensführung.

Die Top-Drei-Tipps aus dem Employer-Branding-Projekt

- Ein fundiertes Employer Branding zielt auch auf organisationale und kulturelle Veränderung. Dieser Prozess erfordert Zeit und die Bereitschaft zu langfristiger Planung.
- Arbeitgeberpositionierung kann man nicht wegdelegieren. Und man sollte sie nicht im Alleingang versuchen. Der Blick von außen und die Insiderexpertise in eigener Sache – beides ist erforderlich.
- Nicht einfach Produktmarketing-Prinzipien auf das Employer Branding übertragen. Das „Hard-Selling" von Produktvorteilen verstellt den Blick auf Identität, Kultur und Ziele des Arbeitgebers – und behindert damit die nachhaltige Positionierung.

8.2.5 Projektbausteine und -verlauf

Projektzeitraum: 2007

- Analyse des Arbeitgeberauftritts von Orthomol und relevanten Wettbewerbern
- Analyse der Arbeitgeberqualität (Inventur-Workshop)
- Zielgruppensegmentierung
- Definition von Unternehmenszielen und -leitlinien
- Entwicklung der Unternehmenspositionierung (Corporate Brand)
- Ermittlung der positionierungsrelevanten Eigenschaften (qualitative Analyse, „Trüffeln")
- Entwicklung einer identitätsbasierten Arbeitgeberpositionierung
- Kommunikationsstrategie: zielgruppendifferenzierte Arbeitgeberbotschaften
- Handlungsempfehlungen zur Umsetzung der Arbeitgeberpositionierung
- Briefing der Kommunikationsagentur

Die Arbeitgeberpositionierung von Orthomol umfasst folgende Elemente:

- Employer Brand Positioning Statement
- Unique Employment Proposition
- Arbeitgeberversprechen (Employer Brand Promise)

Im Vorfeld wurden markenstrategische Grundlagen für die Arbeitgeberpositionierung entwickelt:

- Positionierung als Unternehmensmarke (Brand Positioning Statement und Unique Brand Proposition)
- Corporate Brand Story
- Unternehmensleitlinien

Abb. 8.15: Die interne Kommunikation unterstützt die Verankerung der Arbeitgebermarke in der Organisation auf sympathische Weise – hier in einem Konferenzraum.

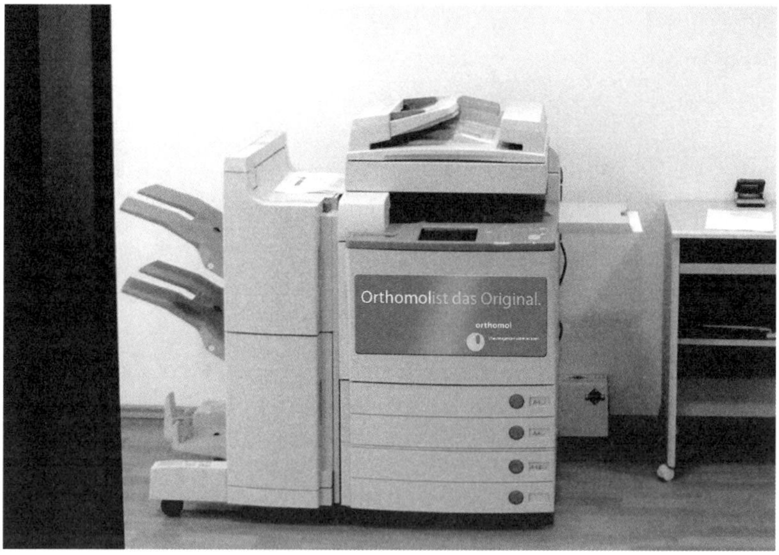

Abb. 8.16: Selbst ein Kopiergerät können Sie in den Dienst der internen Arbeitgebermarkenkommunikation stellen.

Abb. 8.17: Lagerhalle von Orthomol: Die Arbeitgebermarke als täglicher Begleiter am Arbeitsplatz – durch individuelle Maßnahmen wird sie für jede einzelne Mitarbeitergruppe erlebbar.

Abb. 8.18: Gewerblichen Mitarbeiter in Fertigung, Lager und Logistik tragen erheblich zur Produktivität eines Unternehmens bei. Bei Orthomol werden sie aktiv in das interne Employer Branding einbezogen, auch auf den Gabelstaplern.

Abb. 8.19: Dankeschön an die Region: Eine Arbeitgebermarke kommuniziert auch mit den Menschen in der örtlichen Umgebung – gerade wenn Sie regional viel rekrutieren.

8.3 Fallstudie Schweizerische Bundesbahnen

SBB CFF FFS

8.3.1 Portrait Schweizerische Bundesbahnen SBB, Bern/Schweiz

Knapp eine Million Menschen benutzen täglich die Züge der Schweizerischen Bundesbahnen (SBB/CFF/FFS). Das 1902 gegründete Unternehmen ist nicht nur das größte Reise- und Transportunternehmen, sondern auch einer der größten Arbeitgeber in der Schweiz. Für einen sicheren und pünktlichen Bahnbetrieb sorgen rund um die Uhr über 28.000 Mitarbeiterinnen und Mitarbeiter. Schweizweit, aber auch im Ausland, steht die SBB für Pünktlichkeit, Zuverlässigkeit und Komfort. Über 322 Millionen Fahrgäste und knapp 54 Millionen Nettotonnen Güter sind jedes Jahr mit der SBB im 3.011 Kilometer langen Streckennetz unterwegs. Der ehemalige Staatsbetrieb konnte die Fahrgastzahlen kontinuierlich steigern und arbeitet mit Gewinn.

8.3.2 Projekthintergrund: Zugluft – Frischer Wind für die Arbeitgebermarke SBB

Für viele Schweizerinnen und Schweizer sind die Schweizerischen Bundesbahnen (SBB) weit mehr als nur ein Schienenverkehrsbetrieb, nämlich ein täglich erlebbares Stück nationaler Identität. Dadurch ist das Unternehmensimage seit jeher stark geprägt. Doch die SBB ist heute weitaus mehr als nur sicher, sauber und pünktlich. Gerade in den Arbeitsmärkten gilt es, fest gefügte Vorstellungen zu korrigieren und zu vermitteln, dass die Arbeit bei der SBB vielfältigen Fahrplänen und spannenden Zielen folgt. Kaum ein Klischee ist so zählebig wie die Eisenbahnromantik. Nicht dass Zugfahren heute keine romantischen Seiten mehr hätte, aber die Dampflokomotiven der SBB sind ins Museum gerollt. Die Schweizer Institution hat sich längst zu einem hochmodernen und wertvollen Reise- und Transportunternehmen entwickelt. Entsprechend gewandelt haben sich auch Berufsbilder und Arbeitsumfeld bei der SBB.

Gefordert ist heute ein hohes Maß an unternehmerischem Denken, an Eigenverantwortung und Selbststeuerung, gerade bei organisatorisch-strukturellen Veränderungen. Dem steht eine im Kern konstante Unternehmenskultur gegenüber. Die SBB ist von einem weiterhin starken Gemeinschaftsgedanken getragen. Bei aller Professionalität bleibt die persönliche Ebene wichtig. So ist die im Unternehmen praktizierte „Du-Kultur" nicht verordnet.

Und noch etwas eint die Menschen bei der SBB: Gemäß dem Markenversprechen „SBB — Wir bewegen die Schweiz, gut aufgehoben, gut angekommen", bewältigen sie täglich eine hochkomplexe Aufgabe. Nirgendwo ist der Anteil der Menschen, die mit der Bahn fahren, so hoch wie in der Schweiz. Viele empfinden den Wert, den ihre Arbeit für andere hat, als Bereicherung. Das wäre ein guter Grund, Stolz zu zeigen, doch bei der SBB zieht man Understatement vor.

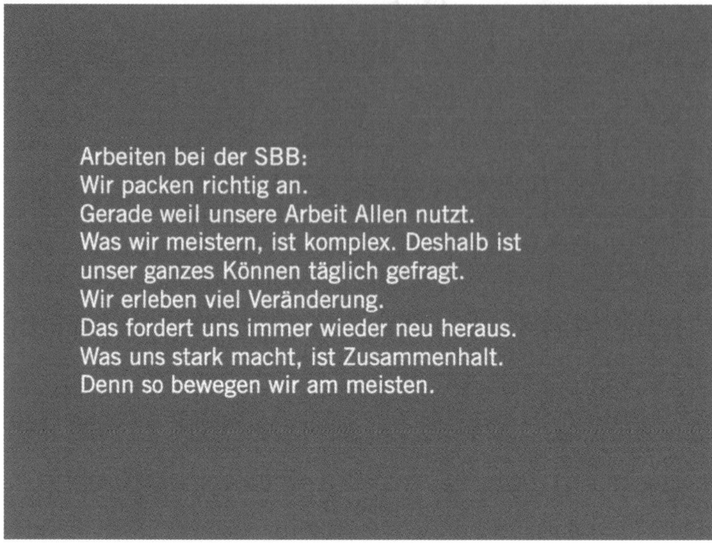

Abb. 8.20: Die Arbeitgeberpositionierungsaussage (Employer Brand Positioning Statement) definiert die angestrebte Positionierung der SBB als Arbeitgebermarke.

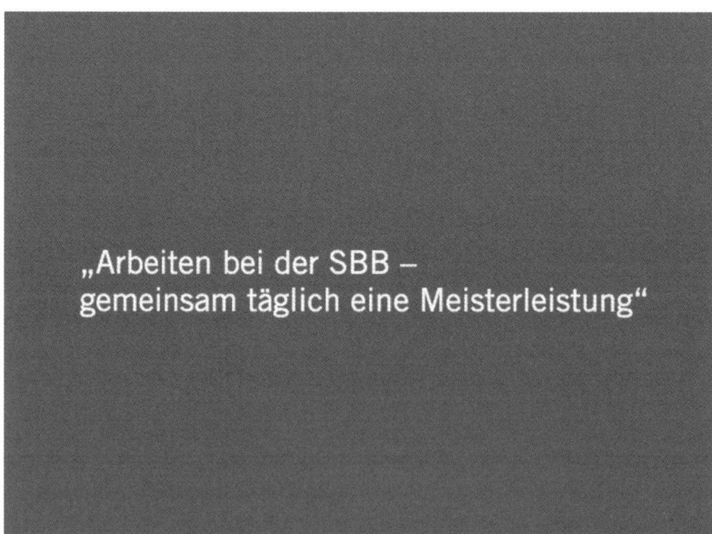

Abb. 8.21: Der besondere Wettbewerbsvorteil (Unique Employment Proposition) formuliert das Merkmal, mit dem sich der Arbeitgeber SBB im Arbeitsmarkt am nachhaltigsten differenziert.

CULTURAL FIT:

Die Kontaktfreude,
ein eigenes Netzwerk aufzubauen.

Die Bereitschaft,
sich in eine starke Gemeinschaft einzubringen.

Den kühlen Kopf,
mit Komplexität zurecht zu kommen.

Die Beharrlichkeit,
eine Sache zum Erfolg zu bringen.

Der Wunsch,
sich mit aller Kraft für etwas Sinnvolles einzusetzen.

Das Selbstbewusstsein,
seine Taten für sich sprechen zu lassen.

Abb. 8.22: Die kulturelle Mitarbeiterpassung (Cultural Fit) formuliert die persönlich-kulturelle Bewerber- und Mitarbeiterpassung. Sie erlaubt dem Employer Branding, effizient wie ein Filter zu wirken, gezielt die „Best right Potentials“ anzuziehen und ungeeignete Kandidaten fernzuhalten.

8.3.3 Erfahrungen, Lerneffekte, Tipps

Die schönste Erfahrung

„Für mich war es eine schöne Erfahrung, die SBB durch die Augen von Kolleginnen und Kollegen aus anderen Bereichen zu sehen. Das hat meinen Blick auf das eigene Unternehmen verändert. Ich habe es wieder neu kennengelernt." Stephanie Escher

Stephanie Escher

Die wertvollsten Lerneffekte

Arbeitgeberpositionierungen haben immer auch eine unternehmenskulturelle Dimension — und eine arbeitsmarktkulturelle. Gerade die feinen Unterschiede in Wahrnehmung und Wertung entscheiden darüber, ob eine Positionierung unterstützt oder abgelehnt wird. Schon die Art und Weise, wie der interkulturelle Employer-Branding-Prozess aufgesetzt wird, entscheidet über die spätere Ergebnisqualität. Deshalb sollten alle Beteiligten vorab dafür sensibilisiert werden, dass es nie nur um eine scheinbar klare Sachdiskussion geht, sondern immer auch um kulturell beeinflusste Haltungen und Beziehungsebenen.

Die Top-Drei-Tipps aus dem Employer-Branding-Projekt

- Komplexere Employer-Branding-Prozesse sind ideal durch ein Soundingboard zu begleiten. Das bietet — unabhängig von den Validierungsrunden — eine kontinuierliche Plattform, die breit genug aufgestellt ist, um Zwischenfeedbacks aus verschiedenen Unternehmensbereichen oder -kulturen einzufangen.

- Das Ziel einer Validierung ist die Überprüfung, inwieweit die inhaltliche Ausrichtung der Positionierungsstrategie intern geteilt wird. Semantische Debatten über einzelne Formulierungen sollten in diesem Zwischenschritt nicht ausufern, zumal die endgültige Positionierung erst danach erarbeitet und gegebenenfalls visualisiert wird.
- In den meisten Unternehmen gibt es mehrere Unternehmens-Subkulturen. Diese „Graswurzel"-Vielfalt sollte nie als Hürde für ein einheitliches Employer Branding betrachtet werden. Die Arbeitgeberpositionierung ist kein Korsett, sondern ein Gemeinsamkeiten stärkender Verhaltensleitfaden. Ängsten vor „Gleichmacherei" gilt es deshalb vorzubeugen.

8.3.4 Projektbausteine und -verlauf

Projektzeitraum 2009/2010

- Analyse von Arbeitgeberauftritt und Positionierung im Wettbewerb sowie Dokumentenanalyse
- Ermittlung positionierungsrelevanter Aspekte durch „Trüffelworkshops" mit internen Fokusgruppen sowie durch Stakeholder- und Managementinterviews
- Positionierungsstrategie und interne Validierung
- Entwicklung einer Arbeitgeberpositionierung für die SBB
- Entwicklung der Kommunikationsstrategie, Zielgruppensegmentierung, ergänzende zielgruppenspezifische Botschaften, Zuordnung aller Botschaften und Sachthemen in einer Zielgruppen-Themen-Matrix („Setzkasten" für die operative Kommunikation)
- Agenturpitch

Die Ergebnisse des „Trüffelprozesses" wurden teilweise in einem gemischten Team von Strategen und Projektverantwortlichen der SBB zu einer Positionierungsstrategie verdichtet. Nach deren Validierung durch Mitarbeitende und ein HR-Gremium sowie durch das Soundingboard der SBB wurde die Arbeitgeberpositionierung definiert. Sie umfasst folgende Bausteine:

- Employer Brand Positioning Statement (Arbeitgeberpositionierungsaussage)
- Unique Employment Proposition (Besonderer Wettbewerbsvorteil des Arbeitgebers SBB)
- Cultural Fit (Kulturelle Mitarbeiterpassung)

8.4 Fallstudie Techniker Krankenkasse

Techniker Krankenkasse
Gesund in die Zukunft.

8.4.1 Portrait Techniker Krankenkasse, Hamburg/Deutschland

„Die TK ist die modernste und leistungsfähigste Krankenkasse Deutschlands." Dieses Leitbild prägt die Unternehmenskultur der TK. Es bestimmt ihren Umgang mit 7,4 Millionen Versicherten und 11.5000 Beschäftigten an über 200 Standorten. Ihre Arbeit hat der TK zahlreiche Preise und den Ruf als Deutschlands beste Krankenkasse (Preis des Deutschen Instituts für Service-Qualität — Focus Money 47/2009) eingebracht — und den eines hervorragenden Arbeitgebers.

So zeigte die letzte Mitarbeiterbefragung: Neun von zehn Angestellten sind mit der TK als Arbeitgeber überaus zufrieden. Aus diesem Grund ist das Traditionsunternehmen mit über 125-jähriger Geschichte mehrfach als einer der besten Arbeitgeber Deutschlands von Great Place to Work ausgezeichnet worden.

8.4.2 Projekthintergrund: Seien Sie versichert, Sie dürfen gespannt sein.

Reicht es, einfach nur besser zu sein? Ein ambitionierter Arbeitgeber hat sich dieser Frage gestellt. Einer, der viermal in Folge beim Wettbewerb Great Place to Work unter den Top 3 gelandet ist: die Techniker Krankenkasse (TK). Dort hat man früh erkannt, dass ein nachhaltig erfolgreicher Arbeitgeber nicht für alle und jeden attraktiv sein muss. Vielmehr gilt es, die kulturell am besten passenden Kandidaten zu erreichen — im Fall der TK stehen vor allem Auszubildende als Kernzielgruppe im Mittelpunkt des Interesses. Als gesetzlicher Versicherer ist die TK allgemein bekannt. Immer wieder wird sie mit zahlreichen Preisen als ein Vorreiter unter den Krankenkassen gewürdigt. Im Arbeitsmarkt hingegen kann die TK ihre Bekanntheit noch ausbauen. Wichtig ist es, dabei zu vermitteln, dass die Arbeit bei der TK wenig gemein hat mit dem überkommenen Image der Krankenkassen. Die gelten gerade bei Schul- und Hochschulabsolventen als Verwaltungsapparate und damit als bestenfalls mäßig attraktiv.

Die TK hingegen versteht sich als gestaltende Kraft im deutschen Gesundheitswesen. Sie hat Ambitionen, bewegt sich, strebt voran. Daraus resultiert eine Energie, die spürbar ist im Unternehmen und auf bestimmte Persönlichkeiten einen großen Reiz ausübt. Dies erklärt vielleicht die bemerkenswert hohe Loyalität der TK-Mitarbeiter. Nach innen wie nach außen will sich die TK als authentische, wertebasierte Arbeitgebermarke positionieren: Man liebt Klartext, belohnt Leistung und nimmt das Heft des Handelns in die Hand.

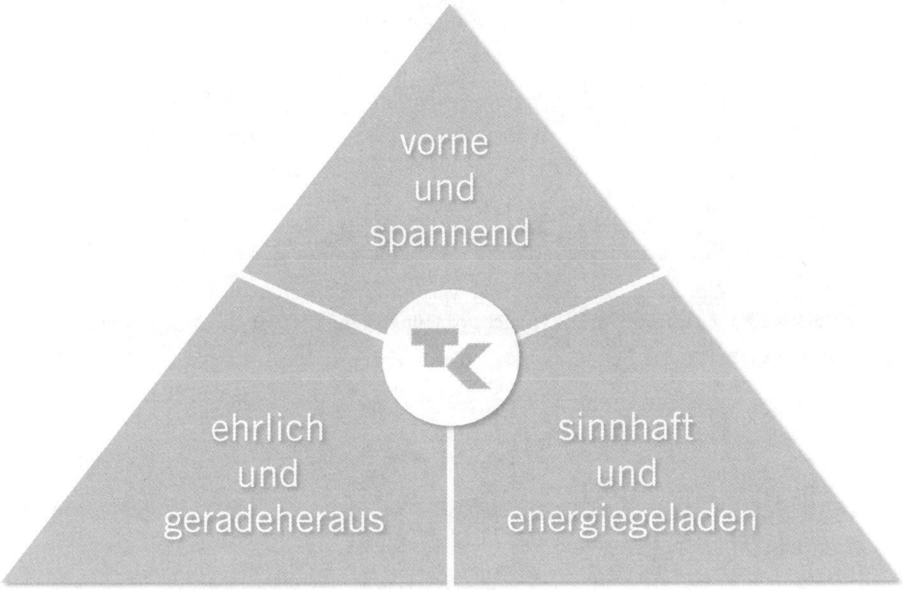

Abb. 8.23: Positionierungsstrategie: Die Quintessenz des Analyse- bzw. „Trüffelprozesses" sind im Fall der TK drei Eigenschaftspaare, die als Positionierungsansatz die Grundausrichtung des Employer Branding vorgeben.

Ganz vorne ist es richtig spannend.
Das macht uns stolz und treibt uns an.
Techniker Krankenkasse:
Wir lieben Klartext und halten Wort.
Wir schätzen den Wandel.
Und arbeiten hier aus voller Überzeugung.

Abb. 8.24: Die Praxis hat gezeigt: Wer die TK nicht von innen kennt, ist von diesem Employer Brand Positioning Statement überrascht.

Azubis
Vom Start weg in bester Position
Sinnvolles für die Menschen leisten und dabei die Weichen für den Erfolg der Zukunft stellen – mit der TK, die immer wieder den Maßstab setzt.

Studierende
Krankenkasse von einer neuen Seite entdecken
Erleben, wie die TK als gestaltende Kraft für ein besseres Gesundheitswesen im Spannungsfeld von Gesellschaft, Politik und Wirtschaft agiert.

Absolventen
Vorne einsteigen mit einem Gefühl für das Richtige
Gestalten, frische Ideen einbringen und loslegen – mit Drive und beflügelt von der TK, zeigen, was man kann.

Berufserfahrene
Abseits des Gewohnten mehr bewirken
Neu entdecken, was die spannenden Seiten an der eigenen Arbeit sind, und im Team der TK ein sinnvolles, ehrliches Produkt vorantreiben – offen, kraftvoll und geradeheraus.

Abb. 8.25: Für jede Zielgruppe sind andere Aspekte der Positionierung besonders relevant. Deshalb gibt es jeweils eigene Kernbotschaften – die jedoch alle auf die eine Arbeitgebermarke einzahlen.

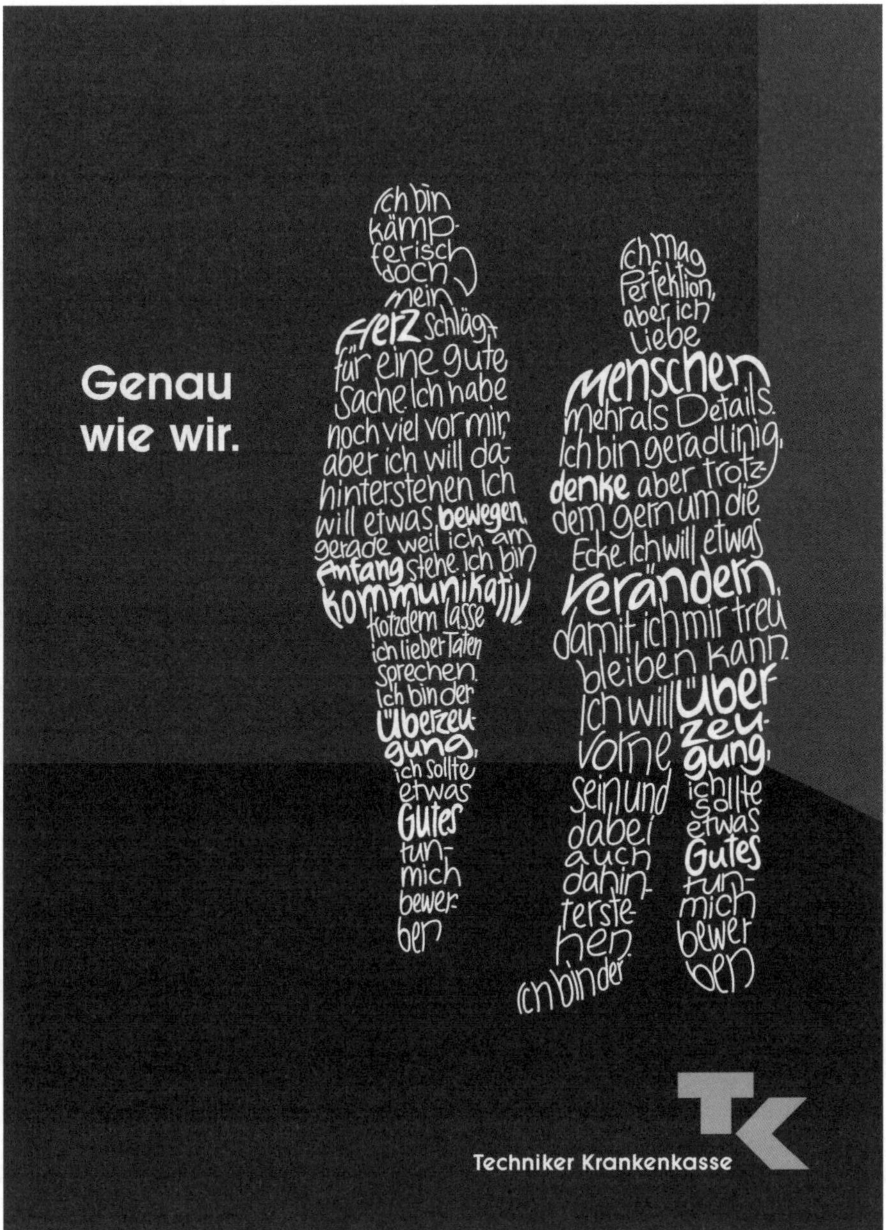

Abb. 8.26: Von welchem Spirit sollten Menschen erfüllt sein, die zum Arbeitgeber TK passen? Das Kreativkonzept nimmt die Frage wörtlich und vermittelt im Text den Cultural Fit. „Sind Sie das?" – der Blick in den Spiegel des Cultural Fit.

8.4.3 Interview mit Nils Becker, Projektleiter Employer Branding, Techniker Krankenkasse (TK)

Nils Becker

Herr Becker, wissen Sie noch, wo Sie Ihren ersten Arbeitstag bei der TK verbracht haben?

Aber sicher. Das war in Berlin, auf einem Employer-Branding-Seminar. Mein Einstieg bei der TK fiel genau in die Zeit, als wir unser Employer-Branding-Projekt auf die Schiene brachten. Die Führungskräfte im Personalmanagement haben dies stark unterstützt. So haben wir uns frühzeitig als Arbeitgeber positioniert, während andere noch versuchen, ihre Claims abzustecken. Dieser Vorsprung kommt uns heute zugute, denn die Stellenbesetzung beginnt, schwieriger zu werden.

In welchen Bereichen?

Vor allem bei den Auszubildenden — denn die guten werden weniger. Erstens aus demografischen Gründen, zweitens wegen der Ausbildungsfähigkeit, die auf breiter Front nachlässt, und drittens wegen der Konkurrenz, zu denen Krankenkassen, aber auch Banken und die öffentliche Verwaltung zählen. Hinzu kommt das vermeintlich langweilige Image der von uns angebotenen Lehrberufe, etwa Sozialversicherungsfachangestellter oder Kaufmann im Gesundheitswesen. Vordergründig klingt das nicht wirklich spannend.

Aber eben nur vordergründig (...) weil wir gar kein dröger Verwaltungsapparat sind, sondern viel dynamischer und gestaltungsfreudiger, als Außenstehende es bislang ahnen. Wir wollen daher ein neues, ebenso attraktives wie authentisches Bild unserer Arbeit nach außen vermitteln. Dazu haben wir aber erst einmal in das Unternehmen hineingehört. Der identitätsbasierte Ansatz zum Employer Branding war dafür der ideale Weg. Besonders wichtig war uns zu erfahren, wie die TK als Arbeitgeber von den eigenen Mitarbeitern wahrgenommen wird. Wir sind ganz offen an die Analyse herangegangen. Dabei ist es uns gelungen, versteckte Potenziale aufzuspüren und unser Arbeitgeberprofil zu schärfen. Als wir dann erste Zwischenergebnisse intern kommunizierten, bekamen wir viel Zuspruch von allen Seiten.

Auch von den Corporate-Branding-Verantwortlichen?

In denen hatten wir von Beginn an echte Mitstreiter gefunden. Durch kontinuierliche, enge Abstimmung mit dem Markenkern der Unternehmensmarke haben wir das Vertrauen gestärkt, dass unter unserer Federführung keine Parallelmarke entsteht.

Wie steht denn Ihr Vorstand zum neuen Employer Branding?

Unser Vorstand hat uns einen großen Vertrauensvorschuss geschenkt. Wir hatten freie Hand für die Entwicklung. Erst mit dem fertigen Kreativkonzept in der Hand sind wir zum Vorstand gegangen. Möglich war das nur, weil wir auf die Ergebnisqualität bauen konnten – nicht zuletzt dank des Prozessmodells (das auch diesem Praxishandbuch zugrunde liegt, Anm. d. Autors). Tatsächlich fiel das Votum unseres Vorstands rundum positiv aus. Überzeugend war, wie gut der Arbeitgeberauftritt zu Unternehmen und Marke TK passt. Und dass die Positionierung von innen heraus entwickelt wurde. Auch die externe Marktforschung hat auf diesen identitätsbasierten Ansatz sehr positiv reagiert. Mit dieser Ermutigung im Gepäck haben wir im November 2009 einen Test beim Albsolventen-Kongress gestartet – also bewusst noch nicht bei der Hauptzielgruppe Azubis, sondern bei Hochschulabsolventen. Ein Erfolg auf ganzer Linie.

Setzt sich dies auch im Unternehmen fort?

Absolut, da können Sie hier jeden Kollegen fragen. Viele bestätigten von sich aus, dass der Arbeitgeberauftritt mit ihrer Sicht auf die TK übereinstimmt. In einigen Bereichsleiterbüros hängen beispielsweise Poster mit unserem Keyvisual, der Text-Silhouette des „Wortmenschen". Zu dem Motiv bekommen wir ständig Anfragen oder Anregungen. Die einen möchten Aufkleber, die anderen Schlüsselanhänger. Inzwischen ist der Wortmensch zu einem regelrechten „Markenbotschafter" geworden. Extern, aber eben auch in der internen Implementierung.

Was hätten Sie im Rückblick lieber anders gemacht?

Unser Weg war, absolut selbstehrlich unser kulturelles Selbstverständnis zu definieren und die strategisch stichhaltigen Aspekte zum Maßstab für unser Verhalten zu machen. Daran würde ich ebenso wenig etwas ändern, wie an unserer Art, diesen Cultural Fit als Filterkriterium zu kommunizieren. Dann soll jeder für sich die Frage beantworten, die den Text unserer Personalanzeigen abschließt: Sind Sie das? Finden Sie sich wieder in dem, was wir da beschreiben? Wenn ich das so Revue passieren lasse ... was würde ich anders machen? Ganz ehrlich? Nichts.

8.4.4 Erfahrungen, Lerneffekte, Tipps

Die schönste Erfahrung im Employer-Branding-Prozess

„Man hat schon im laufenden Entwicklungsprozess gemerkt: Unser Employer Brand bleibt nicht Theorie. Da entwickelt sich etwas organisch. Ein authentisches Spiegelbild der TK als Arbeitgeber. Das haben intern dann immer mehr Kollegen gespürt und sich eingebracht. So hat das Projekt einen richtigen Flow bekommen. Das mitzuerleben, hat mir viel gegeben." Nils Becker

Die wertvollsten Lerneffekte

Auch in dezentral aufgestellten Organisationen ist es möglich, gemeinsam geteilte Werte und Kulturgüter aufzuspüren, die das Besondere und Unterscheidende eines Arbeitgebers übergreifend prägen. Auch im Fall der TK hat sich gezeigt: Dezentral heißt nicht weniger homogen. Allerdings stoßen dezentral organisierte Unternehmen auf besondere Herausforderungen: In der internen Implementierung der Arbeitgeberpositionierung, ihrer organisationalen Verankerung (Internes Employer Branding) und in der Sicherstellung eines konsistenten Rollouts der Recruitingaktivitäten aller Niederlassungen.

Die Top-Drei-Tipps aus dem Employer-Branding-Projekt

- „Lieber mehr als zu wenig Feedback" geben, über Ergebnisse und Zwischenstände informieren. In den meisten Organisationen wird eine transparente Projektkultur geschätzt. Auch vom Management, wenn es darauf bauen kann, dass die Arbeitgebermarke „von innen heraus" entstanden ist.
- Ein Employer-Branding-Prozess ist Markenbildung und ruft daher regelmäßig die Markenverantwortlichen auf den Plan. Diese sollten im Vorfeld eingebunden werden, um ein reibungsloses Zusammenspiel der Unternehmensmarke und der Arbeitgebermarke zu gewährleisten.

- Wer sich als Arbeitgeber selbst ständig lobt und seine HR-Angebote preist, bietet nicht, was die Zielgruppen am meisten interessiert: eine authentische Orientierung. Ein Perspektivenwechsel hilft, dafür die richtigen Botschaften zu finden.

8.4.5 Projektbausteine und -verlauf

Projektzeitraum 2008/2009

- Analyse von Arbeitgeberauftritt und Positionierung im Wettbewerb sowie Dokumentenanalyse
- Ermittlung positionierungsrelevanter Aspekte durch „Trüffelworkshops" mit internen Fokusgruppen sowie durch Stakeholder- und Managementinterviews
- Positionierungsstrategie: strategischer Ansatz und Chancenkorridore für die Arbeitgeberpositionierung

Die Positionierungsstrategie wurde durch Mitarbeiter intern validiert und zur Grundlage für die Definition der Arbeitgeberpositionierung.

Diese umfasst folgende Bausteine:

- Employer Brand Positioning Statement (zentrale Arbeitgeberpositionierungaussage)
- Unique Employment Proposition (besonderer Wettbewerbsvorteil der TK)
- Cultural Fit (Kulturelle Mitarbeiterpassung)

Um die Arbeitgeberpositionierung den einzelnen Zielgruppen differenziert vermitteln zu können, wurde ein Set spezifischer Botschaften formuliert. Beide Komponenten zusammen bildeten die strategischen Leitplanken für die Entwicklung des Kreativkonzepts durch die Agentur, deren Arbeit intensiv durch den strategischen Berater begleitet und hinsichtlich der Positionierungspassung regelmäßig überprüft wurde.

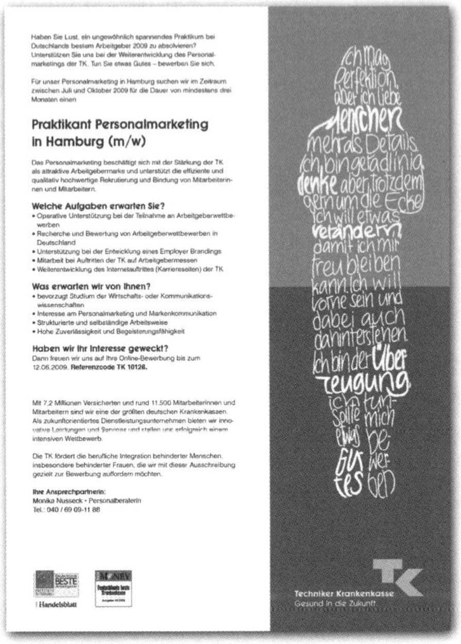

Haben Sie Lust, ein ungewöhnlich spannendes Praktikum bei Dutschlands bestem Arbeitgeber 2009 zu absolvieren? Unterstützen Sie uns bei der Weiterentwicklung des Personalmarketings der TK. Tun Sie etwas Gutes – bewerben Sie sich.

Für unser Personalmarketing in Hamburg suchen wir im Zeitraum zwischen Juli und Oktober 2009 für die Dauer von mindestens drei Monaten einen

Praktikant Personalmarketing in Hamburg (m/w)

Das Personalmarketing beschäftigt sich mit der Stärkung der TK als attraktive Arbeitgebermarke und unterstützt die effiziente und qualitativ hochwertige Rekrutierung und Bindung von Mitarbeiterinnen und Mitarbeitern.

Welche Aufgaben erwarten Sie?
- Operative Unterstützung bei der Teilnahme an Arbeitgeberwettbewerben
- Recherche und Bewertung von Arbeitgeberwettbewerben in Deutschland
- Unterstützung bei der Entwicklung eines Employer Brandings
- Mitarbeit bei Auftritten der TK auf Arbeitgebermessen
- Weiterentwicklung des Internetauftrittes (Karriereseiten) der TK

Was erwarten wir von Ihnen?
- bevorzugt Studium der Wirtschafts- oder Kommunikationswissenschaften
- Interesse am Personalmarketing und Markenkommunikation
- Strukturierte und selbständige Arbeitsweise
- Hohe Zuverlässigkeit und Begeisterungsfähigkeit

Haben wir Ihr Interesse geweckt?
Dann freuen wir uns auf Ihre Online-Bewerbung bis zum 12.06.2009. **Referenzcode TK 10128.**

Mit 7,2 Millionen Versicherten und rund 11.500 Mitarbeiterinnen und Mitarbeitern sind wir eine der größten deutschen Krankenkassen. Als zukunftorientiertes Dienstleistungsunternehmen bieten wir innovative Leistungen und Services und stellen uns erfolgreich einem intensiven Wettbewerb.

Die TK fördert die berufliche Integration behinderter Menschen, insbesondere behinderter Frauen, die wir mit dieser Ausschreibung gezielt zur Bewerbung auffordern möchten.

Ihre Ansprechpartnerin:
Monika Nusseck • Personalberaterin
Tel.: 040 / 69 09-11 88

Handelsblatt

BESTE

Techniker Krankenkasse
Gesund in die Zukunft.

Abb. 8.27: Beispiel für eine Stellenanzeige

Abb. 8.28: Flexibel und aufmerksamkeitsstark: Der Messeauftritt

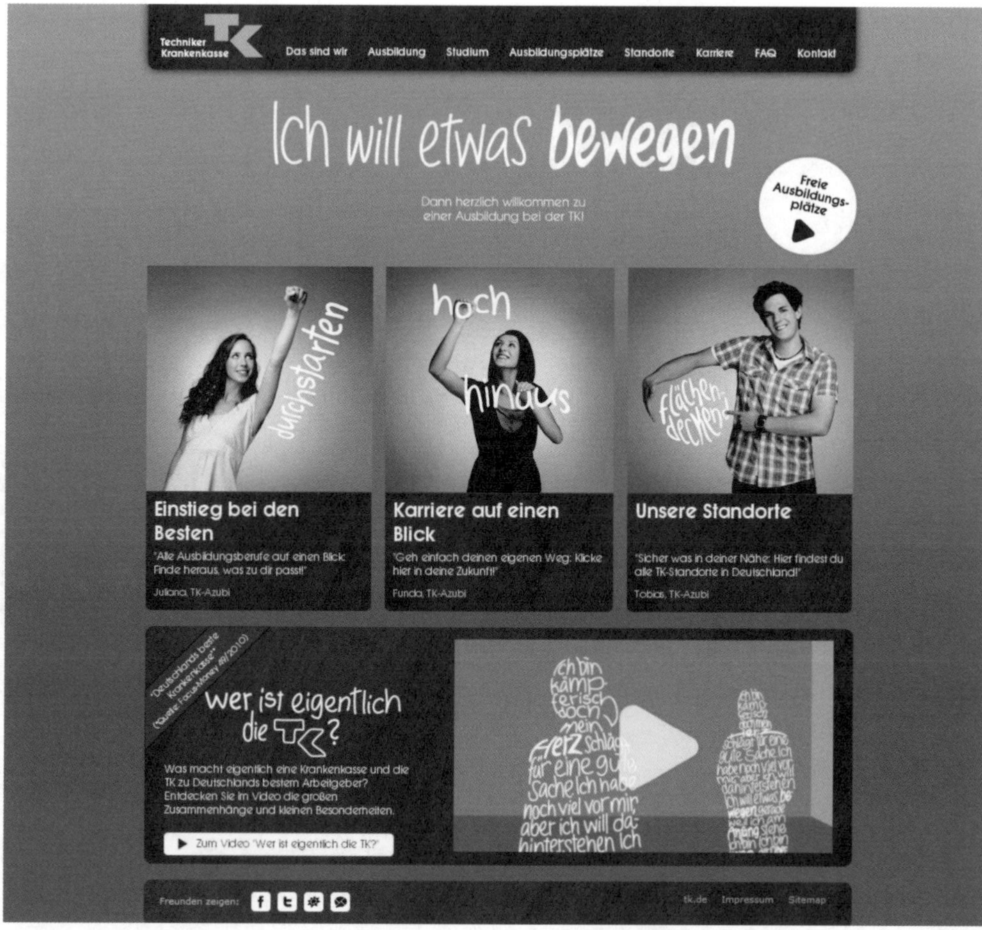

Abb. 8.29: Startseite der Karrierewebseite

Abb. 8.30: Die Azubibox wurde an die Niederlassungen verteilt. Sie enthielt ein Set an Materialien für die Recruiting-Verantwortlichen in den Regionen.

erleben

Wie sind wir?

Der strategische Positionierungsansatz

Unsere neue Kampagne hat das Ziel, potenziellen Mitarbeiterinnen und Mitarbeitern die Techniker Krankenkasse (TK) vorzustellen und ihnen zu zeigen, dass unser Unternehmen ein glaubwürdiger und attraktiver Arbeitgeber ist. Wir haben einiges zu bieten, was auf dem Arbeitsmarkt besonders ist und uns vom Wettbewerb unterscheidet. Mit einer klaren Arbeitgebermarke schärfen wir unser Profil und können uns somit eindeutiger am Markt positionieren.

Am Anfang der Arbeitgebermarkenbildung steht der strategische Positionierungsansatz des Arbeitgebers TK. Ziel dieses Ansatzes ist es, einen Rahmen für das einzigartige Arbeitgeberprofil der TK zu definieren und somit Orientierung für zukünftige Mitarbeiterinnen und Mitarbeiter zu schaffen. Zuerst haben wir den Blick nach „innen" gerichtet, um herauszufinden, wie wir aus der Sicht unserer eigenen Mitarbeiterinnen und Mitarbeiter sind.

Aus diesem Grund haben wir mit Hilfe von Gesprächen mit internen Fokusgruppen (Auszubildende, Berufseinsteiger, Berufserfahrene, Dienststellenleiter und Bereichsleiter) aus der Vielzahl der genannten TK-Arbeitgeberbeschreibungen die entscheidenden herausgearbeitet, die positionierungstauglich sind, d. h. eine Basis für eine authentische Positionierung der TK am Arbeitsmarkt darstellen. Diese identitätsbasierte Positionierung haben wir gemeinsam mit der DEBA, der Deutschen Employer Branding Akademie, und den internen Fokusgruppen durchgeführt.

Als Ergebnis dieser analytischen Phase haben wir gemeinsam sechs Begriffe herausgearbeitet:

vorne und spannend
ehrlich und geradeheraus
sinnhaft und energiegeladen

2

Vorne.

Wir sind vorne, denn unser Engagement macht uns zur besten GKV in Deutschland. Wir sind ein modernes Unternehmen und gestalten das Gesundheitswesen aktiv mit.

Spannend.

Die TK ist kein „dröger" Verwaltungsapparat – wie er teilweise landläufig hinter der Bezeichnung „Krankenkasse" vermutet wird. Wir bieten eine Fülle von interessanten Aufgaben und Chancen.

Ehrlich.

Ehrlich ist das Arbeitgeberverhalten der TK vor allem, weil es in der Kommunikation unverstellt, offen und authentisch ist.

Geradeheraus.

Der Umgang untereinander ist unbürokratisch und schnörkellos.

Sinnhaft.

Für die Mitarbeiterinnen und Mitarbeiter der TK ist die Arbeit mehr als nur ein Job zum Geldverdienen. Wir bieten viele attraktive Aufgaben und die Chance, etwas Sinnvolles für die Menschen zu tun.

Energiegeladen.

Bei der TK ist der Wille zur Zielerreichung spürbar und erlebbar.

3

Abb. 8.31: Eine Broschüre dokumentiert die Arbeitgeberpositionierung und das Kreativkonzept und dient als Arbeitshilfe für die Umsetzung.

8.5 Fallstudie Gira Giersiepen GmbH & Co. KG

GIRA

8.5.1 Portrait Gira, Radevormwald/Deutschland

Die moderne Elektroinstallation von Gira bietet ein breites Spektrum an intelligenter Gebäudetechnik für höheren Komfort, mehr Sicherheit und geringeren Energieverbrauch. Das Unternehmen produziert Geräte für die Vernetzung der Haustechnik, Zugangs- und Sicherheits- sowie Gebäudemanagementsysteme, Musiksteuerung für alle Räume, umfassende Schalterprogramme, dazu zahlreiche Funktionen der Türkommunikation, Energie und Licht im Außenbereich. Dabei lassen sich sämtliche Funktionen und Geräte einfach kombinieren und durchgängige Designlinien bieten dafür stets den richtigen Rahmen.

Designvielfalt und ständige Innovation hat sich das Unternehmen zum Ziel gesetzt, das in den Bereichen Elektroinstallationstechnik, Gebäudesystemtechnik und Kunststofftechnik rund 1.000 Mitarbeiter beschäftigt. Außer im deutschen Markt ist Gira in 38 Ländern weltweit verbreitet.

8.5.2 Projekthintergrund: Gelebte Verbindlichkeit und freie Hand für Pioniere

Gerade die erfolgreichen mittelständischen Unternehmen spüren den „Wind des Wandels“. Sie müssen sich nicht nur auf neue Marktgegebenheiten einrichten, sondern sich in vielen Belangen selbst proaktiv verändern, um etwa als Arbeitgeber mit ihrem eigenen Wachstum Schritt zu halten. Wie man den Spagat zwischen Veränderung und Verwurzelung sinnvoll angeht, zeigt das Employer-Branding-Projekt von Gira.

„Wir machen Gebäude intelligent", so lautet die Philosophie von Gira. Mit innovativen Produkten und durchdachtem Design hat sich das Unternehmen einen Namen gemacht. Von Schaltern und Steckdosen über

Sicherheits- und Kommunikationssysteme bis hin zum integrierten Gebäudemanagement reicht die Palette der Erzeugnisse aus Radevormwald. Das Sortiment ist mit der Zeit immer komplexer und größer geworden. Und Gira mit ihm.

Heute exportiert das Unternehmen in alle Welt und beschäftigt rund 1.000 Mitarbeiter. Mit dem Wachstum haben sich die Rahmenbedingungen für den mittelständisch geprägten Arbeitgeber verändert. Mehr denn je bewegt er sich im hart umkämpften Arbeitsmarkt, denn Gira sucht stetig Ingenieure und Spezialisten im Bereich der Gebäudesystem-, Elektroinstallations- und Kunststofftechnik.

Gleichzeitig vollzieht Gira einen inneren Wandel, entwickelt seine Strukturen und Prozesse weiter, initiiert Bewusstseins- und Verhaltensänderungen. Nur so kann der Betrieb im schärfer und globaler werdenden Wettbewerb bestehen. Die technischen und wirtschaftlichen Anforderungen in der Branche steigen, ein Konzentrationsprozess hat längst schon eingesetzt.

Für die Zukunft ist Gira zwar insgesamt gut aufgestellt, sein Ruf als Arbeitgeber hat allerdings noch eine regional begrenzte Strahlkraft. Vor diesem Hintergrund sollen alle Optionen einer aktiven Arbeitgebermarkenbildung genutzt werden. Einmal mehr bietet sich deshalb Employer Branding als Mittel der Wahl an, um das Arbeitgeberimage gezielt aufzubauen und die Attraktivität als Arbeitgeber auch überregional zu steigern. Und um eine bessere Bewerberpassung zu erreichen, denn Gira pflegt eine sehr charakteristische Unternehmenskultur.

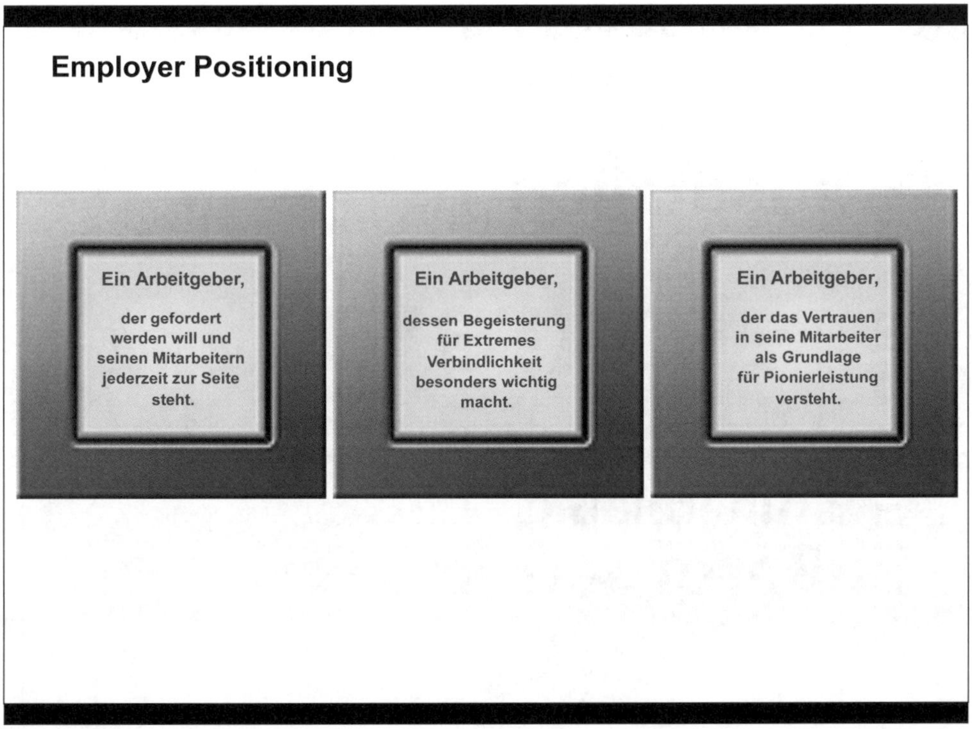

Abb. 8.32: Vertrauen und Verbindlichkeit, Pioniergeist und die Begeisterung für das Extreme – Wie das Employer Brand Positioning Statement zeigt, fordert Gira einiges, will aber auch selbst als Arbeitgeber gefordert werden.

Abb. 8.33: Eine Unique Employment Proposition, die Zündstoff enthielt: Die Begeisterung für Extremes liegt Gira in den Genen. Gira fordert mehr und gibt mehr. Man steht füreinander ein, hat Freiraum für Neugier und Tatendrang. Das gibt denen Aufwind, die zu Gira passen.

Abb. 8.34: Veränderungs- und Leistungsbereitschaft, aber auch Geradlinigkeit und Hilfsbereitschaft sind Eigenschaften, die dem Cultural Fit von Gira entsprechen. Und es sind Kriterien für die kulturelle Bewerberpassung.

„Das war ein emotionaler Prozess, in dem wir das, was uns verbindet, geklärt, zugespitzt und verankert haben.“ Martin Brochhaus

8.5.3 „Wir wollen gefordert werden" – Interview mit Martin Brochhaus, Leiter Personal und Prokurist sowie Projektleiter Employer Branding, Gira

Neigen Sie zu Extremen, Herr Brochhaus?

Zumindest stehe ich nicht im Ruf, ein Zögerer und Zauderer zu sein. Aber Sie wollen ja auf etwas Bestimmtes hinaus, nämlich darauf, wie Gira sich als Arbeitgeber positioniert.

Gira bekennt ja freimütig, von Extremen begeistert zu sein. Ganz schön markant.

Das hoffe ich. Es ist ja so: Wer wirklich etwas bewegen will, sollte auch bereit sein, notfalls ans Äußerste dessen zu gehen, was er leisten oder wagen kann. Natürlich markiert das Äußerste auch eine Grenze. Meist kann man die aber deutlich weiter stecken, als man für gewöhnlich denkt.

Bei Gira wollen wir Überdurchschnittliches leisten. Von daher bejahen wir Veränderung und begeistern uns durchaus für Extremes. Seit jeher ist diese Haltung ein starker Antrieb, der uns permanent hat wachsen lassen.

So ist bei uns die Realität. Einer unserer drei Geschäftsführer bat mich im Rahmen des Employer-Branding-Projekts eine Liste mit Beispielen für Extremes bei Gira anzufertigen. Schnell bekam ich eine Seite zusammen und hätte noch mehr aufschreiben können.

Was stand denn auf dieser Liste?

Zum Beispiel unsere Entschlossenheit, in allem, was wir tun, eine Spitzenposition einzunehmen. Oder dass wir einen 27-jährigen Diplomanden zum Leiter unseres SAP-Projekts machen. Oder dass wir ein architektonisches Highlight aus Glas bauen, um dann Kunststoffmaschinen hineinzustellen.

In Ihrer Arbeitgeberpositionierung heißt es auch, dass die Begeisterung für Extremes Verbindlichkeit besonders wichtig mache.

Von unseren vier Unternehmenswerten ist Verbindlichkeit derjenige, den wir zurzeit am nachdrücklichsten verfolgen. Das hat mit unserer Unternehmensgeschichte zu tun.

Wir kommen aus einer improvisatorischen Kultur. Die war getragen vom kreativen Enthusiasmus unserer Mitarbeiter und vom Bestreben, für den Kunden alles irgendwie möglich zu machen. Man ging abends nach Hause und war stolz darauf, wieder einmal ein in den Brunnen gefallenes Kind gerettet zu haben. War Gira früher eine Organisation „auf Zuruf", ist sie heute eine mit definierten und verbindlichen Prozessen. Anfänglich wurde dies als Einengung empfunden, doch ein Zurück gibt es nicht.

Ich glaube, Verbindlichkeit und die Freude am Extremen bedingen einander. Zusammen sind sie die Grundanforderungen für dauerhafte Spitzenleistung.

Die richten sich dann aber auch an Gira selbst oder nur an die Mitarbeiter?

Selbstverständlich gilt das auch und gerade für Gira als Arbeitgeber. Wer Pionierleistungen will, muss seinen Leuten auch den Raum geben, gewohntes Terrain hinter sich zu lassen. Der muss loslassen können und Vertrauen in seine Mitarbeiter investieren. Genau das machen wir. Und wir achten darauf, nie die bewährte Flexibilität und Kundennähe zu opfern oder die Begeisterungsfähigkeit der Mitarbeiter abzuwürgen. Allerdings sind unsere Mitarbeiter auch unter der Prämisse zu uns gekommen, dass wir verlässlich an ihrer Seite stehen. Sie honorieren das und fordern es ein — darauf können sie sich jederzeit verlassen.

Welche Rolle spielt das Employer Branding bei Gira?

Eine ganz wichtige, denn es ist eng verwoben mit wichtigen Themen wie Unternehmenskultur und Führung. Bei uns ist das Employer Branding eingebettet in einen gesamtstrategischen Prozess, den wir 2007 begonnen haben. Er mündete in zwölf Kernaussagen. Eine davon war: Wir wollen einer der attraktivsten Arbeitgeber in unseren Märkten sein. Das haben wir auf operationale Fünfjahresziele heruntergebrochen, etwa eine gute Platzierung beim Wettbewerb Great Place to Work.

Dabei haben wir gemerkt, dass wir dafür erstmal unsere Positionen klären müssen. Was zum Beispiel soll künftig unsere Attraktivität für Mitarbeiter und Bewerber ausmachen? Damit hat bei Gira eine Selbstreflektion eingesetzt. Das war ein emotionaler Prozess, in dem wir das, was uns verbindet, geklärt, zugespitzt und verankert haben. Schon allein die Diskussion darüber war für uns äußerst hilfreich. Soviel ist jedenfalls jetzt bereits sicher: Unsere Arbeitgeberpositionierung ist ein Stück gelebte Wirklichkeit.

8.5.4 Erfahrungen, Lerneffekte, Tipps

Die schönste Erfahrung

„Spannend fand ich den Destillationsprozess, der sich durch alle Interviews und Workshops hindurch zog. Es war interessant und erhellend, seinen gewohnten Blick auf das Unternehmen zu verändern und herauszufinden, was uns bei Gira im Innersten zusammenhält, worum es bei diesen Emotionen eigentlich geht und wie dies stimmig auf den Punkt gebracht werden kann. Dabei empfand ich die Zusammenarbeit mit dem externen Berater zugleich professionell und angenehm. Wir haben auch viel zusammen gelacht." Martin Brochhaus

Die wertvollsten Lerneffekte

Viele Unternehmen, die sich mit ihrer Arbeitgebermarke befassen, sind für die kulturellen Handlungsfelder sensibilisiert. Wenn bereits interne Projekte angestoßen wurden, etwa zum Führungsverständnis oder zur Wertebasis, kann das Employer Branding der sinnvolle Rahmen zur Integration dieser Einzelprojekte sein. Irritationen werden so vermieden, der Gesamteffekt maximiert.

Die Top-Drei-Tipps aus dem Employer-Branding-Projekt

- Konsequenz beim Employer Branding heißt authentisch bleiben. Der „Trüffelprozess" sollte immer aus dem Unternehmen schöpfen, nichts erfinden oder überzeichnen. Auch die strategischen Notwendigkeiten sollten samt Konsequenzen klar benannt werden. Im Meer beliebiger, gefälliger Personalwerbung gewinnen Arbeitgeber mit klaren Ansagen oft an Profil — und Sympathie für ihre Ehrlichkeit.
- Das Endergebnis im Entwicklungsprozess einer Arbeitgeberpositionierung sollte nicht nur im Management abgesegnet werden. Nur eine Validierung bei den Mitarbeitern zeigt, ob finale Formulierungen nicht nur „ins Konzept passen", sondern „die Menschen wirklich entzünden".
- Die Arbeitgeberpositionierung äußert sich nicht nur in Anzeigen, Intranet und Messeauftritten. Sie sollte vom Tag der Einstellung an über den gesamten Mitarbeiterzyklus für jeden Einzelnen intern spürbar werden — und mit entsprechenden Handlungsempfehlungen für die Personal- und Führungsarbeit unterlegt werden.

8.5.5 Projektbausteine und -verlauf

Projektzeitraum 2009/2010

- Ermittlung positionierungsrelevanter Aspekte durch „Trüffelworkshops" mit internen Fokusgruppen sowie durch Stakeholder- und Managementinterviews
- Entwicklung der Arbeitgeberpositionierung
- Denkwerkstatt Internes Employer Branding: Maßnahme zur Implementierung und organisationalen Verankerung der Arbeitgeberpositionierung
- Denkwerkstatt Externes Employer Branding: Maßnahme zum externen Rollout und zur Optimierung der Arbeitsmarktkommunikation
- Briefing der Kommunikationsagentur

Im Hinblick auf die organisch gewachsene Unternehmensreputation und die Besonderheiten der Unternehmenskultur von Gira wurde die Arbeitgeberpositionierung von einer Employer-Brand-Story ausgehend entwickelt. Weitere Bausteine sind:

- Employer Brand Positioning Statement (Arbeitgeberpositionierungsaussage)
- Cultural Fit (Kulturelle Mitarbeiterpassung)

Abb. 8.35: Die neue Arbeitgeberbroschüre von Gira: Die Mitarbeiter kommen zu Wort

Abb. 8.36: Alles aus einem Guß: Der Arbeitgeber-Messestand von Gira

9 Employer-Branding-Blogliste

Hier finden Sie eine umfangreiche Liste von Blogs, die sich mit Employer Branding relevanten Themen beschäftigen (Stand: Juli 2012) — zum Schmökern und Entdecken, zum Wiederfinden und Weitererzählen.

40 Sachen

Beruf, Karriere

http://www.40sachen.blogspot.com/

Holger Moller schreibt über Arbeit, Werte und Jobstrategien, über Achtsamkeit, Mitgefühl, soziale Gerechtigkeit und Nachhaltigkeit, über Produktivität und Sinn sowie über etwa 33 andere Sachen. Holger Moller arbeitet als Berufswegberater im Rhein-Main-Gebiet. Er unterstützt Menschen dabei, sich beruflich optimal zu positionieren und zu entwickeln. Sein Steckenpferd ist die Begleitung von Arbeitnehmerinnen und Arbeitnehmern, die mit ihrer Arbeit einen Unterschied in der Welt machen wollen.

Absolventa Karriereblog

Berufseinstieg, Karriere, Recruiting

www.absolventa.de/blog

Der Karriereblog für Studenten, Absolventen und Young Professionals von Absolventa informiert über Recruiting-Trends und Entwicklungen am Arbeitsmarkt, gibt Tipps und Hilfen für Bewerbung und Berufseinstieg, bietet News vom Arbeitsmarkt für Akademiker und veröffentlicht Experten-Interviews zu Karrierefragen.

Arbeitsratgeber

Recht

www.arbeitsratgeber.com

Angela Bauer bietet in ihrem Arbeitsratgeber kostenlose Zusammenfassungen zu allen wichtigen Themen des Arbeitslebens in Deutschland, damit man immer gut informiert ist und in jeder Situation schnell und optimal handeln kann. Arbeit und Beruf sind wichtige Bestandteile unseres Lebens. Egal ob Angestellter, Selbstständiger oder Beamter, es gibt viele Regelungen, die man kennen sollte. Das gilt sogar, wenn man nicht arbeitet.

Azubister – Dein Ausbildungsblog

Ausbildung, Berufseinstieg

blog.azubister.net

beginners-mind.de ist ein Videoprojekt von Jörn Hendrik Ast, Changeagent im Bereich Personalmanagement 2.0 bei dem Expertennetzwerk doubleYUU. Er beschäftigt sich mit Fragen rund um den Arbeitsplatz der Zukunft und den Mitarbeitern, die dort arbeiten werden. Ein Hauptinhalt dieses Blogs sind die fünfminütigen Interviewsessions mit Berufseinsteigern. Hier werden ihre Wünsche und Erwartungen an den zukünftigen Arbeitsplatz erfragt, um damit dem Zuschauer Perspektiven für Personalmarketing-Maßnahmen und Rekrutierung aufzuzeigen.

Berufebilder

Karriere

www.berufebilder.de

Der Karriereblog von Bestsellerautorin Simone Janson zu den Themen Bildung und Lernen, Berufs- und Quereinstieg, Job- und Personalsuche, Karriere und Erfolg und Existenzgründung und Innovation.

Bewerber-Tagebuch

Karriere

bewerbungstagebuch.annettegerlach.de

Hier schreibt Annette Gerlach über ihre Jobsuche.

Bewerberblog

Karriere, Recruiting

www.bewerberblog.de

Reinhard Hoffmann möchte mit dem Bewerberblog eine Plattform schaffen, auf der sich Personaler und Bewerber austauschen können und auf der gleichzeitig wertvolle Informationen gesammelt werden sollen. Der Blog zum Thema Bewerbung und Recruiting stellt also Informationen zur Verfügung, informiert über neue Entwicklungen und bietet den Lesern die Möglichkeit, sofort und unkompliziert mit den Autoren oder anderen Lesern in Kontakt zu treten.

bewerbung.careesma.at

Karriere, Bewerbung

bewerbung.careesma.at

Die Webseite mit zahlreichen Karriere- und Bewerbungstipps wurde eigens für Bewerber geschaffen. In den Kategorien Lebenslauf, Bewerbungsschreiben, Vorstellungsgespräch und Gehalt erhalten Kandidaten Ratschläge, wie sie sich optimal auf den Bewerbungsprozess vorbereiten können.

Blogaboutjob

Karriere, Recruiting

www.blogaboutjob.de

blogaboutjob ist ein Multimediablog von Thorsten zur Jacobsmühlen. Hier gibt es News rund um Job, Karriere und Recruiting.

brouhaha social media stunts

Social Media Marketing

www.brouhaha.de

Die Social-Media-Experten Wolfgang Lünenbürger-Reidenbach (luebue) und Alex Wunschel (podpimp) analysieren vermeintliche Social-Media-PR-Desaster: Ursprung, Momentum, Reaktionen, Relevanz und Folgen. Also der Podcast rund um Social-Media-Aufreger.

buena la vista

Markenführung, Employer Branding

www.buena-la-vista.de/buenalog

Blog der Beratungs- und Kreativagentur Buena la Vista AG zu New Media, Markenführung und Arbeitgebermarke.

CareerBlog

Karriere, Jobsuche, Arbeitsmarkt

weblog.careesma.at

Auf dem Weblog werden täglich aktuelle Artikel zu den Themen Bewerbung, Jobsuche, Karriere und Arbeitsmarkt veröffentlicht. Zusätzlich werden User ständig über neue Aktionen von careesma.at informiert.

Crosswater Job Guide

Karriere, Recruiting

crosswater-job-guide.com/wp

Beiträge von verschiedenen Autoren zu Themen wie Recruiting, HR, Gehalt und Karriere.

daniel rehn – digitales und reales

Onlinemarketing, Social Media Marketing

danielrehn.wordpress.com

Auf dem privaten Weblog von Daniel Rehn, Dipl. Online-Journalist (FH) der Hochschule Darmstadt, gibt es Beiträge zu den Themenbereichen Öffentlichkeitsarbeit, Online-PR und Kommunikation im Analogen wie Digitalen zu lesen.

Der Kununu Blog

Employer Branding, Personalmarketing, Social Media Marketing

blog.kununu.com

Der kununu Blog informiert über Neuigkeiten zu den Themen kununu, Social Media, Employer Branding, Personalmarketing usw.

Der MWonline Blog

Personalmanagement, Personalentwicklung

mwonlineblog.blogspot.com

Johannes Thönneßen schreibt über Management, Mitarbeiterführung, Personalentwicklung und alles, was dazu gehört.

Digital Employer Branding

Employer Branding, Talent Management, Recruiting

digital-employer-branding.de

Mitarbeiter der T-Systems Multimedia Solutions GmbH stellen im Blog „Digital Employer Branding“ HR-Themen wie Arbeitgebermarke, Auszubildendenplanung, Talent Management oder E-Recruiting zur Diskussion.

Employer Branding & Recruiting

Employer Branding, Recruiting, Personalmarketing, Social Media

employerbrandingandrecruiting.wordpress.com/

Der Blog umfasst prinzipiell die ganze Bandbreite von Employer Branding und Recruiting, fokussiert dabei aber insbesondere Karrierewebseiten und die Nutzung von Social Media. Die Inhalte beschränken sich nicht nur auf Deutschland, sondern beziehen auch internationale Beispiele mit ein (etwa aus Italien). Oft gibt es einen Bezug zu Unternehmen aus dem Finanzsektor.

Employer Branding von morgen

Employer Branding, Personalmarketing, Recruiting

www.robindroullah.de

Robrindro Ullah ist Mathematiker und schreibt zu Ideen und seinen Erfahrungen mit Employer Branding bei seinem Arbeitgeber Deutsche Bahn. Er stellt wöchentlich einen Suppen-Report auf, in dem er die Themen aus verschiedenen Blogs der Bereiche Personal Marketing, Recruiting und Employer Branding aufgreift und kommentiert.

employerbranding-blog

Employer Branding

www.employerbranding-blog.de

Blog von McDonald's Personalvorstand Wolfgang Goebel. Hier berichtet er über seine Erfahrungen mit der Frage „Wie wird ein Unternehmen zum Arbeitgeber erster Wahl – sowohl für die eigenen Mitarbeiter als auch für Franchisenehmer?"

Experteer Blog

Karriere

www.experteer-blog.de

Im Experteer-Karriereblog schreiben HR-Spezialisten und Experten zu den Themen Beruf und Karriere. Von Bewerbungstipps und Gehaltsverhandlungen über Managementcoaching bis hin zu Personalverwaltung findet man hier Artikel für Fach- und Führungskräfte sowie HR-Professionals.

GO! Jobware Blog

Berufseinstieg, Karriere

www.go-jobware.de/blog

Bei GO!Jobware findet man wichtige Tipps zum Bewerbungsprozess, Kolumnen zum Thema Studentenleben und alles rund um den Einstieg in eine Karriere.

HRinside

Karriere, Personalmarketing

www.hrinside.de

HRinside schreibt zu HR-Themen und richtet sich an Personalentscheider, die sich für ihr Unternehmen, Menschen und ihre Arbeit interessieren sowie an Jobbewerber, die verstehen wollen, wie Personaler denken und handeln.

HRmarketingblog

Employer Branding, HR Marketing

www.wuv.de/blogs/hrmarketingblog

Der Blog von W&V Karriere & Job informiert über alle Themen rund um HR Marketing und Employer Branding.

HR Blogs

Human Resources

trainee-gefluester.de

HRM.de ist ein Netzwerk für Personaler und Berater sowie ein Wissensportal für das Human Resource Management. hrm.de bietet Fachartikel, Jobbörse, Studien und vieles mehr rund um das Thema HR.

HR-PR Consult Blog

Karriere, Kommunikation

www.hr-pr.de/blog

Dr. Manfred Böcker bietet hier Informationen, Anregungen und Tipps zum Thema Kommunikation und Arbeitswelten.

JOBlog

Karriere

www.secretsites.de/joblog

Marcus Tandler berichtet in seinem Blog zu den Themen Job und Karriere sowie der deutschen wie auch internationalen Jobbörsen Landschaft.

Karriere.at Blog

Karriere

www.karriere.at/blog

Der karriere.Blog ist ein Weblog von karriere.at mit Beiträgen rund um die Themen Jobs, Joballtag, Jobsuche, Karriere und berufliche Lebensplanung.

Karriereblog

Karriere

karriereblog.svenja-hofert.de

Der innovative, freche, andere Karriereblog von Svenja Hofert, in dem über Ideen und Konzepte von morgen schon heute berichtet wird.

KarriereKosmos

Karriere

www.careerbuilder.de/blog

„KarriereKosmos" ist der Karriereblog von CareerBuilder.de und bildet eine Informationsquelle für Jobsuchende, Bewerber und Angestellte. Er versorgt Leser mit Tipps und Ideen rund um Arbeitssuche und Bewerbung, Trends auf dem Arbeitsmarkt und alles, was in der täglichen Arbeitswelt bewegt.

Kienbaum Communications

Employer Branding, Personalmarketing, Social Media Marketing

kienbaumcommunications.wordpress.com

Dieser Blog beschäftigt sich mit allen Themen, die eine HR-Communications-Agentur in ihrem Alltag bewegt. Dazu gehören insbesondere die Themen Employer Branding, Personalmarketing, Karrierewebseiten und natürlich das vieldiskutierte Thema Social Media.

Mein Freund die Arbeitgebermarke

Employer Branding, Recruiting, Social Media Marketing

www.jtsalikis.blogspot.com

Jeden Freitag ein Kommentar von Jannis Tsalikis (MSL Germany) zu den Geschehnissen der Woche. Themen dieses Blogs sind Employer Branding, Human Resources Management und Recruiting im Web 2.0.

metaHR Blog

Personalmanagement, Recruiting

blog.metahr.de

Der Human-Resources-Blog der metaHR stellt aktuelle HR-Trends vor und berichtet über Personalentwicklung 2.0, Führung und Recruiting in Zeiten von Social Media. Autor Christoph Athanas ist HR-Berater und Geschäftsführer der metaHR GmbH.

multimediablog

Multimedia, Social Media Marketing

www.bernd-schmitz.net/blog

Bernd Schmitz, Leiter Hochschulmarketing bei Bayer, und Studenten von der RFH Köln bieten Informationen zu Thema Multimedia.

newcruiting

Human Resources

www.newcruiting.de

Nina Kalmeyer spürt die aktuellsten Trends aus der HR-Welt auf.

NochEinPersonalmarketingBlog

Social Media, Personalmarketing, Employer Branding, Recruiting

NochEinPersonalmarketingBlog.blogspot.com

Seit einigen Jahren verfolgt Tim Verhoeven (Referent des Personalmarketings bei Weidmüller Interface GmbH & Co. KG) regelmäßig die Blogger-Szene im Bereich Social Media/HR und schreibt seit Anfang 2012 selbst rund um das Thema Personal, vor allem zu Personalmarketing, Employer Branding und Recruiting.

Online Marketing Blog xeit GmbH

Onlinemarketing, Social Media Marketing

blog.xeit.ch

Blog der Xeit GmbH zu den Themen Onlinemarketing und Social Media Marketing.

Online-Recruiting.net

Jobbörsen, Recruiting, Social Media Marketing

www.online-recruiting.net

Eva Zils (JobTicket GmbH) beschäftigt sich mit der Auswahl, der Planung und dem Einsatz der geeigneten nationalen und internationalen Internetmedien, um qualifizierte Bewerber anzusprechen. Zudem interessiert sie sich für Social Media Recruiting.

Personaler Blog

Human Resources

www.personaler-online.de/blog

In diesem Blog schreiben HR-Experten über ihr jeweiliges Fachgebiet. Hier hat man die Möglichkeit zu lesen, welche Meinung andere Personaler zu verschiedenen Personalthemen haben.

Personalmarketing-Blog

Social Media Marketing

www.personalmarketingblog.de

Blog der humancaps consulting Limited. Dieser Blog beschäftigt sich mit Themen rund um das Social Media Personalmarketing und soll zur lebhaften Diskussion anregen.

personalmarketing2null

Human Resources, Social Media Marketing

personalmarketing2null.wordpress.com

Henner Knabenreich berichtet über das World Wide Web mit all seinen Anwendungen, Trends und Entwicklungen. Unter ganz besonderer Beobachtung stehen dabei die HR-Webseiten großer oder eben auch nicht ganz so großer Unternehmen sowie Social Media.

persopeople.wordpress.com

Employer Branding, Social Media, Students

persopeople.wordpress.com

Auf dem Blog persopeople schreibt Tibor Pintér über Trends und Entwicklungen im HR-Bereich. Employer Branding und Social Media spielen dabei eine zentrale Rolle. Zudem liefert der Blog einen umfangreichen Überblick über Karrieremessen im Großraum Berlin/Brandenburg sowie über HR-relevante Studien.

PR Blogger

Social Media Marketing

pr-blogger.de

Der PR-Blogger ist ein Service der Kommunikationsberatung Eck Kommunikation. Darin berichten der Unternehmensgründer Klaus Eck, seine Mitarbeiter sowie ausgewählte Autoren (nahezu) täglich über Trends und aktuelle Entwicklungen zum Thema „Kommunikation und Reputation im Social Web" im deutschsprachigen Internet.

Prospective

Employer Branding, Recruiting, Social Media Marketing

blog.prospective.ch

Blog der E-Dispositions- und Medienberatungsagentur Prospective zu zahlreichen Themen wie Social Media, Recruiting und Employer Branding.

Recruiting Club

Personalmanagement, Recruiting

www.recruitingclub.at/

Unternehmen und Recruiter erhalten über den HR-Blog News aus der Branche. Mithilfe von Checklisten und Berichten über neue Methoden soll Lesern Unterstützung bei der Mitarbeitersuche gegeben werden. Bekannte österreichische Konzerne plaudern in Experteninterviews aus dem Nähkästchen und erzählen über ihre Recruiting-Maßnahmen. Die Fachtipps werden durch Ankündigungen von Seminaren und Besprechung neu erschienener Fachliteratur vervollständigt.

Recrutainment

Employer Branding, Recruiting

blog.recrutainment.de

Der Recrutainment-Blog der CYQUEST GmbH, die unter anderem auf die Entwicklung webbasierter E-Assessments spezialisiert ist, bietet Infos und Beiträge zu von ihr umgesetzten Recrutainment-Projekten, zu E-Assessment, Self-Assessment und Employer Branding.

Saatkorn

Employer Branding, Social Media Marketing

saatkorn.wordpress.com

Bei Gero Hesse (Geschäftsleitung der medienfabrik, der Medienagentur des Bertelsmann Konzerns) geht es um Social Media und Employer Branding. Wie kommuniziert man in Zeiten von kununu, Twitter, Facebook oder XING so mit der Zielgruppe, dass ein Interesse für einen bestimmten Arbeitgeber entsteht?

Selbstverständlich Blog

Jobbörsen, Social Media Marketing

www.selbstverstaendlich.de/blog

Auf Selbstverständlich gibt Bernd Pitz Rat und Tat für Medien und Marketing.

Social Business Blog

Talent Management, Active Sourcing, Social Media

www.social-business-blog.de

Die IntraWorlds GmbH — Spezialist für Social Community- und Talent Relationship Management Software — beschäftigt sich in ihrem Blog mit den Themen Talent Management, Talent Pools sowie Active Sourcing durch Social Media, Communitys und Apps.

Social Media Recht

Recht, Social Media Marketing

socialmediarecht.wordpress.com

Nina Diercks, Beruf Rechtsanwältin, wendet sich in erster Linie an diejenigen, die mit Social Media arbeiten. Auf verständliche, mitunter auch amüsante Art wird über Entwicklungen, Fragestellungen sowie Probleme in den Bereichen Social Media und Recht gebloggt.

Softgarden Blog

Recruiting

www.softgarden.de/de/blog

Blog von softgarden, einem Unternehmen für neue und außergewöhnliche E-Recruitinglösungen.

Soziales Brand: Marken

Employer Branding, Human Resources, Personalmarketing, Recruiting, Social Media

sozialesbrandmarken.wordpress.com

Dominik A. Hahns Gedanken über Social Media, (Personal-)Marketing, Employer Branding, Recruiting und HR-PR.

Spirofrog Blog

Karriere

www.spirofrog.de/blog

Blog der Jobplattform für die junge Karriere. Hier findet man News zu Jobs und Stellenangeboten von Arbeitgebern.

talential blog

Karriere, Recruiting

www.talential.com/blog

Blog des Talential-Teams zu Job, Karriere und Recruiting.

Trainee Geflüster

Berufseinstieg

trainee-gefluester.de

Im Traineeblog findet man alles Wissenswerte rund um den Berufseinstieg von Trainees — Interviews mit Personalern, die für Trainee-Programme verantwortlich sind, Erfahrungsberichte von aktuellen und ehemaligen Trainees, Linktipps u. v. m.

Wollmilchsau

Marketing, Recruiting, Social Media

www.wollmilchsau.de

Blog vom Atenta-Team. Die „Wollmilchsau" berichtet über Ideen und Meinungen zum Thema Recruiting, Marketing und Social Media im deutschsprachigen Raum.

Portrait der Gastautoren

Kai Deininger

Kai Deininger

Sein Beitrag: Active Sourcing — Die Zukunft des Recruitings (Kapitel 6.4.5, Schritt 17)

Kai Deininger begann seine Karriere nach Abschluss einer Lehre als Bankkaufmann und seinem Studium an der Northwestern University im Herbst 1995 bei der Compaq Computer Corporation, wo er im Anschluss an sein Praxissemester übernommen und nach Singapur entsandt wurde. Im Herbst 1998 erfolgte dann im Rahmen des Aufbaus eines komplett neuen Businessmodells für den deutschen Consumer-PC-Markt der Umzug nach München.

Im Jahr 2000 wechselte er zu Jobline International, welche im Sommer 2001 von Monster, der weltweit größten Onlinejobbörse, übernommen wurde. Im Sommer 2002 erfolgte seine Berufung zum Geschäftsführer mit Verantwortung für alle deutschsprachigen Aktivitäten von Monster und im Rahmen dieser Tätigkeit erfolgte die Akquisition und anschließende Integration der jobpilot GmbH. Ab Sommer 2004 verantwortete Kai Deininger die Bereiche Marketing, Public Affairs, Kommunikation und Allianzen für Monster Europa.

Seit seinem Ausscheiden bei Monster Mitte 2007 hat er als Partner bei Eurosearch Consultants ausgewählte Projekte für renommierte Kunden wie Hewlett-Packard EMEA, MFG.com, International SOS, sowie tmp.worldwide, Experteer und LinkedIn verantwortet. Zwischen Juni 2011 und Januar 2012 war er Commercial Director D/A/CH bei LinkedIn und ab Februar 2012 kehrte er als Partner zu Eurosearch zurück.

Seine Leidenschaft sind die Verknüpfung von realen Recruiting-Prozessen mit den emotionalen Elementen einer Arbeitgebermarke sowie die Optimierung von Systemen und Strukturen in den Bereichen HR und Recruiting.

Er sagt: „Wenn erfolgreiches Recruiting ein Haus ist, dann ist Employer Branding sein Fundament und Active Sourcing sein Dach."

Regina Esslinger

Regina Esslinger

Ihr Beitrag: Kommunikationskonzept — Zielgruppen, Botschaften und Themen planen (Kapitel 4.8, Schritt 11)

Regina Esslinger ist als Senior-Beraterin bei der Deutschen Employer Branding Akademie im Bereich Arbeitgeberpositionierung und Arbeitgebermarkenkommunikation tätig. Sie verfügt über langjährige Erfahrung in internationalen Unternehmen in der Entwicklung, Führung und Implementierung von Arbeitgebermarken — im externen wie internen Employer Branding. Als Projektleiterin initiierte und verantwortete sie das Employer Branding für W.L. Gore & Associates GmbH auf globaler und europäischer Ebene und betreute europäische Recruitingprojekte. Zuvor baute Sie das Personalmarketing für Fairchild Dornier (Dornier Luftfahrt GmbH) auf und begleitete in verschiedenen HR-Funktionen und Projektverantwortlichkeiten das amerikanisch-deutsche Unternehmen über sieben Jahre. Sie verfügt über Erfahrungen in den Bereichen interne Kommunikation und Marketing, Personalmarketing und internationales Recruiting, Prozessoptimierung und Personalsysteme sowie im Personalcontrolling, außerdem über weitreichende Erfahrungen in internationalen Projekten. Neben ihrer Beratertätigkeit erstellt Regina Esslinger Fachartikel, hält Vorträge und berät Studierende zum Thema Employer Branding. Sie ist Diplom-Volkswirtin (Universität Konstanz).

Sie sagt: „Unternehmen, die in ihre Employer Brand investieren, haben verstanden, dass Arbeit nicht nur Selbstzweck ist. Es geht um mehr: Identifikation mit dem Arbeitgeber, Glaubwürdigkeit, Motivation, Spaß bei der Arbeit und Stolz auf den Arbeitgeber. Denn kulturelle Faktoren bestimmen nachhaltig die Innovationskraft und garantieren den langfristigen Erfolg."

Prof. Dr. Martin Grothe

Prof. Dr. Martin Grothe

Sein Beitrag: Social-Media-Spezial (Kapitel 6.6.1)

Martin Grothe ist geschäftsführender Gesellschafter der complexium GmbH, Berlin. Das Beratungsunternehmen unterstützt Klienten darin, ihre Strategie-, Kommunikations-, Marketing- und Arbeitgeberentscheidungen in der Social-Media-Dialogwelt fundiert zu gestalten. Grundlage sind innovative Analyseverfahren, die Kontexte in öffentlicher digitaler Kommunikation erschließen, schwache Signale erkennen und Zielgruppen entschlüsseln.

Grothe ist Vorstand des Deutschen Competitive Intelligence Forums dcif e.V., Beirat des Quality Employer Branding queb e.V. und Honorarprofessor an der Universität der Künste Berlin für das Fach „Digitale Kommunikation/Leadership, Social Media Management".

Er sagt: „Schauen wir uns die großen Zyklen an. Wir erleben gerade, wie der fünfte Kondratjew-Zyklus (Fokus: IT) in die noch unscharfe sechste Welle übergeht: Bio-regenerativ-kreativ, der Mensch im Mittelpunkt. It's about people! Der beginnende Bedeutungszuwachs von Employer Branding bildet dies ab. Aber ohne fundierte Social Media-Strategie sollte man nicht dauerhaft generieren."

Robindro Ullah

Robindro Ullah

Sein Beitrag: Social-Media-Spezial (Kapitel 6.6.2)

Als studierter Wirtschaftsmathematiker hat Robindro Ullah das Personalmanagement erst Mitte 2007 für sich entdeckt. 2005 bei der DB Fernverkehr AG als Trainee im Bereich Revenue-Management eingestiegen, baute er ab Anfang 2008 das Thema Social Media im Kontext HR bei der DB auf. Er war damit einer der ersten in Europa, die Employer Branding über soziale Netzwerke betreiben wollten, um Personal zu rekrutieren. 2009 wurde Robindro Ullah für seine Arbeit mit dem HR Alliance Award für das innovativste Personalmarketingkonzept ausgezeichnet. Aufgrund seines Erfahrungsschatzes im Bereich Social Media Personalmarketing und -Recruiting ist er gefragter Redner auf einer Vielzahl von Konferenzen und Fachtagungen in ganz Europa und Gastdozent an der Quadriga Hochschule für Personalmanagement 2.0. Ende 2009 wechselte er den Bereich und baute für die Deutsche Bahn eine Abteilung auf, die sich mit der Beschäftigungssicherung überwiegend älterer Mitarbeiter über innovative neue Wege auseinandersetzte. Parallel dazu trieb er die Integration der Themen Social Media und HR weiter voran. Insbesondere über seinen Blog www.robindroullah.de konnte er in vergangener Zeit wichtige Impulse setzen und wurde 2012 für seine Pionierarbeit im Personalmanagement in Deutschland mit dem Social Media Personalmarketing Innovator-Preis geehrt. Seit Anfang 2012 leitet er den Bereich Personalmarketing und Recruiting Süd der Deutschen Bahn, wo er Themen wie „Recruiter 2.0“ oder „Recruiting the next Generation“ vorantreibt.

Er sagt: „Die Arbeitgebermarke hat sich zu einem Grundstein entwickelt, der längst Einfluss auf das Corporate Image hat jenseits der Produktmarke. Sie ist zum Herzstück einer jeden Unternehmung geworden und stärkt über Kultur, Identifikation und Herzblut ihre wichtigste Ressource: den Mitarbeiter.“

Christine Voelk

Christine Voelk

Ihr Beitrag: Strategie werblich umsetzen – Kreativkonzept entwickeln (Kapitel 6.1, Schritt 14)

Nach dem Studium der Sozial- und Wirtschaftswissenschaften mit Schwerpunkt Marketing absolvierte sie eine Ausbildung zur Werbekaufrau in einer Full-Service-Werbeagentur. Insgesamt 16 Jahre arbeitet sie in Agenturen als Unitleitung, Etatdirektion und Ausbildungsleitung im Raum Süddeutschland und später in Berlin als Group Head Business Development. Dabei spezialisierte sie sich auf die Themen Markenstrategie und deren Umsetzung in Markenkommunikation.

Sie gehört zum Gründungsteam der Deutschen Employer Branding Akademie (DEBA) und ist dort Prokuristin sowie Leiterin des Beratungsbereichs. Christine Voelk ist gefragte Referentin zum Thema Employer Branding und Jurymitglied des Österreichischen Staatspreises KNEWLEDGE 2012 des Bundesministeriums für Wirtschaft, Familie und Jugend.

Sie sagt: „Employer Branding fördert die Passung zwischen Mensch und Organisation und somit das optimale Zusammenspiel beider. So kommt es im besten Fall auch beiden zugute und steigert sowohl den Unternehmenserfolg als auch den Erfolg des Einzelnen."

Stichwortverzeichnis